国家林业和草原局普通高等教育"十四五"规划教材

浙江省普通本科高校"十四五"重点教材

植 物 学

黄有军　闫道良　主编

中国林业出版社
China Forestry Publishing House

图书在版编目(CIP)数据

植物学/黄有军,闫道良主编. —北京:中国林业出版社,2024.7

国家林业和草原局普通高等教育"十四五"规划教材

浙江省普通本科高校"十四五"重点教材

ISBN 978-7-5219-2693-4

Ⅰ.①植… Ⅱ.①黄… ②闫… Ⅲ.①植物学-高等学校-教材 Ⅳ.①Q94

中国国家版本馆CIP数据核字(2024)第088979号

责任编辑:范立鹏
责任校对:苏　梅
封面设计:周周设计局

出版发行　中国林业出版社
　　　　　(100009,北京市西城区刘海胡同7号,电话83143626)
电子邮箱　cfphzbs@163.com
网　址　https://www.cfph.net
印　刷　北京中科印刷有限公司
版　次　2024年7月第1版
印　次　2024年7月第1次
开　本　787mm×1092mm　1/16
印　张　20.25
字　数　480千字
定　价　68.00元

版权所有　翻印必究

教学课件

《植物学》编写人员

主　　编：黄有军　闫道良

副 主 编：杨宗岐　曾　为　杨文权　曹世江

编写人员：(按姓氏拼音排序)

　　　　　曹世江(福建农林大学)
　　　　　程霞英(浙江理工大学)
　　　　　黄有军(浙江农林大学)
　　　　　慕小倩(西北农林科技大学)
　　　　　沈锦波(浙江农林大学)
　　　　　王晓飞(浙江农林大学)
　　　　　夏国华(浙江农林大学)
　　　　　闫道良(浙江农林大学)
　　　　　杨文权(西北农林科技大学)
　　　　　杨宗岐(浙江理工大学)
　　　　　曾　为(台州学院)
　　　　　张启香(浙江农林大学)

前　言

植物学是研究植物界和植物体的生活及其发展规律的科学，它的基本任务是认识和揭示植物界各层次生命活动的客观规律，包括结构、功能、生长发育、进化、分布及其与环境相互作用等各种规律。

国内已出版了一些植物学教材，对"植物学"教学和教材建设起到了很好地引领和示范作用。随着生命科学迅猛进展，很多植物学知识不断地更新发展，同时，富媒体、交互式体验等数字出版技术的涌现和发展日益丰富教材出版的内容和形式，这为植物学教材的完善和创新发展创造了条件。

教材建设除了强调专业性，还应突显政治和时代属性。教育是国之大计，党之大计。2022年10月，党的二十大报告强调，要全面贯彻党的教育方针，落实立德树人根本任务，培养德智体美劳全面发展的社会主义建设者和接班人。为深入践行"绿水青山就是金山银山"理念，培养服务新农业、新乡村、新农民、新生态的"新农科"人才，组织编写突出时代性、实践性、地方性、专业性等特点的植物学教材显得尤为必要和迫切。

为此，我们组织多所高等院校多年从事植物学教学和科研的专家学者编写了本教材。本教材充分融入了植物学领域前沿科研成果和教学理念，以细胞—组织—器官—个体—类群—系统为内容主线，力求全面准确、简明易懂地介绍植物学经典理论和前沿进展。具体内容包括：绪论、植物细胞和组织、种子和幼苗、根、茎、叶、花、种子和果实、植物器官间的联系、植物系统分类基础、孢子植物、种子植物、植物界的起源和系统演化，共13章。本教材主要供高等院校农林类和生物类专业"植物学"教学使用，按80学时进行编写。

本教材的特色和创新之处主要体现在：强调植物形态、结构和功能与环境的统一性；蕨类植物采用秦仁昌分类系统，裸子植物采用郑万钧分类系统；被子植物采用APG Ⅳ分类系统；图片大多以高清彩图形式展示，方便读者观察和理解。另外，每章配套提供了教学课件以二维码形式放在了版权页，供读者学习参考。

本教材编写分工：第1章由黄有军编写；第2章由曾为和黄有军编写；第3章由黄有军和沈锦波编写；第4章和第9章由王晓飞编写；第5章由慕小倩编写；第6章由张启香编写；第7章由黄有军和夏国华编写；第8章由黄有军、杨宗岐和程霞英编写；第10章、第11章由闫道良编写；第12章由闫道良和杨文权编写；第13章由曹世江编写。第1~9章的图片主要由黄有军提供、收集和整理；第10~13章的图片主要由闫道良提供、收集和整理。初稿完成后，由黄有军和闫道良负责修改、补充和定稿。

在本教材编写和出版过程中,各参编学校给予了大力支持,中国林业出版社范立鹏编辑就教材内容提出了许多宝贵意见,浙江农林大学教务处和林学学科为教材的出版提供了经费支持,在此一并表示衷心感谢。

虽然我们做了很大努力,但由于时间不足,书中错误和不妥之处在所难免,敬请广大同行和读者批评、指正。

编　者

2023 年 12 月于杭州

目 录

前 言

第1章 绪 论 ··· (1)
  1.1 植物在生物分界中的地位 ·· (1)
  1.2 植物的多样性 ·· (3)
  1.3 植物的重要性 ·· (4)
  1.4 植物学发展概况 ·· (4)
  1.5 学习植物学的目的和方法 ·· (7)
  本章小结 ·· (7)
  思考题 ·· (8)

第2章 植物细胞与组织 ··· (9)
  2.1 植物细胞 ··· (9)
  2.2 植物组织 ··· (31)
  本章小结 ·· (45)
  思考题 ·· (45)

第3章 种子和幼苗 ··· (47)
  3.1 种子的形态和构造 ··· (47)
  3.2 种子的休眠和萌发 ··· (50)
  3.3 种子的寿命和贮藏 ··· (51)
  3.4 幼苗的类型 ··· (51)
  本章小结 ·· (52)
  思考题 ·· (53)

第4章 根 ·· (54)
  4.1 根的起源和生理功能 ·· (54)
  4.2 根的基本形态和初生构造 ·· (55)
  4.3 侧根的发生 ··· (62)
  4.4 根的次生生长和次生构造 ·· (63)
  4.5 菌根和根瘤 ··· (65)
  4.6 根的变态 ··· (67)
  本章小结 ·· (70)
  思考题 ·· (70)

第5章 茎 (71)
- 5.1 茎的形态特征和生理功能 (71)
- 5.2 茎端分生组织和器官发生 (79)
- 5.3 茎尖和茎的初生结构 (81)
- 5.4 茎的次生生长和次生结构 (87)
- 5.5 茎的变态 (94)
- 本章小结 (97)
- 思考题 (97)

第6章 叶 (98)
- 6.1 叶的形态类型 (98)
- 6.2 叶的生长发育和形态建成 (107)
- 6.3 叶的主要生理功能 (108)
- 6.4 叶的解剖结构 (109)
- 6.5 叶的生态类型 (116)
- 6.6 落叶 (118)
- 6.7 叶的变态 (119)
- 本章小结 (120)
- 思考题 (121)

第7章 花 (122)
- 7.1 花的形态 (123)
- 7.2 花芽分化 (134)
- 7.3 雄蕊的发育和构造 (135)
- 7.4 雌蕊的发育和构造 (142)
- 7.5 花器官发育的分子调控 (147)
- 7.6 开花和传粉 (150)
- 7.7 受精 (159)
- 本章小结 (163)
- 思考题 (163)

第8章 种子和果实 (164)
- 8.1 种子 (164)
- 8.2 果实 (171)
- 8.3 果实和种子的传播 (177)
- 本章小结 (179)
- 思考题 (179)

第9章 植物器官间的联系 (180)
- 9.1 植物器官发生的同源性 (180)
- 9.2 植物器官结构的整体性 (180)
- 9.3 植物器官功能的协同性 (183)

9.4　植物器官生长的相关性 ………………………………………………（187）
9.5　同源器官和同功器官 …………………………………………………（189）
本章小结 ………………………………………………………………………（190）
思考题 …………………………………………………………………………（191）

第10章　植物系统分类基础 …………………………………………………（192）
10.1　植物分类方法和分类等级 ……………………………………………（192）
10.2　植物分类命名 …………………………………………………………（195）
10.3　植物分类检索表的编制与利用 ………………………………………（196）
10.4　植物界的基本类群 ……………………………………………………（199）
本章小结 ………………………………………………………………………（200）
思考题 …………………………………………………………………………（201）

第11章　孢子植物 ……………………………………………………………（202）
11.1　藻类植物 ………………………………………………………………（202）
11.2　菌类植物 ………………………………………………………………（209）
11.3　地衣植物 ………………………………………………………………（215）
11.4　苔藓植物 ………………………………………………………………（218）
11.5　蕨类植物 ………………………………………………………………（222）
本章小结 ………………………………………………………………………（225）
思考题 …………………………………………………………………………（226）

第12章　种子植物 ……………………………………………………………（227）
12.1　裸子植物 ………………………………………………………………（227）
12.2　被子植物 ………………………………………………………………（233）
本章小结 ………………………………………………………………………（289）
思考题 …………………………………………………………………………（289）

第13章　植物界的起源与系统演化 …………………………………………（291）
13.1　植物的起源和演化规律 ………………………………………………（291）
13.2　孢子植物的起源和演化 ………………………………………………（296）
13.3　裸子植物的起源和演化 ………………………………………………（299）
13.4　植物的个体发育和系统发育 …………………………………………（302）
13.5　被子植物的演化 ………………………………………………………（302）
本章小结 ………………………………………………………………………（309）
思考题 …………………………………………………………………………（310）

参考文献 ………………………………………………………………………（311）

第 1 章

绪　论

植物学是以植物为研究对象，研究植物形态、结构、功能、分类、演化以及与环境和其他生物的关系的一门学科。通过学习植物学，有助于理解植物形态建成和植物界系统演化的规律，了解植物与人类的关系，树立自然界可持续发展的理念，在生物多样性维持、农业创新、食品安全、药物研发等方面具有重要意义。

1.1　植物在生物分界中的地位

人们对植物的认识由来已久，在把握植物与其他生物的区别时，把含有叶绿素、可以进行光合作用、具有细胞壁、营固着生活作为植物的基本特征。随着科学技术的发展，人们对植物和其他生物的认识不断加深，对植物的特征和类群也不断提出新的看法。下面简要介绍主要的生物分界系统。

(1) 两界系统

人们在生产实践中很早就认识了植物与动物的区别。1735 年，瑞典植物学家林奈(Carolus Linnaeus, 1707—1778)在《自然系统》(*Systema Naturae*)一书中明确将生物分为植物界(Plantas)和动物界(Animalis)，也就是两界系统。

(2) 三界系统

随着科学的发展以及显微镜的发明和广泛应用，1866 年，德国生物学家海克尔(Ernst Haeckel, 1834—1919)提出把细菌、单细胞藻类和原生动物归入原生生物界(Protista)，也就是三界系统。

(3) 四界和五界系统

1959 年，美国生物学家魏泰克(Robert H. Whittaker, 1924—1980)将不含叶绿素的真菌从植物界划出，单独成立真菌界(Fungi)，也就是四界系统。在此基础上，1969 年，魏泰克又将原核生物细菌和蓝藻从原生生物界划出，成立原核生物界(Prokaryota)，这就是五界系统。1974 年，黎德尔(G. F. Leedale)提出把五界系统中的原生生物界归到植物界、动物界和真菌界，又回到四界系统，即植物界、动物界、真菌界和原核生物界。此外，马古利斯(L. Margulis)和施瓦茨(K. V. Schwartz)提出把真核藻类归入原生生物界，而植物界仅包括苔藓植物、蕨类植物、裸子植物和被子植物，成为另一个五界系统，即原核生物界、原生生物界、真菌界、植物界和动物界。

（4）六界和八界系统

1949年，捷恩（T. L. Jahn）提出将生物分成后生动物界、后生植物界、真菌界、原生生物界、原核生物界和病毒界，也就是六界系统。1990年，布鲁斯卡（R. C. Brusca）提出另一个六界系统，即原核生物界、古细菌界（Archaebacteria）、原生生物界、真菌界、植物界和动物界。1989年，史密斯（T. C. Smith）提出八界系统，把原核生物分成古细菌界和真细菌界（Eubacteria），把真核生物分成古真核生物界、原生生物界、藻界、植物界、真菌界和动物界，把第一个上升到古真核生物超界，把后三个上升到后真核生物超界。

（5）三域系统

以上的各种生物分界系统，都是基于营养方式、形态和细胞结构，但随着生物化学和分子生物学的发展，科学家对生物分类和进化关系的理解发生了变化。1977年，美国生物学家威尔森（Carl Woese）根据rRNA序列分析，结合细胞结构和生理特征等方面的差异，提出了三域系统，把生物界划分为3个域，即细菌域（Bacteria）、古菌域（Archaea）和真核域（Eukarya）。

①细菌域（Bacteria）。细菌是最简单的生物形式之一，它们是原核生物，具有原核细胞结构，没有真核细胞的细胞器和细胞核。细菌广泛存在于各种环境中，包括土壤、水体、空气和其他生物体内。

②古菌域（Archaea）。古菌是另一类原核生物，它们与细菌在细胞结构和形态上有一些相似之处，但在生物化学和基因组结构上有很大的差异。古菌广泛存在于极端环境中，如高温泉、盐湖和深海热泉等，它们对这些极端环境具有很强的适应能力。一些古菌也存在于常规环境中。

③真核域（Eukarya）。真核域包括真核生物，这是一个非常广泛和多样化的域，包括了动物、植物、真菌和其他许多生物。真核生物的细胞具有真核细胞的典型特征，如真核膜包围的细胞核和细胞器（如线粒体和高尔基体）。真核生物在细胞结构和功能方面相对复杂，表现更高级的生物活动和组织结构。

这种三域系统的分类方法是基于现代生物学研究的结果，反映了生物界在细胞结构、基因组结构和生态特征等方面的差异，对研究和理解不同生物之间的关系和演化历史有重要意义。目前，三域系统已被广泛接受并应用于生物学研究和教学。

（6）我国学者对生物分界的意见

我国学者对生物界的划分也提出了许多意见。1956年，陈焕镛（1890—1971）提出了五界系统，将生物分为动物界、植物界、真菌界、原生生物界和细菌界。这是中国早期对生物分类的基本观点之一。1965年，胡先骕（1894—1968）将生物分为始生总界（Protobiota）和胞生总界（Cytobiota）；前者仅包括无细胞结构的病毒，后者包括细菌界、黏菌界、真菌界、植物界和动物界。他摒弃了原生生物界并把菌类分为了3个界。1966年，邓叔群（1902—1970）根据3种营养方式把生物分成植物界（光合自养）、动物界（摄食）和真菌界（吸收）。1977年，王大耜（1923—2002）提出在魏泰克的五界系统的基础上增加病毒界而成为六界系统。1979年，陈世骧（1905—1988）根据生命进化的主要阶段将生物分成3个总界的六界系统,即非细胞总界(Superkingdom Acytonia),仅为病毒;原核总界(Superkingdom Procaryota),包括细菌界和蓝藻界;真核总界(Superkingdom Eucaryota),包括植物界、真菌界和动物界。除了上述学者,中国还有许多其他杰出的学者在生物分界领域做出了重要贡献。这些学者的研究推动了生物学的发展,深化了对生物界的理解,为国际生物学研究做出了积极贡献。

从上面介绍的各个学者对生物分界的思想和意见可以看出,人们对生物的认识和研究是随着科学技术的发展而不断加深的。由于依据的标准和特征不同,提出的生物分界系统和植物概念并不相同。目前,较为一致的观点是以营养方式和进化水平作为生物分界的主要依据。我们主张把生物划分为两大进化水平(总界),一是原核生物总界,包括蓝藻、古细菌、细菌和放线菌等;二是真核生物总界,再按3种不同的营养方式分为植物界(光合自养)、菌物界(吸收)和动物界(摄食)。根据这个观点,植物界可定义为含有光合色素能进行光合作用的真核生物,包括真核藻类、苔藓植物、蕨类植物、裸子植物和被子植物。因此,本书主要介绍真核藻类、苔藓植物、蕨类植物、裸子植物和被子植物等几大植物类群,而对原核生物和菌物仅做简要介绍。

1.2 植物的多样性

植物的多样性是生物学的一个重要主题。随着地球历史的发展,由原始生物不断演化,经历30多亿年,有的种类由兴盛到衰亡,新的种类又在进化中产生,形成了地球上现存的200多万种已知生物,其中已知的植物有50多万种。植物具有丰富的多样性。不同植物的形态、结构、生活习性及对环境的适应性各有差异。在大小上,小到 $0.5~\mu m$ 的短毛藻,大到参天大树(如杏仁桉,高达 156 m)。在结构上,有单细胞个体(如衣藻、小球藻)、多细胞群体(如实球藻)、多细胞植物体(如紫菜、海带),以及具有根、茎、叶分化的复杂的植物体(如银杏、毛竹)。在生活习性上,有一年生草本植物(如水稻)、二年生草本植物(如萝卜)、多年生草本植物(如菊花、仙茅)和木本植物,木本植物又可分为乔木(如香樟)、灌木(如月季)和木质藤本(如紫藤)等。在环境的适应性方面,绝大多数植物具有叶绿素,进行光合作用合成有机养料,称为绿色植物或自养植物;有少数植物不含叶绿素,不能自制养料,必须寄生(如菟丝子)或腐生(如双孢银耳)在其他生物体上,吸收现成的营养物质或通过对有机物的分解作用而摄取生活所需养料,称为非绿色植物或异养植物;也有少数种类借助氧化无机物获得能量而自制养料,称为化能自养植物(如硫细菌、铁细菌)。植物分布非常广泛,遍布各种生态系统,包括陆地、淡水环境和海洋。

植物多样性的形成是在漫长的进化过程中由自然选择、基因流、多倍化、物种形成、共生关系和环境变化等因素共同作用的结果,并与人类活动密不可分。植物多样性塑造了地球丰富多样的植物世界,为生态系统的稳定和生物多样性的繁荣做出了重要贡献。

植物具有共同的基本特征:植物细胞有细胞壁,具有比较稳定的形态;大多数种类含有叶绿体,能进行光合作用和自养生活;大多数植物个体终生具有分生组织,在个体发育过程中能不断产生新器官;对外界环境的变化一般不能迅速做出反应,但能表现长期的适应。

中国是世界上植物多样性最为丰富的国家之一，拥有 3 万种以上的植物物种，约占全球植物物种总数的 10%。其中包括许多独特和特有的植物，如川西亚高山植物、滇藏高原植物等。中国的植物多样性得益于其广阔的地理区域和多样的生态系统，如亚热带雨林、温带落叶林、高原草原、沙漠和湖泊等。然而，中国的植物多样性也面临生态环境退化、物种濒危和生物多样性丧失等威胁。政府和环保组织正在采取各种措施来保护植物资源，包括建立以国家公园为主体的自然保护地体系，实行可持续开发和保护植物遗传资源等措施，以维护植物多样性的宝贵财富，确保其持续传承和发展。

1.3 植物的重要性

植物在生态系统和人类社会中发挥着至关重要的作用。①植物是生态系统的基石，通过光合作用释放氧气，吸收二氧化碳，维持大气中氧气与二氧化碳的平衡，支撑着整个生物圈的运转。②植物为动物提供食物和栖息地。植物是食物链的起点，人类的主要食物（如谷物、蔬菜、水果等）都来自植物，是人类生存和健康的基础。③植物多样性对于维护生物多样性和生态平衡至关重要。保护濒危植物种类，有助于保护整个生态系统的稳定性。④植物在经济产业中发挥着重要作用。木材、纤维、石油等许多原材料都来自植物，支撑着建筑、纺织、能源等产业的发展。⑤植物药材在医学和保健领域有广泛应用，为药物研发和保健产业发展提供支持。⑥植物可以改善空气质量，减少温室气体排放，绿化城市，美化环境，有助于应对气候变化和减少空气污染。

总之，植物是地球上生命的基石，其重要性体现在维护生态平衡、提供食物、支持经济产业、维护生物多样性、促进人类健康和环境保护等多个方面，对于人类社会的繁荣和可持续发展至关重要。

1.4 植物学发展概况

1.4.1 植物学发展简史

植物学作为一门学科，经历了不同时期的发展，可以分为描述植物学时期、实验植物学时期和现代植物学时期。

（1）描述植物学时期（17 世纪前）

描述植物学时期起源于古代，可以追溯到古埃及、古希腊和古罗马等古代文明时期。在这个时期，植物学主要是通过观察和描写植物的形态特征和生长环境来进行研究。古希腊哲学家亚里士多德（Aristole，公元前 384—前 322）的学生提奥弗拉斯托斯（Theophrastus，公元前 371—前 286）著有《植物的历史》（*Historia Plantanum*）和《植物本原》（*De Causis Plantanum*）两本书，记载了 500 多种植物，被认为是植物学的奠基之作。意大利的西沙尔比诺（Caesalpino，1519—1603）著有《植物》一书，记载了 1 500 种植物，提出以植物的生殖器官作为重要的分类依据。瑞士植物学家鲍欣（G. Bauhin，1560—1624）出版了《植物界纵览》一书，书中用属和种对植物进行了分类，在属名后接"种加词"来命名植物。1665 年，英国博物学家罗伯特·虎克（Robert Hooke，1635—1703）出版了世界上第一部以绘画形式展示显微镜观测图像的书籍——《显微图谱》(*Micrographia*)，是显微学方面的开创性工作。1667 年，荷兰科学家列文虎克(A. V. Leeuwenhook，1632—1732)用自磨镜片制作显微镜首次观察和描述了活的细菌和原生动物(微生物当时称为微小动物)，并观察了哺乳动物的精子；1674 年，他在观察鲑鱼的红细胞时描述了细胞核结构；1683 年，他又在牙垢中看到了细菌。1690 年，英国植物学家雷(J. Ray，1627—1705)首次给物种下定义，依据花和营养器官的性状分类，并用一个分类系统处理了 18 000 种植物。这个时期积累的植物学基本资料和栽培植物，为后来的植物学研究奠定了基础，对农业栽培植物的发展具有重要推动作用。

(2) 实验植物学时期(17 世纪末至 20 世纪初)

实验植物学时期大致开始于文艺复兴时期。18 世纪早、中期，植物学主要是继续记述新发现的植物种类和建立植物分类系统。1735 年，林奈出版《自然系统》一书，把自然界分为植物界、动物界和矿物界，并将动物和植物按纲、目、属、种、变种 5 个等级归类；1753 年，他发表《植物种志》，正式使用双名法对 7 300 种植物进行命名。

18 世纪后半叶之后，植物学家们在实验植物学领域取得了许多重要的成就。例如，1782 年，瑞士科学家塞尼比尔(J. Senebier，1742—1809)证明了光合作用需要二氧化碳。1804 年，瑞士学者索绪尔(N. T. de Saussure，1767—1845)指出绿色植物以阳光为能量，以二氧化碳和水为原料，合成有机物和放出氧气。1831 年，英国植物学家布朗(R. Brown，1773—1858)在兰科植物细胞中发现了细胞核。1838 年，德国植物学家施莱登(M. J. Schleiden，1804—1881)发表了《植物发生论》，指出细胞是构成植物的基本单位。1839 年，德国动物学家施旺(T. Schwann，1810—1882)出版《关于动植物在结构与生长的一致性的显微研究》，与施莱登共同建立了细胞学说。1843 年，德国化学家李比希(J. von Liebig，1803—1873)出版了《化学在农业和生理学上的应用》，创立了植物矿质营养学说。1859 年，英国自然学家达尔文(C. R. Darwin，1809—1882)发表的《物种起源》和后来的其他著作，创立了进化论，直接推动了 19 世纪植物分类学的发展，完善了植物界大类群的划分，促进了真菌学、藻类学、地衣学、苔藓植物学、蕨类植物学和种子植物分类学等各分支学科的发展。

19 世纪能量守恒定律的发现，促进了人们对植物生命活动的能量关系、呼吸作用、光合作用、矿质营养和水分运输等重大问题的研究。1866 年，奥地利生物学家孟德尔(G. J. Mendel，1822—1884)发表的《植物杂交试验》，揭示了植物遗传的基本规律。1895 年，丹麦植物学家瓦尔明(E. Warming)发表的《以植物生态地理学为基础的植物分布学》以及 1898 年德国学者辛柏尔(K. Schimper)发表的《以生理学为基础的植物分布学》标志着植物生态学的诞生。1901 年，荷兰植物学家和遗传学家德弗里斯(Hugo de Vries，1848—1935)提出了突变论。1911 年，丹麦植物遗传学家约翰逊(W. L. Johannsen，1875—1927)阐明了纯系学说。1926 年，美国遗传学家摩尔根(T. H. Morgan，1866—1945)出版《基因论》，总结了遗传学成就，构建了遗传学理论体系。实验植物学时期标志着植物学研究从描述性阶段向实验性和系统性阶段的转变。

(3) 现代植物学时期(20 世纪初至今)

19 世纪科学技术的迅速发展，为 20 世纪植物科学的巨大变革创造了条件。在这个时期，植物学研究更加多样化和细分，涵盖了广泛的领域。这个时期的突出特点是应用先进技术从分子水平上去研究生命现象。1953 年，沃森(J. D. Watson)和克里克(F. H. C. Crick)

提出了DNA双螺旋模型,随后在1958年克里克又提出了中心法则,标志着以大分子为研究目标的分子生物学的诞生。20世纪中叶,分子生物学技术(如蛋白质合成、DNA测序和PCR等)的发展,加速了植物学研究的进程。1972年,美国的保罗·博尔(Paul Berg)使用限制性内切酶首次实现了DNA分子的克隆,为基因工程的发展奠定了基础。分子生物学及数学、物理学、化学等科学的新概念和新技术应用到植物学领域,使植物学的微观和宏观研究取得了突出成就,无论在研究的深度还是广度上都达到了一个新的水平。植物离体培养体系的建立以及拟南芥和金鱼草等模式植物生长发育基因的克隆和功能鉴定,为了解植物发育过程和调控积累了大量知识,尤其是21世纪一批模式植物(如拟南芥)、重要粮食作物(如水稻、小麦)和经济作物(如棉花)的全基因组序列被陆续破解,极大地推动了现代植物学的快速发展。

1.4.2 我国植物学发展历史

我国是研究植物最早的国家之一,早在四五千年前就积累了有关植物学的知识。春秋时期的《诗经》记载描述了200多种植物。汉代的《神农本草经》记载了252种药用植物。北魏贾思勰所著的《齐民要术》,总结了农作物栽培和农业生产技术。明代李时珍所著的《本草纲目》,详述了1 892种药物,其中包括1 195种药用植物。明代徐光启所著的《农政全书》,系统总结了我国的农业生产经验和成就。清代吴启睿所著的《植物名实图考》,记述了1 714种栽培植物和野生植物。1858年,晚清学者李善兰和英国传教士韦廉臣合译出版了《植物学》。20世纪初至30年代,从西方和日本留学回国的一些植物学家开展了我国植物学的研究和教育工作。1923年,邹秉文、胡先骕、钱崇澍编著了《高等植物学》。1937年,陈嵘出版了《中国树木分类学》。至1937年,我国已成立中国研究院植物研究所、静生生物调查所、北平研究院植物研究所、中山大学农林植物研究所等科研单位,还建设了中山植物园、庐山植物园等植物园,全国各重点高校也设置了植物学课程。新中国成立后,中国植物科学迅速发展,逐步形成了分支学科齐全的科研和教学体系。《中国高等植物图鉴》(7册)于1972—1979年陆续完成出版。《中国植物志》(80卷126册)至2004年10月全部出版。于1988年开始由中美学者合作编写的《中国植物志》(英文版)——*Flora of China* 于2021年全部完成出版。《中国高等植物》(13卷)自1999年以来陆续出版。《中国树木志》(4卷)也已于1983年出版。《中国孢子植物志》(104册)于2015年出版,其中《中国海藻志》(14卷)、《中国淡水藻志》(20卷)、《中国苔藓植物志》(10卷)、《中国真菌志》(49卷)、《中国地衣志》(11卷),还有各省份的植物志和各类植物属志多种。我国出版了1∶1 000 000的《中华人民共和国植被图》《新华本草纲要》(3册)、《中国本草图录》(10卷)、《中国植物红皮书·稀有濒危植物》等。我国植物标本已经有60%实现数字化,并建立了在线平台。

近年来,我国植物科学领域取得了一批高水平的成果。例如,我国科学家参与了水稻基因组的测序工作,并对水稻的基因进行了深入研究,揭示了许多与水稻生长、产量和抗逆性相关的重要基因;在应对气候变化和环境逆境的挑战中,鉴定并利用了一系列重要的抗逆基因,使农作物能够在恶劣环境下获得更好的产量和质量;通过传统育种和现代分子育种方法培育了许多新品种,包括高产、优质、耐病虫害和适应不同生态条件的品种;对于小麦、玉米、大豆等重要粮食和经济作物，进行了大量的改良工作，提高了这些作物的产量和农产品质量；进行了基因编辑、基因转导、组织培养等方面的研究，为农作物改良和植物资源保护提供了有力的工具和手段；在中草药领域一直拥有悠久的传统，对许多中草药进行了深入研究，发现了许多有药用价值的植物化合物；在植物病虫害的防控、生态平衡的维护等方面做出了许多贡献，保护了农作物的健康和生态系统的稳定。我国的植物学家们一直在不断地努力，为推动农业发展、保护生态环境和维护人类福祉做出积极贡献。

1.5 学习植物学的目的和方法

植物学是一门理论性和实践性都很强的专业基础课程，是研究植物界和植物体的生活及其发展规律的科学。它的基本任务是认识和揭示植物界各层次生命活动的客观规律，包括结构、功能、生长发育、进化、分布及其与环境相互作用等各种规律。通过本课程的学习，使学生全面掌握植物形态建成和植物界系统演化的规律，了解植物与人类的关系，为学好其他专业基础课和专业课打下扎实的基础；为从事相关行业生产和科学研究提供必要的植物学基本理论、基本知识和实验技能；帮助学生树立自然界可持续发展理念，为全面提高学生的素质服务，为保护和合理开发利用植物资源打好必要的基础。

学习植物学，首先需要学习植物学基础知识，包括植物分类学、形态学、生理学、生态学等方面的内容。根据课程的教学安排和学习进度，制订合理的学习计划。将课程内容划分为适当的单元，安排适当的时间进行学习并设定目标。认真阅读教材和参考书籍，理解植物学的基本概念、原理和理论。同时，注意做好知识的整理和笔记，以便于复习和回顾。积极参与课堂讨论，和教师及同学一起探讨植物学的问题和案例。参加实验课，进行实地观察和实验操作，以加深对植物学知识的理解和应用能力。在学习过程中，制作笔记和图表是较为有效的学习方法之一。整理课堂讲义、教材内容并独立思考，将主要知识点、关键概念和重要实验整理成清晰的笔记和图表。练习相关的习题有助于加深对植物学知识的理解和应用。完成课后思考题，参加在线测试或模拟考试，检验自己的学习效果并及时纠正不足之处。参加实践活动能够帮助巩固所学的植物学知识。可以通过参加植物标本采集、植物园参观、植物栽培等活动，亲身感受植物的特点和生态环境，将理论知识应用于实践中。除了教材和课程，可以寻找其他学习资源，如参考相关的学术论文、科学杂志等，了解最新的研究成果和领域发展动态，也可以找到其他对植物学感兴趣的人，分享和讨论植物学的话题，还可以参加学术研讨会、科学交流活动，加入植物学社群，与他人分享自己的学习经验和见解，从中获得更多的启发和反馈。

通过以上方法，可以全面系统地学习植物学这门课程，保持持续的学习动力和积极性，在实践中不断完善和丰富自己的植物学知识，提高对植物学的理解和应用能力。

本章小结

植物学是以植物为研究对象，研究植物形态、结构、功能、分类、演化以及与环境和其他生物的关系的科学。人们对生物的认识和研究是随着科学技术的发展而不断加深的。由于依据的标准和特征不同，提出的分界系统和给出的植物概念并不相同。

植物的多样性主要体现在形态结构、生活习性和对环境的适应性等方面。植物多样性的形成是在漫长的进化过程中由自然选择、基因流、多倍化、物种形成、共生关系和环境变化等因素共同作用的结果，其与人类活动密不可分。

植物具有共同的基本特征，即植物细胞有细胞壁，具有比较稳定的形态；大多数种类含有叶绿体，能进行光合作用和自养生活；大多数植物个体终生具有分生组织，在个体发育过程中能不断产生新器官；对外界环境的变化一般不能迅速做出反应，但能表现长期的适应。

植物是地球上生命的基石，其重要性体现在维护生态平衡、提供食物、支持经济产业、维护生物多样性、促进人类健康和环境保护等多个方面，对于人类社会的繁荣和可持续发展至关重要。

植物学的发展经历了描述植物学时期、实验植物学时期和现代植物学时期3个阶段。

学习植物学的目的是全面掌握植物形态建成和植物界系统演化的规律，了解植物与人类的关系，保护植物资源和合理开发利用，为推动农业发展、生态保护和人类福祉做出贡献。

思考题

1. 简述植物的多样性及其意义。
2. 简述植物在自然界和人类生活中的重要性。
3. 谈谈你对生物分界以及植物范畴的看法。

第 2 章

植物细胞和组织

细胞是构成植物体的基本结构单位,是理解植物生命活动的关键。本章主要讲解植物细胞的结构和功能,以及植物细胞的繁殖过程;进一步介绍不同类型的植物组织及其主要功能。通过对本章内容的学习,我们可以深入地了解细胞的重要性,以及细胞和组织在植物生命活动中的作用及相互关系。

2.1 植物细胞

2.1.1 细胞的发现

1665 年,英国博物学家罗伯特·虎克用自制的显微镜观察软木薄片,把观察到的蜂窝状小室称为"细胞"(cell)。这个名字一直沿用至今。细胞的发现不仅打开了人们探索生命奥秘的大门,也为开创和建立细胞学奠定了基石。实际上,虎克当时发现的细胞只是软木死细胞的细胞壁。后来,荷兰学者列文虎克、意大利学者马尔比基(Marcello Malpighi,1628—1694)观察了活的动植物细胞和组织材料,逐渐了解到细胞质等内容物,丰富了人们对于细胞的认识。从此,人类打开了从微观领域了解生命世界的大门。

2.1.2 细胞学说的建立

1938 年,德国植物学家施莱登在其《植物发生论》中指出细胞是植物的基本单位。1839 年,德国动物学家施旺根据对动物细胞的研究,在《关于动植物在结构与生长的一致性的显微研究》一文中提出了细胞结构是一切动物体共有的结构特征,并提出动植物体都是由细胞构成的。施莱登和施旺共同创立的细胞学说被恩格斯称为是 19 世纪自然科学的三大发现之一。此后,细胞学说进一步发展。1858 年,德国医生魏尔啸(Rudolf Virchow,1821—1902)提出一切细胞来自细胞的论断。自此,细胞学说基本完善,包括 3 个方面的内容:①细胞是有机体。一切动植物都是由细胞发育而来,并由细胞和细胞产物所构成,动植物的结构具有显著的一致性。②每个细胞作为一个相对独立的基本单位,既有它们"自己的"生命,又与其他细胞协调地集合,构成生命的整体,按共同的规律发育,具有共同的生命过程。③新的细胞可以由老的细胞产生。细胞学说的建立开辟了生物研究的新领域,极大地推动了生物学的发展。

2.1.3 细胞学的发展

从17世纪罗伯特·虎克发现细胞到21世纪从分子水平上探索细胞的结构和功能，几百年来细胞学的发展经历了以下几个阶段。

①从细胞的发现到细胞学说的建立。这个阶段由于受到显微镜分辨率较低的限制，对于细胞内部的研究进展缓慢。

②从19世纪中叶到20世纪初，随着精密显微镜的诞生以及切片、染色等技术的应用，原生质体理论被提出，许多重要细胞器和细胞增殖主要方式被发现。这几十年也称经典细胞学时期。

③20世纪以后，现代物理和化学技术的发展极大推动了生物学的发展。电子显微镜和超薄切片技术的应用，使以前传统光学显微镜下无法观察的内部结构被相继发现，如内质网(1945年)、过氧化物酶体(1954年)、溶酶体(1956年)、核蛋白体(1958年)等。现代分子生物学和生物化学的发展，使人们从分子水平研究细胞的生命活动及其调控，拓宽了植物细胞研究的深度和广度。

2.1.4 植物细胞的形态结构

植物的细胞形态各异，直径大多在几微米至几十微米之间。单细胞植物的细胞呈游离状态，一般都很小。例如，小球藻(*Chlorella vulgaris*)的细胞呈球形，直径 3~8 μm。多细胞植物特别是种子植物的细胞分化程度较高。成熟西瓜的果肉细胞直径可达 1 mm；棉花种子上的表皮毛可以延伸长达 75 mm；苎麻茎中的纤维细胞一般长达 200 mm。植物细胞根据其特定的功能也呈现不同的形态。植物顶端分生组织的细胞排列紧密，呈多面体形；输导组织中的导管分子和筛管分子是长管状细胞；叶的表皮细胞是扁平的，表面形状不规则，彼此紧密嵌合起保护作用。

植物细胞为真核细胞(eukaryotic cell)，由细胞壁(cell wall)和原生质体(protoplast)两部分组成。细胞壁是包被在原生质体外富含多糖的结构。原生质体由细胞膜(cell membrane)、细胞质(cytoplasm)和细胞核(nucleus)构成。细胞质中包含具有一定结构和特定功能的微结构——细胞器(organelle)，包括线粒体、质体、内质网、高尔基体、液泡、核糖体、微管和微丝等(图2-1)。此外，植物细胞中还常有一些贮藏物质、代谢产物和植物次生物质，常见的有淀粉粒、糊粉粒等，可分布于细胞质、液泡或细胞壁中，称为后含物(ergastic substance)。

2.1.4.1 原生质体

(1) 细胞膜

细胞膜也称质膜(plasma membrane)，是原生质体最外的一层透明薄膜，其与细胞壁接触，厚度 7~10 nm。电子显微镜下，细胞膜呈现两条暗带，中间夹有一条明带。两侧的暗带主要为蛋白质，中间的明带为脂类双分子层。目前关于质膜结构的描述得到广泛接受的是1972年由桑格(S. J. Singer)和尼克森(G. Nicolson)提出的流体镶嵌模型(fluid mosaic model)(图2-2)。脂类双分子层构成了质膜的骨架，有两层磷脂分子以非极性的疏水尾部相对，极性的头部朝向脂质双层表面。两侧的蛋白分布具有不对称性，有的结合在脂质双

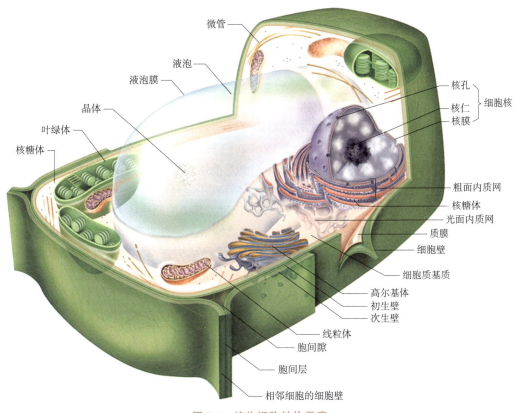

图 2-1　植物细胞结构示意

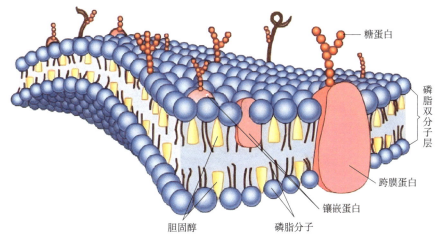

图 2-2　生物膜分子结构的流体镶嵌模型

（汪堃仁，1998）

分子层的表面，称为外周蛋白；有的嵌入脂质双分子层，称为镶嵌蛋白；有的横跨脂质双分子层，称为跨膜蛋白。质膜的成分不是固定的，而是动态可以流动的。

质膜位于原生质体的最外层，为细胞提供了相对稳定的内环境。质膜具有选择透过性，可以选择性进行物质运输，从而控制细胞与环境间的物质交换，同时也可以传导外界的环境信号，在细胞新陈代谢、生长和分化的调控过程中有重要作用。

（2）细胞质

细胞核以外、细胞膜以内的物质和结构统称细胞质。细胞质包括透明、黏稠的基质和各种细胞器。

①**质体**（plastid）。是一类绿色植物特有的用于合成和积累同化产物的细胞器（图2-3）。质体是从原质体（proplastid）发育形成的，根据所含色素和功能的不同，分为叶绿体（chloroplast）、有色体（chromoplast）与白色体（leucoplast）3种。白色体又分为造粉体（amyloplast）[图2-3(d)]、蛋白体（proteinoplast）[图2-3(e)]和造油体（elaioplast）[图2-3(f)]3种。

原质体是其他质体的前体，一般无色。原质体存在于茎顶端分生组织的细胞中，具双层膜，内部有少量的小泡[图2-3(a)]。当叶原基分化时，其中的原质体内膜向内折叠，形成膜片层系统，在光下，这些片层系统继续发育并合成叶绿素，发育成为叶绿体[图2-3(b)]。如果把植株放在黑暗中，质体内部会形成片状或管状的膜结构，不能合成叶绿素，成为黄化的质体。如果为这些黄化的植株照光，又能够合成叶绿素，叶色转绿，片层系统也充分发育，黄化的质体转变成为叶绿体。

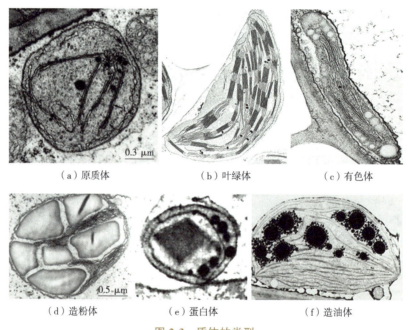

图2-3　质体的类型

原质体也可发育成白色体，成熟的白色体不产生色素，在光照下也不会变绿。叶绿体可以发展成为有色体。果实由绿变红（或黄）时，叶绿体将向有色体转变，基质片层与基粒片层被破坏，叶绿素被分解，质体内积累类胡萝卜素。有色体也可由原质体发育而成。

叶绿体广泛存在于植物绿色部位的细胞中，含有叶绿素、叶黄素和胡萝卜素，是植物光合作用的主要场所。由于叶绿体含有色素，在光镜下就能观察到它的外形和大小，像双凸或平凸透镜的形状。高等植物的叶绿体呈橄榄形或椭球形，数量和大小因植物和细胞种类而异，少者20个，多者可达100多个。叶绿体在细胞中的分布与光照有关。光照强时，叶绿体常分布在细胞外周；黑暗时，叶绿体常流向细胞内部。

叶绿体包有两层膜（图2-4），其外膜与内膜的厚度均为8~10 nm，两层膜之间有厚度10~20 nm的腔，也称膜间隙（intermembrane space），叶绿体内部是电子密度较低的基质（matrix），含有与碳同化有关的酶。基质中悬浮着复杂的膜系统。其中有扁平的囊，称为类囊体（thylakoid），也称片层（lamelae）。有的类囊体形似硬币，垛叠在一起称为基粒（granum）。组成基粒的类囊体称为基粒类囊体（granum thylakoid），也称基粒片层；有的类囊体连接于基粒之间，呈片状，不发生垛叠，称为基质类囊体（stroma thylakoid），也称基质片层。它们与基粒类囊体相连，各类囊体的腔彼此相通。光合作用的色素和电子传递系统都位于类囊体膜上[图2-4（b）]。

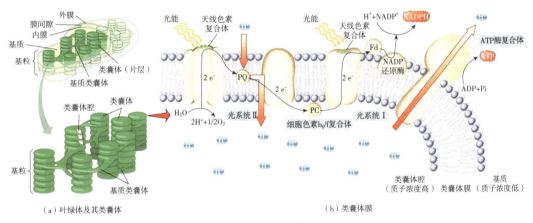

图2-4 叶绿体

细胞中，叶绿体和基粒的数量因物种细胞类型、生态环境和生理状态而有所不同。高等植物的叶肉细胞一般含50~200个叶绿体，可占细胞质体积的40%。在每个叶绿体内，有40~60个基粒，而每个基粒的类囊体层数，则因不同植物和植株的不同部位而差别很大，有10~100片不等。例如，烟草的基粒含10~15片，玉米则为15~20片，冬小麦的基粒所含类囊体层数随叶位上升而增多。

叶绿体的主要功能是进行光合作用。光合作用是能量及物质的转化过程。首先光能转化成电能，经电子传递产生ATP等不稳定形式的化学能，然后转化成稳定的化学能储存在糖类化合物中。光合作用分为光反应（light reaction）和暗反应（dark reaction），前者需要光，涉及水的光解和光合磷酸化；后者不需要光，涉及二氧化碳的固定。由于类囊体膜的主要成分是蛋白质和脂类（60∶40），脂类中的脂肪酸主要是不饱和脂肪酸（约87%），具有较高的流动性，膜上还含有光合色素和传递电子的组分，光合作用的光反应——水光解后释放氢原子，就是在类囊体上进行的，因此类囊体膜又称光合膜。

叶绿体基质中有环状的双链DNA，称为叶绿体基因组，其独立于核基因组之外。叶绿体有特有的RNA，用于编码叶绿体自身的部分蛋白质，所编码的蛋白质决定植物的某些性状或在植物生命活动中起着重要作用。例如，在光合作用中起重要作用的核酮糖-1,5-二磷酸羧化酶（ribulose-1,5-bisphosphate carboxylase/oxygenase，通常简写为RuBisCO）的8个大亚基便是由叶绿体基因组编码的,而 8 个小亚基则是由核基因组编码的。叶绿体中的核糖体比细胞质中的小,与蓝藻中的核糖体相似,能合成叶绿体自身的蛋白质。叶绿体基质中常见淀粉粒,是植物光合作用的产物。

有色体是仅含有胡萝卜素和叶黄素等色素的质体,主要是由叶绿体和前质体转化而来。其大小与叶绿体相近,形态不规则,因色素种类的差异而呈黄色、橙色或红色等不同颜色。成熟的水果(如番茄、辣椒)、某些植物的花(如菊花)[图 2-3(c)]、秋天变黄的叶子等的细胞中含有这种质体。有色体有合成类胡萝卜素的能力,还能积累脂质。有色体使花、果等具有鲜艳的颜色,能够吸引昆虫传粉,或吸引动物协助散布果实或种子。

白色体是无色的质体,为近球形或不规则形颗粒。其结构简单,双膜包裹的基质中具有质体小球、淀粉粒等颗粒结构,无类囊体或仅有少量不发达的类囊体。白色体主要存在于幼嫩组织、无色的贮藏组织或不见光组织的细胞中。按照功能可划分为 3 种类型:造粉体[图 2-3(d)],参与淀粉合成和贮藏,发育形成淀粉粒;蛋白体[图 2-3(e)],含有结晶状的蛋白质;造油体[图 2-3(f)],参与油脂的形成,贮藏脂质。白色体由原质体发育而来,叶绿体和有色体在一定条件下也能形成白色体。

②线粒体(mitochondrion)。是重要的细胞器之一,是由内外两层膜形成的一种很微小的囊状细胞器。1987 年,德国科学家本达(C. Benda)在用其改良的詹纳斯绿 B(Janus Green B)染色法观察动物细胞时发现了线粒体。线粒体很小,在光镜下,线粒体形态一般呈粒状、杆状、丝状或分枝状,因植物种类和细胞生理状态而异,也可呈哑铃形、线状或其他形状。其直径 0.5~1.0 μm,长 1~2 μm,体积较小且无色。

线粒体(图 2-5)是由两层膜包裹而成的囊状细胞器,包括外膜(outer membrane)和内膜(inner membrane),内膜和外膜之间有膜间隙(intermembrane space)。内膜向内折入形成板层状或管状突起,称为嵴(crista),嵴的存在显著扩大了内膜与基质接触的面积(达 5~10 倍)。内膜和嵴包围的空间充满基质。线粒体的膜也是单位膜,但外膜与内膜组成物质中的脂类与蛋白质比例不同。外膜含 40% 的脂类和 60% 的蛋白质,具有亲水通道,与细胞质相通;而内膜含 100 种以上的多肽,蛋白质和脂类的比例高于 3∶1,通透性低于外膜。内膜上分布有许多带柄的小球,称为 ATP 合成酶复合体。细胞呼吸中的电子传递过程就发生在内膜的表面,而 ATP 合成酶复合体则是 ATP 合成的场所。基质是胶状物,含有大量

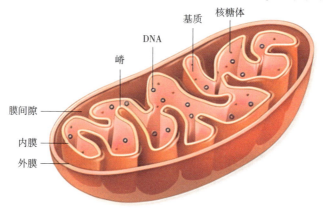

图 2-5　线粒体

蛋白质和酶。因此，在细胞中，除糖酵解在细胞质中进行外，其他的生物氧化过程都在线粒体中进行。线粒体是细胞进行有氧呼吸的场所，内膜和基质是线粒体行使功能的主要部位。此外，线粒体基质中还含有环状的DNA分子和核糖体以及纤维丝和电子密度很大的致密颗粒状物质，内含Ca^{2+}、Mg^{2+}、Zn^{2+}等离子。DNA能编码自身部分蛋白质的合成，所合成的蛋白质约占线粒体蛋白质的10%。线粒体中的核糖体比细胞质中的核糖体小，参与线粒体蛋白质的合成。

与叶绿体类似，线粒体也有自己的一套遗传系统，相对独立于核染色体基因组。现已证实，有些雄性不育植物的遗传基因就存在于线粒体上。因此，叶绿体[图2-6(a)]和线粒体[图2-6(b)]称为半自主性细胞器(semiautomous organelle)。

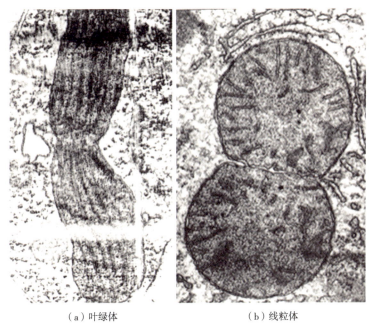

(a) 叶绿体　　　　　　(b) 线粒体

图2-6　半自主性细胞器(线粒体)

细胞的线粒体数量和分布与细胞种类和细胞生理状态有关。一般代谢旺盛的细胞中线粒体数量较多，如种子植物的根毛细胞和分生细胞中含有大量线粒体，而单细胞鞭毛藻仅含有1个线粒体。在同一细胞内，在功能旺盛的区域，线粒体数量多，例如，当质膜活跃地进行物质转运时，大量线粒体沿质膜分布。

③内质网。细胞质内由一层膜构成的许多片状扁囊腔或管状腔，彼此相连，这种在电镜下才能观察到的细胞网状系统称为内质网(endoplasmic reticulum, ER)(图2-7)。内质网膜可与细胞核的外膜相通。内质网分为两种类型：粗面内质网(rough endoplasmic reticulum, rER)，又称糙面内质网，膜的表面附有核糖体；光面内质网，又称滑面内质网(smooth endoplasmic reticulum, sER)，膜上没有核糖体。

一般认为，内质网的功能主要与蛋白质合成、修饰与加工以及新生肽链的折叠、组装和运输有密切关系，同时也与多糖类物质的合成、贮藏有关。其中，粗面内质网与核糖体紧密结合，反映它的功能是合成和运输蛋白质。光面内质网的功能主要与合成及运输脂类

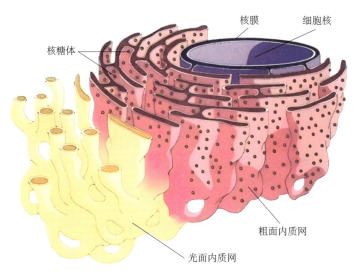

图 2-7　内质网

和多糖有关。除此以外，内质网将合成的物质转运至高尔基体、质膜和其他膜上。内质网膜是真核细胞内最丰富的膜，其在细胞质内形成了一种网络结构，可为细胞提供机械支撑作用，维持细胞形态。同时，内质网将细胞质区隔化，使不同的代谢活动仅在特定区域进行。经常能观察到内质网与质膜、核膜相连，并且常伴有许多线粒体。内质网也与高尔基体、液泡等细胞器的形成有关。

④高尔基体（Golgi body）。又称高尔基器（Golgi apparatus）或高尔基复合体（Golgi complex），是普遍存在于真核细胞中的细胞器（图 2-8）。1898 年，意大利科学家高尔基（Camilo Golgi，1843—1926）用银染的方法在动物的神经细胞中首次观察到高尔基体。20 世纪 50 年代，随着电子显微技术的应用和超薄切片技术的发展，才证实了高尔基体的存在，明确了高尔基体的超微结构。高尔基体通常是由 4~8 个排列较为整齐的扁囊（cisternae）堆叠而成。扁囊的直径多在 1 μm 左右，扁囊的边缘有小泡和穿孔。高尔基体具有极性，扁囊弯曲呈凸起的一面称为形成面或顺面；扁囊弯曲呈凹陷的一面称为成熟面或反面。高尔基体与内质网参与细胞的分泌活动。在植物细胞的高尔基体膜上发现了多种与多糖合成有关的酶，能合成细胞壁的非纤维素类多糖，如半纤维素、果胶质等。高尔基体参与

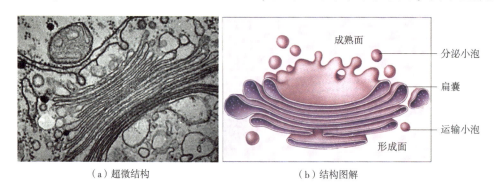

(a) 超微结构　　　　　　　　(b) 结构图解

图 2-8　高尔基体

蛋白质的糖基化，从内质网上断裂下来的小泡将粗面内质网合成的蛋白质运送至高尔基体，小泡与高尔基体融合，其中的糖蛋白等物质经过高尔基体扁囊加工后，从扁囊上断裂下来，这些小泡脱离高尔基体向细胞膜的方向移动，最终与膜融合并将所含的物质排到细胞膜外。

⑤**溶酶体**（lysosomes）。是由单层膜包裹形成的小囊泡状细胞器，细胞内溶酶体的数量不定，体积相差较大。溶酶体存在于动物、真菌和植物细胞中，内含多种水解酶，如蛋白酶、脂酶、核酸酶等，可催化蛋白质、多糖、脂质以及 DNA 和 RNA 等大分子的降解，消化细胞中的贮藏物质，分解细胞中受到损伤或失去功能的细胞结构碎片，使组成这些结构的物质重新被细胞所利用（图2-9）。种子植物的导管、纤维等组织的细胞，在发育成熟过程中原生质体解体消失，与溶酶体的作用有一定的关系。溶酶体可消化进入细胞的病毒和细菌，具有防御作用。植物细胞中还有其他含有水解酶的细胞器，如液泡、圆球体等。因此有人认为，植物细胞中的溶酶体应是指能发生水解作用的所有细胞器，而不是指某种特殊的形态结构。

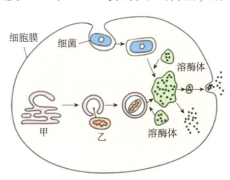

图 2-9　溶酶体水解的过程

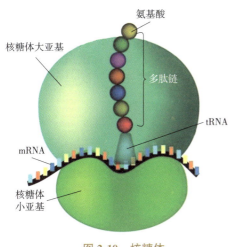

图 2-10　核糖体

⑥**核糖体**（ribosome）。核糖核蛋白体简称核糖体（图2-10），是一种直径 17~23 nm 的颗粒状细胞器，通常为椭圆形。在大多数植物细胞中，核糖体可达数百万个之多。独立的核糖体通常以 5~100 个簇的形式存在，特别是当它们参与将氨基酸连接在一起构建大的复杂蛋白质分子的时候。电子显微镜下可见核糖体分布在粗面内质网上或分散在细胞质中，叶绿体基质或线粒体基质中也有核糖体。

核糖体是由 1 个大亚基和 1 个小亚基组成的。核糖体的化学成分是核糖核酸（ribonucleic acid）和蛋白质。核糖体中的 RNA 称为核糖体 RNA（rRNA）。核糖体是细胞中蛋白质合成的中心。游离细胞质中的核糖体所合成的蛋白质留存在细胞质中，如各种膜上的结构蛋白；附在内质网上的核糖体所合成的蛋白质将被分泌到细胞外。在蛋白质合成过程中，核糖体与信使 RNA（mRNA）结合形成多聚核糖体。mRNA 携带了从 DNA 上转录的遗传信息，蛋白质的合成是在遗传信息的指导下进行的。与其他细胞器不同的是，核糖体没有膜包被。

⑦**液泡**（vacuole）。是由单层液泡膜（tonoplast/vacuole membrane）形成的细胞器，液泡中的液体称为细胞液。有学者将植物细胞液泡与由单层膜包被的小泡归于液泡系（vacuome）。这样，溶酶体、圆球体、微体、中央液泡等都属于液泡系。年幼的植物细胞有多个分散的小液泡，研究发现，这些小液泡彼此之间相通。在植物细胞发育过程中，伴随植物

细胞体积的增大,这些小液泡彼此逐渐合并、扩展,发展成数个或一个很大的中央液泡。

在成熟的植物细胞中,液泡占据了细胞中央很大空间,将细胞质和细胞核挤到细胞的周缘。细胞液中有多种溶质,包括无机盐、氨基酸、有机酸、糖类、生物碱、色素及酶类等复杂的成分。成分组成因植物和组织器官种类而异,如甜菜根的液泡中含有大量蔗糖;许多果实的液泡中含有大量的有机酸,还有生物碱等,如烟草的液泡中含有烟碱,咖啡的液泡中含有咖啡因。植物细胞的液泡中还含有多种色素特别是花青素(anthocyanin),使花或植物茎叶呈红色或蓝紫色等颜色。有的植物液泡中所含的植物次生代谢物质能防止动物对植物的伤害,这些物质往往具有一定的药用价值,如长春碱具有治疗白血病的作用。有证据表明,液泡中还含有一些酶,如水解酶。在电子显微镜下,常可看到液泡中有残破的线粒体、质体、内质网等细胞器,表明液泡具有溶酶体的性质,在细胞器等结构的更新中起作用。

有些细胞的液泡中含有某些晶体,如草酸钙结晶,这种液泡成为贮存细胞中代谢废物的场所,能减轻草酸对细胞的毒害。一些重金属离子被植物吸收后与某种物质结合,被贮存于液泡中。液泡因含大量溶质,形成一定的渗透势,与植物细胞的吸水有关。

⑧细胞骨架(cytoskeleton)。自 20 世纪 60 年代利用电子显微镜发现微管以来,研究者们开始了对细胞骨架的探索。现已证实,真核细胞均存在细胞骨架,它不仅起保持细胞形状和分隔固定细胞内部结构的作用,还具有物质运输、信号传递、参与细胞运动、分化增殖以及调节基因表达等作用。细胞质的溶胶态与凝胶态之间的转化也与细胞骨架变化有关。细胞骨架包括 3 种蛋白质纤维:微管、微丝和中间纤维(图 2-11)。

微管(microtubules)是直径约 25 nm 的中空长管状结构,由球状的微管蛋白(tubulin)亚基聚合组装而成。微管时而解聚为亚基,时而重新组装成完整的微管。低温可使微管

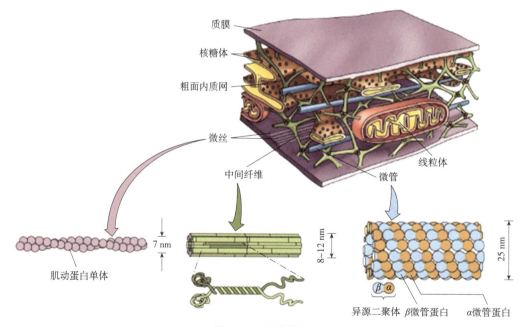

图 2-11 细胞骨架

解聚，生物碱——秋水仙素（colchicine）能与微管蛋白亚基结合，从而阻止它们互相连接成微管。而另一种二萜生物碱——紫杉醇则可以促进微管蛋白的聚合，因而成为研究微管功能的常用试剂。

微管常分布在细胞壁附近，其与含有细胞壁物质的小泡向细胞壁运送物质有关。在细胞分裂时期，胞质微管消失，微管出现在植物细胞有丝分裂期的纺锤丝（spindle fiber）和成膜体（phragmoplast）中，与植物有丝分裂的染色体运动有重要关系。在细胞分裂后，胞质微管又重新出现。

微管参与细胞壁的形成，能决定细胞分裂的方向并参与细胞壁的加厚。此外，微管还能维持细胞的形状，在花粉的生殖细胞（如精子）等无细胞壁的细胞中，这种作用十分显著。微管还与某些细胞的鞭毛和纤毛运动有关。目前，还鉴定出多种植物微管结合蛋白，这类蛋白质能够特异地与微管结合，参与调节微管结构与功能。

微丝（microfilament）是由肌动蛋白组成的直径 4~7 nm 的实心纤维。肌动蛋白于1942年在肌细胞中首次发现。闫隆飞等（1963）在南瓜和烟草中发现肌动蛋白的存在，并且具有 ATP 酶的活性。以后的研究证明植物细胞中普遍存在与动物类似的肌动蛋白和肌球蛋白。

肌动蛋白单体近球形，相对分子质量 42 000，表面有 ATP 结合位点。当单体结合 ATP 时，有较高亲和力，单体趋向于聚合成多聚体，单体一个接一个地组装成肌动蛋白链，两串这种肌动蛋白链互相缠绕而成微丝。当 ATP 水解成 ADP 后，单体亲和力下降，多聚体趋向解聚。细胞松弛素 B（cytochalasin B）可引起微丝的解聚；而鬼笔环肽（phalloidin）与细胞松弛素 B 的作用相反，其只与聚合的微丝结合，而不与肌动蛋白单体分子结合，从而抑制了微丝的解体。这两种物质可用于微丝的研究。

微丝与细胞质运动、内吞作用、细胞分裂和花粉管生长等多种功能有关。丽藻的节间细胞以及高等植物的胚芽鞘、表皮细胞、花粉管、根毛、叶柄毛和雄蕊毛等都存在胞质环流（cyclosis）现象，并发现细胞松弛素 B 等影响肌动蛋白的试剂能影响细胞质流动。研究表明，这些细胞都含有肌动蛋白和肌球蛋白，在有 ATP 的情况下，肌动蛋白与附着在细胞器上的肌球蛋白相互作用发生滑动，驱动细胞质流动。

中间纤维（intermediate filament）是一类直径介于微管与微丝之间（8~12 nm）的中空管状纤维。大多数真核生物的细胞中都存在中间纤维。杨澄等（1992）发现植物细胞中也存在由角蛋白组成的中间纤维。中间纤维是最稳定的细胞骨架成分，主要起支撑作用，使细胞具有张力和抗剪切力。在不同的组织中中间纤维的类型是不同的，这表明中间纤维与细胞分化有关。中间纤维本身就是一种信息分子或信息分子的前体。

⑨微体（microbody）。是由一层单位膜构成的球状细胞器，直径 0.5~1.5 μm。有的微体内部还有含蛋白质的晶体。微体由内质网的小泡形成。有一类微体含有过氧化物酶等，称为过氧化物酶体（peroxisome），它们存在于叶片的细胞中，与叶绿体、线粒体共同参与光呼吸过程。过氧化物酶体的另一个作用是将细胞在代谢活动中产生的对细胞有毒的过氧化物分解。还有一类微体称为乙醛酸循环体（glyoxysome），含有乙醛酸循环酶系，能在种子萌发时将子叶等器官中贮藏的脂肪转化为糖类。

(3) 细胞核

真核细胞一般都具有细胞核（nucleus）（图 2-12）。大多数细胞具一个细胞核，也有些细胞是多核的,如种子植物的绒毡层细胞常有多个核,部分种子植物胚乳发育的早期阶段有多个细胞核,某些真核藻类中也有具多核的。细胞核包括核膜、核纤层、染色质、核仁和核基质等结构。

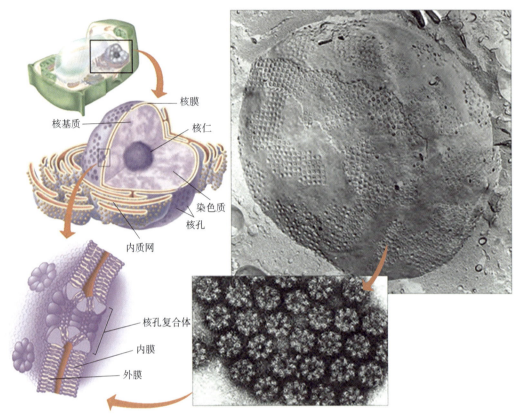

图 2-12 细胞核

①核膜(nuclear envelope)。由两层膜组成。外膜常与内质网相通,内膜与染色质紧密接触,两层膜之间为膜间隙。核膜上有整齐排列的核孔(nuclear pore)。核孔的数量不等,动植物细胞的核孔密度为每平方微米 40~140 个,直径 50~100 nm。核孔上有由多个蛋白组成的核孔复合体(nuclear pore complex,NPC)。核孔是细胞核内外物质运输的通道。统计发现,正在合成 DNA 的细胞核,每分钟每个核孔约有 100 个组蛋白分子从核孔进入核内。在细胞核中形成的核糖体也要通过核孔进入细胞质。核膜对大分子物质的出入是有选择性的。例如,mRNA 分子前体在核内产生后并不能通过核孔,只有经过加工成为 mRNA 后才能通过。

②核纤层(nuclear lamina)。内核膜内表面上的纤维网络片层结构。外与内核膜结合,内与染色质相连。其成分是一种属于中间纤维的蛋白质,称为核纤层蛋白(lamin)。核纤层与细胞有丝分裂中核膜崩解及重组有关。

③染色质(chromatin)。早期的研究者用碱性染料对细胞染色后,可以在光学显微镜下清楚地观察到细胞核,因而细胞核中的物质称为染色质。在电子显微镜下,可看到细胞核中许多粗细不一的长丝交织成网状的团块;细丝状的部分是常染色质(euchromatin),较大

的、染色较深的团块是异染色质(heterochromatin)。异染色质常附着在核膜的内面。在细胞有丝分裂时,染色质浓缩成光学显微镜下可以辨认的染色体(chromosome)。

二倍体植物具有两套染色体组。一套染色体组上的所有基因称为核基因组(nuclear genome)。植物核基因组中的 DNA 含量因物种而有差异,例如,拟南芥的单倍体含 DNA 0.07 pg,水稻的单倍体含 1.0 pg,玉米的单倍体含 3.9 pg,松的单倍体含 47.9 pg。

真核细胞染色质的主要成分是 DNA 和蛋白质,也含少量 RNA。DNA 是脱氧核糖核酸的简称,是由许多脱氧核糖核苷酸的单体连接形成的长链,2 条长链形成双螺旋结构。每个脱氧核糖核苷酸分子中含 4 种碱基,DNA 分子中碱基的排列顺序决定了遗传信息,遗传信息决定了生物的性状并控制着生命的活动。组成染色质的蛋白质可分为组蛋白(histone)和非组蛋白(nonhistone)两大类。染色质中组蛋白与 DNA 含量的比例一般为 1∶1。组蛋白是碱性蛋白质,H_1、H_2A、H_2B、H_3 和 H_4 共 5 种。不同生物体内非组蛋白种类有几百种之多,属于酸性蛋白。一些有关 DNA 复制和转录的酶(如 DNA 聚合酶和 RNA 聚合酶等)都属于非组蛋白。

染色质的基本结构单位为核小体(nucleosome)(图 2-13),它呈串珠状,直径约 11 nm。每个核小体包括长约 200 bp 的 DNA、组蛋白核心颗粒和 1 个 H_1 组蛋白。组蛋白核心颗粒是一个蛋白八聚体(H_2A、H_2B、H_3 和 H_4 各 2 个)。DNA 分子以左手方向盘绕 8 个组蛋白核心颗粒 1.75 圈,长约 146 bp。两相邻核小体之间是一段连接 DNA(linker DNA),长度 0~80 bp。H_1 的形状类似一个扁平的碟子或圆柱体,每个核小体只有 1 个 H_1,结合在盘绕在八聚体上的 DNA 双链开口处,将 DNA 与核小体紧扣在一起。在染色质上某些特异性位点缺少核小体结构,构成了核酸酶超敏感位点,可为序列 DNA 结合蛋白所识别,从而调控基因的表达。

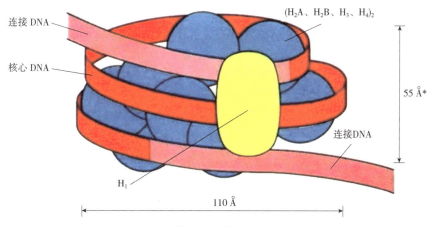

图 2-13 核小体

④核仁(nucleolus)。是细胞核中椭圆形或圆形的颗粒状结构,没有膜包围。在光学显微镜下,核仁是折光性强、发亮的小球。细胞有丝分裂时,核仁消失,分裂完成后,两个子细胞核中分别产生新的核仁。核仁富含蛋白质和 RNA。核糖体中的 RNA(rRNA)来自核仁。核糖体是细胞中蛋白质合成的场所。因此,蛋白质合成旺盛的细胞中常有较大的或较

* 1 Å(埃)= 10^{-10} m。

多的核仁。由某一个或几个特定染色体的片段构成核仁组织者(nucleolus organizer)。如果将核仁中的 rRNA 和蛋白质溶解,即可显示核仁组织区的 DNA 分子,这一部分的 DNA 正是转录 rRNA 的基因,即 rDNA 所在之处。

⑤核基质。曾称核液,并认为是富含蛋白质的透明液体,染色质和核仁等都浸浮其中。现在不再用核液一词,而称核基质(nulear matrix),因为发现其并非无结构的液体,而是纤维状的网,布满于细胞核中,网孔中充以液体。网的成分是蛋白质。核基质是核的支架,有研究者称之为核骨架(nuclear skeleton),染色质附着于核基质之上。研究表明,核基质也可能是 DNA 复制的基本位点,并与基因表达调控有关,有关核基质方面的研究将是今后的一个重要研究领域。细胞核中,DNA 中的遗传信息转录到 mRNA,mRNA 通过核孔进入细胞质,控制细胞的蛋白质合成和细胞的生命活动。

2.1.4.2 细胞壁

细胞壁(cell wall)是围绕在原生质体外的一种富含多糖的重要细胞结构。细胞壁决定了细胞的形态,提供了植物直立生长的支撑,在抵御外界生物入侵与非生物侵袭过程中发挥重要作用,对于植物的生长发育至关重要。一直以来,人类生活所需要的食物、木材、纤维、纸浆等原料大多来自植物细胞壁。

(1)细胞壁的化学成分

高等植物细胞壁的主要成分包括纤维素、半纤维素、果胶质、木质素和糖蛋白等。

①纤维素(cellulose)。占到细胞壁的 40%~50%。在某些特殊的植物细胞(如棉花纤维)中,纤维素的含量可达 95% 以上。纤维素在细胞壁中以微纤丝(microfibril)的形式存在。每条微纤丝由多条 β-1,4 糖苷键连接的葡萄糖链组成。以前认为,有 36 条葡萄糖链,而当前研究认为 18 或者 24 条葡萄糖链构成了纤维素微纤丝。微纤丝由结晶区和无定型区组成。结晶区中,葡聚糖链通过氢键形成结晶结构。结晶部分占总纤维素含量的百分比称为结晶度(crystallinity)。纤维素的结晶度可通过 X 射线衍射法测定。纤维素的合成主要是由细胞膜上的纤维素合成酶复合体(cellulose synthase complex,CSC)完成的。

②半纤维素(hemicellulose)。是葡萄糖、果糖、木糖、甘露寡糖和阿拉伯糖聚合而成的异质多糖,与纤维素相互构成网络。双子叶植物初生壁的半纤维素主要为木葡聚糖(xyloglucan),是 β-1,4 葡聚糖的骨架,木糖(xylose)为主要侧基。双子叶植物次生壁(例如杨树)的主要半纤维素是木聚糖(xylan),而裸子植物次生壁(例如松木)的半纤维素以甘露聚糖(mannan)为主。某些禾本科植物(如大麦)的胚乳中还有一类比较特殊的半纤维素——β-(1,3)(1,4)葡聚糖。

③果胶质(pectin)。是一类富含半乳糖醛酸(galacturonic acid)的多糖,在初生壁中分布较多。根据多糖的结构,可以分为同聚半乳糖醛酸(homogalacturonan,HGA)、聚木半乳糖醛酸(xylogalacturonan,XGA)、鼠李聚半乳糖醛酸Ⅰ(rhamnogalacturonan Ⅰ,RGⅠ)和鼠李聚半乳糖醛酸Ⅱ(rhamnogalacturonan Ⅱ,RGⅡ)4 类。半纤维素和果胶质的合成是在高尔基体上糖基转移酶复合体的催化下完成的。

④木质素(lignin)。是被子植物次生壁的主要成分之一,是一类复杂的疏水性酚类多聚化合物。它为植物提供了强大的机械支撑,使植物实现长距离的水分运输。木质素填充于细胞壁纤维素与其他成分之间,使细胞变得坚硬和抗压,并能够抵抗病原物和昆虫的入

侵。木质素的单体类型有 3 种类型：S-木质素单体（syringyl unit），G-木质素单体（guaiacyl unit）和 H-木质素单体（*para*-hydroxy-phenyl unit）。这些单体最初由苯丙氨酸（phenylalanine）经过多步催化反应生成，经过漆酶（laccase）和过氧化物酶（peroxidase）的催化聚合形成木质素。

细胞壁中还存在着一定量的蛋白质，包括水解酶（hydrolase）、伸展蛋白（expansin）和阿拉伯半乳聚糖蛋白（arabinogalactan-protein，AGP）等。水解酶参与细胞壁多糖的降解，伸展蛋白与细胞的伸长有关。AGP 是一类富含羟脯氨酸（hydroxyproline）的高度糖基化的蛋白，参与植物细胞生长发育的诸多过程，其合成和具体的生理功能有待进一步研究。

（2）细胞壁的层次结构

根据形成时间和化学成分不同，可将细胞壁分成 3 层：胞间层、初生壁和次生壁（图 2-14）。

①胞间层（middle lamella）。又称中层，位于细胞壁最外面，是相邻两个细胞共有的壁层，主要由果胶类物质组成，有很强的亲水性和可塑性，多细胞植物依靠它使相邻细胞粘连在一起。果胶易被酸或酶分解，导致细胞分离。胞间层与初生壁的界限往往难以辨明，当细胞形成次生壁后尤其如此。当细胞壁木质化时，胞间层首先木质化，然后是初生壁，次生壁的木质化最后发生。

②初生壁（primary wall）。是细胞生

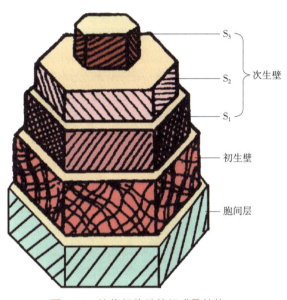

图 2-14　植物细胞壁的组成及结构

长过程中或细胞停止生长前由原生质体分泌形成的细胞壁层。初生壁较薄，厚 1~3 μm。除纤维素、半纤维素和果胶外，初生壁中还有多种酶类和糖蛋白，这些非纤维素多糖和糖蛋白将纤维素的微纤丝交联在一起。微纤丝呈网状，分布在非纤维素多糖基质中，果胶质使细胞壁具有延展性，能随细胞生长而扩大。分裂活动旺盛的细胞、进行光合作用和呼吸作用的细胞、分泌细胞等仅有初生壁。当细胞停止生长后，有些细胞的细胞壁就停留在初生壁阶段不再增厚。这些不具次生壁的生活细胞可以改变其特化的细胞形态，恢复分裂能力并分化成不同类型的细胞。因此，仅具初生壁的细胞与植物愈伤组织的形成、植物器官再生等事件有关。

③次生壁（secondary wall）。是在细胞停止生长、初生壁不再增加表面积后，由原生质体代谢产生的多糖沉积在初生壁内侧而形成的壁层，其与质膜相邻。次生壁较厚，厚 5~10 μm。植物体内一些具有支持作用、输导作用的细胞（如纤维细胞、导管分子、管胞等）形成次生壁，以增强机械强度，这些细胞的原生质体往往死去，留下厚的细胞壁执行支持功能。次生壁中纤维素含量高，微纤丝排列比初生壁致密，有一定的方向性。次生壁中的果胶质极少，基质主要是半纤维素，也不含糖蛋白和各种酶，因此比初生壁坚韧，延展性差。次生壁还含有木质素等物质，显著增大了次生壁的硬度。由于次生壁微纤丝排列具有一定的方向性，次生壁通常分为外层（S_1）、中层（S_2）和内层（S_3）3 层，各层纤维素微纤丝

的排列方向各不相同，这种成层叠加的结构使细胞壁的强度明显增大。

（3）细胞壁的生长和特化

纤维素微纤丝形成细胞壁骨架，组成细胞壁的其他物质（如果胶质、半纤维素、胼胝质、蛋白质、水、栓质、木质等）填充到各级微纤丝网架中。细胞壁的生长包括面积扩大和厚度增长。初生壁形成阶段，不断沉积增加微纤丝和多糖使细胞壁面积扩大。壁的增厚生长常以内填和附着方式进行。内填方式是新合成的多糖插入原有结构中，附着生长则是新合成的多糖成层附着在内表面。

由于细胞在植物体内担负的功能不同，在形成次生壁时，原生质体常分泌有不同性质的化学物质填充在细胞壁内，与纤维素密切结合而使细胞壁的性质发生变化。

①木质化（lignifacation）。木质素填充到细胞壁中的变化称为木质化。木质素是苯丙烷衍生物为基本单位构成的一类聚合物，是一种亲水性物质，与纤维素结合在一起。细胞壁木质化后硬度增大，加强了机械支持作用，同时，木质化细胞仍可透过水分。木本植物体内由大量细胞壁木质化的细胞（如导管分子、管胞、木纤维等）组成。

②角质化（cutinication）。细胞壁上增加角质的变化称为角质化。角质是一种脂类化合物（由不同长度的脂肪酸组成）。角质化的细胞壁不易透水。这种变化大多发生在植物表皮细胞，角质常在表皮细胞外形成角质膜，以防止水分过分蒸腾、机械损伤和微生物侵袭。

③木栓化（corkification）。细胞壁中增加栓质的变化称为木栓化，栓质由脂类和酚类化合物构成，木栓化细胞壁失去透水和透气能力。因此，木栓化的细胞壁富有弹性，日用的软木塞就是由木栓化细胞形成的。木栓化细胞一般分布在植物的老茎、枝及老根外层，以防止水分蒸腾，保护植物免受恶劣条件侵害。根凯氏带中的栓质是质外体运输的屏障。

④矿质化（mineralization）。细胞壁中增加矿质的变化称为矿质化。最普遍的矿质元素有钙和硅，多见于茎叶表皮细胞。矿化的细胞壁硬度增大，从而增加植物支持力，保护植物不易受到动物侵害。玉米、水稻、小麦、竹子等禾本科植物的茎和叶非常尖利而粗糙，正是由于细胞壁含有二氧化硅（SiO_2）的缘故。

2.1.4.3 细胞连接

（1）初生纹孔场（primary pit field）

细胞的初生壁上有一些较薄的区域，称为初生纹孔场[图2-15(a)]。初生纹孔场上有一些小孔，其中有胞间连丝穿过。

（2）胞间连丝（plasmodesmata）

穿过细胞壁沟通相邻细胞的细胞质丝，称为胞间连丝。胞间连丝是在细胞分裂时细胞壁形成的过程中发生的，也可在细胞壁形成之后次生形成，而且可被阻断。在光学显微镜下一般难以观察到胞间连丝，但有少数植物的细胞（如柿的胚乳细胞），其细胞壁很厚，胞间连丝集中分布，再经特殊的染色，可在光学显微镜下观察到[图2-15(b)]。在电子显微镜下，胞间连丝通常是直径约40 nm的小管状结构[图2-15(c)]，管道的周围衬有质膜，管道中的质膜与相邻细胞的质膜相连。有些类型的胞间连丝管道内有压缩内质网（appressed ER），也称连丝微管（desmotubule），质膜与压缩内质网之间还有肌球蛋白和肌动蛋白性质的蛋白质，呈辐射状纤丝使之相连，有些类型的胞间连丝通道两边变得略狭小，形成明显

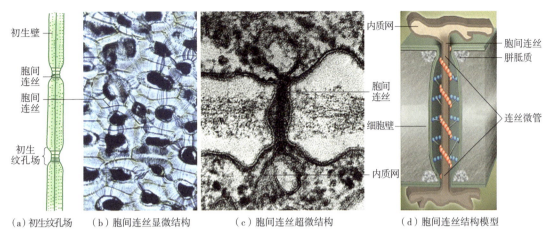

(a) 初生纹孔场　(b) 胞间连丝显微结构　(c) 胞间连丝超微结构　(d) 胞间连丝结构模型

图 2-15　初生纹孔场和胞间连丝

的"颈区",在其周围有类似动物括约肌(sphincter)的结构[图 2-15(d)],称为胼胝质(callose),用于控制胞间连丝的开闭程度;也有的胞间连丝结构简单,通道中不含内质网。

胞间连丝使植物体邻接细胞中的原生质体相互连接,形成共质体(symplast),共质体以外的部分称为质外体(apoplast),包括细胞壁、胞间隙和死细胞的细胞腔。在共质体中,胞间连丝为植物体的物质运输和信息传递提供了一个直接的、从细胞到细胞的细胞质通道。胞间连丝运输的物质,不仅包括矿质离子、糖、氨基酸和有机酸等小分子物质,还有蛋白质、核酸等大分子物质,甚至包括病毒、染色质等。胞间连丝还可相互融合形成次生的大通道,可在其中观察到有细胞质和细胞核的转移。胞间连丝口径的开放程度受到许多因子的调节,植物不同部位细胞群之间的胞间连丝可以开放或被阻断,对物质的运输和信息传递,以及对植物细胞的分化、植物体的生长发育、植物对环境的反应等均会产生一定的影响。

(3) 纹孔(pit)

纹孔存在于次生壁上,既可在初生纹孔场上形成,也可在细胞壁无初生纹孔场处形成。相邻两细胞之间的纹孔多成对存在,称为纹孔对(pit pair)。纹孔对之间的初生壁和胞间层构成了纹孔膜(pit membrane)。纹孔围成的腔称为纹孔腔。根据纹孔腔的式样,纹孔分为 3 种类型:单纹孔(simple pit)、具缘纹孔(bordered pit)与半具缘纹孔(half-bordered pit)(图 2-16)。

① 单纹孔。结构简单,细胞壁上未加厚部分,呈圆孔形或扁圆形,边缘不隆起[图 2-16(a)]。纹孔对的中间由初生壁和胞间层所形成的纹孔膜隔开。单纹孔从正面观察为一个圆形。

② 具缘纹孔。边缘的次生壁向细胞腔内呈架拱状隆起,这个拱起称为纹孔缘(pit border)。纹孔缘向细胞腔内拱起形成一个扁圆的小空间称为纹孔腔(pit cavity)。纹孔缘包围留下的小口称为纹孔口(pit aperture),呈一圆形或扁圆形。纹孔所在的初生壁为纹孔膜。松柏类植物的管胞在纹孔膜中央加厚,形成透镜状纹孔塞(pit plug)。因此,有些具缘纹孔在显微镜下从正面看起来是 3 个同心圆,外圈是纹孔腔的边缘,第二圈是纹孔塞的边缘,内圈是纹口的边缘。其他裸子植物和被子植物的具缘纹孔没有纹孔塞,因此,在正面只呈现 2 个同心圆[图 2-16(b)]。

③ 半具缘纹孔。是在管胞或导管与薄壁细胞间形成的纹孔。即一边是具缘纹孔,而另

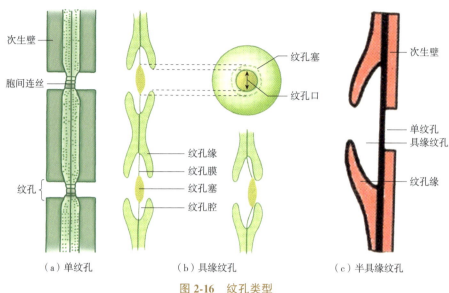

图 2-16　纹孔类型

一边是单纹孔，没有纹孔塞[图 2-16(c)]。

2.1.4.4　细胞后含物

生活细胞在进行各种生命活动时，会产生各种新陈代谢产物。这些产物统称后含物（ergastic substance）。后含物种类很多，有的是代谢过程中产生并贮藏在细胞内的营养物质；有的是生理活性物质，对细胞内多种生化反应和生理活动起着调节作用，其含量很少，效能却很高，是细胞维持新陈代谢不可或缺的物质；有的则是代谢过程产生的中间产物或废物。后含物往往以成形的或不成形的形式存在，有的在液泡中，有的分散于细胞质中，或两处都有。

(1) 贮藏物质

营养物质主要以淀粉、蛋白质和脂肪的形式贮藏于细胞中。以下是几种常见的贮藏物质。

① 淀粉（starch）。是细胞中贮藏碳水化合物的最普遍形式，常以颗粒的形态存在于细胞中，称为淀粉粒（starch grain）。淀粉在质体中合成，是由光合作用中产生的葡萄糖聚合形成的长链化合物。在显微镜下观察淀粉粒，可以看见有明暗相间的轮纹环绕着脐点（hilum）。脐点是淀粉粒的发生中心，碳水化合物沿着它层层沉积。由于直链淀粉和支链淀粉交替分层沉积，因此出现轮纹。根据淀粉粒所含脐点的数量和轮纹围绕脐点的方式，将淀粉分为以下 3 种主要类型：a. 单粒淀粉粒，通常只具 1 个脐点，环绕着脐点有无数轮纹；b. 复粒淀粉粒，具有 2 个或多个脐点，每一个脐点有各自的轮纹环绕，由若干分粒组成；c. 半复粒淀粉粒，具有 2 个或多个脐点，每一个脐点除了各自具有少数轮纹外，外面还包围着共同的轮纹。许多种子的胚乳、子叶以及植物的块根、块茎、根状茎中都含有大量的淀粉粒。

② 蛋白质（protein）。贮藏的蛋白质与构成原生质体的活性蛋白质不同，它是非活性、比较稳定的无生命的物质。贮藏的蛋白质一般以结晶和无定形的形式存在于细胞中，常形成糊粉粒（aleurone grain），呈无定形的小颗粒或结晶体。在植物种子胚乳和子叶的细胞

中，常能观察到数量众多的糊粉粒。

③油脂(lipid)。是细胞中含能量最高而体积最小的贮藏物质，是由脂肪酸和甘油结合形成的。一般的细胞中常含有少量的脂肪，但在种子和果实的细胞中含量很高。通常把常温下呈固体或半固体状态的油脂称为脂肪，如可可豆脂；呈液体状态的油脂称为油，如大豆油、芝麻油、花生油等。

(2) 植物次生物质

植物体中除了糖类、油脂、核酸和蛋白质等基本有机物之外，还存在许多其他有机物，例如，酚类、生物碱和萜类等。这些物质由糖类等有机物代谢衍生出来，称为植物次生物质(secondary plant product)。植物次生物质虽然与植物的生长发育没有直接关系，但在植物适应不良环境、抵御病原侵袭以及植物的代谢调控等方面起着重要作用。

①类黄酮(flavonoids)。种类繁多，近40 000种。其中花色素、黄酮醇和查耳酮与植物的颜色密切相关。常见的有花青素(cyanidin)等，它们使植物的器官呈现各种颜色，吸引动物传粉、受精，还能免受紫外线灼伤、抵御病原微生物侵袭。

②酚类化合物(phenolic compounds)。包括酚、单宁和木质素等，在许多植物的叶、维管组织、周皮、未成熟果实和种皮上广泛分布。它们存在于细胞质、液泡或细胞壁中，可阻止其他生物的侵害，还能强烈吸收紫外线，保护植物免受紫外线伤害。

③生物碱(alkaloids)。已发现的生物碱超过6 000种，主要分布于生长活跃的组织、表皮、表皮下组织、维管束鞘和有节乳管等部位。生物碱能够使植物免受其他生物的侵害，具有重要的生态学功能。常见的生物碱有奎宁、吗啡、小檗碱和莨菪碱等。

④萜类化合物(terpenes)。已知种类超过22 000种，其中包括抗癌药物紫杉醇(taxol)、强心药毛地黄毒苷(digitoxin)和工业原料橡胶(rubber)等。

⑤生氰糖苷(cyanogenic glycosides)。当植物细胞遭受破坏时，会产生氢氰酸，具有抑制呼吸作用的效果，可以致使侵害该植物的生物死亡。能由体内生氰糖苷产生氢氰酸的植物称为生氰植物(cyanogenic plants)。已知有2 000余种，分布在近100个科中。

⑥非蛋白氨基酸(nonprotein amino acid)。是植物中不用于合成蛋白质的氨基酸，已发现约200种。这些氨基酸可以作为蛋白质氨基酸的竞争性底物，影响氨基酸的吸收和蛋白质的合成，表现出抑制性效应，例如可以缓冲种子萌发、阻止花粉管生长等。它对动物有很大毒性，但对植物自身具有防护作用。

(3) 晶体

晶体(crystal)是植物细胞新陈代谢过程产生的，其以多种形式沉积于植物细胞的液泡中，以减少对细胞的毒害。常见的有草酸钙结晶(calcium oxalate crystal)和碳酸钙结晶(calcium carbonate crystal)。草酸钙结晶在细胞中常以下几种形式存在：棱柱或角锥状的单粒晶体，即单晶(solitary crystal)；两端尖锐的针状晶体，即针晶(acicular crystal)，在细胞中多成束存在，称针晶束(raphide)；许多单晶联合形成的结构，即簇晶(cluster crystal)。碳酸钙结晶通常呈钟乳体状态存在，所以又称钟乳体(cystolith)。

2.1.5 植物细胞的繁殖

细胞分裂是细胞生命活动的重要特征之一，植物的生长发育和繁衍与细胞分裂密切相关。细胞分裂有 3 种方式：无丝分裂、有丝分裂和减数分裂。

2.1.5.1 无丝分裂

无丝分裂（amitosis）是最早发现的一种细胞分裂方式，早在 1841 年雷马克（R. Remak，1815—1865）于鸡胚血球细胞中观察到无丝分裂现象。无丝分裂是最简单的分裂方式，分裂过程中，核仁、核膜都不消失，也没有染色体的出现，在细胞质中也不形成纺锤体，观察不到染色体复制和平均分配到子细胞中的过程，所以称为无丝分裂。又因为这种分裂方式是细胞核和细胞质的直接分裂，所以又称直接分裂（direct division）。

无丝分裂形式多样。一般是核仁先分裂成 2 个或多个，细胞核拉长成哑铃形，最后拉断成为两个核，在子核之间细胞质发生分裂，形成新细胞壁将其隔成 2 个细胞。在整个过程中，没有染色体和纺锤丝的出现，但并不表明细胞的染色体没有复制。事实上，进行无丝分裂的细胞同样有 DNA 的复制，并且细胞要增大。当细胞核体积增大 1 倍时，细胞就发生分裂。至于核中的遗传物质 DNA 是如何分配到子细胞中的，还有待进一步研究。

过去认为，进行无丝分裂的生物是不多的，通常是单细胞生物，特别是原生动物的生殖方式，例如，草履虫、变形虫主要靠这种方式进行繁殖。但后来发现，在动植物的生活旺盛、生长迅速的器官和组织中无丝分裂也比较普遍地存在，例如，植物各器官的薄壁组织、表皮、生长点和胚乳等细胞中，都曾观察到无丝分裂现象。这种分裂方式分裂速度快，分裂时物质和能量的消耗较少，在分裂时，细胞仍能执行其正常的功能，而且一次可以形成几个子核，为生长和繁殖提供了有利条件。

2.1.5.2 有丝分裂

有丝分裂（mitosis）是真核细胞最普遍的一种分裂方式，在分裂过程中，细胞核里出现了染色体与纺锤丝，有丝分裂由此而得名，有丝分裂过程可分为间期（interphase）和分裂期（division stage，即 M 期）（图 2-17）。

(1) 间期

间期是指从一次分裂结束到下一次分裂开始的一段时间。细胞在分裂之前，要先进行

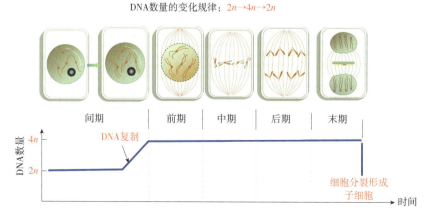

图 2-17　有丝分裂

物质准备然后才能进行细胞分裂，物质准备主要发生在间期。间期的细胞在形态上没有大的变化，细胞核具核膜、核仁，染色质分散于核基质中，然而这个时期细胞的代谢活动十分旺盛。

①复制前期（G_1期）。是指从分裂结束到复制期之前的一段时间。在复制前期，细胞生长所需要的各种蛋白质、糖类、脂类等物质大量合成，但不合成 DNA。

②复制期（S 期）。即 DNA 合成期，是指从 DNA 复制开始到 DNA 复制结束的一段时间。遗传物质载体 DNA 在这一时期复制。细胞经过复制前期，为 DNA 复制做好了各方面准备，进入复制期后，立即开始合成 DNA。

③复制后期（G_2期）。是指从复制期结束到有丝分裂开始前的一段时间。这时，细胞核内 DNA 的含量已增加 1 倍，在这个时期细胞为将要到来的分裂期进行了物质与能量的准备。

（2）分裂期

经过间期的准备之后，细胞开始进行分裂。细胞分裂可分为细胞核分裂和细胞质分裂。

①细胞核分裂。可分为前期、中期、后期、末期 4 个时期。

前期：最明显的特征是核内出现了染色体，随后核仁和核膜解体消失，同时出现纺锤丝。进入前期后，染色质螺旋化，逐渐缩短变粗，形成一种棒状结构，即染色体。这时的每一染色体都由经间期复制的两个染色单体组成，二者之间仅在着丝粒（centromere）处相连。

中期：在细胞中部，由纺锤丝形成纺锤体，染色体集中在纺锤体的中央，染色体的着丝粒排列在细胞中部的一个平面上，这个平面称为赤道面（equatorial plane）。中期染色体较清晰，是观察和研究染色体的适宜时期。

后期：每个染色体的两条染色单体从着丝粒处分开，成为两条染色体，细胞内两组子染色体分别向细胞两极移动。

末期：两组子染色体到达两极之后，去螺旋化成为染色质，核仁和核膜重新出现，形成了两个子核。至此，细胞核分裂结束。

②细胞质分裂。在细胞核分裂后期就已经开始。当两组子染色体接近两极时，纺锤丝在细胞中央相互平行，形成一个桶状结构，称为成膜体（phragmoplast）。在成膜体内有许多来自高尔基体、内质网的小泡，这些小泡在赤道面上彼此融合，融合后小泡中的物质在赤道面上形成一平板，称为细胞板（cell plate），将细胞质从中间开始隔开。同时，小泡的被膜相互融合，在细胞板两侧形成新的质膜。随着核分裂的进行，高尔基体或内质网小泡继续向赤道面集中并融合，使细胞板不断向四周扩展，最后与原来母细胞的壁连接起来。至此，两个细胞被完全分隔开。

以上介绍的细胞分裂过程是一个细胞周期（cell cycle）。细胞周期是指连续分裂的细胞从一次分裂结束到下一次分裂结束所经历的过程（图 2-18）。

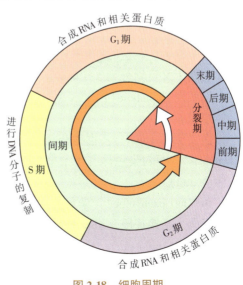

图 2-18　细胞周期

2.1.5.3 减数分裂

在植物的有性繁殖过程中，产生配子的细胞分裂，即减数分裂(meiosis)。减数分裂过程包括两次连续进行的细胞分裂，但染色体只复制一次。因此，1个母细胞形成的4个子细胞，其染色体数目只有母细胞的一半，减数分裂由此而得名。

减数分裂的两次细胞分裂都与有丝分裂相似，各自都可划分为前期、中期、后期、末期4个时期，但减数分裂比有丝分裂复杂。减数分裂的两次细胞分裂分别称为减数第一次分裂(减数分裂Ⅰ)和减数第二次分裂(减数分裂Ⅱ)(图2-19)。

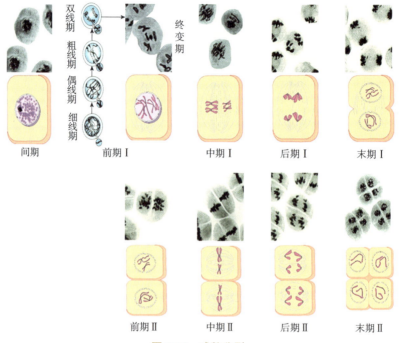

图 2-19　减数分裂

(1) 减数分裂Ⅰ

①前期Ⅰ。在这时期复制过的染色体发生了一系列复杂的变化。根据染色体形态的变化，前期Ⅰ又可划分为5个时期。

细线期(leptotene)：DNA复制完成，出现极细线状的染色体，每条染色体由2条染色单体组成。

偶线期(zygotene)：也称合线期。细胞内的同源染色体两两靠近，这一现象称为联会(synapsis)。每对染色体有4条染色单体，构成一个单位，称为四价体(quadrivalent)或四联体(tetrad)。

粗线期(pachytene)：染色体继续缩短变粗。在四价体内，同源染色体的染色单体之间发生交叉，互换片段，也就是遗传物质发生了变化。

双线期(diplotene)：染色体进一步缩短变粗，四价体结构清晰可见。

终变期(diakinesis)：染色体变得更短更粗，达到最小体积。此时是观察和统计染色体数量的最佳时期。终变期末，核仁和核膜消失，纺锤体出现。

②中期Ⅰ。纺锤丝形成纺锤体，同源染色体成对地排列到细胞中央的赤道面上。

③后期Ⅰ。成对的同源染色体分开，并分别移向两极，这时每极染色体的数量只有原来的1/2。

④末期Ⅰ。染色体到达两极并变为染色质，核仁和核膜重新出现。同时，与有丝分裂一样进行细胞质分裂，形成两个子细胞。

（2）减数分裂Ⅱ

减数第二次分裂未发生 DNA 的复制，短暂间歇后，紧接着开始进行减数第二次分裂。减数分裂Ⅱ的分裂过程实质上是一次普通的有丝分裂，经过前期Ⅱ、中期Ⅱ、后期Ⅱ、末期Ⅱ 4个时期，最后形成两个子细胞，整个减数分裂过程结束。

减数分裂有着重要的生物学意义，经过减数分裂两次连续的细胞分裂，一个母细胞形成了4个子细胞，并且每个子细胞的染色体数量只有母细胞的1/2。在有性生殖时，两个生殖细胞经过受精形成合子，合子的染色体数量又恢复到了体细胞的染色体数量，保持了后代的遗传稳定性。同时，减数分裂过程中的联会与交换（crossover），又提供了变异的机会，使后代有更强的生活力。

2.2 植物组织

细胞是植物体的基本单位，有的植物体本身就是一个细胞，一切生命活动过程都在一个细胞内进行，而绝大多数植物是由无数的细胞分工协作来完成整个生命活动。不同的细胞形状不一，行使的功能各异。因此，我们把个体发育中来源相同、功能相同、形态构造相似的细胞群，称为组织（tissue）。

2.2.1 植物细胞的生长、分化和组织形成

通过分裂产生的子细胞有的进入下一个细胞周期，再行分裂；而有的不再分裂，细胞不断液泡化，体积和重量不断增加，这个过程称为细胞生长（cell growth）。细胞生长是指分裂形成子细胞后，紧接着发生细胞体积和重量的增长。

生长了的细胞为适应各种功能的需要在基因表达、生理生化、形态结构上发生了变化，例如，形成具有支持作用的纤维细胞，强烈木质化，次生壁厚；形成具有输导功能的输导细胞（导管分子、筛管分子）等。这种同源细胞逐渐变为结构功能、生长特征相异的细胞的过程被称为细胞分化（cell differentiation）。基因差异表达和生理生化变化是形态结构功能发生变化的内在基础，而形态结构功能的变化是基因差异表达和生理生化变化的外在表现。

细胞分化机理是生物学研究领域的重点和热点问题之一。对于植物细胞分化机理，近年来提出了程序性细胞死亡理论。细胞受其内在基因编程的调节，通过主动的生化过程而全面降解，形成特定细胞的现象，称为程序化细胞死亡（programmed cell death，PCD），也称细胞凋亡（apoptosis）。导管分子、纤维细胞等就是植物体内程序化细胞死亡的结果。

为什么同源相似的细胞能分化形成有差异的细胞呢？近代植物组织培养技术的发展和实验形态学的研究表明，植物体具有细胞全能性（totipotency）。细胞全能性的概念是1902年由

德国植物学家哈布兰特(G. Haberlandt)提出的,其基本含义是指在一个有机体内,每一个生活细胞均具有同样的或基本相同的成套遗传物质,而且具有发育成完整有机体或分化为任何细胞的潜能。幼嫩细胞中有80%以上的基因处于非活性状态。分化的本质是某些原来非活性的基因被激活,由于激活的基因不同,转录和翻译的产物就不同,因此经分化产生的细胞也就不同。

分化了的细胞并非一成不变,在一定条件下全面恢复分裂能力,这个过程称为细胞脱分化(dedifferentiation)。分化和脱分化都需要一定的条件。如植物组织培养,取茎尖用MS培养基进行继代培养,它始终处于愈伤组织不再分化的状态。若想形成植株就需改变培养基配方、改变生长素与细胞分裂素的比例。不单是茎尖培养,单细胞培养、原生质体培养都有成功证明细胞全能性存在的例子。

低等植物细胞分化不明显或只有简单的分化,而高等植物在适应陆地生活过程中,体内分化出许多生理功能和形态构造不同的细胞群。就个体发育而言,组织的形成是植物细胞分裂、生长、分化的结果;就系统发育而言,植物组织的出现是长期进化的结果,植物进化程度越高,其细胞分工就越细,组织分化也就越明显。

2.2.2 植物组织的类型

植物组织种类很多,按照细胞分裂能力的强弱,分为分生组织(meristematic tissue)和成熟组织(mature tissue)。根据行使的功能不同,又把成熟组织划分为5类,分别是薄壁组织(parenchyma)、保护组织(protective tissue)、输导组织(conducting tissue)、机械组织(mechanical tissue,又称支持组织)和分泌组织(secretory tissue)。根据组织所含细胞种类单一与否,又可分为简单组织(simple tissue)和复合组织(complex tissue)。

2.2.2.1 分生组织

在植物胚胎发育早期,所有的胚细胞都具有强烈的分裂能力。伴随胚胎的发育、植物体的形成,只有某些特定区域的细胞保留了胚性细胞(embryogenic cell)的特性。这些保留了胚性细胞分裂能力的细胞群称为分生组织。分生组织能在植物个体中一直保持分裂能力,持续增加细胞数量,使植物体不断生长和发育。分生组织的细胞结构特征:细胞小,排列紧密,无胞间隙,细胞壁薄,细胞核大,细胞质浓,液泡小或不明显。分生组织按发生部位可分为顶端分生组织(apical meristem)、侧生分生组织(lateral meristem)和居间分生组织(intercalary meristem);按其来源和发展可分为原分生组织(promeristem)、初生分生组织(primary meristem)和次生分生组织(secondary meristem)。

(1) **按发生部位分类**

①**顶端分生组织**。位于植物根、茎及其分支的先端,即生长点(growing point)(图2-20)。最先端部分由胚性细胞构成,有持续分裂的能力,是产生其他组织的发源处。其分裂活动使植物体根伸长和茎长高。

②**侧生分生组织**。存在于植物体侧面,环状排列,与根、茎长轴平行,包括维管形成层、木栓形成层。其分裂活动使植物体增粗(图2-21)。

③**居间分生组织**。是指从顶端分生组织中保留穿插于茎、叶、子房柄、花梗和花序轴等器官局部成熟组织之间的分生组织。其分裂能力有限,一定时期后将全部形成成熟组织。水

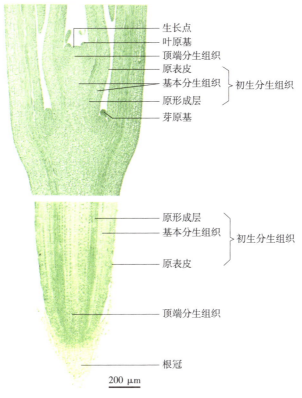

图 2-20 茎尖和根尖的顶端分生组织

稻茎尖分化成幼穗后，仍能借助节间基部保留的居间分生组织活动，使茎快速长高，完成拔节和抽穗。竹笋的快速长高便是各节间的居间分生组织活动的结果；葱、韭菜割叶后能继续生长也归因于叶基居间分生组织的分裂活动。

（2）按来源和发展分类

①原分生组织。来源于胚或植物体生长部位中不分化的胚性细胞，有持续分裂的能力，存在于根尖和茎尖的最先端，是产生其他组织的发源处。原分生组织的细胞结构特征：细胞排列紧密，无胞间隙，通常细胞壁薄，由果胶质和纤维素组成，细胞核大，细胞质浓，具有较多的细胞器和发达的膜系统。

图 2-21 侧生分生组织

②初生分生组织。由原分生组织衍生而来，位于原分生组织之后。它们仍具较强的分裂能力，但在细胞分裂的同时，细胞开始分化，因而初生分生组织可以分为原表皮、原形成层和基本分生组织 3 部分（图 2-20），它们将继续分裂分化形成表皮、皮层、维管组织、髓等成熟组织。

③次生分生组织。由某些成熟组织经脱分化重新恢复细胞分裂能力而来。

将两种分类方法对应起来看，顶端分生组织由原分生组织和初生分生组织两部分组成，侧生分生组织中的束间形成层和木栓形成层就是典型的次生分生组织。

居间分生组织有两种来源，一种是源于顶端分生组织，保留在节间的，称为原发性居间分生组织，例如，禾谷类的抽穗和茎秆倒伏后恢复直立、麻黄的节间伸长，以及松叶的生长、竹笋的快速长高，从起源上看均属于初生分生组织；另一种是由一些已分化的成熟组织恢复分裂能力而来，称为再发性居间分生组织，例如，花生受精后其子房下部的薄壁组织重新恢复分裂能力，雌蕊柄伸长，将子房推入土中而发育成果实，从起源上看属于次生分生组织。

2.2.2.2 成熟组织

分生组织衍生的大部分细胞逐渐丧失分裂能力，最终分化形成执行特定功能的细胞群。这些细胞在生理、形态结构上相对稳定，通常不再分裂，称为成熟组织，又称永久组织(permanent tissue)。

(1) 薄壁组织

薄壁组织是由生活薄壁细胞组成的组织。它在植物体内分布很广，遍布植物各处与其他组织结合，成为植物体的基本部分，所以通常又称基本组织(ground tissue)。大多数薄壁细胞排列疏松，胞间隙明显，细胞壁具有初生壁性质，液泡较大，细胞质较少(图2-22)。薄壁组织的细胞分化程度较低，具有潜在的分裂能力，可进一步分化为其他组织，对创伤的愈合具有重要作用。

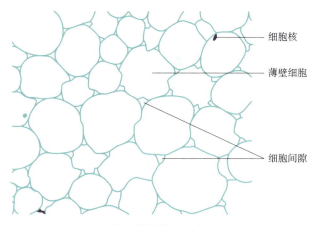

图 2-22 向日葵茎的髓细胞
(示薄壁组织)

薄壁组织的功能主要与植物的营养有关，具有同化、贮藏、吸收和通气等功能。因此，根据薄壁组织的生理功能又可分为同化组织(assimilating tissue)、贮藏组织(storage tissue)、贮水组织(aqueous tissue)、通气组织(ventilating tissue)、吸收组织(absorptive tissue)和传递细胞(transfer cell)等。

①同化组织。是含有叶绿体、能进行光合作用的薄壁组织。多分布于叶肉中，绿色的幼茎、叶柄、幼小果实中也有分布。

②贮藏组织。是含有大量营养物质的薄壁组织。细胞较大，含有大量淀粉、糊粉粒、

油脂或糖等营养物质。多分布于植物的根、茎、果肉、种子的胚乳和子叶中。

③贮水组织。是能贮积大量水分的薄壁组织，例如，一些旱生植物(如仙人掌属)的茎，芦荟属、景天属等植物的叶，是植物适应干旱环境的结构。

④通气组织。是薄壁细胞解体形成的具有特大胞间隙的薄壁组织。胞间隙可相互连通形成气腔或网状气道。气腔或气道中贮存大量空气，有利于器官间气体交换。水生植物和湿生植物具有发达的通气组织，如水稻的叶和藕的根状茎，是植物适应水生环境的结构。

⑤吸收组织。是具有吸收功能的薄壁组织，如根毛。

⑥传递细胞。有些薄壁细胞具有内突生长的细胞壁，增大了质膜的表面积，并含有丰富的细胞器和胞间连丝，有行

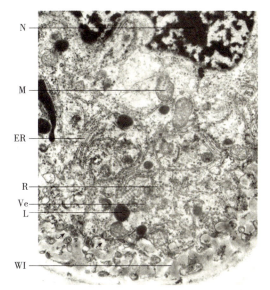

可见形状不规则的核（N），细胞质中有丰富的多聚核糖体（R），许多线粒体（M）和小泡（Ve），以及发达的内质网（ER）和造油体（L），分泌面的壁有具分支的内突（WI）。

图 2-23　传递细胞
（胡适宜，2016）

使短途运输的功能，特称为传递细胞(图 2-23)。传递细胞多集中于植物体内溶质相对集中的部位，被认为与溶质的短途运输有关。

(2) 保护组织

保护组织覆盖于植物体的表面以及根部不进行吸收作用的成熟后的表面，由一层或多层细胞组成。保护组织的主要功能是控制蒸腾，防止水分过度丧失，防止机械损伤和避免其他生物的侵入。

保护组织根据来源和形态特征不同可分为两类：初生保护组织——表皮，次生保护组织——周皮。

①表皮(epidermis)。是一层连续的组织，包被在整个植物体的表面，通常由一层细胞组成。表皮由原表皮分裂分化而来，属于初生组织，是活细胞，一般不含叶绿体(蕨类植物的叶除外)。表皮细胞大多扁平，排列紧密，除气孔外没有缝隙，其外壁通常加厚，同时角化，常形成角质层，起保护作用。

表皮上穿插着许多小孔，称为气孔(stoma)，是植物与外界进行气体交换的通道。原表皮的某些细胞发生不均等的分裂，产生两个大小不等的细胞。大细胞分化为表皮细胞(epidermal cell)；小细胞再进行一次分裂，形成一对保卫细胞(guard cell)。这一对保卫细胞其相邻的壁的中层消失，成为气孔。一对保卫细胞和气孔合称气孔器(stomatal apparatus)。

保卫细胞具叶绿体，细胞质浓，核大。通常在近气孔面的细胞壁较厚，而邻接表皮细胞方向的壁则较薄。保卫细胞光合作用合成糖，浓度增大，吸水膨胀，使向表皮细胞的壁扩张，而保卫细胞弯曲，引起气孔开放。当保卫细胞失水膨压降低，保卫细胞恢复原状，导致气孔关闭。因此，保卫细胞对气孔的开闭控制具有决定意义。

气孔器的结构类型在一些植物中有所不同。双子叶植物气孔器的保卫细胞呈半月形[图 2-24(a)]。单子叶植物的气孔器由保卫细胞和副卫细胞组成,保卫细胞呈哑铃形,两球形部分是薄壁的,中间窄的部分是厚壁的[图 2-24(b)]。裸子植物气孔器下陷于表皮中,或位于气孔腔内[图 2-24(c)]。

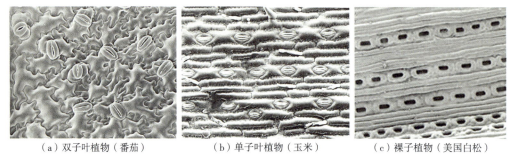

(a) 双子叶植物(番茄)　　(b) 单子叶植物(玉米)　　(c) 裸子植物(美国白松)

图 2-24　气孔器的结构类型

表皮除具有气孔外,通常还具有各类型的表皮毛(epidermal hair)(图 2-25)。表皮毛是由表皮细胞向外延伸而成的,能发挥保护作用。它有单细胞、多细胞;有单条的、分枝的;有的是活细胞、有的是死细胞。有些表皮毛具有分泌功能,称为腺毛(glandular hair),如泡桐、薄荷等(图 2-26)。

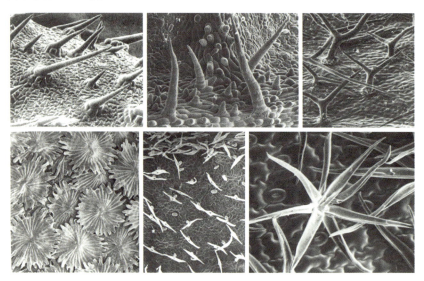

图 2-25　表皮毛

②周皮(periderm)。多年生植物体在增粗过程中表皮细胞被逐渐破坏,形成周皮,代替表皮起保护作用。周皮由木栓形成层活动产生。木栓形成层是由表皮、皮层或中柱鞘转化来的,主要进行平周分裂,向外产生木栓层(phellem),向内产生栓内层(phelloderm)。木栓层由数层细胞壁木栓化的死细胞构成,栓内层由生活的薄壁细胞组成。木栓层、木栓形成层和栓内层合称周皮。从起源上看,它由次生分生组织分化而来,属于次生构造。

周皮不断积累形成树皮(bark)。但实际生产中,树皮是植物学定义的树皮与韧皮部、部分形成层的合称。在树皮、茎秆上,肉眼可以观察到一些褐色或白色的圆形、椭圆形、

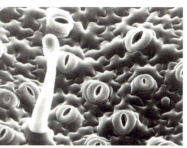

(a)泡桐腺毛显微结构　　　　(b)泡桐腺毛超微结构

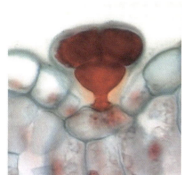

(c)薄荷腺毛显微结构　　　　(d)薄荷腺毛超微结构

图 2-26　腺毛

方形、菱形、长条形等各种斑点,即皮孔(lenticel)。它是气孔被破坏后形成的次生构造。在气孔或气孔群下,木栓形成层向外不产生木栓细胞,而产生许多排列疏松的薄壁细胞,称为补充细胞(complementary cell)。由于补充细胞的数量不断增多,逐渐向外扩张,将表皮及木栓层胀破,形成表层突起,呈现各种外形。皮孔是周皮形成后植物体与外界环境进行气体交换的通道(图 2-27)。

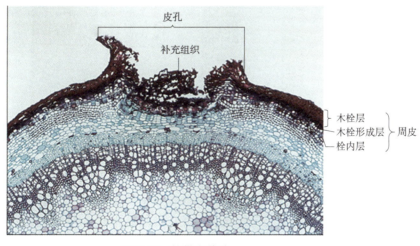

图 2-27　接骨木的茎
(示周皮、皮孔)

(3) 输导组织

输导组织的主要作用是运输水分和有机物。输导组织就像人体的心血管系统,它们贯穿植物体的各种器官,形成一个充分而完善的运输系统。输导组织根据结构和所运输的物质种类可分为两类:一类是运输水分和无机盐的导管和管胞;另一类是运输有机物的筛管和筛胞。

①导管(vessel)。是由许多管状的死细胞以端壁连接而成,是被子植物的输水组织。组成导管的每一个细胞称为导管分子(vessel element)。导管是由原形成层或形成层产生的子细胞分化而成。导管形成时,上下连接的细长的细胞进行伸长和增粗生长,其中有大液泡把细胞质集中到细胞的边缘,以后液泡膜破裂,释放水解酶类,将原生质体分解,同时水解导管分子的两横壁,形成穿孔(perforation)。穿孔有单穿孔(simple perforation)和复穿孔(multiple perforation)。复穿孔是指在横壁上形成多个穿孔,有梯状穿孔、网状穿孔等。

导管分子在增粗生长时,细胞壁并非均匀加厚,由于木质化加厚方式有所不同,故出现了各种类型。根据导管壁增厚形成的花纹和纹孔类型,分为环纹导管、螺纹导管、梯纹导管、网纹导管和孔纹导管5种类型(图2-28)。环纹导管(annular vessel),增厚部分呈环状,导管直径较小,存在于幼嫩器官中。螺纹导管(spiral vessel),增厚部分呈螺旋状,导管直径一般较小,多存在于植物幼嫩器官中。梯纹导管(scalariform vessel),增厚部分与未增厚部分间隔呈梯形,多存在于器官停止生长的部分。网纹导管(reticulated vessel),增厚呈网状,网孔是未增厚的细胞壁,导管直径较大,多存在于器官成熟部分。孔纹导管(pitted vessel),细胞壁绝大部分已增厚,未增厚处为单纹孔或具缘纹孔,导管直径较大,多存在于器官成熟部分。

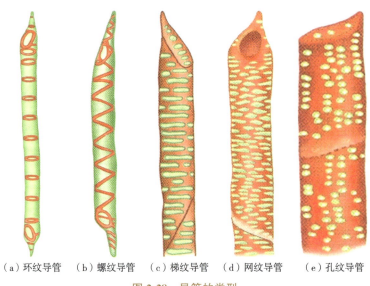

(a) 环纹导管　(b) 螺纹导管　(c) 梯纹导管　(d) 网纹导管　(e) 孔纹导管

图 2-28　导管的类型

(杨世杰,2010)

在植物进化过程中,相对原始的被子植物的导管分子,管腔狭,呈复穿孔,而较高级的被子植物的导管分子,管腔大,呈单穿孔。因此,推测穿孔板是从复穿孔向单穿孔进化的。在植物个体发育中,环纹导管和螺纹导管出现较早,网纹导管和孔纹导管出现较晚,前两者的分化程度较低,而后两者的分化程度较高。

导管的输水能力并非永久不变,而是随着新导管的代替、侵填体(tylosis)的入侵逐渐失去输导功能。侵填体是指导管失去输导功能后，由相邻的薄壁细胞通过纹孔向导管腔内侵入鞣质、树脂等内含物，形成起堵塞导管作用的囊状物。侵填体的形成，能够阻止病原物的侵害，增强木材的坚实度和耐水性，还能防止创伤造成溶液外渗。

②管胞(tracheid)。是蕨类植物和裸子植物唯一的输水组织，它也在被子植物中存在。每一管胞是一个死细胞，管胞与管胞之间通过具缘纹孔进行物质交流。与导管分子相比，它细胞狭长而两端斜尖，略呈纺锤形，横切面呈长方形或近方形。细胞强烈增厚木质化。管胞的增厚式样常形成环纹、螺纹、梯纹、孔纹等类型(图2-29)。管胞除用于输水外，兼有支持功能。裸子植物叶中的木质部主要由管胞组成，并无其他的机械组织，管胞担负了输导和支持的双重作用，这表明裸子植物较被子植物原始。

③筛管(sieve tube)。是被子植物输送有机养分的组织，是由多个活细胞连接形成的管状结构，组成筛管的每一个细胞称为筛管分子(sieve tube member)(图2-30)。筛管分子的分化开始于原形成层或形成层细胞的不均等分裂。较大的细胞分化为筛管分子，而较小的形成伴胞(companion cell)。筛管分子发育早期，原生质体含有大的细胞核和液泡及大量细胞器；但到了后期，细胞核及一些细胞器消失。成熟的筛管分子是无核的，但它仍是活细胞。

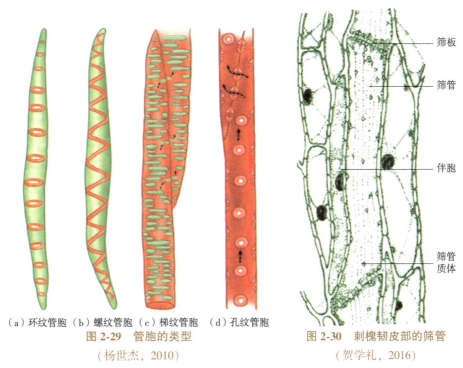

(a)环纹管胞 (b)螺纹管胞 (c)梯纹管胞 (d)孔纹管胞
图2-29 管胞的类型
(杨世杰，2010)

图2-30 刺槐韧皮部的筛管
(贺学礼，2016)

两筛管分子相接的横壁，是一个具有筛孔(sieve pore)的区域，称为筛板(sieve plate)。它可以是简单的，即由一个筛域(sieve area)组成，也可以是复合的，由几个筛域通过壁加厚的横条隔离组成。相连的两个细胞的细胞质通过筛孔彼此相连，与胞间连丝的情况相似但较粗，称为联络索(connecting strand)。联络索的四周常有胼胝质(callose)围绕。

科研人员对胼胝质在筛管中对物质的运输进行了研究。当植物体受到伤害，在筛管中积累胼胝质，但棕榈的筛管中没有胼胝质。芍药和多年生单子叶植物，其胼胝质的产生是有季节性的。在成熟筛管分子中还看到不连续的黏液体(mucus body)，这些黏液体由细管聚集而成，称 P-蛋白体(phloem protein body)。P-蛋白体的重要功能是促进细胞中物质的移动。

伴胞是筛管分子旁边紧贴的一至数个小型、细长、两头尖的薄壁细胞。伴胞与筛管分子由同一个母细胞分裂而来。伴胞有明显的细胞核，细胞质浓厚，具有多种细胞器和许多小液泡，尤其含有大量线粒体，说明伴胞代谢活动活跃，但质体内膜分化较差。伴胞与筛管侧壁之间有胞间连丝相通，这对维持筛管质膜的完整性，进而维持筛管功能有重要作用。

④筛胞。筛胞与筛管是按筛域的特化程度、筛域类型和分布的不同情况而分的。筛胞(sieve cell)是蕨类和裸子植物输送有机物的细胞。它形成纵行长管，单细胞聚集成群。筛胞比较细长，直径小，细胞末端渐尖，筛板并非集中在筛胞的顶端，而是分布在侧壁上。

(4) 机械组织

机械组织在植物体内主要起机械支持作用，主要特征是细胞的次生壁强烈加厚。根据细胞形状、加厚程度和加厚方式，它可以分为厚角组织和厚壁组织。

①厚角组织(collenchyma)。是由长形的生活细胞组成，常具叶绿体。它常在壁的局部加厚，如南瓜的茎[图 2-31(a)]和烟草的叶柄[图 2-31(b)]。厚角组织在植物体中是最早出现的机械组织，起支持生活作用，在幼茎、花梗、叶柄等均有分布。

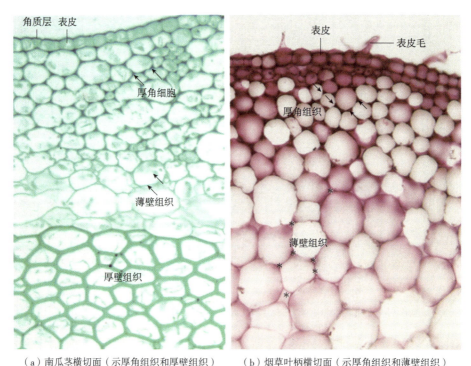

（a）南瓜茎横切面（示厚角组织和厚壁组织）　（b）烟草叶柄横切面（示厚角组织和薄壁组织）

图 2-31　厚角组织

②厚壁组织(sclerenchyma)。细胞壁发生强烈的次生增厚，细胞腔小，成熟细胞常为死细胞。根据形态，它分为长轴的纤维(fiber)，以及形状不规则的石细胞(sclereid)。

纤维：细胞细长，两端尖细，略呈纺锤形，细胞壁极厚，细胞腔极小，纹孔大都呈缝隙状。成熟的纤维为死细胞[图 2-32(a)]。根据存在部位和细胞壁特化程度不同，纤维可分为木质部外纤维和木纤维(xylem fiber)。木质部外纤维包括韧皮纤维(phloem fiber)、皮层纤维和围绕维管束的纤维。韧皮纤维较其他纤维细胞长，一般长 1~2 mm，麻类植物的韧皮纤维更长，如苎麻的长达 200 mm 以上，最长的可达 550 mm 左右。韧皮纤维的次生壁主要由纤维素形成，未木质化或木质化程度低。垂柳、桑、构树等树木也有韧皮纤维，韧性很强，其枝条富有韧性不易折断。木纤维主要存在于双子叶植物的木质部中，是木质部的主要组成部分。木纤维长度比韧皮纤维短，通常 1 mm。木纤维次生壁增厚的程度一般不及韧皮纤维。

石细胞(sclereid)：一般是球形、椭圆形或多角形，也有呈骨状或不规则的分枝状[图 2-32(b)]。石细胞的细胞壁极度增厚，并常木质化、木栓化、角质化，大多存在于果皮、种皮中。

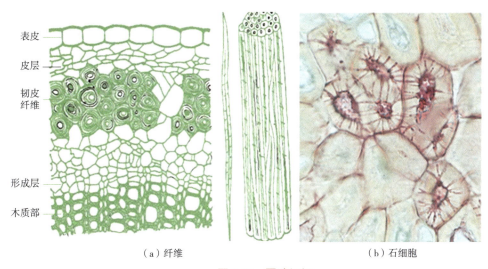

图 2-32　厚壁组织

(5) 分泌组织

植物体中凡能产生分泌物质的有关细胞或特化的细胞组合，统称分泌组织(secretory tissue)。组成分泌组织的细胞，称为分泌细胞(secretory cell)。分泌结构又可分为外分泌组织和内分泌组织。

①外分泌组织(external secretory tissue)。是将分泌物排到植物体外的分泌结构，大多分布在植物体表面，如腺毛、腺鳞、蜜腺、排水器等(图 2-33)。

腺毛(glandular hair)：有时把腺毛归入保护组织，是表皮毛的一种。它把分泌物排出体外。其结构由柄部和头部两部分组成，头部由分泌细胞组成，柄部无分泌作用。例如，泡桐腺毛的柄部由一列细胞组成，头部由 4 个分泌细胞组成。

腺鳞(glandular scale)：鳞片状腺毛，头部大而扁平，柄部极短或无，排列成鳞片状。腺鳞普遍存在于植物中，尤以唇形科、菊科和桑科植物中常见。

蜜腺(nectary)：由表皮细胞特化而来，具有分泌糖液的多细胞腺体结构，位于植物体表面特定部位。蜜腺包括虫媒植物花部的花蜜腺和位于营养体上的花外蜜腺。蜜汁分泌量多的植物是良好的蜜源，有较高的经济价值。

盐腺(salt gland)：有些盐生植物(如柽柳等)，在茎叶表面形成盐腺，通过盐腺分泌过多的盐分达到体内盐分平衡。

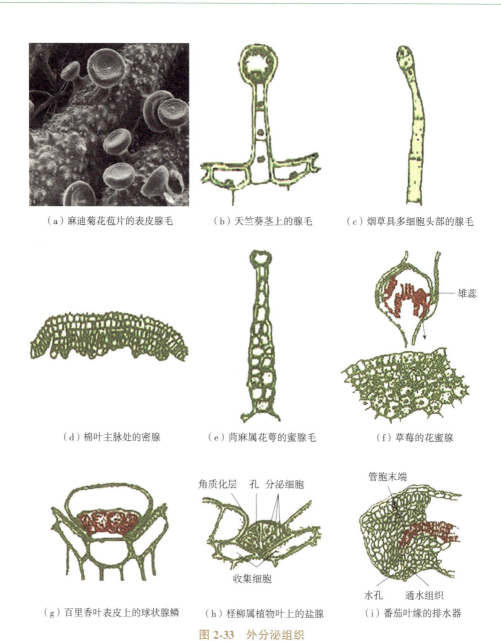

图 2-33 外分泌组织
(贺学礼，2016)

腺表皮(glandular epidermis)：是植物体某些部位具有分泌功能的表皮细胞，如矮牵牛、漆树等许多植物花的柱头表皮均为腺表皮。柱头细胞呈乳头状突起，能分泌糖、氨基酸、酚类化合物等柱头液，有利于黏附花粉并促进花粉萌发。

排水器(hydathode)：是植物将体内过多水分排出体外的结构，其排水过程称为吐水。排水器常分布在叶尖和叶缘，由水孔和通水组织构成。当排水器发育时，靠近原形成层的细胞可以发育形成通水组织；这种组织具有小而壁薄、细胞质相当浓的细胞，并有少量的胞间隙。通水组织一般不含叶绿体。

②内分泌组织(internal secretory tissue)。是将分泌物积累在植物体细胞内或细胞间隙中的分泌结构。常见的有分泌细胞、分泌腔、分泌道和乳汁管。

分泌细胞(secretory cell)：以单个细胞存在，可以是生活细胞或非生活细胞，在细胞腔内积聚特殊的分泌物。分泌细胞常大于它周围的细胞，外形有囊状、管状或分枝状。根据分泌物类型不同，分泌细胞可分为油细胞(樟科、木兰科)、黏液细胞(仙人掌科、锦葵科)、含晶细胞(桑科、蔷薇科、景天科)以及树脂细胞、芥子酶细胞等。

分泌腔(secretory cavity)：最初是一群分泌细胞，细胞内含少量分泌物，后来物质增多，细胞质逐渐减少，最后细胞解体，细胞壁溶解而形成腔囊，细胞中的分泌物贮积在腔囊中。这个腔囊称为溶生分泌腔，如柑橘果皮的透明亮点就是分泌腔[图2-34(a)]。分泌腔还有一种形成方式，称为裂生分泌腔，由具有分泌能力的细胞群，因胞间层溶解，细胞相互分开而形成，如桉属的一些植物。

分泌道(secretory canal)：松柏类植物木质部中的树脂道[图2-34(b)]和漆树韧皮部中的漆汁道，是分泌细胞发生胞间溶解形成的裂生分泌道，完整的分泌细胞衬在分泌道周围，树脂或漆液由这些细胞排出，积存在分泌道中。

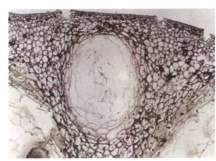 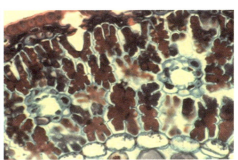

(a) 柑橘的分泌腔　　　　　　　　(b) 黑松的树脂道

图2-34　分泌腔与分泌道

乳汁管(laticiferous tube)：是一类能分泌乳汁的特殊管状结构。它可分为无节乳汁管和有节乳汁管两类。无节乳汁管由一个细胞发育而成，含多核、多分枝，随植物体的生长而延贯于植物体内。如桑、夹竹桃、大麻[图2-35(a)]、大戟属植物等。有节乳汁管由许多具乳汁的细胞连接而成，细胞分枝或不分枝，连接处的细胞横壁消失，成为多核的巨大管状系统，如橡胶树、蒲公英、罂粟、莴苣、叶柱藤属植物[图2-35(b)]等。

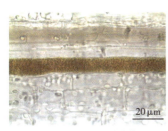 

(a) 大麻的无节乳汁管　　　　　　(b) 叶柱藤属植物的有节乳汁管
(Teixeira et al., 2020)　　　　　　　(Pace et al., 2019)

图2-35　乳汁管

2.2.2.3 复合组织和组织系统

植物个体发育中，凡由同类细胞构成的组织统称简单组织（simple tissue），包括分生组织、机械组织、薄壁组织、输导组织；而由多种类型细胞构成的组织，称为复合组织（complex tissue），包括保护组织（表皮和周皮）和维管组织（木质部、韧皮部）。

(1) 维管组织

植物体的各部分组织相互配合，共同执行各种机能。在蕨类植物和种子植物的器官中有一种以输导组织为主体由输导组织、机械组织、薄壁组织等组成的复合组织，称为维管组织（vascular tissue）。当维管组织在器官中成分离的束状结构存在时，称为维管束（vascular bundle）。

维管束一般包括3部分：韧皮部、木质部和束中形成层。木质部包含导管、管胞、木薄壁组织和木纤维，韧皮部则包含筛管、伴胞、韧皮薄壁组织和韧皮纤维。在不同植物中各部分的成分有所不同。

根据维管束内有无形成层，维管束可分为有限维管束（closed bundle）和无限维管束（open bundle）。有限维管束在其形成过程中，原形成层全部分化为初生木质部和初生韧皮部，没有保留形成层，因此它的形成是有限的。单子叶植物属于此类。无限维管束在初生木质部和初生韧皮部之间保留了形成层，能不断分裂产生次生组织，这类常见于双子叶植物和裸子植物。

根据维管束中木质部和韧皮部的位置，可分为以下5类（图2-36）。

外韧维管束（collateral bundle）[图2-36(a)]：韧皮部朝向茎周、木质部朝向中心的称为外韧维管束。一般种子植物的茎、叶属于此类。

双韧维管束（bicollateral bundle）[图2-36(b)]：韧皮部位于木质部内外两侧的一种维管束类型。如葫芦科、茄科、旋花科等一些植物。

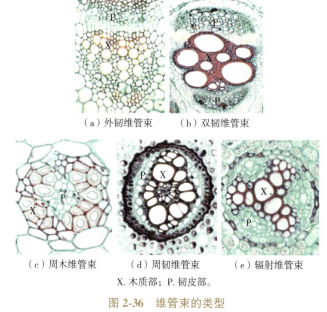

(a) 外韧维管束　　(b) 双韧维管束

(c) 周木维管束　　(d) 周韧维管束　　(e) 辐射维管束

X. 木质部；P. 韧皮部。

图 2-36　维管束的类型

（杨世杰，2010）

周木维管束(amphivasal bundle)[图2-36(c)]：韧皮部位于中央，木质部包围其外成同心圆。如胡椒科一些植物的茎，香蒲、鸢尾、铃兰的根状茎中均为周木维管束。

周韧维管束(amphicribral bundle)[图2-36(d)]：木质部位于中央，韧皮部包围其外成同心圆。如蕨类植物的根状茎，秋海棠、大黄属的茎。

辐射维管束(radial vascular bundle)[图2-36(e)]：木质部、韧皮部呈辐射状相间排列，是存在于初生根中的一种维管束类型。

维管束类型的变化是植物长期进化的结果，反映了植物的特征和大类群的亲缘及演化关系。

(2) 组织系统

植物体是一个有机的整体，各个器官除了功能上的相互联系外，它们的内部结构也必然具有连续性和统一性。植物器官或植物体内，由一些复合组织组成的基本结构和功能单位，称为组织系统(tissue system)。通常将植物体内的各类组织归纳为3种组织系统。

① 皮组织系统(dermal tissue system)。简称皮系统，包括表皮和周皮，覆盖于植物体的外表，对植物体起保护作用。

② 维管组织系统(vascular tissue system)。简称维管系统，是植物全部维管组织的总称。维管组织错综复杂、相互联系，贯穿于整个植物体中，组成一个结构和功能完整的单位，起强大的输导和支持作用。

③ 基本组织系统(ground tissue system)。简称基本系统，包括各种薄壁组织、厚角组织和厚壁组织，分布于皮系统和维管系统之间，是植物体的基本组成部分。

植物体的整体结构表现为维管组织包埋于基本组织中，而外面又覆盖皮系统。

本章小结

细胞是有机体结构、功能的基本单位。根据细胞核的有无，细胞分为原核细胞和真核细胞。植物细胞由原生质体和细胞壁两部分组成。原生质体由细胞膜、细胞质和细胞核组成。细胞质中分布有各类细胞器，主要有质体、线粒体、内质网、高尔基体、核糖体等。细胞壁可分为胞间层、初生壁和次生壁3层。细胞壁上有纹孔和胞间连丝。细胞在分化过程中，细胞壁会发生变化，如角质化、木质化、木栓化、矿质化等。细胞的繁殖是以分裂的方式进行的，常见的细胞分裂方式有3种：无丝分裂、有丝分裂和减数分裂。

个体发育中来源和功能相同、形态构造相似的细胞群，称为组织。植物细胞分化的基础是细胞全能性。植物组织按照细胞的分裂能力，分为分生组织和成熟组织。根据行使的功能，成熟组织划分为薄壁组织、保护组织、机械组织、输导组织、分泌组织5类。根据组织所含细胞种类单一与否，分为简单组织和复合组织。植物器官或植物体中，由一些复合组织组成的结构和功能单位，称为组织系统。组织系统包括皮系统、维管系统和基本系统。

思考题

1. 细胞学说的主要内容是什么？有何意义？
2. 植物细胞中的细胞器有哪些类型？简述其结构特点及主要功能。

3. 什么是细胞骨架？它们在细胞中有哪些作用？怎么证明细胞骨架的存在？
4. 细胞壁分为哪几层？每层的主要化学成分是什么？
5. 什么是后含物？后含物对植物的生命活动有何重要意义？
6. 怎么理解细胞生长和细胞分化？细胞分化在植物个体发育和系统发育中有什么意义？
7. 如何理解高等植物细胞形态、结构与功能之间的相互适应？
8. 列表说明分生组织、机械组织、薄壁组织、输导组织、保护组织、分泌组织的类型、来源、细胞组成、结构、分布及功能。
9. 简述导管和管胞的类型，比较它们的输导效率。
10. 设计一实验证明筛管有无双向运输现象。
11. 从输导组织结构和组成的角度分析，简述为什么被子植物比裸子植物更高级。
12. 什么是脱分化？这对植物生长发育有何重要意义？

第 3 章

种子和幼苗

种子植物在地球上如此繁茂，与种子的形成密切相关。种子是种子植物的生殖器官，由胚珠受精后发育形成。种子和幼苗是植物生长过程中的关键部分。种子是植物的起点，它包含了植物的遗传信息和养分储备。幼苗则是从种子发芽后的植物，它是植物生长的初期阶段。种子还是植物适应传播的结构，成熟时从母体脱落，进一步开启生命之旅，使植物能够扩散到新的分布地。

3.1 种子的形态和构造

3.1.1 种子的构成

种子的形状、大小、色泽等差异较大，但构成是一致的，一般它由种皮、胚、胚乳组成，有些种子因胚乳在胚发育过程中逐渐消失，因此只由种皮和胚组成(图3-1)。

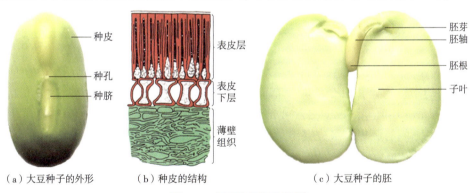

(a) 大豆种子的外形　　(b) 种皮的结构　　(c) 大豆种子的胚

图 3-1　大豆的无胚乳种子

(1) 种皮

种皮(seed coat, testa)是种子外面的保护层，幼嫩种子的种皮由薄壁组织构成，成熟种皮的细胞有不同程度的分化。有些植物为一层种皮，如蚕豆；有些植物有明显的外种皮和内种皮两层，如蓖麻；但很多植物的这两层种皮区分不明显。理论上双珠被应发育成两层种皮。例如，豆科植物的种皮由外珠被发育而成，而内珠被却在发育过程中消失，因此，它的种皮仅有一层。

从横切面来看,种皮的表皮层细胞径向伸长,组成栅栏层。栅栏层的一定区域折射率很亮,形成亮纹,亮纹具高度不渗透性。表皮下层为栓状细胞(成"工"字形或骨状石细胞),内侧为薄壁组织[图3-1(b)]。

在种皮中,一般都有色素层及各种纹饰,如蓖麻种子的色素层由外珠被表皮细胞弦切向延伸,沉积棕色物质;有些植物(十字花科)在内珠被的内表皮形成。还有的植物种皮上有各种附属物,如翅(黑松、泡桐、梓等)、蜡质(乌桕)、毛状物(棉花、楸)、种阜(蓖麻)等,这些都是珠被延伸的产物。

有些植物种皮外面还包有一层肉质结构,它的形成与种皮来源不同,特称为假种皮(aril),如荔枝(图3-2)、龙眼。假种皮是指从胚珠基部向外突起,发育形成一种包裹在种子外面、色泽鲜艳的结构。

图3-2 荔枝的假种皮

成熟的种子一般都有种脐(hilum)和种孔(micropyle)[图3-1(a)]。种脐指种子从种柄上脱落留下的痕迹。种孔则是由珠孔发育而来,保留在种皮上的一个小孔,是胚根突出的孔道。豆科植物还有种脊(raphe),是珠柄与珠被合生而形成的。

(2)胚

胚(embryo)是种子的最主要部分。发育正常的健全种子都具有胚。胚是包在种子内的高度浓缩的幼小植物体,由受精卵发育而来。胚包括胚芽(plumule)、胚根(radicle)、胚轴(embryonal axis)和子叶(cotyledon)4部分[图3-1(c)]。从结构上看,胚轴上着生子叶,上端有胚芽,下端有胚根,最先突出种皮的是胚根,胚芽将来发育为地上茎和叶,胚根发育为初生根。

子叶主要用于贮藏养料,尤其是无胚乳植物。子叶出土,展开变绿,能暂时进行光合作用。被子植物根据子叶数量将被子植物划分为单子叶植物和双子叶植物。裸子植物的子叶数量差异较大,如杉木、银杏有两枚子叶,但松、柏等有很多枚子叶。一般来说,裸子植物的子叶数量在2枚以上。

(3)胚乳

胚乳(endosperm)位于种皮与胚之间,是种子贮藏营养物质的部分,它由受精极核发育而来。种子萌发所需的大量营养来自胚乳。在胚胎发育过程中,有些植物的胚乳消耗殆尽,种子内无胚乳,营养物质就转移到子叶中,子叶很大。还有些植物虽无胚乳,但在成熟种子中还残留一层类似胚乳的营养组织，称为外胚乳(perisperm)，是由珠心细胞发育来的，如梨、苹果等。

3.1.2 种子的类型

根据成熟后胚乳的有无，种子大致可分为无胚乳种子(exalbuminous seed)和有胚乳种子(albuminous seed)两类。

(1) 无胚乳种子

无胚乳种子在种子成熟时缺乏胚乳，因此这类种子仅由种皮和胚两部分组成。由于胚乳中贮藏的养料已经转移到子叶，因此常具有肥厚的子叶，许多双子叶植物(如刺槐、梨、板栗、油茶、核桃等)种子为无胚乳种子。

(2) 有胚乳种子

这类种子由胚、胚乳和种皮3部分组成，胚乳占种子的大部分，而胚较小，如油桐、黑松、水稻等。许多双子叶植物、大多数单子叶植物和全部裸子植物的种子为有胚乳种子。

大多数单子叶植物，如常见的竹类、水稻、玉米等禾本科植物的种子都是有胚乳种子。它们的种皮与果皮愈合，种子不能分离出来。因此，这类"种子"实际上是含有种子的果实，称为颖果(caryopsis)。其果皮由4~5层栓化细胞组成，种皮由一层薄壁细胞组成，并与果皮及胚乳愈合。胚乳由薄壁细胞组成，占整个颖果的大部分，细胞内充满大量的淀粉粒和糊粉粒。胚小，紧贴胚乳。胚根先端有胚根鞘(coleorhiza)，胚芽先端有胚芽鞘(coleoptile)，在胚轴的一侧生有一肉质的子叶，称为盾片(scutellum)或内子叶，位于胚乳与胚之间，并与它们紧贴在一起(图3-3)。在内子叶相对的另一边的胚轴上有一极小的突起，是一个退化的子叶，称为外子叶。由于只有一个子叶发育而形成单子叶类型，其子叶(盾片)的功能为吸收胚乳中的养分供胚萌发生长所需。

裸子植物的种子为有胚乳种子，松属植物的种子(图3-4)具有2层种皮，外种皮由4~5

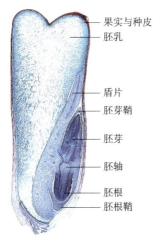

图 3-3 玉米种子结构示意
(Berg, 2008)

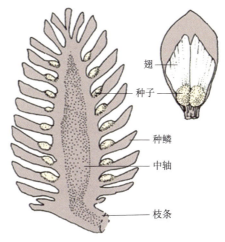

图 3-4 黑松的大孢子叶球和种子

层木质化的石细胞组成，其外有一层栓化的厚壁细胞，内种皮膜质。在多种松属植物中，种子脱落时还连着一片薄的珠鳞组织，称为翅。胚乳白色，包在胚的外面，中央的白色棒状体为胚。胚由胚根、胚轴、胚芽和子叶4部分组成。胚根尖端带有一细长的丝状物，是胚柄的残留物。在胚轴上轮生4~16个子叶，形成多子叶的类型。

3.2 种子的休眠和萌发

种子形成后，一般都需有休眠的过程，但也有无须休眠过程的种子，如白杨、垂柳、水稻以及一些热带植物的种子。

3.2.1 种子休眠

种子休眠(seed dormancy)是指生活种子在适宜的温度、水分和氧气条件下而不发芽的现象。种子休眠的原因很多，主要有以下几个方面：胚发育不全，如兰科植物、银杏、冬青；胚在生理上未成熟(酶系统不活跃)，如草莓、黑松；种皮的机械限制，如椰子、杜松、榛；种皮透水、透气不良，如硬草、玉米；萌发抑制剂(生物碱、有机酸、脱落酸等)的存在，如芥菜、咖啡、番茄、苹果、樱桃等。种子休眠是植物对外界环境条件的一种长期适应。不同植物休眠的时间不同，如红松种子的休眠期为2年，莲子的休眠期可长达300多年。

3.2.2 种子萌发

种子经休眠后，在适宜的条件下，种子萌发(seed germination)形成幼苗。种子萌发首先吸水膨胀，胚细胞迅速分裂，使胚根突出种皮，然后胚轴活动(伸长或不伸长)使子叶留土或出土，胚芽长成植物地上部分的主茎和叶。

种子萌发必须具备以下3个条件：

①充足的水分。种子在休眠状态下通常含有很少的水分，而种子萌发需要一定量的水分以激活种内的代谢活动。水分能够引发种子的吸水膨胀，激活酶活性，促进胚乳和胚芽的生长。然而，水分过量也可能导致种子腐烂或感染病菌。因此，适度的水分是种子萌发的关键。

②适宜的温度。种子的萌发对温度非常敏感。不同植物种类具有不同的最适温度范围，种子只有在这个范围内才能快速而稳定地萌发。过高或过低的温度都可能抑制种子萌发或造成不正常的发育。温度调节并影响酶的活性，进而影响种内生化反应的进行。

③足够的氧气。种子萌发需要氧气来进行呼吸作用，从而产生能量。因此，种子必须处于通气良好的环境，以确保足够的氧气供应。过度浸泡或土壤过于密实可能导致氧气不足，从而阻碍种子萌发。

这3个条件共同作用，确保种子在适当的时机和环境下成功地开始生长。一旦这些条件得到满足，种子的休眠状态将被打破，胚芽伸长并形成新的植物体。

3.3 种子的寿命和贮藏

3.3.1 种子的寿命

种子的寿命指的是种子在适当的贮藏条件下能够保持其萌发率的时间。不同植物种类的种子寿命各不相同,从几个月到数百年不等。种子寿命受多种因素影响,包括种子的种类、成熟度、贮藏条件以及种子本身的特性。不同植物种类的种子具有不同的生理生化特性,因此其寿命也会有所不同。成熟度较高的种子通常寿命更长,因为它们已经发育完全且相对干燥。较高的湿度会导致种子吸收水分,引发腐烂等问题而降低种子寿命。较高的温度会加速种子的代谢和老化,缩短寿命;较低的温度有助于延缓代谢速率。光照可能促使种子进行光敏反应从而损害种子组织,影响寿命。

3.3.2 种子的贮藏

为了保持种子的萌发能力和延长其寿命,种子需要妥善贮藏。适当的贮藏条件可以延长种子的寿命,确保它们在需要时能够顺利发芽和生长。种子的贮藏温度是影响种子寿命的重要因素之一。通常,较低的温度可以减缓种子的新陈代谢,延缓老化过程。冷冻温度(-18℃或更低)能够有效地延长种子的寿命。保持适宜的湿度对种子的贮藏至关重要。保持种子贮藏环境的空气相对湿度较低,可以防止种子吸收过多水分,避免腐烂。空气相对湿度通常应保持在15%~25%,但也要根据种子的特性进行调整。种子应贮藏在避光的环境中。将种子贮藏在密封的容器中,可以应对湿度过大和防止外界病原物侵入。

3.4 幼苗的类型

种子萌发形成幼苗,子叶着生处以上至第一片真叶之间的部分,称为上胚轴(epicotyl);子叶着生处以下至初生根之间的部分,称为下胚轴(hypocotyl)。由于胚体各部分,特别是下胚轴部分的生长速率不同,因而形成的幼苗形态也不一样。常见的幼苗可分为两种类型:一种是子叶出土幼苗(epigaeous seedling),另一种是子叶留土幼苗(hypogaeous seedling)。

3.4.1 子叶出土幼苗

种子萌发时,下胚轴迅速生长,从而把子叶、上胚轴和真叶推出土面,这种方式形成的幼苗称为子叶出土幼苗。大多数裸子植物和双子叶植物的幼苗都是这种类型(图3-5)。

3.4.2 子叶留土幼苗

种子萌发时,下胚轴不发育或不伸长,只是上胚轴和胚芽迅速向上生长形成幼苗和主茎,而子叶始终留在土壤中,一部分双子叶植物[如核桃、油茶、豌豆(图3-6)]及大部分单子叶植物(如毛竹、棕榈、蒲葵)的幼苗形成属此类型。

子叶出土和子叶留土,是植物对外界环境的不同适应。这一特性为播种深浅的确定提供了依据。一般子叶出土的植物,宜浅播覆土;子叶留土的植物,播种可以稍深。

图 3-5　大豆的子叶出土幼苗

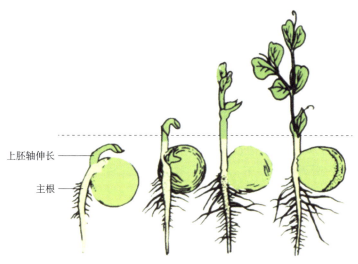

图 3-6　豌豆的子叶留土幼苗

　　子叶后出现的叶为真叶，初出现的为初生叶，以后的为次生叶，这两种叶在形态上不完全一致。这种叶形的变化，从个体发育中反映了系统演化的趋势。例如，侧柏的初生叶是刺形，次生叶为鳞形。核桃、枫杨的初生叶是掌状不分裂的单叶，而次生叶是羽状复叶。

　　子叶出土的植物，子叶见光变绿，起同化作用的功能。在真叶长出后，大多数植物的子叶逐渐萎缩而脱落。有些植物的子叶可以保持一年之久，有的甚至可以保留 3~4 年。子叶留土的植物，子叶的作用为吸收或贮藏营养物质。

本章小结

　　种子由胚珠发育而来。植物种类不同，其种子的大小、形状和颜色等形态特征也不同，但种子的基本结构相同。一般种子由胚、胚乳和种皮 3 部分组成。胚是构成种子最重要的部分，由胚芽、胚根、胚轴和子叶 4 部分组成。种子萌发后，胚根、胚芽和胚轴分别形成植物体的根、茎、叶及根茎过渡区，因而胚是植物新个体的原始体。胚乳位于种皮与胚之间，是种子内贮藏营养物质的场所。一些植物的种子没有胚乳，种子在其发育早期，胚乳养料被胚吸收，转入子叶中贮藏。根据成熟后胚乳的有无，种子可分为有胚乳种子和无胚乳种子。种子经休眠后，在适宜的条件下，萌发形成幼苗。根据子叶出土与否，将幼苗分为子叶出土幼苗和子叶留土幼苗两种类型。

思考题

1. 种子的主要组成部分是什么？它们各自的功能是什么？
2. 为什么说胚是植物的原始体？
3. 什么是种子休眠？它是如何被打破的？请解释其中的机制或过程。
4. 简述种子萌发后，种子各个部分的发育去向。
5. 种子发芽的关键因素有哪些？请列举至少 3 个并解释它们对种子发芽的影响。

第 4 章

根

根是植物的地下器官,它扎根于土壤,具有植物的固定、吸收水分和养分以及与周围环境相互作用的功能。本章重点介绍根的结构、类型和功能,理解水分从土壤到根系的运输途径,以及理解根系形态、结构、功能与环境之间的关系。

4.1 根的起源和生理功能

4.1.1 根的起源

根(root)的解剖结构反映了它的起源、所处环境及功能。最早的维管植物并没有根,而是由根状茎吸收水分和养分。随着陆地环境的压力以及植物体型的增大,植物开始进化出根。在其演化过程中,建立了锚定植株、吸收和运输水分与矿质元素以及贮存光合产物等重要功能。然而与茎相比,根随着时间推移而发生的变化相对较小,这归因于根所处的地下环境选择压力较小。

尽管有人认为根可能是一个独立于茎进化的全新器官,但大多数研究认为,种子植物的根是进化修饰的茎[图 4-1(a)]。这一观点是基于以下事实:现存植物根的结构与其祖先茎的解剖结构非常相似,即使在许多具有鞘状结构茎的植物中,根也具有非常原始植物茎的结构特征[图 4-1(b)];具有中央髓的根其木质部和韧皮部交替排列,反映了根的来源。

(a)萝卜的根　　　　　(b)拟南芥根的横切面

图 4-1　植物的根

(Sotta et al.,2017)

4.1.2 根的生理功能

由于根在地下并且在人们的视线之外,因此相比地上部分,人们对根的关注和研究相对少一些。实际上,根是植物生活不可缺少的器官。根主要执行以下几项重要生理功能。

①固定和支撑功能。根系可以将植物固定在土壤中。植物一生都生活在一个地方,需要一个坚实的基础,而这一坚实的基础便是由根的锚固来实现。

②吸收功能。根是植物吸收水分和营养元素的重要器官,发育良好的根系是作物高产稳产的基础。

③合成和分泌功能。一些重要的植物激素、氨基酸、植物碱和有机氮都在根中合成。根还能分泌 200 种以上的有机化合物,包括糖、蛋白质、酶、凝胶等大分子有机物,还包括酸、酚、酮、生长激素等。根系分泌物主要为植物生长发育提供营养物质以及使植物适应环境变化。

④贮藏功能。根可以贮藏营养物质,同时根为适应这种功能而做出结构的改变,这类根往往具有经济价值,如名贵的药材人参(图 4-2)。

图 4-2 人参的根

4.2 根的基本形态和初生构造

4.2.1 根的基本形态

根是植物地下部分的主体,所有地下部根的总和称为根系(root system)。当种子萌发时,最先突破种皮的是胚根,这是植物最早长出的根,称为主根(main root)。主根垂直向地下生长,生长到一定时候从主根上长出分枝,这些分枝称为侧根(lateral root)。

根据根的发生时间和部位,将来源于胚根的主根和各级侧根统称定根(normal root)。除由种子产生定根外,有些植物还可以从茎、叶、老根或胚轴上产生根。这些根具有与定根相同的构造和生理功能,也能产生侧根,只是不由胚根发生,位置也不固定,这些根统称不定根(adventitious root)。农林业生产上可利用不定根的特性进行叶插、芽叶插、扦插、压条等营养繁殖。

根按照组成和形态可分为直根系(tap root system)和须根系(fibrous root system)。裸子植物和大部分双子叶植物的根系都是直根系。直根系有明显的主根,主根比侧根粗壮并垂直向下生长[图 4-3(a)]。大部分单子叶植物和少量双子叶植物的根系为须根系[图 4-3(b)]。须根系没有明显的主根,主根不发达或早期停止生长,根系主要由不定根及其上的侧根组成,整体呈须状。

根按照在土壤中分布的深度和广度可分为深根系和浅根系。一般而言,直根系的植物主根发达,根可以向土壤深处发展形成深根系,如棉花、大豆、梨和苹果等;而须根系的植物主根不发达,不定根沿水平方向向四周扩展,分布于土壤表层,形成浅根系,如水

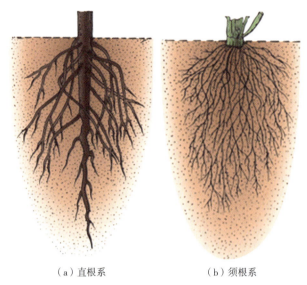

(a) 直根系　　　　　　　(b) 须根系

图 4-3　根系类型

稻、洋葱和仙人掌等。植物根系的深浅主要是由遗传因素决定的，也受生长发育状况和土壤环境等因素的影响。例如，生长在黄河故道沙地和黄土高原的苹果，前者因地下水位高，在土壤浅层就能获得充足的水分，根系仅深 60 cm，而后者的根系深达 4~6 m。掌握植物根系分布特性，既有利于合理地将深根系和浅根系作物间作套种，也有利于造林树种的选择。

4.2.2　根的初生生长

种子萌发时，胚根的顶端分生组织经过细胞分裂、生长和分化等一系列初生生长形成主根。根尖是指从根的顶端至根毛处的一段[图 4-4(a)]，是植物根中生命活动最活跃的部分。根的生长、组织形成、对水分和矿质元素的吸收以及各种化学物质的分泌主要由根尖来完成。顶端分生组织位于根尖[图 4-4(b)]。根尖自下而上分为根冠(root cap)、分生区(meristematic zone)、伸长区(elongation zone)和成熟区(maturation zone)4部分[图 4-4(c)]，各区的细胞形态特征、生长发育及生理功能不同。根冠与分生区之间存在较明显的界限，而其他区与区之间则无明显界限，是细胞分化逐渐过渡的。

(1) 根冠

根冠位于根的顶端，为帽状结构，其功能是保护幼嫩的分生区不受土壤擦伤。根冠由薄壁细胞组成，分化程度较低，近分生区细胞较小，外层细胞较大(图 4-5)。根冠外层细胞含有许多高尔基体，能够分泌黏液，经研究证实，这种分泌物是多糖，可能为果胶物质。根冠的分泌物使根尖易于在土壤颗粒间延伸。在正常生长状态下，根冠边缘细胞逐渐脱落并释放到周围环境，同时根冠分生组织细胞持续分裂形成新的中央小柱细胞，从而维持稳定的根冠形态和结构。

此外，根冠与根的重力反应密切相关。在早期的研究中，达尔文发现根能够响应重力反应。达尔文通过蚕豆的向地性反应试验推测根尖是根响应重力的位点。后来的研究发

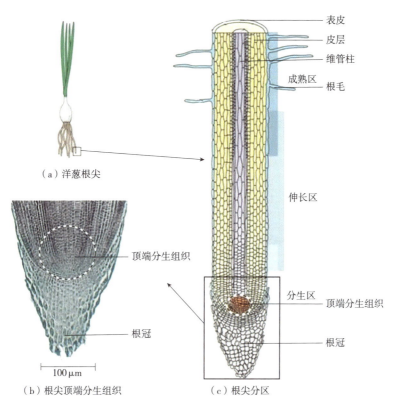

图4-4 洋葱根尖纵切
(Campbell, 2005)

现,根冠可能是根感知重力刺激的主要位点。一般认为,根冠细胞中的淀粉粒作为平衡石起感知重力的作用。最新的研究表明,除了淀粉粒,生长素和细胞分裂素也参与根冠感受重力。

(2) 分生区

在根冠的上方是分生区,由顶端分生组织组成,是根产生新细胞、促进根尖生长的主要部位,所以又称生长点(growing point)。

根冠包裹着分生区起保护作用。根据分生区与根冠的关系,分为闭合式(closed type)、开放式(open type)

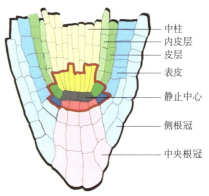

图4-5 根冠的结构和发育

和半开放式(semi-open type)。闭合式,根冠并没有紧密包裹分生区,两者之间有明显界线,如水稻,玉米等[图4-6(a)];开放式,根冠与分生区之间没有明显的界限,如豌豆、南瓜等[图4-6(b)];半开放式,介于开放式与闭合式之间,如一些松科植物[图4-6(c)]。

分生区细胞排列紧密,细胞壁薄,细胞核相对较大,细胞质丰富,无明显液泡,具有分裂能力(图4-7)。分生区由初生分生组织和原分生组织组成。初生分生组织由原分生组织分裂而来,其分裂能力减弱并初步分化,从外往里依次分化成原表皮(protoderm)、原形成层(procambium)和基本分生组织(ground meristem)。原分生组织细胞具有分层排列和分

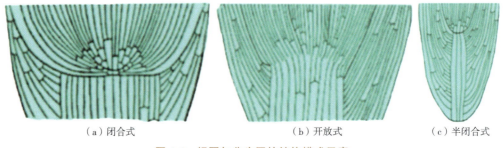

(a) 闭合式　　　　　　　(b) 开放式　　　　　　　(c) 半闭合式

图 4-6　根冠与分生区的结构模式示意

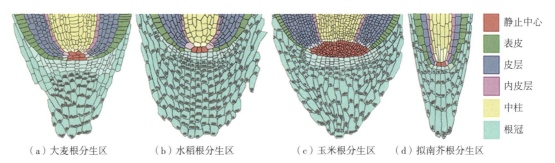

(a) 大麦根分生区　　(b) 水稻根分生区　　(c) 玉米根分生区　　(d) 拟南芥根分生区

图 4-7　根分生区

裂的特性。组织原学说(histogen theory)通过原始细胞组成的不同细胞层来解释根尖结构。该学说认为，在大多数单子叶植物的根尖，第一层原始细胞产生原形成层，第二层产生基本分生组织和原表皮，第三层最终形成根冠；在大多数双子叶植物的根尖，第一层原始细胞产生原形成层，以后分化成中柱，第二层最终形成皮层，第三层发育成根冠和表皮。

在许多植物的原分生组织中存在一群细胞分裂频率非常低的区域，称为静止中心(quiescent centre)。研究表明，静止中心在根系发育中起着非常重要的作用，被认为是所有种子植物根尖分生组织再生的来源。

(3) 伸长区

伸长区位于分生区的上方，由分生区细胞分裂产生的细胞衍生而来，其特点是细胞分裂活动逐渐减弱，分化程度逐渐加深，细胞液泡化程度增加，体积增大，细胞伸长幅度为原有细胞的数十倍。伸长区靠近成熟区的细胞已经停止分裂，最早的筛管和环纹导管开始出现，因此伸长区既是根伸长生长的主要部位，也是分生区向成熟区过渡的区域。

(4) 成熟区

成熟区位于伸长区上方，这一区的细胞已停止伸长，细胞开始成熟并分化成筛管、导管以及薄壁细胞等各类成熟组织。成熟区从外形上看，外部密被根毛(root hair)，因此又称根毛区(root hair zone)。

根毛是由植物根尖分生区的表皮细胞分化形成的(图 4-8)。根毛伸长到一定程度就会停止生长，进入成熟阶段。根毛的寿命较短，一般仅存活几天至几周。成熟区前端不断形成新根毛以维持一定的根毛数量。根毛可以增加根系与土壤的接触面积，玉米根上每平方毫米约有 230 条根毛。根毛对植物起吸收水分和养分、固着土壤、与根际微生物互作以及分泌酸的重要作用。研究发现，相比野生植物，经过长期驯化的植物根系往往具有发达的根毛，这是现代分子育种的一个重要特征。

4.2.3 根的初生构造

在根的成熟区，各部分细胞大多已经分化为成熟的组织。对根尖成熟区做一横切，可以看到根的初生构造从外到内分别为表皮（epidermis）、皮层（cortex）和中柱（vascular cylinder）3 部分（图 4-9）。多数植物根的中心区域由初生木质部的实心柱组成，而有些植物中则有中央髓。无论是否有髓，初生木质部通常形成脊，在横切面中呈肋状。初生韧皮部通常在相邻木质部脊之间。在一些双子叶植物和许多存在髓的单子叶植物中，初生木质部与初生韧皮部以交替形式出现。初生木质部、初生韧皮部和髓（当存在时）以及中柱鞘一起构成中柱。

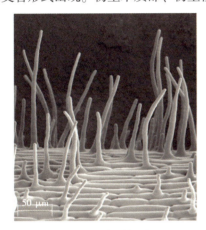

图 4-8　水稻根毛
（Kim et al.，2007）

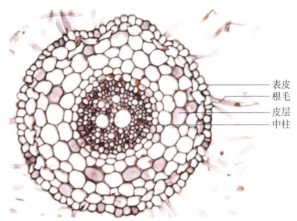

图 4-9　根尖成熟区横切面示意
（胡适宜，2016）

（1）表皮

成熟区最外层的细胞为表皮，由原表皮发育而来。表皮细胞排列紧密，没有胞间隙，细胞呈砖型，细胞壁薄，一般没有角质层，一部分细胞外壁凸起形成根毛［图 4-10（a）］。表皮最重要的作用是吸收水分和养分，同时也保护根免受昆虫和病原物侵害，消除根在土壤中移动的不利影响。

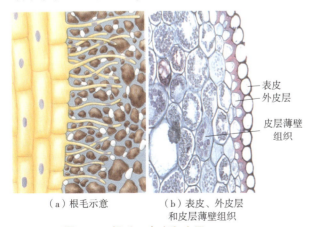

（a）根毛示意　　（b）表皮、外皮层和皮层薄壁组织

图 4-10　根毛、表皮和皮层

表皮的发育从根冠附近开始，在分生区最为活跃，伸长区逐渐成熟，到成熟区完成分化。根毛是根成熟区特有的结构，细胞核和各种细胞器位于根毛细胞的顶端，中央形成一个大液泡，细胞质紧贴细胞壁分布［图 4-10（b）］。根毛的这些结构特征有利于根对水分和营养元素的吸收。根毛外壁存在黏液和果胶质，使根毛与土壤颗粒密切接触。随着根的生长，新生根毛区域保持相对位置固定，老的根毛死亡。通常多年生的草

本植物，因其没有次生生长，故表皮可产生厚的角质层并起保护作用。其他植物的表皮则会随着根毛死亡而枯萎脱落，并由外皮层取代。

表皮一般由一层活细胞组成，但分布在热带的植物（如热带兰）的一些气生根（aerial root）中具有多层细胞，这种结构被称为根被（velamen）。组成表皮的细胞为死细胞。研究认为，这些细胞主要起防止水分流失的作用。

（2）皮层

表皮以内是皮层，由基本分生组织发育而来。皮层由多层薄壁细胞组成，细胞排列疏松，有明显的胞间隙。在靠近表皮处可能包含厚角组织和（或）厚壁组织，称为外皮层（exodermis）[图4-10(b)]。外皮层细胞排列紧密，无胞间隙，主要功能是控制水分和矿物质进出根部。皮层中的薄壁细胞通常包含细胞间空气通道，其促进通气，即氧气的进入和二氧化碳的释放。这种组织通常称为通气组织（aerenchyma），在水生或高湿环境生长的根中特别发达。大多数植物根皮层的主要功能是贮藏光合产物，通常以淀粉的形式存在。胡萝卜、甜菜、芥菜等植物的整个直根都是贮藏器官。

皮层的最内层是高度专业化的单层细胞，称为内皮层（endodermis）。内皮层由板状细胞组成，其横向和径向壁上木栓化带状加厚，称为凯氏带（Casparian strip）（图4-11）。这是内皮层的重要特征，除了种子植物，在许多蕨类植物中也存在凯氏带。凯氏带与内皮层

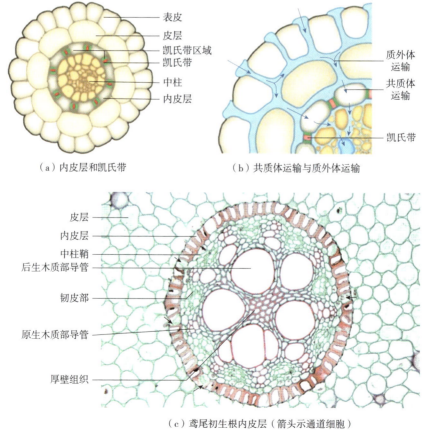

（a）内皮层和凯氏带　　　（b）共质体运输与质外体运输

（c）鸢尾初生根内皮层（箭头示通道细胞）

图4-11　内皮层与凯氏带及其物质运输方式

细胞的质膜紧密接触,除了带状区域外,质膜被拉离细胞壁,形成拉紧的带状,导致带状质壁分离。在单子叶植物和少数双子叶植物中,内皮层细胞除横向壁和径向壁外,其内切向壁也木质化和木栓化加厚,只有外切向壁仍保持薄壁状态。横切面上,这种内皮层细胞五壁加厚的部分呈马蹄形[图 4-11(c)]。但正对初生木质部脊的少数内皮层细胞停留在凯氏带阶段,称为通道细胞(passage cell),是皮层与中柱之间物质运输的主要途径。水分和溶质进入根系受内皮层凯氏带的阻断,因此,通过内皮层进入维管组织的物质运输必须通过胞间连丝(至少在许多被子植物中)进入维管组织。通过胞间连丝沿共质体途径的物质运输方式,称为共质体运输(symplastic transport)[图 4-11(b)]。而在胞间隙、细胞壁等共质体之外的空间不通过胞间连丝的物质运输方式,称为质外体运输(apoplastic transport)。此外,随着中柱中的溶液离子浓度增加,凯氏带阻止离子通过内皮层的横向和径向壁扩散。

内皮层的发育始于根尖,但在根毛区发挥作用。橡树的种子根,在根冠往上约 1 mm 处可观察到发育的内皮层。凯氏带在距离根尖 20~25 mm 处、与原生韧皮部相对的位置开始形成,并且除了凯氏带区域外,存在明显的胞间连丝。在距离根尖 70~80 mm 处,内皮层的初生壁形成厚度均匀的栓质(胞间连丝和凯氏带区域除外)。

(3) 中柱

皮层以内的结构统称中柱,由原形成层发育而来。中柱也称维管柱,主要由中柱鞘(pericycle)、初生木质部和初生韧皮部 3 部分组成(图 4-12)。

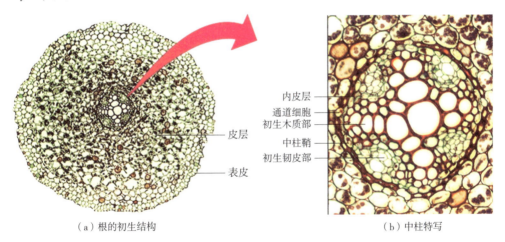

(a) 根的初生结构　　　　　　　　　　　(b) 中柱特写

图 4-12　根的中柱

中柱鞘是维管组织与内皮层之间具有潜在分裂能力的薄壁细胞。大多数植物的中柱鞘由一层薄壁细胞组成,但在裸子植物和某些单子叶植物的根中,中柱鞘具有多层细胞。中柱鞘因其分化程度低,在一定条件下,能恢复分生能力,侧根发育就是始于中柱鞘。在具有次生生长的根中,木栓形成层也是由中柱鞘脱分化产生的。

中柱鞘以内是初生维管组织,位于根的中心,包括初生木质部和初生韧皮部。根的中心区域往往由初生木质部组成,但在单子叶植物和少数双子叶植物的中心区域为髓(pith)。初生木质部由导管、管胞、木薄壁细胞和木纤维组成,是由外向内逐渐发育成熟的,靠外部的细胞先发育,为原生木质部(protoxylem),靠中央的细胞后发育,为后生木质部(metaxylem)。这种由外向内发育成熟的方式称为外始式(exarch),是根发育的一个特点,也是根对其吸收和输导功能的一种适应。这种发育方式使原生木质部构成辐射状的棱角,即木质部脊(xylem ridge)。木质部脊的数量通常是2个、3个、4个或5个,称为二原型(diarch)、三原型(triarch)、四原型(tetrarch)或五原型(pentarch);但也有可能是多原型(polyarch)。木质部脊的数量相对稳定,裸子植物和大多数双子叶植物木质部脊的数量较少,而单子叶植物木质部脊的数量差异较大,如棕榈科植物可达100个以上。初生韧皮部的发育方式与初生木质部相同,也是外始式,即原生韧皮部(protophloem)靠近中柱鞘,后生韧皮部(metaphloem)靠近中央。初生韧皮部由筛管、伴胞、韧皮薄壁细胞和韧皮纤维组成,与初生木质部相间排列。

4.3 侧根的发生

在主根初生生长不久就开始产生侧根,侧根又进行分枝,形成庞大的根系。侧根的形成增强了根的固定和吸收功能。

4.3.1 侧根发生的位置

侧根的发生是内起源(endogenous origin)的,发生在种子植物根中柱鞘的一定部位(图4-13)。

侧根发生的位置与初生木质部的脊有关。在种子植物中,侧根发生位置并不固定;但在同一种植物上是比较固定的。二原型根中,侧根一般发生于正对初生韧皮部或初生木质部与初生韧皮部之间的中柱鞘细胞[图4-14(a)];三原型和四原型根中,侧根发生在正对初生木质部脊的中柱鞘细胞[图4-14(b)(c)];多原型根中,侧根发生在正对初生韧皮部的中柱鞘细胞[图4-14(d)(e)]。

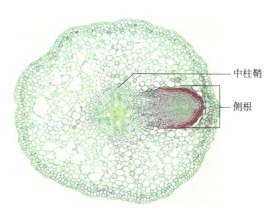

图4-13 垂柳的侧根发生
(Bidlack et al., 2011)

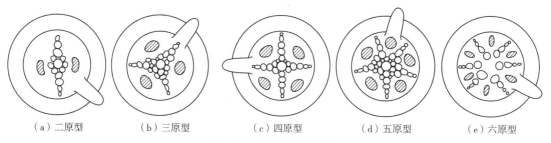

(a)二原型　　(b)三原型　　(c)四原型　　(d)五原型　　(e)六原型

图4-14 侧根发生的位置

4.3.2 侧根原基的发生和生长

主根中特定部位的中柱鞘细胞脱分化,恢复分裂能力,最初进行平周分裂,形成内、外两层细胞,外层细胞再进行平周分裂,形成侧根的原分生组织,以后细胞进行各个方向的分裂，形成突起，即侧根原基(lateral root primordium)。侧根原基的细胞随后进行垂周分裂和平周分裂，形成顶端分生组织和根冠。由于分生组织持续分裂产生的机械压力以及根冠分泌物，使侧根突破皮层和表皮细胞，伸出主根，进入土壤。后续的生长与主根一样，在分生区之后分化形成伸长区和成熟区。侧根与主根之间的连接通过中间区域的薄壁组织分化为维管组织来实现。侧根从土壤溶液中吸收水和矿物质，通过相连的维管组织运输到主根。

对模式植物拟南芥的研究表明，侧根原基的起始与生长素密切相关，生长素在原基形成位点积累。随后，生长素转移到原基中并建立生长素浓度梯度，其最大值出现在原基的尖端。在生长素影响下，从原基起始，各种组织逐渐开始分化(图4-15)。

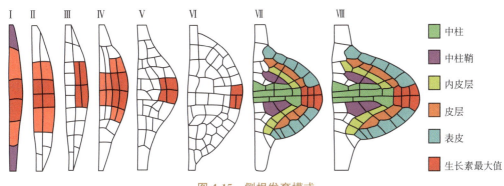

图4-15 侧根发育模式

不定根的起始和发育过程基本与侧根相同，只是不定根的发生部位一般在茎、叶或老根上，大多数不定根在营养器官内部发生，如中柱鞘、韧皮部、维管射线等薄壁细胞。不定根与主根一样也会产生侧根，其发育方式基本一致。

4.4 根的次生生长和次生构造

裸子植物和多数双子叶植物的根在完成初生生长形成初生结构后，还要进行次生生长(secondary growth)，形成次生分生组织，使根不断增粗。根的次生分生组织包括维管形成层(vascular cambium)和木栓形成层(cork cambium)，前者经细胞分裂分化形成次生维管组织(secondary vascular tissue)，使根增粗；后者形成周皮，起保护作用。次生维管组织和周皮共同构成根的次生结构(secondary structure)。

4.4.1 次生维管组织的形成

次生维管组织的产生是由维管形成层的活动引发的。首先，从初生木质部脊和初生韧皮部之间原形成层保留下来未分化的薄壁细胞恢复分裂能力形成维管形成层片段[图4-16(a)]。随后，这些片段逐渐向两侧延伸，直至与初生木质部脊正对的中柱鞘相接。这些中柱鞘细胞也恢复分裂能力，与先前的维管形成层相衔接，形成连续波浪状的形成层环[图4-16(b)]。维管形成层活动中，位于初生韧皮部内侧的维管形成层部分发生较早，分裂快，产生的细胞多，从而把凹陷处的形成层环向外推移[图4-16(c)]。基于形成层的这种发育模式，从横截面看，形成层逐渐形成圆形的环。

（a）初生木质部与初生韧皮部之间的薄壁细胞恢复分裂能力　（b）维管形成层片段延伸至中柱鞘细胞，形成波浪状形成层环　（c）形成层向内向外形成次生木质部和次生韧皮部　（d）次生木质部和次生韧皮部进一步生长，最终形成圆环形中柱

图 4-16　维管形成层发育示意

维管形成层形成后，主要进行切向分裂（tangential division），向内产生新细胞，分化后形成新的木质部，加在初生木质部的外侧。因新生木质部由次生分生组织产生，因此称为次生木质部（secondary xylem）。同时向外产生新细胞，分化后形成新的韧皮部，加在初生韧皮部的内侧，称为次生韧皮部（secondary phloem）。次生木质部和次生韧皮部共同构成次生维管组织，其组成成分与初生维管组织基本相同。形成层在每年的生长季节都要活动，新的次生维管组织不断产生，根也就不断增粗。一般产生的次生木质部数量多，在根的横切面上，次生木质部所占比例比次生韧皮部大得多（图 4-17）。在许多植物中，特别是木本植物，随着次生韧皮部和次生木质部的发育，初生韧皮部被压缩直至消失。在一些多年生草本植物中，其次生木质部的生长有限，次生韧皮部很少或没有，后生韧皮部作为其转移光合产物的通道，而原生韧皮部通常被压缩甚至消失。

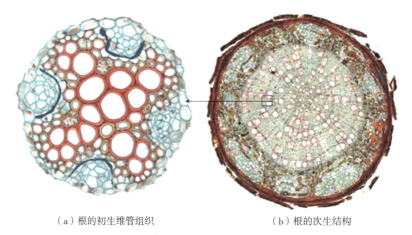

（a）根的初生维管组织　　　　　　　（b）根的次生结构

图 4-17　根的初生维管组织和次生结构

4.4.2　周皮的形成

在形成层开始活动后不久，中柱鞘薄壁细胞恢复分裂能力开始分化出木栓形成层。由于次生生长导致根的直径增加，木栓形成层进行垂周分裂使其周长增加。木栓形成层向外产生木栓层（cork），向内产生栓内层（phelloderm），三者共同组成周皮（图 4-18），与次生韧皮部相邻。周皮切断了水和光合产物的运输，从而导致皮层和表皮的死亡脱落。

如果没有或仅产生少量次生维管组织，则不会形成周皮，其皮层细胞在植物整个生命

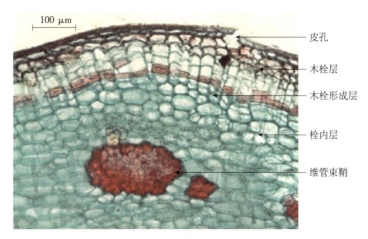

图 4-18 根部周皮横切面

周期保留。表皮可以形成厚的角质层,从而成为根系的保护层,或者在最外层皮层中发育形成外表皮,充当保护层。外皮层与外表皮相邻的部分可以由一至数层厚壁组织组成。这种类型的根结构不仅是双子叶植物和单子叶植物的许多草本植物分类群的特征,而且是一些大型植物(如棕榈)的特征。

4.5 菌根和根瘤

植物的根系与土壤中的根际微生物关系密切,植物通过根系分泌物影响根际微生物的组成和多样性;同时,根际微生物也通过产生生长刺激物、营养物质、抗生素等直接或间接影响植物根系的发育。其中有些土壤微生物能进入植物体内,与植物共同生活,长期进化形成互惠互利的共生(symbiosis)关系。根中常见的共生现象有两种,即菌根(mycorrhiza)和根瘤(root nodule)。

4.5.1 菌根

根尖和根毛是植物从土壤吸收水分和矿物质的主要区域。在干旱条件下,土壤不能为根尖提供充足的水和矿物质。因此,作为对干旱条件的适应,植物已经进化出大幅提高根吸收水分和矿物质能力的菌根。菌根是真菌与根的结构组合,产生互利的共生关系。真菌可以是子囊菌或担子菌。菌根发生在大约90%的陆生植物物种中,但在十字花科或葫芦科中未观察到,在水生植物和沼泽植物(如莎草)中也很少见。目前发现,菌根主要有两种类型,外生菌根(ectomycorrhiza)和内生菌根(endomycorrhiza)。

(1) 外生菌根

在外生菌根中,真菌在根尖周围形成密集的菌丝鞘,其中许多分枝菌丝从该鞘延伸至周围的土壤中,而其他菌丝进入表皮和皮层。这些多分枝、多核的菌丝通过细胞间通道进入薄壁组织,形成哈氏网(Hartig net),其与皮层细胞紧密接触[图4-19(a)(b)]。与哈氏网相关的薄壁细胞被认为与传递细胞起的作用一样。光合产物被输送到该区域的菌丝中,为真菌提供营养来源,水和矿物质从菌丝转移到皮层细胞,通过大幅增加水和矿物质的供应，特别是矿物质，从而使植物受益，尤其是在贫瘠或干燥的土壤环境。许多木本植物（如黑松、水杉和山毛榉等）有外生菌根。

（2）内生菌根

高达80%的维管植物均存在内生菌根。与外生菌根不同，内生菌根缺乏封闭的菌丝鞘或菌丝套，尽管在某些内生菌根中菌丝在根尖周围形成薄的封闭鞘。菌丝通过细胞间通道侵入根部并在皮层内增殖[图4-19(c)(d)]。它们形成复杂的多分枝结构，称为丛枝。丛枝几乎完全被细胞壁封闭，并通过质膜与原生质体紧密接触，负责运输光合产物到真菌，并将水和矿物质转运到植物。一些菌丝在细胞间通道中形成囊泡，用于贮存糖原和（或）脂质。在禾本科、兰科、桑属和银杏中都有内生菌根。另有一些植物，如柳属、苹果等植物的根系有内外生菌根(ectendotrophic mycorrhiza)，即植物幼根的表面和皮层细胞内均有真菌的菌丝。

（a）根外菌丝

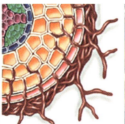
（b）外生菌根示意

（c）内生菌根

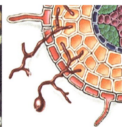
（d）内生菌根示意

图4-19　内生菌根和外生菌根

近年来，为了应对天然林面积的减少，我国加大了人工林的种植力度。在人工造林时，菌根化育苗得到广泛应用，不仅提高了苗木的成活率和对土壤营养元素的吸收利用，还增强了苗木对病害、干旱及重金属胁迫的抗性。

4.5.2　根瘤

尽管氮是植物代谢中的必需元素，但大多数植物不能直接利用大气氮。随着时间的推移，根与几种土壤微生物之间形成共生关系，大气氮被转化为植物可以利用的形式，这个过程称为固氮。固氮发生在豆科以及其他一些双子叶植物的根部结节中[图4-20(a)]。在豆科植物中，内生微生物是根瘤菌。根瘤菌(*Rhizobium*)与其寄主植物之间存在高度特异性，因此感染一种豆科植物的物种不会感染另一种豆科植物。通过根毛发生的根系感染刺激其形成独特结构的根瘤。细菌在根瘤中心的细胞内聚集。该区域被包含维管束的薄壁组织包围。维管束外是内皮层及皮层，皮层细胞间存在空气通道。内皮层阻止氧气进入根瘤中心，防止固氮酶变性，这是根瘤固氮必不可少的。许多胞间连丝将含有根瘤菌的细胞与周围的薄壁细胞连接起来。这些胞间连丝负责将糖输送到发生固氮的细胞，以及将固氮产生的氨基酸运送到周围薄壁组织。

豆科植物根瘤的形成主要分为以下4个过程[图4-20(b)]：

①根与根瘤菌发生生化吸附。土壤中的根瘤菌能够分泌多糖与豆科植物根毛分泌的外源凝集素生化吸附。

②根瘤菌侵染。随着根毛顶端细胞壁溶解，根瘤菌经此处入侵根毛，并在根毛中滋生。

③形成侵入线。根毛通过质膜内陷形成侵入线。

④形成根瘤。根瘤菌沿侵入线侵入根的皮层，并迅速在该处繁殖，促使皮层细胞迅速分裂，产生大量新细胞，使皮层部分的体积膨大而突出，形成向外突出的根瘤。

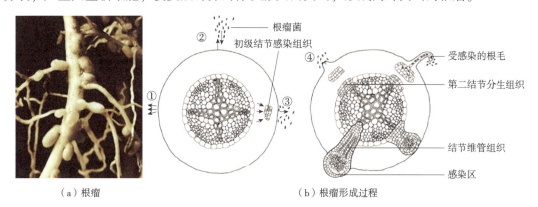

（a）根瘤　　　　　　　　　（b）根瘤形成过程

图 4-20　根瘤及根瘤的发生过程

除了豆科植物，其他植物（如桦木科、木麻黄科、鼠李科、杨梅科和蔷薇科等）具有根瘤，而裸子植物的苏铁和罗汉松等也具有根瘤。现代生物学研究的一个重要课题是通过现代生物工程技术使非豆科主要作物（如小麦、玉米和棉花等）产生根瘤从而具有固氮能力。

4.6　根的变态

在自然界中，由于环境的变化，植物器官因适应环境而改变器官原有的形态和功能，这种变异称为变态（modification），发生变态的器官称为变态器官（modified organ）。植物营养器官的变态是长期适应特殊环境条件而形成的稳定的、可遗传的变异，与病理的或偶然的变化不同，是健康的、正常的现象。植物的根也同其他营养器官一样，可以发生各种变态，归纳起来主要有贮藏根、气生根和寄生根 3 种类型。

4.6.1　贮藏根

这种根的变态常见于二年生或多年生草本植物，如胡萝卜、萝卜、番薯、葛等。根据来源可分为肉质直根和块根。

（1）肉质直根

肉质直根（fleshy taproot）由主根和下胚轴膨大发育而来，如萝卜和胡萝卜［图 4-21（a）］，它们贮藏了大量营养物质。肥大的主根构成了肉质直根的主体。这些变态的肉质直根在外部形态上极为相似，但形成的内部结构却有所不同。例如，萝卜和胡萝卜的根均为二原型，当它们发生次生增粗生长以后，产生的内部结构有明显的差异。萝卜肉质直根的次生增粗是维管形成层活动的结果，但产生的次生结构中次生木质部比次生韧皮部发达。在木质部中，主要由木薄壁组织组成，贮藏大量的营养物质，没有纤维，导管也很少。除了正常的形成层活动外，在次生木质部的薄壁细胞脱分化后，恢复分裂能力，形成额外形成层

(extra cambium)，又称副形成层，向内产生木质部，向外产生韧皮部，而所形成的结构称为三生结构，相应的木质部和韧皮部被称为三生木质部(tertiary xylem)和三生韧皮部(tertiary phloem)，因此，萝卜肉质直根增粗生长是维管形成层和额外形成层活动的结果。由不发达的次生韧皮部与外面的周皮构成了肉质直根的树皮。

(a) 胡萝卜的肉质直根　　(b) 番薯的块根　　(c) 玉米的支柱根　　(d) 榕树的板根

(e) 爬山虎的攀缘根　　(f) 落羽杉的呼吸根　　(g) 铁皮石斛的附生根

图 4-21　根的变态类型

胡萝卜肉质直根的增粗也是维管形成层活动的结果，但在增粗的主根中次生韧皮部比次生木质部发达。次生韧皮部由非常发达的薄壁组织组成，贮藏大量的营养物质和胡萝卜素，而次生木质部形成的数量较少，由木薄壁组织组成，产生的导管也较少。

(2) 块根

块根(root tuber)由植物侧根或不定根膨大而成，其形状呈块状，一株可有多个块根，它的组成不含茎和下胚轴部分，而是完全由根组成，如番薯[图 4-21(b)]、何首乌、麦冬等植物的根都是块根。

番薯是一种常见的块根，当以扦插方式进行繁殖时，不定根在产生次生结构后开始膨大，增粗也是维管形成层和许多额外形成层活动的结果。在次生结构的形成过程中，由于次生木质部产生的薄壁组织特别发达，这样使次生木质部中的导管和导管群被薄壁组织所隔开，而在次生木质部中呈星散分布。当块根进一步发育时，次生木质部中被隔开的导管和导管群周围的薄壁细胞恢复分裂能力，不断产生一些额外形成层，额外形成层朝向导管和导管群产生含有少量管状分子和大量薄壁组织的木质部，背着导管和导管群产生含有少量筛管、乳汁管和含有大量薄壁组织的韧皮部。这样经过许多额外形成层的共同活动，就形成了肥大的含有大量薄壁组织的块根，其块根内贮藏大量淀粉和糖类。

4.6.2　气生根

在植物的根中凡露出地面而生长在空气中的根均称为气生根(aerial root)。依据其担负的不同生理功能又可分为支柱根(prop root)、板根(buttresses root)、攀缘根(climbing root)、呼吸根(respiratory root)和附生根(epiphytic root)。

(1) 支柱根

一些大型草本植物由于根系比较浅，抗倒伏能力差，如玉米[图 4-21(c)]、甘蔗等，常在靠近地面的几个茎节上环生不定根扎入土壤中，并可产生侧根，对植株具有支持作用，同时也可吸收土壤中的水分和无机盐。另外，在我国南方热带地区生长的榕树，可以从树枝上生出许多垂直向下生长的不定根，直到地面扎入土壤中，对植株生长形成的大型树冠起到支柱作用。这类具有支持作用的不定根称为支柱根。

(2) 板根

板根常发生在一些热带树种中，如箭毒木、榕树[图 4-21(d)]等。在特定环境下，板根的主根发育不良，侧根向上侧隆起生长与树干茎部相接部位形成发达的木质板状隆脊，起着承受地上部分重力的支撑作用。

(3) 攀缘根

有一些藤本植物，由于其茎细长而柔软，不能直立生长，如爬山虎[图 4-21(e)]、常春藤、凌霄、络石等的细长茎上能长出一些短的不定根。这些根的顶端扁平，有的成为吸盘，易固着小石头或树干表面，具攀缘功能。这类不定根称为攀缘根。

(4) 呼吸根

分布于沼泽地带或海岸低处的一些植物，如水松、红树、落羽杉[图 4-21(f)]等，它们的根部被掩埋在腐泥中，造成呼吸十分困难，因此，一部分根从腐泥中向上生长，暴露在空气中，在其表面形成呼吸孔，内部形成发达的通气组织，空气可以通过呼吸孔和通气组织输送到地下根，以供地下根进行呼吸。这类起呼吸作用的根称为呼吸根。

(5) 附生根

热带湿润气候的森林中，一些兰科[图 4-21(g)]、天南星科植物自茎部产生不定根悬垂在空中称为附生根。这种根外表形成根被，由多层厚壁死细胞组成可以贮存雨水和露水，供内部组织利用。干旱季节，根被失水而为空气所充满。

4.6.3 寄生根

有些寄生植物(如桑寄生属、槲寄生属、菟丝子属)的叶片退化，不能进行光合作用，而是借助茎上形成的不定根(常称为吸器)，伸入寄主体内吸收水分和营养物质，这种根称为寄生根(parasitic root)。菟丝子为全寄生植物(parasitic plant)(图 4-22)，而槲寄生为半

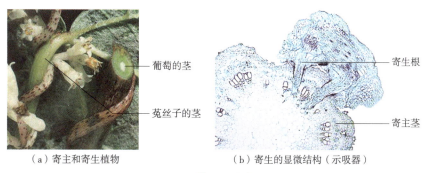

(a) 寄主和寄生植物   (b) 寄生的显微结构(示吸器)

图 4-22 菟丝子的寄生根

寄生植物(semi-parasitic plant)，其本身具绿色叶片，可以进行光合作用制造养料，寄生根只吸取寄主的水分和无机盐以供生活。

本章小结

根是植物重要的营养器官，担负着植物的营养生长，主要负责锚定植株和吸收水分与无机盐。根依据发生位置可分为定根和不定根，前者又可分为主根和侧根。根的结构包括根尖、初生构造和次生构造。凯氏带是根初生构造内皮层的重要特征。侧根的起源方式是内起源。种子植物与微生物常形成共生关系，常见的为菌根和根瘤。

思考题

1. 列举根的几种生理功能并指出执行相应功能的组织。
2. 如果给你一份开花植物主根的横切面切片，如何确定该植物是双子叶植物还是单子叶植物？
3. 请详细描述双子叶草本植物吸收土壤水分的路径。
4. 有人给你一段植物材料，该材料在地下生长，如何在没有显微镜的情况下判断它是根还是地下茎？如果用显微镜，又如何判断？
5. 请详细描述内皮层的功能。

第 5 章

茎

茎与根有相似的组织组成，但由于所担负功能及生长环境的不同，两者在形态和结构上又存在明显差异。本章主要介绍植物茎的形态结构特征、生理功能和发育的基本规律。

5.1 茎的形态特征和生理功能

5.1.1 茎的形态特征

种子植物的茎由种子的胚芽和胚轴发育而来，是连接根与叶的轴状结构。茎与根在外形上的主要区别是茎具有节（node）和芽（bud）（图 5-1）。节是茎上着生叶的部位，大多数植物（如苹果、白杨、垂柳）的节只是叶着生处的一个小突起，但有些植物（如甘蔗、毛竹）的节非常明显，膨大呈圆环状。相邻两个节之间的距离称为节间（internode）。不同植物的节间距离有差异，如毛竹和甘蔗的节间较长而明显，而车前的节间短缩（短缩茎），叶片呈莲座状密集着生在短缩茎的节上。

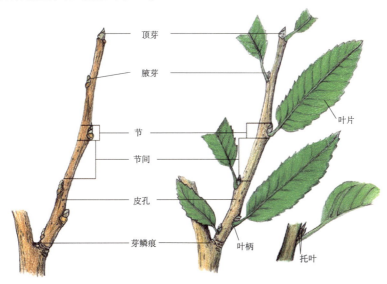

图 5-1 茎的形态特征

木本植物着生叶和芽的茎的分支称为枝条(shoot)，同一植株上也会有不同节间距离的枝条，节间较长的枝条简称长枝，一般只长叶片，在果树学中称为营养枝；而节间较短的枝条简称短枝，常常会开花结果，故也称花枝或果枝。果树修剪季节叶片没有生长出时，需要根据节间距离判断长短枝进而决定枝条的去留。

叶脱落后在节部位留下的痕迹称为叶痕(leaf scar)，叶痕中有由茎通向叶的维管束痕迹称为维管束痕(bundle scar)。木本植物分枝脱落后在主茎(枝)上留下的痕迹称为枝痕。有些植物茎上还可以看到由于生长季节茎生长时芽鳞脱落后留下的痕迹称为芽鳞痕(bud scale scar)，根据芽鳞痕可以判断枝条生长的年龄。木本植物茎上还可以看到皮孔，这是老茎与外界进行气体交换的通道。

5.1.2 芽的结构和类型

植物体上所有枝、叶、花都由芽发育而来的，芽是处于幼态而未伸展的枝、叶、花，也就是枝、叶、花、花序的雏体。就实生苗(由种子萌发长成的植株)而言，胚芽是植物体的第一个芽，主茎由胚芽发育而来，以后主茎上的腋芽生长成侧枝，侧枝上的腋芽又继续生长，反复分支形成庞大的分支系统。

5.1.2.1 芽的结构

根据发育后所形成器官的不同，芽可分为叶芽、花芽和混合芽。现以叶芽为例说明芽的一般结构(图5-2)。它由生长锥、叶原基、幼叶和腋芽原基组成。生长锥位于叶芽的最上端，叶原基是生长锥周围的一些突起，是叶的原始体。由于芽的逐渐生长与分化，叶原基越往下越长，较下面的已长成幼叶。腋芽原基是幼叶叶腋内的突起，将来形成腋芽，以后发展成侧枝。因此，腋芽原基也称侧枝原基或枝原基。它相当于一个更小的枝芽。

5.1.2.2 芽的类型

按照芽生长的位置、性质、结构和生理状态，可将芽分为下列几种类型。

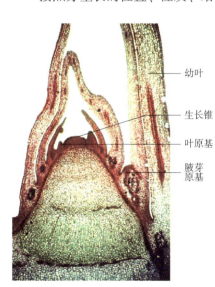

图5-2 芽的结构

(1) 定芽和不定芽

根据芽在枝上的生长位置划分为定芽和不定芽。定芽(normal bud)生长在枝上一定位置，生长在枝条顶端的称为顶芽，生长在枝的侧面叶腋内的称为侧芽，又称腋芽。此外，还有些芽不是生于枝顶或叶腋，而是由老茎、根、叶或创伤部位产生的，这些在植物体上没有固定着生部位的芽称为不定芽(adventitious bud)。例如，甘薯根上长的芽，桑的茎被砍伐后在伤口周围产生的芽，落地生根叶缘上长出的芽。农业生产上常利用植物能产生不定芽这一性能进行营养繁殖。

(2) 叠生芽、并列芽和柄下芽

根据芽的着生方式划分为叠生芽、并列芽和柄下芽。在一个叶腋内通常只有一个腋芽，但有的植物

(如忍冬、桃、木樨等)部分或全部叶腋内的腋芽不止一个。木樨的每个叶腋有3个上下重叠的芽,称为叠生芽(storied bud)[图5-3(a)],位于叠生芽最下方的一个芽称为正芽(normal axillary bud),其他的芽为副芽(accessory bud)。榆叶梅的每个叶腋有3个芽并生,称为并列芽,中央一个芽称为正芽,两侧的芽称为副芽[图5-3(b)]。有的芽着生在叶柄下方,并为其基部延伸的部分所覆盖,叶柄若不脱落,即看不见芽,这种芽称为柄下芽(subpetiolar bud),如二球悬铃木(法国梧桐)叶柄下的芽[图5-3(c)]。有柄下芽的叶柄基部往往膨大。叠生芽、并列芽和柄下芽就生长位置划分均属于定芽。

(a)木樨的叠生芽　　(b)榆叶梅的并列芽　　(c)二球悬铃木的柄下芽

图5-3　叠生芽、并列芽和柄下芽

(3)叶芽、花芽和混合芽

根据芽发育后形成器官的不同划分为叶芽[图5-4(a)]、花芽[图5-4(b)]和混合芽[图5-4(c)]。叶芽(leaf bud)将来发育成枝和叶。花芽(floral bud)是花或花序的原始体,外观常较叶芽肥大,内含花或花序各部分的原基。有些植物还具有一种既有叶原基和腋芽原基,又有花原基的芽,称为混合芽(mixed bud),外观上也较叶芽肥大,将来发育为枝、叶和花(或花序),如梨和苹果短枝上的顶芽[图5-4(c)]。

(a)丁香的叶芽　　(b)二乔玉兰的花芽　　(c)苹果的混合芽

图5-4　叶芽、花芽和混合芽

(4)鳞芽和裸芽

根据芽的外面有无保护结构划分为鳞芽和裸芽。具有芽鳞保护的芽称为鳞芽(scaly bud)。生长在温带的多年生木本植物的芽大多为鳞芽,如白杨、桑、北美枫香[图5-5(a)]

等。外面没有芽鳞保护的芽称为裸芽(naked bud)，所有一年生植物、多数两年生植物和少数多年生木本植物的芽外面没有芽鳞，只被幼叶包着，如黄瓜、油菜、枫杨、山核桃[图5-5(b)]等。生长在热带和亚热带潮湿环境的木本植物也常形成裸芽。

(5) 活动芽和休眠芽

根据芽的生理活动状态划分为活动芽和休眠芽(图5-6)。通常认为，能在当年生长季节萌发形成新枝、花或花序的芽称为活动芽(active bud)。一般一年生草本植物当年产生的多数芽是活动芽。在生长季节，温带多年生木本植物的芽，通常是顶芽和距离顶芽较近的腋芽萌发，而大部分靠近下部的腋芽往往是不活动的，暂时保持休眠状态，这种芽称为休眠芽(dormant bud)。在秋末生长季结束时，温带和寒带植物的所有的芽都进入长达数月的季节性休眠。有些多年生植物，其休眠芽长期潜伏，不活动，这种长期保持休眠状态的芽，也称为潜伏芽(latent bud)。只有在植株受到机械损伤和虫害时，潜伏芽才打破休眠，开始萌发形成新枝。芽的休眠是植物对逆境的一种适应，也与遗传因素有关，或因顶端优势导致植株内生长素不均匀分布所致。

(a) 北美枫香的鳞芽　　(b) 山核桃的裸芽

图 5-5　鳞芽和裸芽　　　　　图 5-6　活动芽和休眠芽

5.1.3　茎的分枝方式

分枝是植物生长时普遍存在的现象。主干的伸长和侧枝的形成，是顶芽和腋芽分别发育的结果。侧枝和主干一样，也有顶芽和腋芽，因此，侧芽上还可以继续产生侧枝，依次类推，可以产生大量分枝，形成枝系。由于芽的性质和活动情况不同，不同种植物所产生枝的组成和外部形态不同，因而分枝的方式各异，但分枝却是有规律性的。种子植物常见的分枝方式有单轴分枝、合轴分枝、假二叉分枝和分蘖4种。

(1) 单轴分枝

单轴分枝(monopodial branching)又称总状分枝(racemose branching)，是具有明显主轴的一种分枝方式[图5-7(a)]。其特点是主干的顶芽活动始终占优势，而侧枝的生长一直处于劣势，较不发达，使植物形态成为锥体(塔形)。这种分枝方式比较原始，常见于松杉科等大多数裸子植物。部分被子植物也具有这种分枝方式，如红麻、黄麻等，栽培时要注意保持其顶端生长优势，以提高麻类的品质。

(2) 合轴分枝

合轴分枝(sympodial branching)是主轴不明显的一种分枝方式[图 5-7(b)]。其特点是主茎的顶芽生长到一定时期,渐渐失去生长能力,继由顶芽下部的侧芽代替顶芽生长,迅速发展为新枝取代主茎的位置。不久新枝的顶芽又停止生长,迅速发展为新枝取代主茎的位置。不久新枝的顶芽又停止生长,再由其旁边的腋芽所代替,依次类推。合轴分枝的节间较短,多能开花结果,是丰产的分枝形式,有些植物(如茶和一些果树)幼年期主要为单轴分枝,到生殖阶段才出现合轴分枝。棉花的植株上也有单轴分枝的营养枝和合轴分枝的结果枝之分。

(3) 二叉分枝

二叉分枝(dichotomous branching)常见于低等植物,在部分高等植物(如苔藓植物和蕨类植物的石松、卷柏等)也存在。顶芽发育到一定程度生长减慢(或停止向前生长),均匀地分裂成两个侧芽,侧芽发育到一定程度,又各分裂形成两个侧芽,依次往上的分枝即为二叉分枝。

(4) 假二叉分枝

假二叉分枝(false dichotomous branching)常见于高等植物。顶芽生长到一定程度即停止生长,由顶芽下部的两个侧芽继续生长而超过它,依次往上的分枝形式即为假二叉分枝[图 5-7(c)]。这种分枝方式实际上是一种合轴分枝的变化。

(a) 水杉的单轴分枝　　(b) 棉花的合轴分枝　　(c) 丁香的假二叉分枝

图 5-7　茎的分枝方式

上面介绍的几种分枝方式,二叉分枝是比较原始的,单轴分枝在裸子植物中占优势,合轴分枝(包括假二叉分枝)是被子植物的主要分枝方式。这说明合轴分枝是较为进化的。合轴分枝使树枝有更大的开展性。顶芽的依次死亡是植物极其合理的适应,因为顶芽有抑制腋芽的作用,顶芽的死亡,改变了植物生长素的分布状态,促进大量腋芽的生成与发育。大量腋芽的开展,从而保证枝叶繁茂,光合面积扩大。尤其在果树和农作物丰产方面,合轴分枝是最有意义的,因为合轴分枝形成的花芽多,是丰产的分枝形式。但是在用材方面,单轴分枝可以获得粗壮而挺直的用材。

(5) 分蘖

分蘖(tiller)通常指禾本科植物茎秆基部在地面下或近地面处的密集分枝方式。由地面

图 5-8　水稻的分蘖

下和近地面的分蘖节（根状茎节）上产生腋芽，以后腋芽形成具不定根的分枝，这种方式的分枝称为分蘖。分蘖上又可继续形成分蘖，依次形成一级分蘖、二级分蘖，三级分蘖（图 5-8），依次类推。现以水稻为例介绍分蘖节。水稻在幼苗期，根茎的节间很短，节与节间密集在一起，在密集的节上产生许多不定根和腋芽，水稻只有到了拔节时，主茎和部分分枝（分蘖）的上部 4~7 个节间才陆续显著地伸长，而基部的各节和节间仍然密集在一起。分蘖节内贮有丰富的有机养料，外形比较膨大。分蘖节的侧面，生有大量不定根原基，以后发育成不定根。

分蘖有高蘖位和低蘖位之分。所谓蘖位，就是分蘖生在第几节上，这个节位就是蘖位。分蘖的出现顺序与蘖位有密切关系。例如，分蘖是由第三片叶的叶腋内长出的，它的蘖位就是三；从第四片叶的叶腋内长出的，蘖位就是四。当第一个分蘖发生之后，第二个分蘖的位置总是在第一个蘖位之上，依次向上推移，这是小麦、水稻分蘖发生的共同规律。因此，蘖位三的分蘖，位置一定比蘖位四的低。蘖位越低，分蘖发生越早，生长期也就越长，抽穗结实的可能性就较大。这是因为早的分蘖，进行光合作用的时间长，有机物质的积累较快、较多，对体内吸收的无机营养的利用也较充分，在结实器官的形成进度上就表现显著的优势。能抽穗结实的分蘖，称为有效分蘖；不能抽穗结实的分蘖，称为无效分蘖。在这里可以看出，蘖位的高低，就是指分蘖的早晚，与以后的有效分蘖和无效分蘖有着密切的关系。农业生产上常采用合理密植、巧施肥料、控制水肥、调整播种期、选取适合的作物种类和品种等措施，来促进有效分蘖的生长发育，控制无效分蘖的发生。

5.1.4　茎的性质和生长习性

5.1.4.1　茎的性质

根据植物茎的木质化程度，可将茎分为木本茎与草本茎两大类。

（1）木本茎

木本茎的木质化程度高，一般比较坚硬。具有木本茎的植物称为木本植物（woody plant），其寿命较长。它们又可分为乔木、灌木和半灌木 3 类。

①乔木（tree）。植株高大，主干粗大而明显，分枝部位距地面较高，如广玉兰、香樟、法国梧桐、毛白杨[图 5-9（a）]等。

②灌木（shrub）。植株比较矮小，主干不明显，常有基部分枝，如柑橘、含笑、木槿、茶[图 5-9（b）]等。

③半灌木（half shrub）。较灌木矮小，高常不及 1 m，茎基部近地面处木质，多年生，上部茎草质，开花后枯死，如蒿属植物、芙蓉菊[图 5-9（c）]等。

（2）草本茎

草本茎的木质化程度低，质地较柔软。具有草本茎的植物称为草本植物（herb）。根据

(a)乔木（毛白杨）　　　　　(b)灌木（茶）　　　　　(c)半灌木（芙蓉菊）

图 5-9　木本茎

生活期的长短可分为一年生草本、二年生草本和多年生草本。

①一年生草本(annual herb)。生活周期在本年内完成，并结束其生命，如水稻、玉米、花生[图 5-10(a)]等。

②二年生草本(biennial herb)。生活周期在两年内完成，第一年生长，第二年才开花、结实而后枯死，如白菜、萝卜[图 5-10(b)]等。

③多年生草本(perennial herb)。地下部分生活多年，每年继续发芽生长，如甘蔗、甘薯、马铃薯等；有些植物全株能生活多年，如万年青、麦冬[图 5-10(c)]等。

(a)一年生草本（花生）　　　(b)二年生草本（萝卜）　　　(c)多年生草本（麦冬）

图 5-10　草本茎

环境常可改变植物的生活周期，如棉花、蓖麻在北方为一年生植物，在华南则可为多年生植物。

5.1.4.2　茎的生长习性

在长期的进化过程中，不同植物茎形成各自的生活习性，以适应外界环境，使叶在空间合理分布，有下列几种。

①直立茎(erect stem)。茎垂直地面向上生长，如香樟、向日葵[图 5-11(a)]等。

②平卧茎(recumbent stem)。茎平卧地上，如蒺藜[图 5-11(b)]、地锦等。

③匍匐茎(creeping stem)。茎平卧地面，节上产生不定根，如草莓、空心莲子草[图 5-11(c)]等。

④攀缘茎(climbing stem)。茎用各种器官攀缘于他物之上，如葡萄、爬山虎[图 5-11(d)]等。

⑤缠绕茎(twining stem)。茎螺旋状缠绕于他物上，如豇豆、牵牛[图 5-11(e)]等。

5.1.5　茎的生理功能

(1)输导功能

由根毛吸收的水分和无机盐主要沿茎自下而上输导，其途径是木质部的导管或管胞。

(a)直立茎(向日葵)　　(b)平卧茎(蒺藜)

(c)匍匐茎(空心莲子草)　　(d)攀缘茎(爬山虎)　　(e)缠绕茎(牵牛)

图 5-11　茎的生长习性

由植物叶子在光合作用下制造的有机养料,经过茎自上而下运输,其途径是韧皮部的筛管或筛胞。

(2) 支持功能

由于植物不能像动物一样移动躲避不良环境,于是茎进化出了发达的机械组织,来抵抗风、雨、雪、雹等自然灾害;同时茎还要承受着枝、叶、花、果的全部重量,使枝、叶、花、果能够更加合理地展布在空间,进行各自的生理活动。

(3) 贮藏功能

有些植物的茎具有贮藏功能,如马铃薯等一些植物可以形成块茎、球茎、根状茎等变态地下茎贮藏养分。

(4) 繁殖功能

除了具有贮藏功能的地下茎具有营养繁殖功能外,还有一些植物(如葡萄等)可以利用茎、枝进行扦插、压条、嫁接进行营养繁殖。

(5) 合成功能

有些植物绿色的茎还能进行光合作用,如仙人掌,由于叶片退化为刺,光合作用就由肉质化绿色的茎承担了。

尽管不同植物茎的形态多样且内部结构也有差异,但所有植物茎(或枝条)都有相似的结构组成和发育规律。

5.2 茎端分生组织和器官发生

5.2.1 茎端分生组织

营养生长阶段的茎端由一些叶原基和幼叶保护，并有侧生器官——叶和芽的发生。茎上的叶和芽起源于顶端分生组织表面的 1~3 层细胞，这种发生方式称为外起源(exogenous origin)。因为茎有节与节间的分化，茎端的生长也就不像根端那样均匀，在植物个体发育的各个阶段，茎顶端分生组织的外形、大小和细胞分裂活动等方面变化较大，如在两个叶原基发生的间隔期，一般有一个或一对叶原基刚发生后，顶端分生组织的高度与宽度最小，当另一个或一对新的叶原基发生之前，它的高与宽达到最大。

被子植物顶端分生组织普遍具有明显的原套—原体结构。原套(tunica)由表面一至数层细胞组成，它们进行垂周分裂，扩大表面的面积而不增加细胞层数；大多植物的原套通常由 2 层细胞组成，有的单子叶植物则只有 1 层细胞的原套。原体(corpus)是原套包围着的一团不规则排列的细胞，它们可沿着垂周、平周各种方向进行分裂，增大体积(图 5-12)。在营养生长过程中，原套和原体的细胞分裂活动互相配合，故茎尖顶端始终保持原套—原体结构。

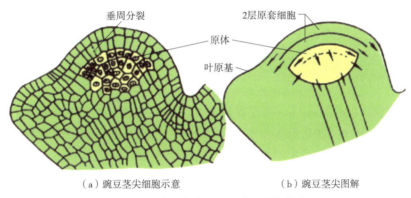

(a) 豌豆茎尖细胞示意　　(b) 豌豆茎尖图解

图 5-12　豌豆茎尖，示原套-原体学说

(Easu，1977)

原套的原始细胞位于中央轴的位置，这些细胞较大并有较大的核和液泡，染色较浅，它们分裂衍生的细胞围绕于四周，成为由原始细胞至叶原基之间的周缘分生组织区(peripheral meristem zone)。周缘分生组织区的细胞较小，有浓密的细胞质和活跃的有丝分裂。在一定的位置上，其强烈的活动引起了叶原基突起的形成。周缘分生组织区也与枝条的伸长和增粗有关。原体的原始细胞——中央母细胞区(central mother cell zone)位于原套的原始细胞的内侧，它们经过多方向的细胞分裂，向中央形成髓分生组织区(pith meristem zone)，也向外周分裂出新细胞加入周缘分生组织区。髓分生组织(pith meristem)的细胞通常比周缘分生组织更为液泡化，但也有活跃的有丝分裂。髓分生组织的分裂常为有规则的横向进行，因此，各细胞的衍生细胞不久即形成纵列的细胞，这使髓分生组织形成一种特殊的形态，因而也称肋状分生组织(rib meristem)。髓分生组织也能进行一些纵向的分裂，引起行数的增加。

银杏属和松属等许多裸子植物，其茎尖生长锥的结构和分化一般可以用组织分区学说来解释（图5-13）。茎尖的顶端分生组织基本上分为两个细胞群：一群位于顶端表面，是由1~2层细胞组成的顶端原始细胞区；另一群是由顶端原始细胞群衍生的中央母细胞区。此外，上述两个原始细胞群向侧面衍生细胞，成为周缘分生组织区，叶原基、表皮、皮层和维管组织均起源于此；在中央母细胞基部的衍生细胞，多进行横向分裂形成髓分生组织区，后来由它进一步分化为茎中央的髓部。当茎端迅速生长时，在中央母细胞的下方，一直向侧面延伸到边缘，并把顶端的原分生组织与其他部分划分开。

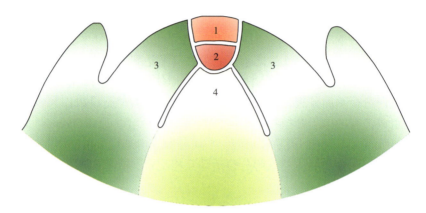

1. 顶端原始细胞区；2. 中央母细胞区；3. 周缘分生组织区；4. 髓分生组织区。

图5-13 茎尖的组织分区学说

5.2.2 器官的发生

叶是由叶原基（leaf primordium）发育而来的，叶原基起源于顶端分生组织的周围区。叶的发生过程，起初是周围区原表皮下的一层或几层细胞局部出现平周分裂，接着又进行垂周分裂，使此部位的细胞迅速增生，向外突起形成叶原基。

顶芽发生于茎顶端分生组织（生长锥），而腋芽由腋芽原基发育而来（图5-14）。腋芽发生在离顶端的第2或第3叶原基的叶腋里，一般腋芽原基比叶原基发生晚。腋芽的

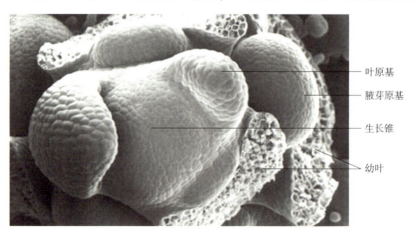

图5-14 茎尖的发生

发生类似于叶芽，最初由若干层初生分生组织细胞进行多次平周分裂和垂周分裂，形成一个分生组织突起，突起顶端又形成芽的顶端分生组织，从而与主茎上的茎端一样发展形成侧枝。

在茎轴上发生的叶和腋芽的水平位置，细胞的增生和轴向生长较少，而在叶与叶之间的茎轴部分，细胞增生和纵向生长比较明显，从而有节与节间的分化。由于节间的细胞仍继续分裂，而且细胞显著增长，使节与节逐步拉开，于是茎就有了明显的高生长。节间的分生活动往往是相当均匀的，但在许多禾谷类植物中，由于节间的组织分化是向基的，分生活动就逐步地限制在节间基部且能持续一定时期，形成居间分生组织。莲座型和肉质型草本植物，以及一些单子叶植物的茎端，叶原基下方由顶端分生组织衍生的许多细胞，上下连接，形成了一种初生加厚分生组织，其细胞分裂活跃，由它们向外增生细胞，从而引起茎的增粗生长，这种增粗生长属于初生生长。

5.3 茎尖和茎的初生结构

5.3.1 茎尖的结构

茎尖（stem apex）位于茎的顶端，是植物地上器官形成的母体。茎尖内部组织依据细胞特征及功能可分为分生区、伸长区和成熟区3部分（图5-15）。但由于茎尖所处的环境以及所行使的生理功能不同，各个分区在形态结构上与根尖又有着不同的特征。首先茎尖没有类似根冠的结构，但分生区的基部却形成了一些叶原基突起，增加了茎尖结构的复杂性，此外，茎的功能决定了茎尖没有吸收功能的根毛。

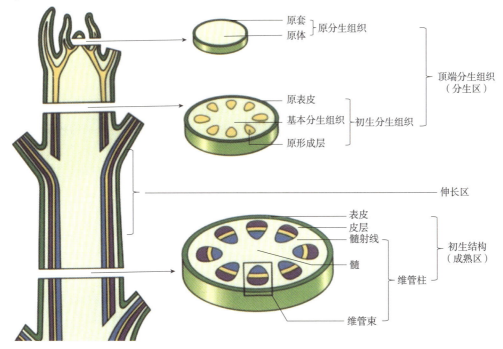

图 5-15　茎尖结构示意

(1) 分生区

分生区又称生长锥，是茎尖的顶端分生组织，由原分生组织和初生分生组织组成。其中原分生组织位于茎尖最顶端，由一团来源于胚芽的胚性细胞组成，这些细胞最大的特点是进行持续的有丝分裂活动。分生区上可以观察到一些叶原基(leaf primordium)和腋芽原基(axillary bud primordium)的小突起，一般先长出的为叶原基，以后在其内侧下面产生腋芽原基。叶原基随着茎的伸长、成熟，逐渐发育为幼叶；而腋芽原基随着茎的伸长、成熟，逐渐发育为营养枝。叶原基和腋芽原基起源于周缘分生组织外侧第一层或第二、第三层细胞，是由周缘分生组织细胞的强烈活动而引起的，这种起源方式称为外起源。而内起源通常是侧根的形成方式。

由原分生组织分裂产生的细胞逐渐分化为原表皮、基本分生组织和原形成层，这3部分共同组成了初生分生组织。原表皮是最外一层连续的细胞，将进一步发育为植物的表皮；原形成层细胞比较细长，成束状分布在基本分生组织中，将来发育为茎中的输导组织；基本分生组织的细胞较短而宽，进一步发育为茎中的薄壁组织。

(2) 伸长区

茎尖伸长区的总长度比根的伸长区长，外观表现为节和节间明显可见，节间距离由上向下逐渐拉长。伸长区内部的特点是细胞液泡化且纵向伸长，这也是茎伸长的主要原因。伸长区的细胞有丝分裂活动逐渐减弱，是顶端分生组织分裂产生的细胞分化为成熟组织的过渡区域。伸长区中来源于分生区的原表皮、基本分生组织和原形成层3种初生分生组织分别逐渐分化出表皮、基本组织(皮层、髓、髓射线)和维管束。

(3) 成熟区

茎尖的成熟区外观表现为节间距离不再变化，内部最大的特点是细胞的有丝分裂和伸长生长都趋于停止，各种成熟组织的分化基本完成，形成了幼茎的初生结构。

在生长季节，茎尖分生区的顶端分生组织不断地进行分裂活动产生新的细胞，随后在伸长区和成熟区生长和分化，结果使茎的节数增加，节间伸长，这种由于顶端分生组织的活动而引起的生长，称为顶端生长(apical growth)。

有些植物(如小麦、水稻)节间基部有居间分生组织，这些分生组织细胞也会经过分裂、生长和分化引起植物的生长，称为居间生长(intercalary growth)，水稻的拔节生长就是居间生长活动的结果。

顶端生长和居间生长都是由初生分生组织活动引起的，都属于植物的初生生长。茎尖初生分生组织活动产生的结构称为茎的初生结构。单子叶植物和双子叶植物茎都有初生生长，但两类植物的初生结构差别很大，为此本章分别介绍。

5.3.2 双子叶植物茎的初生结构

茎顶端初生分生组织经过分裂、生长、分化而形成了茎成熟区的初生结构(图5-16)。通过茎尖成熟区做横切面，可以观察到茎的初生结构由外向内可分为表皮、皮层和中柱3个部分(图5-16)。但这3部分与根的初生结构有较大差异，如茎的皮层较根的薄，且与中柱的界限不明显；茎的中央有了薄壁组织(髓)；中柱维管束类型的不同是茎与根初生结构最大的差异，根中是辐射维管束，茎中则是外韧维管束。

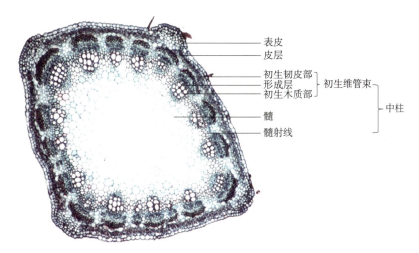

图 5-16　苜蓿茎的初生结构

5.3.2.1　表　皮

表皮是幼茎最外面的一层细胞,由原表皮分化形成,是茎的初生保护组织。横切面上的表皮细胞为长方形,排列紧密,没有胞间隙,有各种表皮毛和气孔器分布(这是根的表皮没有的)。表皮细胞是生活细胞,有生活的原生质体,并贮有各种代谢产物,细胞中一般不含叶绿体,但具有质体。由于表皮分布在空气中,需要有较强的保护功能,茎表皮细胞暴露在空气中的外切向壁较其他方向的壁厚,并有不同程度角质化,有的还有蜡被,这些特点,既有抵抗病原物侵入的保护作用,还可以控制水分蒸腾。在有些植物中,茎表皮还可以形成各种具有特殊结构或后含物的表皮细胞等。

5.3.2.2　皮　层

皮层位于表皮与中柱之间,是由基本分生组织发育而来的多层薄壁细胞组成,因为没有内皮层的分化,所以与中柱的界限不清晰。皮层中大部分是薄壁组织,细胞呈球形或椭球形,细胞壁薄,体积较表皮大,排列也较疏松,细胞具有后含物,主要起贮藏作用。

由于幼茎分布在空气中容易受到风吹摆动,为了防止折断,通常在表皮的内方有成束或相连成片的厚角组织分布,加强了幼茎的支持作用。厚角组织细胞是生活细胞,含有叶绿体,能进行光合作用,但主要起支持作用。根中是不存在厚角组织的。水生植物皮层薄壁组织的胞间隙发达,常常形成通气组织,但一般缺乏厚角组织。

有些植物茎的皮层中有分泌腔(如棉花、向日葵)、乳汁管(如甘薯)或其他分泌组织,有些则具有含晶体和单宁的细胞(如花生、桃),还有的木本植物茎的皮层内有石细胞群的分布。少数双子叶草本植物茎及一些植物的地下茎或沉水植物的茎中可发育出具有凯氏带的内皮层;有些植物(如蚕豆、蓖麻)茎皮层的最内层细胞富含淀粉粒,称为淀粉鞘(starch sheach)。

5.3.2.3　中　柱

中柱是指皮层以内的柱状部分,比根的中柱所占比例大。茎中没有中柱鞘,这也是导致皮层与中柱的界限不明显的又一个原因。茎的中柱与根的最大不同是维管束类型不同，根初生结构中是辐射维管束，而茎中是并生外韧维管束。由于韧皮部与木质部内外并生，将基本组织分割出了留在中央的髓和维管束之间的髓射线。所以茎初生结构的中柱由维管束、髓和髓射线3部分组成。

(1) 维管束

草本双子叶植物幼茎横切面上，维管组织呈束状椭圆形，近似环状排列于皮层的内侧。每个维管束的韧皮部在木质部外侧分布，各维管束之间的距离较大，髓射线较宽，如棉花幼茎。而多数木本植物则由于原形成层排列呈圆筒状，发育形成的维管束，几乎连成完整的环，相邻维管束之间的髓射线较窄。在这种情况下，茎内就没有明显的维管束构造了，维管组织近似管状分布在表皮下的基本组织中。

多数双子叶植物茎中的维管束是外韧维管束，但甘薯、烟草、马铃薯、南瓜等幼茎的维管束在初生木质部的内侧还有内生韧皮部，这种维管束称为双韧维管束。双韧维管束中束中形成层只存在于外生韧皮部与木质部之间。

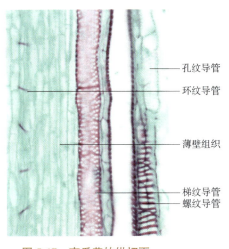

图5-17 南瓜茎的纵切面
(胡适宜，2016)

茎初生木质部也包括原生木质部和后生木质部，是从原形成层的近轴区(内侧)开始形成原生木质部，然后进行离心式发育，逐渐分化形成后生木质部，茎初生木质部的这种发育顺序称为内始式(endarch)，这与根初生木质部外始式(exarch)发育方向不同。从横切面上看，内侧原生木质部导管直径较小，外侧后生木质部导管直径较大。从纵切面上看原生木质部中的导管和管胞通常是环纹和螺纹类型，后生木质部中的则为网纹和孔纹类型，梯纹导管和梯纹管胞常位于原生木质部与后生木质部之间(图5-17)。

双子叶植物茎的维管束中，当初生结构形成后，在初生韧皮部与初生木质部之间，还保留一层分生组织细胞，称为束中形成层(fascicular cambium)，这是茎继续进行次生生长的基础。

(2) 髓和髓射线

髓(pith)和髓射线(pith ray)是中柱内的薄壁组织，它们的细胞特性与皮层薄壁组织类似，只是因这些薄壁组织被维管束分割为不同的区域而得名。

①髓。位于幼茎中央部分的薄壁组织称为髓，是由原形成层以内的基本分生组织发育来的，通常由体积较大，排列疏松的薄壁细胞构成，常含淀粉粒，有时髓中也有含晶体和单宁的异细胞(idioblast)，具有贮藏作用。有的植物髓中含有石细胞，有些植物髓靠外周的小细胞排列较紧密，具有较厚的细胞壁，细胞内常含有鞣质，它们在髓的周围形成一个明显的区域，称为环髓带(perimedullary zone)。

②髓射线。双子叶植物茎初生结构中，位于两个维管束之间连接皮层与髓的薄壁组织称为髓射线。髓射线是由原形成层束之间的基本分生组织发育来的。髓射线除贮藏作用

外,还可作为茎径向输导的途径。此外,与维管束内的束中形成层等径位置的一部分髓射线细胞会分化为束间形成层(interfascicular cambium),与束中形成层共同组成茎的维管形成层。草本植物的髓射线较宽,但在木本植物幼茎的初生结构中,由于维管束互相靠近而近乎呈环形,髓射线很狭窄。

麻类作物茎的初生结构中,有比较发达的韧皮纤维,这些纤维是纺织工业的重要原料。麻类纤维的品质一般以初生韧皮纤维较好。例如,苎麻的纤维主要是初生韧皮纤维,它们发生在麻茎伸长前,除了通过协同生长,随着周围细胞的分裂可相应地引伸之外,还可能伴有纤维细胞顶端的侵入生长,侵入相邻细胞之间。因此,苎麻的纤维比较细长,同时纤维细胞壁由纯纤维素构成,柔软而坚韧,品质较佳。黄麻的纤维,一部分是初生韧皮纤维,另一部分是由形成层活动产生的次生韧皮纤维。后者发生在器官停止伸长生长之后,长度较短,且细胞壁的木质化程度较高,品质较差。亚麻、大麻、红麻等植物的茎中也有发育良好的韧皮纤维,都是重要的麻类作物。

5.3.3 单子叶植物茎的结构

大多数单子叶植物茎只有伸长生长和初生结构,没有次生生长。现以禾本科植物为代表说明单子叶植物茎的结构特点。禾本科植物的茎有明显的节与节间的区分。大多数种类茎的节间中央部分的薄壁组织萎缩,形成中空的秆,如毛竹、小麦、水稻[图5-18(a)],但也有的种类为实心的结构,如甘蔗、玉米[图5-18(b)]。它们共同的特点是有限维管束散生分布,没有皮层和中柱的界限,只能划分为表皮、基本组织和维管束3个基本组织系统。

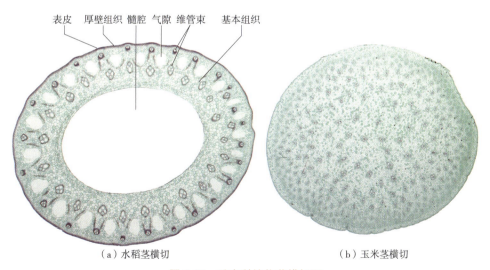

(a)水稻茎横切　　　　　　　(b)玉米茎横切

图5-18　禾本科植物茎横切面
(胡适宜,2016)

5.3.3.1 表　皮

单子叶植物茎的表皮位于茎的最外层,由表皮细胞和气孔器(stomatal apparatus)有规律地排列而成。表皮细胞包括长细胞(long cell)和短细胞(short cell)两种类型。长细胞的细胞壁厚而角质化,其纵向壁常呈波状,是构成表皮的主要细胞成分。短细胞位于两个长

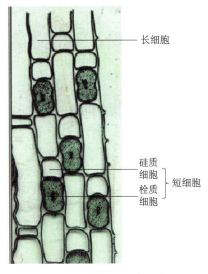

图 5-19 单子叶植物茎表皮表面观

细胞之间，排成整齐的纵列，其中一种短细胞具木栓化的细胞壁，称为栓质细胞(cork cell)，另一种是含有大量二氧化硅的硅质细胞(silica cell)(图5-19)，硅酸盐沉积于细胞壁增强了茎秆的强度和对病虫害的抵抗能力。甘蔗等植物的茎表皮上还有一层蜡被，它是由许多棒状蜡线平行排列而成。禾本科植物茎的表皮上也有气孔，是由一对哑铃形的保卫细胞构成，保卫细胞的旁侧还各有一个副卫细胞。

5.3.3.2 基本组织

单子叶植物茎的基本组织主要由薄壁细胞组成。玉米、高粱、甘蔗等植物的茎内为基本组织所充满；而水稻、小麦、毛竹等植物茎内的中央薄壁细胞解体，形成中空的髓腔。水稻长期浸没在水中的基部节间，在两环维管束之间的基本组织中有大型的裂生通气道，形成良好的通气组织。离地面越远的节间，这种通气道越不发达。紧连着表皮内侧的基本组织中，常有几层厚壁细胞存在。有的植物(如水稻、玉米)茎中的厚壁细胞连成一环，形成坚固的机械组织。小麦茎内也有机械组织环，但被绿色薄壁组织带隔开。这些绿色薄壁组织的细胞内含有叶绿体，因而用肉眼观察小麦茎秆时，可以看到相间排列的无色条纹和绿色条纹。有些品种的茎呈紫红色，是这些细胞内含有花色苷的缘故。位于机械组织以内的基本组织细胞不含叶绿体。

5.3.3.3 维管束

禾本科植物茎中，多个维管束分散分布在基本组织中，它们排列的方式分为两类：一类以水稻、小麦为代表，各维管束大体上排列为内、外两环。外环的维管束较小，位于茎的边缘，大部分埋藏于机械组织中；内环的维管束较大，周围为基本组织所包围，节间中空，形成髓腔。另一类如玉米(图5-20)、甘蔗、高粱等，它们的维管束分散排列于基本组织中，近边缘的维管束较小，互相距离较近；靠中央的维管束较大，距离也较远。每束维管束的外周有由厚壁组织组成的维管束鞘(vascular bundle)所包围。在维管束的两端，厚壁细胞更多。维管束鞘内部为初生韧皮部和初生木质部，没有束中形成层，这种维管束称为有限维管束，是单子叶植物(包括禾本科植物)的主要特征之一。

初生木质部位于维管束的近轴部分，整个横切面的轮廓呈"V"字形。"V"字形的基部为原生木质部，包括一至数个环纹和螺纹导管及少量木薄壁组织。在分化成熟过程中，这些导管常遭破坏，其四周的薄壁细胞互相分离，形成了一个空腔(air space)，或称原生木质部腔隙(protoxylem lacuna)。在"V"字形的两臂上，各有一个后生的大型孔纹导管，两个导管之间充满薄壁细胞，有时也有小型的管胞。初生韧皮部位于初生木质部的外侧，其中的原生韧皮部已被挤毁。后生韧皮部是由筛管和伴胞组成的。筛管较大，呈多边形。每个筛管旁边有三角形或长方形的小细胞，称为伴胞。

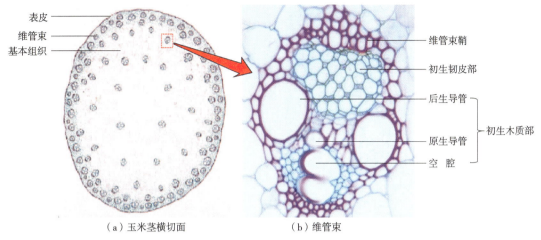

(a)玉米茎横切面　　(b)维管束

图 5-20　玉米茎的维管束

禾本科植物茎的上述解剖结构，可随作物品种和农业技术措施而发生一定程度的变化。在适宜的栽培条件下，水稻矮秆品种的茎，其节间较短，机械组织较发达，抗倒伏性较显著。在水稻栽培中，施足基肥，浅水勤灌，适时排水晒田，可使茎秆内贮藏物质增加，茎秆粗壮坚实，茎壁厚度增大和机械组织增厚，气腔较小，增强茎秆的抗倒能力。如果水稻种植过密，基部通风透光不良，就会引起节间迅速伸长，影响机械组织的木质化增厚。氮肥过多，会使光合作用产生的糖大部分转化为含氮化合物，致使枝叶徒长，而转移到茎的基部和根内的糖分很少，于是茎基部的干物质含量低，影响了细胞壁的木质化和茎秆的建成，根系也发育不良，这样都容易导致倒伏。

单子叶植物大多只有初生生长产生的初生结构，但也有少数热带或亚热带的单子叶植物（如龙血树、芦荟等）茎中维管束可以产生形成层，进行次生生长从而使茎增粗。

5.4　茎的次生生长和次生结构

大多数双子叶植物和裸子植物茎在初生生长的基础上还要进行次生增粗生长。与根类似，茎的次生生长也是次生（侧生）分生组织活动的结果。侧生分生组织包括维管形成层和木栓形成层两类，茎的增粗生长主要是由维管形成层活动引起的。维管形成层和木栓形成层细胞分裂、生长和分化，产生次生维管组织和次生保护组织的过程称为次生生长，由此产生的结构称为次生结构。

5.4.1　维管形成层的发生及活动

原形成层发育为初生组织时，在维管束中初生韧皮部与初生木质部之间保留着一层具有分生能力的组织，即束中形成层（fascicular cambium）。当次生生长开始，连接束中形成层那部分的髓射线细胞恢复分裂能力，发育为维管形成层的另一部分，因其位于维管束之间，故称束间形成层（interfascicular cambium）[图 5-21（a）]。最后，束中形成层与束间形成层连成一环，共同构成维管形成层（vascular cambium）。维管形成层细胞分裂产生的新

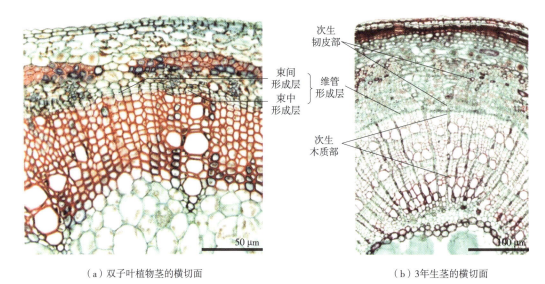

(a) 双子叶植物茎的横切面　　(b) 3年生茎的横切面

图 5-21　茎的次生结构

(杨世杰，2010)

细胞不断分化，可以不断产生新的输导组织，其中维管形成层向外侧分裂的细胞将分化为次生韧皮部，添加在了初生韧皮部内侧，向内分裂的细胞分化为次生木质部，添加在初生木质部外侧，从而使茎加粗。

组成维管形成层的原始细胞有两种：一种是切向面宽、径向面窄两端尖斜的长梭形细胞，称为纺锤状原始细胞(fusiform initial)；另一种是较小的、近于等径或稍长的细胞，称为射线原始细胞(ray initial)。前者是形成层的主要成员，沿茎的长轴平行排列，连成一片，组成纵向系统(轴向系统)；后者与茎的长轴垂直排列，横贯于纺锤状原始细胞之间，组成横向系统(径向系统)。在横切面上，这两种原始细胞皆呈平周的长方形，整齐地排列成一环。纺锤状原始细胞两端尖锐、扁长形，细胞核多为椭圆形或肾形，相对较小，具有明显的大液泡和分散的小液泡。射线原始细胞几乎是等径的，具有一般薄壁组织细胞的特征。

维管形成层活动时，主要是纺锤状原始细胞进行切向平周分裂，向外侧产生的新细胞不断地分化为次生韧皮部，添加在初生韧皮部的内侧，而向内侧分裂产生的细胞则分化为次生木质部，添加在初生木质部的外侧，构成轴向的次生组织系统。次生韧皮部与次生木质部之间，保留着维管形成层及其新衍生的数层细胞所组成的形成层区带。同时，射线原始细胞也进行切向分裂，产生维管射线(vascular ray)，构成了担负径向运输功能的次生组织系统，其中分布在次生韧皮部的称为韧皮射线(phloem ray)，分布在次生木质部的称为木射线(xylem ray)。

当形成层细胞向内产生大量次生木质部以后，木质部不断增厚，形成层也被向外推，周长逐渐增大。维管形成层周径扩大的主要原因是，纺锤状原始细胞在进行平周的切向分裂同时，还可以进行垂周的径向分裂，或者是先进行倾斜的垂周分裂，继而进行顶端侵入生长。新产生的细胞顶端延长，插入相邻的细胞之间，添加到维管形成层环中，使环径扩大。另外，纺锤状原始细胞也可以通过横裂、侧裂衍生出新的射线原始细胞，而射线原始细胞本身又能进行径向分裂。因此，射线原始细胞的产生、增大及分裂，对维管形成层周径的增大也具有一定的作用。

为了保证形成层环细胞的连续性，随着内侧次生木质部的增加，形成层本身也要进行细胞分裂，这种自身增生的分裂称为增殖分裂(multiplicative division)。

纺锤状原始细胞的增生，一般有径向垂周分裂、侧面纵分裂和假横向分裂。射线原始细胞通常由纺锤状原始细胞产生，一般有3种方式：①纺锤状原始细胞靠近顶端横向分割出一个射线原始细胞，由这一原始细胞再分裂形成一列射线细胞；②纺锤状原始细胞经过几次横分裂，整个转变成射线细胞；③纺锤状原始细胞也发生侧向分裂，在细胞中部纵向分割出一小部分，形成了射线原始细胞，由此细胞继续分裂成射线细胞。射线的加宽和细胞数量的增多还有许多其他方式，例如，可由纺锤状原始细胞侵入一群射线原始细胞中，使之分成两群；或由两群或多群射线原始细胞合并，形成一个相当宽的射线等。

形成层的活动虽然有一定的规律，但因植物种类不同而存在一些差异，也受外界环境影响。例如，温带树木的形成层在春天开始活动，冬季形成层原始细胞处于休眠状态，到了翌年春季又开始活动，依此年复一年。因此，温带树木的次生木质部(木材)中，由于这种季节性的生长，茎的横切面可显现同心环状的生长轮(growth ring)[图5-21(b)]。而一年生草本植物的形成层细胞的分裂活动，通常仅持续几个月。在高纬度地区，形成层细胞的分裂活动时期较短，而到低纬度(近赤道)地区逐渐加长，总的活动幅度为1~6个月。此外，形成层的活动还受营养物质、光照、二氧化碳、水分、温度、重力以及生长激素等因素的影响。

总之，茎中维管形成层的活动主要进行切向平周分裂，向内分裂的细胞分化出次生木质部，向外分裂的细胞分化出次生韧皮部，各部分的细胞组成特点分别介绍如下。

5.4.1.1 次生木质部

次生木质部由导管、管胞、木纤维和木薄壁组织组成，担负着输导水分、无机盐和支持的功能。此外，木射线担负着横向运输功能。

一年生草本植物形成层的分裂活动在其生活期(大约6个月)中形成的次生木质部呈环状连片存在，其中的细胞组成及颜色较均匀。

多年生木本植物的茎由于形成层活动受季节影响，产生的细胞成分出现了差异(图5-22)。

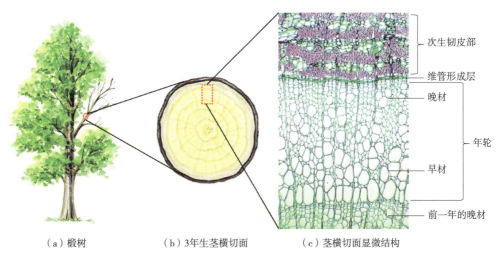

(a) 椴树　　　(b) 3年生茎横切面　　　(c) 茎横切面显微结构

图5-22　早材和晚材

(1) 早材和晚材

维管形成层的活动因受气候因素的影响而呈周期性的变化。在一个生长期产生的次生木质部(即木材)构成一个生长轮。如果有明显的季节性，一年只有一个生长轮，称为年轮(annual ring)[图5-22(b)(c)]。在许多木本植物茎的横切面上可以观察到年轮是不同颜色的同心环。在温带的生长季初期(即春季)，气候温和，雨水充沛，适宜于维管形成层的活动，产生的木材一般较快较多，其中的导管和管胞直径较大而壁较薄，因此，这部分木材质地较疏松且颜色较浅，称为早材(early wood)或春材(spring wood)；在生长季的晚期(如夏末秋初)，气温和水分等条件逐渐不适于树木的生长，维管形成层的活动逐渐减弱，产生的木材较少，其中的导管和管胞直径较小而壁较厚，因此，这部分的木材质地较坚实且颜色较深，称为晚材(late wood)或夏材(summer wood)。同一年内产生的早材和晚材构成一个年轮。二者之间的细胞结构差别是逐渐变化的，没有明显的界线；但当年的晚材与后一年的早材之间的界限非常明显，这条界限称为年轮线。

温带地区的树木一般都有年轮。热带的树木只有生长在旱季与雨季交替的地区才形成年轮，在这种情况下，雨季产生的木材在结构上相当于早材，旱季产生的木材相当于晚材。生长在四季气候相差不明显地方的树木年轮不明显。如果季节性生长受到反常气候条件或严重病虫害等因素的影响，一年可产生2个以上的生长轮(即假年轮)，或生长一度受到抑制而不形成年轮。有些植物一年有几次季节性生长，形成层的活动出现几次生长高峰，如柑橘属果树一年一般可产生3个以上的生长轮。植物的年龄与年轮的宽窄也有一定的关系。植株在最初几年的生长过程中，年轮较宽。年轮的宽窄还能在一定程度上反映所处环境历年的气候变化情况，因此，年轮可作为研究地区气候变迁情况的依据。

(2) 环孔材和散孔材

木本双子叶植物茎的木质部中，所含导管的直径及分布情况常因植物种类不同而有差别。有些植物，如梧桐、泡桐、朴树、刺槐、皂荚、榆、桑等，其晚材中的导管直径较小，而早材中的导管直径显著较大，并多沿年轮交界处呈明显的环状分布。这种次生木质部构成的木材称为环孔材(ring-porous wood)[图5-23(a)]。还有一些植物，如茶、梨、垂柳、白杨、合欢、椴树、大叶桉等，其早材和晚材中的导管直径相差较小，并且分布比较均匀，这种木材称为散孔材(diffuse-porous wood)[图5-23(b)]。也有些植物，如樟、乌桕、李等，其木材特征介于环孔材与散孔材之间，因而又有半环孔材(semi-porous wood)之称。有时，环境条件也能影响某些植物使其木材特性发生一定的变化。

(3) 心材和边材

在多年生木本植物茎的次生木质部中，形成层每年向内形成次生木质部，因此，木质部越靠近中心部分的年代越久，因而有了心材(heart wood)和边材(sap wood)之分[图5-24(a)]。靠近形成层部分的次生木质部颜色浅，是边材，为近2~5年形成的年轮，含有活的薄壁细胞，导管和管胞具有输导功能，可以逐年向内转变为心材，因此心材可以逐年增加，而边材的厚度却比较稳定；心材是次生木质部的中心部分，颜色深，为早年形成的次生木质部，全部为死细胞，薄壁细胞的原生质体通过纹孔侵入导管，形成侵填体(tylosis)[图5-24(b)]，堵塞导管使其丧失输导功能，心材中木薄壁细胞和木射线细胞成为死

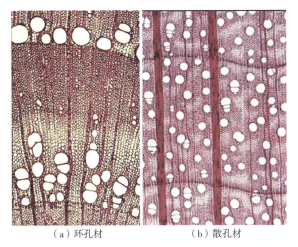

(a) 环孔材　　　　　　　(b) 散孔材

图 5-23　环孔材和散孔材

(a) 心材和边材　　　　　　　(b) 侵填体

图 5-24　心材、边材和侵填体

细胞，由于侵填体的形成和一些物质(如树脂、树胶、单宁及油脂)渗入细胞壁或进入细胞腔内，木材坚硬耐磨，并具有特殊色泽，如胡桃木呈褐色，乌木呈黑色，从而更具工艺价值。

(4) 木材的三切面

为了更好地理解次生木质部的结构，需从木材的三切面即横切面(cross section)、径切面(radial section)和弦切面(tangential section)对其进行比较观察，从立体的形象全面理解它的结构(图5-25)。

①横切面。是与茎的纵轴垂直所做的切面，可观察到同心圆环似的年轮，所观察到的导管、管胞和木纤维等，都是它们的横切面观，可以观察它们细胞的孔径、壁厚及分布状况，仅木射线为其纵切面观，呈辐射状排列，显示射线的长和宽。

②弦切面。也称切向切面，是垂直于茎的半径所做的纵切面，年轮常呈"V"字形，所观察到的导管、管胞和木纤维等都是它们的纵切面，可以观察它们的长度、宽度和细胞两

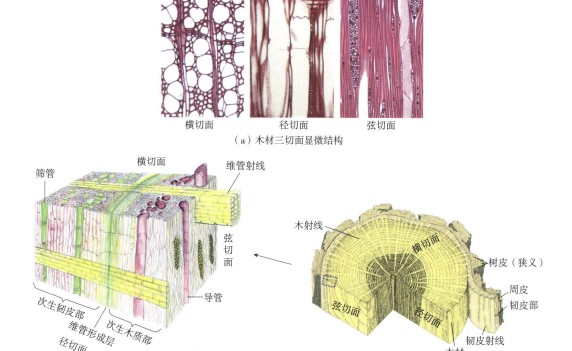

图 5-25 木材的三切面

端的形状和特点，但木射线是横切面观，其轮廓为纺锤形，可以显示射线的高和宽。

③径切面。是通过茎的中心，即过茎的半径所做的纵切面，所观察到的导管、管胞和木纤维等都是纵切面，射线也是纵切面，能显示它的高度和长度，射线细胞排列整齐，像一堵砖墙并与茎的纵轴相垂直。由于射线在三切面呈现显著的特征差异，因而可以作为判断三切面的指标。

5.4.1.2 次生韧皮部

次生韧皮部的组成成分与初生韧皮部基本相同，主要是筛管、伴胞和韧皮薄壁细胞，有些植物还有纤维和石细胞，如椴树茎含有韧皮纤维；许多植物的次生韧皮部还有分泌组织，能产生特殊的次生代谢产物，如橡胶和生漆；韧皮部薄壁细胞中还含有草酸钙结晶和丹宁等后含物。

在次生韧皮部形成时，形成层的射线原始细胞向外产生韧皮射线，通过射线原始细胞与木射线相连，两者合称维管射线。木本双子叶植物每年产生次生维管组织，同时形成的射线横穿在新形成的次生维管组织中，起横向运输的作用，还兼有贮藏作用。较老的韧皮射线细胞可以进行垂周分裂，而使其呈喇叭口状，以此适应茎的增粗。

有功能的次生韧皮部通常只限于一年，筛管分子在春天由维管形成层发生以后，往往在秋天就停止输导而死亡，但有些植物（如葡萄属），当年发生的筛管分子冬季休眠，翌年春季又恢复活动。

5.4.2　木栓形成层的发生和活动

部分草本双子叶植物的茎具有较弱的次生生长，其表皮细胞能进行细胞分裂，增加表皮的面积，以适应茎的微弱增粗。木本植物茎的次生生长活跃，增粗显著，表皮不能适应茎的增粗而脱落、死亡，在茎的外周出现木栓形成层，并由它产生新的保护组织——周皮，来代替表皮行使保护功能。不同植物茎的木栓形成层可有不同的来源。有的最初起源于表皮（如梨、苹果、垂柳、夹竹桃），有的由靠近表皮的皮层薄壁组织（如马铃薯、桃）或厚角组织（如花生、大豆）中发生，有的可在皮层较深处的薄壁组织（如棉花）甚至初生韧皮部发生（如茶树、葡萄、石榴）。

木栓形成层是由已经成熟的薄壁细胞脱分化形成的，是典型的次生分生组织。木栓形成层只由一类细胞组成，横切面上呈长方形，切向纵切面上呈规则的多角形，与维管形成层相比结构简单。木栓形成层主要进行平周分裂，向外分裂形成木栓层，向内形成栓内层。木栓层层数多，其细胞形状与木栓形成层类似，细胞排列紧密，无胞间隙，成熟时为死细胞，细胞壁木栓化，不透水，不透气；栓内层层数少，多为1~3层细胞，有些植物甚至没有栓内层。木栓层、木栓形成层和栓内层合称为周皮，是茎的次生保护组织。

周皮形成过程中，枝条的外表还会产生一些浅褐色的小突起，这些突起称为皮孔。皮孔一般产生于原来气孔的位置，气孔内侧的木栓形成层向外不形成木栓化细胞，而形成许多圆球形的、排列疏松的薄壁细胞（补充组织）。随着补充组织的增多，向外突出，形成裂口，这样枝条的表面上便形成了皮孔（图2-27）。皮孔的形成使植物老茎的内部组织与外界进行气体交换得到了保证。

大多数植物茎中，木栓形成层的活动期是有限的，通常只有几个月，以后木栓形成层每年重新发生，在第一次周皮的内侧产生第二层新的木栓形成层，再形成新的周皮。这样，木栓形成层的位置则渐向内移。在老茎中，木栓形成层可以直至次生韧皮部中发生。新形成的木栓层阻断了其外周组织与茎内部组织之间的联系，使外周组织不能得到水分和养料的供应而死亡。这些失去生命的组织，包括多次的周皮，合称为树皮。但也有人将维管形成层以外所有的组织统称树皮，这种树皮的定义包括了历年产生的周皮和一些已死的皮层和韧皮部等，是树皮的广义概念。

树皮所积累的组织越来越多，树皮也越来越厚。由于栓质轻且具弹性，抗酸、防震，并为热、电、声的不良导体，因此，木栓层发达的树皮可用于制作软木塞、救生漂浮设备，又可作隔热、绝缘材料。栓皮栎的树皮中木栓层十分发达，经济价值很高。

不同植物中，由于木栓形成层的发生、分布以及树皮组成的积累不同，树皮常表现不同形态。如果木栓形成层成条状分布，而且死亡的组织较长时间不脱落，那么树皮就会形成许多深裂纵沟，如刺槐、栎类、大叶桉。如果木栓层是片状分化，老的周皮一片片地脱落，树干常呈现鳞片状斑驳，如榔榆、番石榴。如果木栓形成层为连续筒状分化，树皮一般比较光滑，最后呈套状剥落，如柠檬桉。

5.4.3 双子叶植物茎的次生结构

(1) 一年生植物茎的结构组成

一年生草本或木本植物茎从外到内结构组成依次为表皮、周皮、皮层、次生韧皮部（含韧皮射线）、维管形成层、次生木质部（含木射线）、初生木质部、髓。与根的次生结构最大的不同在于茎中还有皮层，中间有髓。

(2) 多年生木本植物茎的结构组成

从外到内结构组成依次为周皮、皮层（少量或无）、次生韧皮部（含韧皮射线）、维管形成层、次生木质部（含木射线、年轮）、初生木质部、髓。实际上，多年生木本双子叶植物茎通常分为两部分，即树皮和木材。树皮是维管形成层以外的部分，木材则是维管形成层以内的部分，其大部分为次生木质部，还有少量初生木质部和髓。

广义的树皮通常包括了形成层以外的部分，分为硬树皮和软树皮。硬树皮是早年产生的周皮、皮层及韧皮部等的累积，包括当年新产生的木栓层以外的所有组织，由于被木栓层阻断了营养物来源，全部成为死细胞，其质地坚硬，常常呈条状或片状剥落，又称落皮层(rhytidome)。软树皮是硬树皮以内生活的部分，包括木栓形成层、栓内层和当年产生的韧皮部。

由于不同植物木栓形成层的发生及树皮组成成分累积情况的不同，硬树皮常常表现不同的形态，可以作为鉴定树种的依据之一。如刺槐和榆的树皮呈现深裂纵沟，且死亡的硬树皮长时间不脱落；而梨和黑松的树皮呈现鳞片状；葡萄的树皮比较光滑，最后呈套状剥落等。

5.4.4 裸子植物茎的结构特点

大多数裸子植物为高大乔木，其茎的结构与双子叶木本植物相似，只是木质部与韧皮部的组成成分有差异。裸子植物茎的韧皮部中没有筛管和伴胞，筛胞是其唯一的输导同化产物的细胞；木质部中，除了少数植物（麻黄属等）外通常都没有导管，管胞是其唯一的输导水分的细胞。其次生结构中，木质部主要由管胞组成，比双子叶植物木材的质地均匀。因为裸子植物木材缺乏大而圆的导管腔，我们把这样的木材称为无孔材(nonporous wood)。此外，裸子植物射线通常只有一列；另外，松柏类的次生木质部中常常含有树脂道。

5.5 茎的变态

就多数情况而言，在不同植物中，茎的形态、结构是大同小异的。然而在自然界中，由于环境的变化，茎因适应某一特殊环境而改变它原有的功能，因而也改变其形态和结构，经过长期的自然选择，已成为该种植物的特征，这种由于功能的改变所引起茎在形态和结构上的变化称为茎的变态。

茎的变态可以分为地上茎(aerical stem)变态和地下茎(subterraneous stem)变态两种类型。

5.5.1 地上茎变态的类型

地上茎的变态主要有 4 种类型。

(1) 肉质茎

肉质茎(succulent stem)肥大多汁，常为绿色，既可贮藏水分和养料，又可进行光合作用。许多仙人掌科植物具有这种变态茎[图 5-26(a)]；莴苣的肉质茎粗壮，主要食用部分为发达的髓部及周围的内生韧皮部。变态茎有较强的营养繁殖能力。

(2) 茎卷须

许多攀缘植物的茎细长，不能自立，变成卷须，称为茎卷须(stem tendril)或枝卷须。茎卷须的位置或与花枝的位置相当，如葡萄[图 5-26(b)]；或生于叶腋，如黄瓜。

(3) 叶状茎

叶状茎(cladode)也称叶状枝，叶子退化或早落，茎转变成叶状，扁平，呈绿色，能进行光合作用，如文竹[图 5-26(c)]、竹节蓼、大麻黄、假叶树。

(4) 茎刺

茎转变为刺，称为茎刺(stem thorn)或枝刺，如小檗[图 5-26(d)]、酸橙的单刺、皂荚枝条的刺。茎刺有时分枝生叶，它的位置常在叶腋，这些都是与叶刺有区别的特点。野蔷薇茎上的皮刺是由表皮形成的，与茎刺也有显著区别。

(a) 仙人掌的肉质茎　　(b) 葡萄的茎卷须

(c) 文竹的叶状茎　　(d) 小檗的茎刺

图 5-26　地上茎变态的类型

5.5.2 地下茎变态的类型

生在地下的茎与根相似，但仍具茎的特征：有叶、节和节间，叶一般退化成鳞片，脱落后留有叶痕，叶腋内有腋芽。常见的地下茎变态有 4 种类型。

(1) 根状茎

根状茎(rhizome)简称根茎，即横卧地下，形状较长，似根的变态茎，毛竹、莲、芦苇[图 5-27(a)]，以及许多杂草，如狗牙根、马兰、白茅等，都有根状茎。根状茎贮有丰富的养料。春季，腋芽可以发育成新的地上枝。竹鞭是竹类的根状茎，有明显的节和节间。竹笋则是由竹鞭的叶腋内伸出地面的腋芽，可发育成竹的地上枝。芦苇和一些杂草，由于有根状茎，可四向蔓生成丛。杂草经翻耕割断后，其每一小段根状茎都能独立发育成一新植株。藕是莲根状茎先端较肥大、具顶芽的一些节段，节间处有退化的小叶，叶腋内可抽出花梗和叶柄。

(2) 块茎

末端肥大成块状的根状茎称为块茎(stem tuber)。马铃薯的块茎是由植物基部叶腋长出的入土匍匐枝顶端的几个节与节间经过增粗生长而成[图 5-27(b)]。块茎顶端有顶芽，四周有许多凹陷的芽眼(相当于叶腋)，呈螺旋状分布在块茎上。芽眼内有芽。马铃薯块茎内部构造由外到内依次为周皮、皮层、外生韧皮部、形成层、木质部、内生韧皮部、髓。其中，内生韧皮部较发达，是块茎的主要部分。无论韧皮部还是木质部，都以薄壁组织最为发达。因

(a) 芦苇的根状茎　　(b) 马铃薯的块茎

(c) 百合的鳞茎　　(d) 慈姑的球茎

图 5-27　地下茎变态的类型

此，整个块茎，除了周皮外，主要是薄壁组织，而薄壁组织的细胞内，都贮存着大量淀粉。菊芋，俗称洋姜，也具块茎，可制糖或糖浆。

(3) 鳞茎

一种节间极短的、由许多肥厚的肉质鳞叶包围的扁平或圆盘状的地下变态茎，称为鳞茎(bulb)。常见的鳞茎如百合[图5-27(c)]、洋葱、蒜等。百合的鳞茎呈圆盘状，称为鳞茎盘(或鳞茎座)，四周具瓣状的肥厚鳞叶，鳞叶间具腋芽，鳞叶每瓣分明，富含淀粉，为食用的部分。洋葱的鳞茎也呈圆盘状，四周具鳞叶，但鳞叶不形成瓣，而是整片地将茎紧紧围裹。肉质鳞叶之外，还有几片膜质鳞叶保护。叶腋有腋芽，鳞茎盘下产生不定根。大蒜和百合等鳞茎盘的顶芽在开花后枯萎，周围的腋芽逐渐发育膨大成蒜瓣或子鳞茎。

(4) 球茎

球茎(corn)是球状的地下茎，如荸荠、慈姑[图5-27(d)]、芋等。它们都是由根状茎的先端膨大而成。球茎有明显的节和节间，节上具褐色膜状物，即鳞叶，为退化变形的叶。球茎具顶芽，荸荠有较多的侧芽，簇生在顶芽四周。

本章小结

茎的主要功能是运输和支持，还有光合、贮藏和繁殖等功能。茎尖的分区为分生区、伸长区和成熟区。分生区有原套—原体结构。成熟区具有茎的初生结构。

温带木本植物维管形成层的活动呈现季节性规律变化，导致形成年轮。木栓形成层产生周皮，周皮上形成皮孔通气结构。茎的木栓形成层因植物种类不同而发生部位存在差异，可以从表皮、皮层及韧皮部外侧产生，从而导致不同植物茎次生结构韧皮部外的表皮或皮层存留有差异。与根不同的是，所有植物茎的中央都有髓。

大部分单子叶植物的茎只有初生结构，分为表皮、基本组织和维管束3个组成部分。维管束中没有形成层，散生排列在基本组织中，故没有皮层与中柱的明显界限，也没有髓和髓射线的结构。

裸子植物茎与双子叶木本植物茎的生长与结构类似，但其木质部没有导管，韧皮部没有筛管。

思考题

1. 茎有哪些主要的生理功能？
2. 试比较茎尖和根尖的分区有何异同。
3. 双子叶植物茎初生结构由哪几部分组成？
4. 试从结构与功能统一的原理说明双子叶植物根和茎初生结构的异同点。
5. 禾本科植物茎与双子叶植物茎的结构组成有何不同？
6. 试述双子叶植物茎中次生分生组织的产生和活动。
7. 一个3年生的木本茎(枝条)从外到内由哪几部分组成？
8. 一棵古老的"空心"树，为什么仍能存活和生长？

第 6 章

叶

叶是绿色植物制造有机养料、实现自养功能的重要器官。理解叶的发育过程、形态特征以及生理功能等是认识植物有机体整体性、功能性和协调性的重要基础。

6.1 叶的形态类型

6.1.1 叶的组成

发育成熟的叶一般由叶片、叶柄和托叶3部分组成(图6-1)。

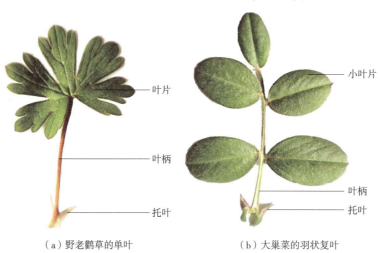

(a) 野老鹳草的单叶　　(b) 大巢菜的羽状复叶

图 6-1　叶的组成

(1) 叶片

叶片(blade)是叶的主要部分,多数为绿色扁平体。叶的光合作用和蒸腾作用,主要是通过叶片进行。叶片可分为叶尖(leaf apex)、叶基(leaf base)和叶缘(leaf margin)等部分,但叶片的大小、形态等多种多样,但就某一种植物来讲,叶片的形态比较稳定,可作为鉴别植物和分类的依据。叶片上分布着大小不同的叶脉(vein),叶脉是叶片的维管束,其通过叶柄与茎中的维管束相连接。叶脉在叶片中有一定的分布规律。一般双子叶植物的叶脉呈网状排列,叶片中较粗、最为明显的为主脉(midrib),主脉的分支为侧脉(lateral vein),侧脉又向两侧发出各级分支,最后一次分支的脉梢(vein end)游离在叶肉组织中,成为开放式脉序。在单子叶植物中,叶脉平行排列,各脉之间有细胞的横脉相连,成为封闭式脉序。

(2)叶柄

叶柄(petiole)是叶的细长柄状部分,上端与叶片相连,下端与茎相连,内具1~3组维管束。叶柄是茎叶之间水分和营养物质运输的通道,并能支持叶片伸展,调节叶片的位置和方向,使各叶片不致互相重叠,以充分接受阳光,这种特性称为叶镶嵌(leaf mosaic)。不同植物叶柄的色泽、长短、粗细以及毛和腺体的有无、横切面的形态等特征都是不同的。

(3)托叶

托叶(stipule)是着生于叶柄基部的附属物,通常成对而生。托叶的形状、色泽以及大小多种多样,可作为识别植物种类的依据。托叶的功能因植物种类而异,一般来说,托叶发育早期具有保护幼叶的作用。此外,有的托叶具有保护幼芽的功能,如木兰属植物;有的具有保护植物体的功能,如刺槐(托叶刺);有的具有攀缘功能,如菝葜属植物;还有的托叶具有光合作用的功能,如豌豆。然而,大多数植物的托叶寿命很短,通常早落,观察时应加以注意。

叶片、叶柄、托叶3部分都具有的叶称为完全叶(complete leaf),如蔷薇科植物的叶。有些植物的叶只具有其中部分结构,称为不完全叶(incomplete leaf),其中无托叶的最为普遍,如毛白杨、垂柳、丁香等;有些植物的叶没有叶柄,叶片直接着生在茎上,称为无柄叶(sessile leaf),如莴苣、荠菜;还有些植物的叶没有叶片,叶柄扩大成扁平状,称为叶状柄(phyllode),如台湾相思。

禾本科植物的叶与其他植物的叶形态不同,它由叶片和叶鞘(leaf sheath)两部分组成。其中叶片呈扁平条形或扁平狭带形,纵列平行脉序。叶鞘位于叶片基部,狭长而抱茎,具有保护幼芽和加强茎秆支持的作用。有些植物在叶片与叶鞘相连处的外侧有一色泽稍淡的环,称为叶枕(pedestal),叶枕利用其弹性和延展性调节叶片的位置;叶片与叶鞘相连处的内侧有膜质片状的叶舌(ligule),不仅可以防止害虫、水分、病原物、孢子等进入叶鞘,而且能使叶片向外伸展以调节和控制叶片的方向。在叶舌的两侧,有一对从叶片基部边缘伸出的突出物,称为叶耳(auricle)。

6.1.2 叶的形态

6.1.2.1 叶 形

叶形一般指整个单叶叶片的形状,有时也可指叶尖、叶基或叶缘的形状。叶片的形状变化极大,主要是由于叶片发育情况、生长方向(横向或纵向)、长宽比例以及较宽部分的位置等存在差异。常见的叶形有以下几种。

①针形(acicular)。叶细长,先端尖锐,称为针叶,如油松[图6-2(a)]、落叶松。

②线形(linear)。叶片狭长,全部的宽度约略相等,两侧叶缘近平行,称为线形叶,也称带形叶或条形叶,如稻、麦、韭、水仙[图6-2(b)]、冷杉等。

③披针形(lanceolate)。叶片较线形叶宽,由下部至先端渐次狭尖,称为披针形叶,如垂柳[图6-2(c)]、桃。

④椭圆形(elliptical)。叶片中部宽而两端较狭,两侧叶缘呈弧形,称为椭圆形叶,如

槐[图6-2(d)]、胡枝子。

⑤卵形(ovate)。叶片下部圆阔，上部稍狭，称为卵形叶，如女贞[图6-2(e)]、樟。

⑥倒卵形(obovate)。叶形似卵，叶基呈小圆，叶端为大圆，叶身最宽处在中央以上，称为倒卵形叶，如玉兰[图6-2(f)]、花生等。

⑦菱形(rhomboidal)。叶片呈等边斜方形，如菱、乌桕[图6-2(g)]。

⑧心形(cordate)。叶片与卵形相似，但叶片下部更为广阔，基部凹入似心形，如紫荆[图6-2(h)]。

⑨肾形(reniform)。叶片基部凹入呈钝形，先端钝圆，横向较宽，似肾形，如积雪草[图6-2(i)]、冬葵。

(a) 油松的针形叶　　(b) 水仙的线形叶　　(c) 垂柳的披针形叶
(d) 槐的椭圆形叶　　(e) 女贞的卵形叶　　(f) 玉兰的倒卵形叶
(g) 乌桕的菱形叶　　(h) 紫荆的心形叶　　(i) 积雪草的肾形叶

图6-2　叶的形态

此外，还有鳞形、刺形、剑形、楔形等，这些都是比较特殊的叶形。

6.1.2.2　叶尖、叶基、叶缘的形状

(1) 叶尖

叶尖指叶片尖端的形状，常见的有以下主要类型。

①急尖(acute)。先端成一锐角,两边直或向外微凸,如女贞、毛竹[图6-3(a)]。
②渐尖(acuminate)。先端逐渐狭窄而尖,两边向内微凹,如垂柳[图6-3(b)]、紫荆。
③钝尖(obtuse)。先端钝,如大叶黄杨[图6-3(c)]。
④尾尖(caudate)。先端渐狭呈长尾状,如梅、菩提树[图6-3(d)]。
⑤突尖(mucronate)。先端平圆,中央突出一短而钝的渐尖头,如玉兰[图6-3(e)]。
⑥微缺(emarginate)。叶片先端有一小的缺刻,如黄杨、苜蓿[图6-3(f)]。
⑦倒心形(obcordate)。叶尖具较深的尖形凹缺,而叶两侧稍内缩,如酢浆草的叶[图6-3(g)]。

(a)急尖(毛竹)　(b)渐尖(垂柳)　(c)钝尖(大叶黄杨)　(d)尾尖(菩提树)
(e)突尖(玉兰)　(f)微缺(苜蓿)　(g)倒心形(酢浆草)

图6-3　叶尖的形状

(2)叶基

叶基指叶片的基部,常见的有以下主要类型。
①心形(cordate)。叶片基部如心形,如紫荆[图6-4(a)]。
②耳垂形(auriculate)。叶基两侧呈耳垂状,如苦荬菜[图6-4(b)]。
③楔形(cuneate)。叶中部以下渐狭,如野山楂[图6-4(c)]。
④下延(decurrent)。叶片延至叶柄基部,如烟草、山莴苣[图6-4(d)]等。
⑤偏斜(oblique)。叶基两侧不对称,如朴树[图6-4(e)]、大果榆等。
⑥截形(truncate)。叶基部平截,略呈直线,如加拿大杨[图6-4(f)]、元宝槭等。
⑦戟形(hastate)。叶基两侧小裂片向外,呈戟形,如菠菜[图6-4(g)]。
⑧匙形(spatulate)。叶基向下逐渐狭长,如金盏菊[图6-4(h)]。

(3)叶缘

叶缘指叶的边缘,常见的有以下主要类型。
①全缘(entire)。叶缘平整无齿,如玉兰[图6-5(a)]、女贞、丁香。
②波状(undulate)。叶缘起伏呈波浪状,如榔榆[图6-5(b)]、胡颓子。
③皱波状(curling)。叶缘起伏曲折较波状更大,如羽衣甘蓝[图6-5(c)]、皱叶酸模。

图 6-4 叶基的类型

④**齿状**。叶片边缘凹凸不齐,裂成细齿状,称为齿状缘,其中又有锯齿状(serrate)、牙齿状(dentate)、重锯齿状(double serrate)等各种情况。锯齿叶缘具尖锐的齿,齿尖向前,如月季[图 6-5(d)]、桃、梅。牙齿叶缘具尖锐的齿,齿尖向外,如苎麻[图 6-5(e)]、茨藻。重锯齿是指在锯齿上又出现小锯齿,如大果榆、樱桃[图 6-5(f)]。钝齿叶缘齿尖钝圆,如山毛榉[图 6-5(g)]。

6.1.2.3 叶裂

叶边缘凹凸不齐,凸出或凹入的程度较齿状叶缘大而深。按叶裂的形式,可分为两类。

(1) 羽状分裂(pinnately divided)

裂片呈羽状排列,依分裂的深浅程度又分为:

①羽状浅裂(pinnatilobate)。叶裂程度不超过叶片宽度的 1/4,如一品红[图 6-6(a)]、辽东栎等。

②羽状深裂(pinnatipartite)。叶裂程度超过叶片宽度的 1/4,如山楂、荠菜[图 6-6(b)]等。

③羽状全裂(pinnatisect)。叶裂深度达中脉,如铁树[图 6-6(c)]、裂叶丁香等。

图 6-5 叶缘的类型

图 6-6 叶裂的类型

(2) 掌状分裂(palmately divided)

叶片近圆形，裂片呈掌状排列，依分裂的深度又可分为：

①掌状浅裂(palmatilobate)。叶裂程度不超过叶片宽度的 1/4，如悬铃木[图 6-6(d)]、槭树等。

②掌状深裂(palmatipartite)。叶裂程度超过叶片宽度的 1/4，如葎草[图 6-6(e)]、蓖麻等。

③掌状全裂(palmatisect)。叶裂深度达到叶片中心叶柄处，如大麻[图 6-6(f)]。

6.1.2.4 脉 序

脉序是指叶片中维管束或叶脉的分布形式,主要有以下3种类型。

(1)平行脉

平行脉(parallel venation)的各脉平行排列,多见于单子叶植物。其中,各脉由基部平行直达叶尖称为直出脉,如水稻、毛竹[图6-7(a)];中央脉显著,侧脉垂直于主脉,彼此平行,直达叶缘,称为侧出脉,如芭蕉[图6-7(b)]、香蕉;各叶脉自基部呈辐射状分出,称为射出脉,如蒲葵、棕榈[图6-7(c)];各叶脉自基部平行发出,做弧形排列,最后在叶尖汇合,称为弧形脉,如车前[图6-7(d)]。

(2)网状脉

网状脉(netted venation)具有明显的主脉,并向两侧发出各级分支,组成网状,是双子叶植物的脉序类型。其中,具有一条明显的主脉,自主脉分出许多侧脉,排列成羽毛状的,称为羽状网脉,如柳、桃[图6-7(e)];由叶基分出多条主脉,主脉又一再分支形成细脉,称为掌状网脉,如蓖麻[图6-7(f)]。

(3)叉状脉

叉状脉(dichotomous venation)每一条叶脉都进行2~3级的分叉,这是一种比较原始的脉序,如银杏[图6-7(g)]。

(a)直出脉(毛竹)　(b)侧出脉(芭蕉)　(c)射出脉(棕榈)　(d)弧形脉(车前)

(e)羽状网脉(桃)　(f)掌状网脉(蓖麻)　(g)叉状脉(银杏)

图6-7 脉序的类型

6.1.2.5 单叶和复叶

根据叶柄着生叶片的数量,可将叶分为单叶和复叶。复叶在双子叶植物中非常普遍,而在单子叶植物中则很少见。

(1)单叶

单叶(simple leaf)指一个叶柄上只着生1叶,无论该叶片完整还是分裂,均为单叶,如木兰科植物[图6-8(a)]、桃等。

(2)复叶

复叶(compound leaf)指一个叶柄上着生二至多数叶片。复叶的叶柄,称为叶轴(rachis)或总叶柄(common petiole);叶轴上所生的叶称为小叶(leaflet);小叶的叶柄,称为小叶柄(petiolule)。复叶根据小叶的排列情况可分为下列几种类型。

①羽状复叶(pinnately compound leaf)。小叶排列在叶轴的两侧,呈羽毛状。

根据小叶的数量又分为:奇数羽状复叶(odd-pinnately compound leaf),顶端生有1小叶,小叶的数量为单数,如刺槐、核桃[图6-8(b)];偶数羽状复叶(even-pinnately compound leaf),顶端生有2小叶,小叶的数量为偶数,如花生[图6-8(c)]、锦鸡儿。

根据叶轴是否分枝,又可分为一回、二回、三回和多回羽状复叶。叶轴不分支,小叶直接生在叶轴两侧,称为一回羽状复叶(simple pinnate leaf),如核桃、刺槐[图6-8(d)];叶轴分支一次,各分支两侧着生小叶片,称为二回羽状复叶(bipinnate leaf),如合欢[图6-8(e)]、云实;叶轴分支两次,各分支两侧着生小叶片,称为三回羽状复叶,如楝、南天竹[图6-8(f)]。

(a)单叶(木兰)   (b)奇数羽状复叶(核桃)   (c)偶数羽状复叶(花生)

(d)一回羽状复叶(刺槐)   (e)二回羽状复叶(合欢)   (f)三回羽状复叶(南天竹)   (g)掌状复叶(细柱五加)

(h)三出掌状复叶(橡胶树)   (i)三出羽状复叶(苜蓿)   (j)单身复叶(柑橘)

图6-8 复叶的类型

②掌状复叶(palmately compound leaf)。小叶都着生在叶轴的顶端，排列如掌状，如细柱五加[图 6-8(g)]、七叶树等。

③三出复叶(ternately compound leaf)。每个叶轴上着生 3 小叶，如果 3 小叶的小叶柄等长，称为三出掌状复叶(ternate palmate leaf)，如橡胶树[图 6-8(h)]；如果顶端小叶的小叶柄较长，两侧较短，称为三出羽状复叶(ternate pinnate leaf)，如苜蓿[图 6-8(i)]、胡枝子等。

④单身复叶(unifoliate compound leaf)。一个叶轴上具有 1 枚叶片，叶轴具叶节。这种复叶由三出复叶退化而来，两侧小叶退化消失，只留顶端的 1 叶。如芸香科植物[图 6-8(j)]。

6.1.2.6 叶序和叶镶嵌

(1) 叶序

叶在茎上都有一定规律的排列方式，称为叶序(phyllotaxy)。叶序有互生(alternate)、对生(opposite)、轮生(whorled/verticillate)、簇生(fascicled)和基生(basal)等类型。

①互生。是指每节上只生 1 叶，叶呈螺旋状着生在茎上，如香樟、白杨、悬铃木、榆叶梅[图 6-9(a)]等的叶序。

②对生。是指每节上着生 2 叶，相对排列，如紫丁香[图 6-9(b)]、女贞等的叶序。对生叶序中，一节上的 2 叶与上下相邻的 2 叶交叉成十字形排列，称为交互对生(decussate)。

③轮生。是指每节上着生 3 片或 3 片以上的叶，辐射状排列，如夹竹桃、桔梗[图 6-9(c)]。

④簇生。是指 2 片或 2 片以上的叶着生短枝上，簇状排列，节间极度缩短，好像许多叶簇生在一起，如银杏[图 6-9(d)]、落叶松等。

⑤基生。是指茎极为短缩，节间不明显，叶子是从根上生出而成莲座状，如青菜[图 6-9(e)]。

(a) 互生 (榆叶梅)　　(b) 对生 (紫丁香)

(c) 轮生 (桔梗)　　(d) 簇生 (银杏)　　(e) 基生 (青菜)

图 6-9　叶序的类型

(2) 叶镶嵌

叶在茎上的排列，不论是哪一种叶序，相邻两节的叶总是利用叶柄长度或一定角度彼此相互错开，使同一枝上的叶以镶嵌状态排列而不重叠的现象，称为叶镶嵌（leaf mosaic）。爬山虎[图6-10(a)]、常春藤和木香花[图6-10(b)]的叶片，均匀地展布在墙壁或竹篱上，便是叶镶嵌的结果。叶镶嵌的形成，主要归因于叶柄的长度、扭曲和叶片的各种排列角度，使叶片互不遮蔽，有利于光合作用的进行。此外，叶的均匀排列也使茎上各侧的负载量得到平衡。

(a) 爬山虎　　　　　　　　　(b) 木香花

图 6-10　叶镶嵌

6.1.2.7　异形叶性

一般情况下，一种植物具有一定形状的叶，但有些植物却在同一植株具有不同形状的叶。这种同一植株具有不同叶形的现象，称为异形叶性（heterophylly）。异形叶性的发生有两种情况：一种是因枝龄不同而叶的形态各异，称为系统发育异形叶性（phylogenetic heterophylly）。如蓝桉，嫩枝上的叶较小，卵形、无柄、对生[图6-11(a)]，而老枝上的叶较大，披针形或镰刀形，有柄、互生、常下垂[图6-11(b)]。又如常见的白菜和油菜，基部的叶较大，有显著的带状叶柄，上部的叶较小，无柄，抱茎而生。另一种是由外界环境影响引起的异形叶，称为生态异形叶性（ecological heterophylly）。如慈姑，有3种不同形状的叶，气生叶箭形，漂浮叶椭圆形，而沉水叶呈带状。又如水毛茛，气生叶扁平广阔[图6-11(c)]，而沉水叶却细裂成丝状[图6-11(d)]。

6.2　叶的生长发育和形态建成

叶的各个部分在芽开放之前就已经完成，它们以各种方式折叠在芽内，随着芽的展开，由幼叶逐渐生长为成熟叶。叶的发育开始于茎尖生长锥周围的叶原基。当芽形成时，在茎顶端分生组织周围的一定部位，由表层细胞（原套）或表层下的一或数层细胞（原体）进行分裂增生，形成许多侧生凸起，这些凸起就是叶分化的最早期，称为叶原基，是一种外起源方式。叶原基形成后，先顶端生长，使叶原基迅速伸长成锥形，达一定长度后转为边缘生长，形成幼叶，分化成叶片、叶柄和托叶几部分。当叶片各部分形成之后，细胞继续分裂和长大，转为居间生长，使叶原基迅速伸长。在幼叶的形成过程中，叶原基的基部

(a) 蓝桉嫩枝上的叶　　(b) 蓝桉老枝上的叶
(c) 水毛茛的气生叶　　(d) 水毛茛的沉水叶

图 6-11　异形叶性

不发生边缘生长，只进行居间生长，伸长形成幼叶的叶柄。由于边缘分生组织分裂的速率并非全部一致，因此，叶缘的分裂程度各不相同，如果边缘分生组织分布不连续，就形成了复叶。如果是具有托叶的叶，则托叶分化较早且生长迅速，叶片的分化次之，叶柄的分化最晚。

一般来说，与根、茎(尤其是裸子植物和被子植物中的双子叶植物)相比，叶的生长期是有限的。叶在短期内生长迅速，达到一定的形状和大小后即停止生长。但有些单子叶植物的叶基部保留着居间分生组织，可以有较长的居间生长期。

当幼叶生长至具备成熟叶的外形时，边缘分生组织停止活动，这时，幼叶的最外一层为原表皮，内部为基本分生组织，基本分生组织中分布着原形成层束，以后组成幼叶的各层细胞，普遍进行垂周分裂，增加其细胞体积，并使幼叶的长度和宽度增加。随着叶片面积的不断扩大，各层细胞经过成熟分化，原表皮发育成叶的表皮，基本分生组织发育成叶肉，原形成层束发育成叶脉，长成一片成熟的叶。

双子叶植物叶中脉的纵向分化是向顶的，也就是最初在叶的基部出现，逐渐发育至较高的部位。一级侧脉从中脉向边缘发育。在具平行脉的叶中，相似大小的几个叶脉，同时向顶部发育。无论是双子叶植物还是单子叶植物叶的较小叶脉，都在较大的叶脉间发育，往往是最先在近叶尖的部位，然后连续地逐步向下发育。

6.3　叶的主要生理功能

在自然界中，绿色植物叶片具有重要的生理功能。其中，光合作用是其最重要的生理功能之一。绿色植物不但通过光合作用营自养生活，而且制造氧气和养料为其他生物提供必要的生存条件。蒸腾作用是叶的另一个重要生理功能。此外，叶还具有吸收、繁殖等功能。因此，叶在植物的生活中具有重要的作用。

(1) 光合作用

绿色植物利用光能把二氧化碳和水合成有机物质的过程称为光合作用(photosynthesis)，其基本产物是葡萄糖和果糖，它们在植物体内经过一系列复杂的变化形成糖类、脂类、蛋白质等有机物质，并释放氧气。叶片是植物最主要的光合作用器官。光合作用产生的有机物质除供给植物自身的需要外，直接或间接为人类和其他动物所利用。叶的发育情况和总叶面积对植物的生长发育、作物的高产稳产都具有深刻的影响。因此，农林生产中争取单位面积的优质高产，都直接与光合作用有关。在生产上只有提高光合作用强度，采用合理密植、间作套种以及选择光合强度大的品种，才能获得高产稳产。

(2) 蒸腾作用

蒸腾作用(transpiration)是植物体内的水分以气态散失到大气中的过程。叶是植物蒸腾作用的主要器官。在植物的生活中，需要从土壤中吸收大量的水分以维持正常的生命活动。但实际上，植物所吸收的水分只有少部分用于制造养分，大部分通过叶表面蒸发并散失到大气中。这种蒸发过程是一种具有重要意义的生理学过程。蒸腾作用促使水分在植物体内上升，提高了矿质元素在植物体内的运输和分布；蒸腾作用还可以降低叶的表面温度，叶片在日光暴晒下吸收的大量光能，仅小部分用于光合作用，其余大部分转变成热能，通过蒸腾作用消耗掉，从而避免了原生质体因叶片的温度过高而死亡。叶片上的一些结构(例如，多数气孔分布在下表皮，表皮上密生绒毛，气孔下陷使气孔分布在气孔窝等)特点都是为了调节水分的蒸腾。

(3) 气体交换

叶是植物与周围环境进行气体交换(gas exchange)的器官。光合作用和呼吸作用对氧气和二氧化碳的吸收与释放，主要通过叶表面的气孔进行。有些植物的叶片，还可以吸收SO_2、HF、Cl_2等有毒气体。因此，植物具有净化空气、改善环境的作用。

此外，植物叶片还有保护茎尖、贮藏水分和营养、吸收水分和矿质元素、防止动物啃食、吸引昆虫传粉甚至捕虫等功能。在生产上，叶表面喷施一定浓度的肥料和农药等，都是利用叶的吸收功能，使这些物质通过叶表面吸收进入植物体；少数植物的叶还具有营养繁殖的功能，如落地生根、秋海棠。

6.4 叶的解剖结构

植物的叶不仅在外部形态上千差万别，内部结构上也存在诸多差异，表现各自的结构特点。

6.4.1 双子叶植物叶的构造

6.4.1.1 叶片

双子叶植物的叶片在解剖结构上可以分为表皮、叶肉和叶脉3部分(图6-12)。

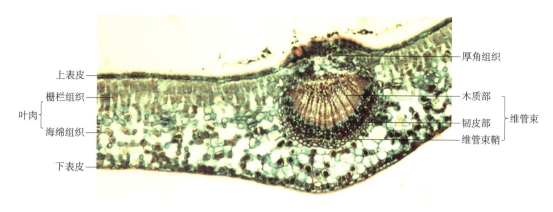

图 6-12 油茶叶的显微结构

（1）表皮

表皮是覆盖在叶片外表的保护组织，包被着整个叶片。表皮有上表皮与下表皮之分，主要包括表皮细胞、气孔器和表皮毛等结构。

①表皮细胞。双子叶植物叶的表皮主要由表皮细胞组成，表皮细胞一般不具有叶绿体，细胞排列紧密，无胞间隙，呈规则或不规则的波状扁平体。在横切面上，表皮细胞排列比较规则，呈长方形或方形，外壁较厚且具有角质层。角质层是由表皮细胞内原生质体分泌物通过质膜，沉积在表皮细胞的外壁上而形成。角质层的存在对叶起着保护作用，可以控制水分蒸腾，加强机械性能，防止病原物侵入，对药液也有着不同程度的吸收能力，因此，角质层的厚度可以作为选育植物优良品种的依据之一。多数植物叶的角质层外，往往还有一层不同厚度的蜡质层。表皮通常由一层生活的细胞组成，但也有由多层细胞组成，称为复表皮（multiple epidermis），如夹竹桃（图 6-13）。

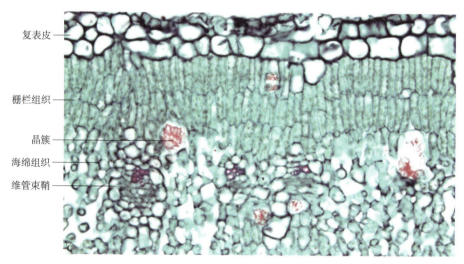

图 6-13 夹竹桃叶
（示复表皮；胡适宜，2016）

②气孔器。叶表皮中有许多气孔器分散在表皮细胞之间［图 6-14（a）］。气孔器是由 2 个肾形的保卫细胞（guard cell）围合而成［图 6-14（b）］。2 个保卫细胞之间的裂生胞间隙称

为气孔(stoma)。气孔既是叶片与外界环境进行气体交换的门户,又是水分蒸腾的通道,同时,也是叶面施肥和喷洒农药时水液的入口。在保卫细胞之外,有些植物还有比较整齐的副卫细胞。各种植物的气孔数量、形态结构和分布位置各不相同。保卫细胞的细胞壁,在靠近气孔的部分增厚,上下方都有棱形突起,而邻接表皮细胞一侧的细胞壁较薄。保卫细胞的原生质体与一般的表皮细胞不同,含有丰富的细胞质、淀粉粒和较大的叶绿体,这些特点,都与气孔开闭的自动调节密切相关。

气孔在表皮上的数量、位置和分布因植物种类而异,且与生态环境有关。双子叶植物的气孔大多呈不规则散生状态分布。叶片的上下表皮均有气孔,但以下表皮为多,上表皮较少甚至没有,可以减少水分蒸发。这种分布方式主要是由于植物下表皮温度较上表皮低,可以减少水分蒸发。多数植物叶的气孔与其周围的表皮细胞处在同一平面上,但旱生植物的气孔位置常稍下陷,如夹竹桃的气孔生于下表皮的气孔窝内;而湿生植物的气孔位置常稍升高。同时,气孔的分布与外界环境有直接关系,一般生长在阳光充足地区的植物叶片气孔较多,阴湿地区的较少。沉水植物叶通常没有气孔,而浮水植物的叶,气孔则分布于上表皮。气孔的这些特点,都是对光照、水分等不同环境条件的适应。

③表皮毛。叶的上下表皮,尤其是下表皮,还生有不同类型的表皮毛[图6-14(c)],以加强保护作用,减少水分蒸腾。表皮毛的形状和结构多样,生理功能也不尽相同。有些表皮毛具有分泌功能,称为腺毛(glandular hair)[图6-14(d)],如茶幼叶下表皮密生单细胞的表皮毛,表皮毛的周围还分布许多腺细胞,能分泌芳香油,使表皮的保护作用得以加强。

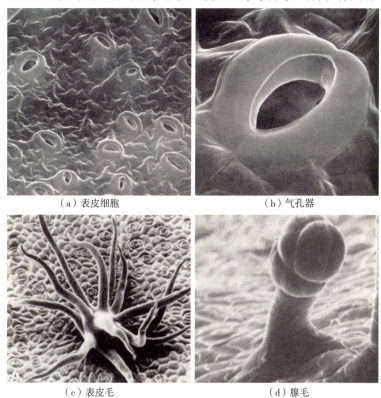

(a)表皮细胞　　(b)气孔器

(c)表皮毛　　(d)腺毛

图6-14　表皮及其附属物

(2) 叶肉

叶肉(mesophyll)是表皮之内的绿色组织(chlorenchyma)，其细胞含有大量的叶绿体，形成疏松的绿色组织，是叶片进行光合作用的主要场所。双子叶植物一般为异面叶，由于叶片背、腹面受光情况不同，叶肉分化为近腹面的栅栏组织和近背面的海绵组织。但有些双子叶植物(如蓝桉)的叶片为等面叶，其叶肉没有栅栏组织和海绵组织的分化，或上下两面都具有栅栏组织。

①栅栏组织。是邻接上表皮的叶肉细胞，呈长柱形，长轴与叶表面垂直，排列整齐。栅栏组织细胞内含有很多叶绿体，紧贴细胞壁排列，扩大了叶绿体在细胞内的排列面积，因而，栅栏组织是光合作用进行的重要场所。叶绿体在细胞内的位置能随着光照的变化而移动，当光照微弱时，叶绿体移至细胞的内侧，以免强光破坏叶绿素的分子结构。栅栏组织的发育程度和细胞层数主要取决于光照强度，光照充足时，栅栏组织发育良好，如树冠外围的叶和生长在阳坡植物的叶，栅栏组织发达，细胞层数较多，颜色较深；而生长在树冠下阴暗处或水中的叶，没有发育良好的栅栏组织，叶肉主要由海绵组织构成。

②海绵组织。是位于栅栏组织与下表皮之间的薄壁组织，其细胞形状、大小常不规则。海绵组织细胞排列疏松，有较大的胞间隙，与气孔共同构成了叶内的通气组织。因此，海绵组织的主要功能为气体交换和蒸腾作用。虽然海绵组织也能进行光合作用，但由于细胞内叶绿体含量较少，所以光合作用的强度弱于栅栏组织。海绵组织的细胞内含叶绿体较少，故叶片背面的颜色一般较浅。

(3) 叶脉

叶脉(vein)为叶片中由原形成层发育而来的维管组织的主要部分，分布于叶肉中，在主脉和大侧脉的维管束周围还有由基本分生组织发育而来的薄壁组织、厚角组织和厚壁组织。大部分双子叶植物具有网状脉序，中脉和大侧脉中有一至数个维管束。叶脉维管束包括木质部和韧皮部，木质部位于叶片上方近轴面，韧皮部位于下方远轴面。在主脉和大型叶脉的维管束中，木质部与韧皮部之间还有一层形成层。叶脉周围有含少量叶绿体的薄壁组织，近表皮处常有厚角组织和厚壁组织，这些组织的存在使叶脉隆起。叶脉在叶中越分越细，形成各级侧脉、小侧脉、细脉和脉梢，结构也随之简化。

脉梢结构异常简单，木质部只剩下一个螺纹管胞，而韧皮部仅有短狭的筛管分子和增大的伴胞，甚至只有薄壁细胞与叶肉细胞结合在一起。细脉和各级叶脉的末梢贯穿于叶肉之中，为输送叶肉光合作用产物的起点。因此，其结构具有相应的特点，即木质部只有短的管胞，韧皮部中有短而窄的筛管。在许多植物叶片中，小脉附近有特化的、利于吸收和短途运输的传递细胞(transfer cell)。传递细胞来源于韧皮薄壁细胞、伴胞、木薄壁细胞和维管束鞘细胞。传递细胞能有效地从叶肉组织输送光合产物到筛管分子。

6.4.2 单子叶植物叶的构造

6.4.2.1 叶片

单子叶植物的叶大多狭而长，有些不具叶柄，有些叶柄呈鞘状，包围茎秆，但就叶片的解剖构造来说，也由表皮、叶肉和叶脉3部分组成。现以禾本科植物为例加以说明(图 6-15)。

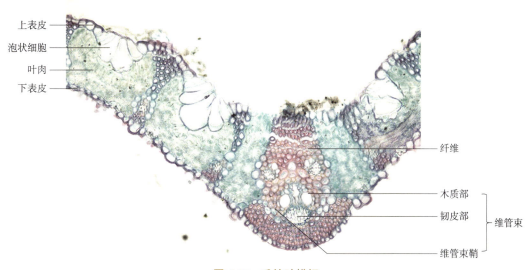

图 6-15　毛竹叶横切

（1）表皮

禾本科植物叶片表皮的结构比较复杂，除表皮细胞和气孔器之外，在上表皮中还分布有泡状细胞。

①**表皮细胞**。单子叶植物具有上下表皮之分，由形状规则的细胞纵行排列而成，常包括长、短两种类型的细胞。长细胞是表皮的主要组成部分，其长轴与叶的长轴平行，细胞壁角质化、硅质化，从而使叶片质地坚硬。短细胞又分为硅质细胞和栓质细胞，硅质细胞是死细胞，栓质细胞是细胞壁经过木栓化的活细胞，它们分布于叶脉的上方，两种短细胞常成对地分布在长细胞行列中。

在上表皮的相邻叶脉之间，有几个大型的薄壁细胞，称为泡状细胞(bulliform cell)。在横切面上，泡状排列成扇形，中间的细胞较大，两侧的较小，其长轴与叶脉平行，细胞内含有大的液泡，不含或少量含有叶绿体。通常认为，当气候干旱时，泡状细胞失去水分，体积收缩，使叶片向上卷曲，以减少水分蒸腾；天气湿润蒸腾减少时，泡状细胞吸水膨胀，叶片伸展。但是植物叶片失水内卷也与叶片中其他组织的差别收缩、厚壁组织的分布以及组织之间的内聚力等因素相关。

②**气孔器**。禾本科植物的气孔器除了由两个哑铃形的保卫细胞组成外，在保卫细胞的外侧还有一对近似菱形的副卫细胞。从发育来看，禾本科植物的气孔器最初是由原表皮细胞经过不均等分裂首先形成两个细胞，大的一个为表皮细胞，小的一个为保卫细胞，它们细胞质较浓，在表皮中纵向相间排列。分化成熟的保卫细胞形状狭长，两端膨大、壁薄，中部细胞壁特别增厚。当保卫细胞吸水膨胀时，薄壁的两端吸水膨大，中部的壁互相分离，气孔开放；反之，失水收缩时，两端萎软，气孔闭合。禾本科植物叶片上、下表皮的气孔数量相差较小。这个特点是与叶片生长比较直立，没有腹背结构之分有关。但是气孔在近叶尖和叶缘的部分分布较多。气孔多的地方，有利于光合作用，也增加了蒸腾失水。

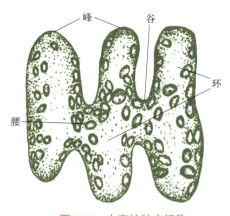

图 6-16 小麦的叶肉细胞

(2) 叶肉

禾本科植物的叶肉组织比较均一，由细胞壁内褶的薄壁细胞组成，没有栅栏组织和海绵组织的分化。各种禾本科植物的叶肉细胞在形态上有所不同，甚至不同品种或同一植株不同部位的叶片，叶肉细胞形态也有差异。例如，水稻的叶肉细胞，整体为扁圆形，细胞壁某些部位向内凹陷，沿叶纵轴排列，叶绿体沿细胞壁分布；小麦、大麦的叶肉细胞，细胞壁某些部位向内凹陷，形成具有峰、谷、腰、环的结构（图6-16），这有利于更多叶绿体排列在细胞边缘，易于接收二氧化碳和光照进行光合作用。

(3) 叶脉

禾本科植物叶脉平行排列，在叶脉之间有横的细脉相连。叶脉由维管束及其外围的维管束鞘组成。维管束与茎内维管束相似，为有限维管束。在维管束外围有1层（薄壁细胞）或2层（薄壁细胞和厚壁细胞各1层）排列整齐的细胞包围，组成维管束鞘。维管束鞘的细胞层数在禾本科植物划分亚科时具有良好的参考意义。科研人员发现，维管束鞘和其周围叶肉细胞的组合排列状与光合作用相关。在碳三植物（C_3）和碳四植物（C_4）中，两者维管束鞘细胞的结构有显著的区别。C_4植物（如玉米、高粱、甘蔗等）的维管束鞘细胞内含有大量叶绿体，并且叶绿体的体积比叶肉细胞内的大，周围紧密毗连着一圈排列非常规则的叶肉细胞，呈辐射状排列，它们和束鞘细胞形成同心的圈层，构成"花环"结构[图6-17(a)]。这种"花环"结构有利于固定还原叶内产生的低浓度二氧化碳，从而提高光合作用的效率。C_3植物（如小麦、水稻、大麦等）的维管束鞘细胞（薄壁细胞层）所含叶绿体较叶肉细胞小而少，叶肉没有"花环"形结构[图6-17(b)]，光合强度较弱，所以又称低光效植物。C_3和C_4植物维管束鞘结构的变化，可作为高光效育种和选种的重要依据。

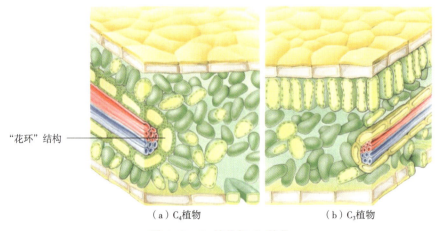

(a) C_4植物　　　　　　　(b) C_3植物

图 6-17　C_3植物与C_4植物

(Taiz et al., 2009)

6.4.2.2 异面叶与等面叶

多数植物的叶在枝条上沿水平方向着生，因而叶片两面的受光情况不同，叶片内部的组织也有较大的变化，形成栅栏组织和海绵组织，这种叶称为异面叶(dorsiventral leaf)，大部分双子叶植物和少数单子叶植物具有异面叶[图 6-18(a)]。有些植物的叶在枝条上直立而生，叶片两面的受光情况均等，因而叶片内部组织分化不显著，没有栅栏组织和海绵组织的区别，这种叶称为等面叶(isobilateral leaf)[图 6-19(b)]。有些植物的叶两面都具有栅栏组织，中间夹着海绵组织，也属于等面叶。无论异面叶还是等面叶，单就叶片来说，都由表皮、叶肉和叶脉3部分组成。

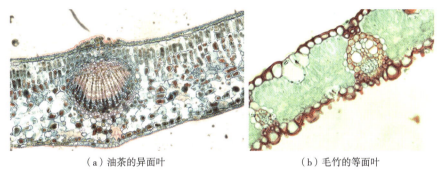

(a) 油茶的异面叶　　(b) 毛竹的等面叶

图 6-18　异面叶与等面叶

6.4.3　裸子叶植物叶的构造

裸子植物的叶在形态构造上比被子植物变化少，除极少数为扁平的阔叶外，大多数比较狭窄，呈针形，故习惯上称裸子植物为针叶树。现以松属植物叶为例(图 6-19)，说明裸子植物的一般构造。松属植物的叶为针形，2~5 针一束着生于不发育的短枝上。因每束针叶数量不同，因此，横切面呈半圆形或三角形。通过叶做横切面，可以看到，由外至内包括表皮系统、叶肉和维管束3部分。

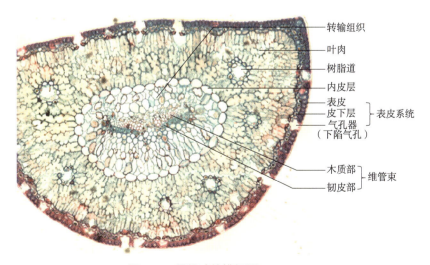

图 6-19　黑松叶的横切面

(1) 表皮系统

表皮系统由表皮、皮下层和气孔器组成。

①表皮。由一层连续的砖形细胞组成，无上下表皮区别，细胞壁特别加厚并经过强烈的木质化，细胞腔很小。在表皮细胞的外壁上还覆盖着一层厚的角质层。

②皮下层(hypodermis)。表皮下面是一至数层木质化纤维状的硬化薄壁细胞，称为皮下层。皮下层细胞的层数因细胞种类而异，在转角处，层数较多。皮下层除具有防止水分蒸腾的作用外，还能使针叶具有坚固的性质。

③气孔器。气孔器从表皮层下陷至皮下层，由一对保卫细胞和一对副卫细胞组成。气孔下陷形成的气腔，阻止了外界干燥空气与气孔的直接接触，是一种减少叶内水分蒸腾的旱生结构。

(2) 叶肉

叶肉位于皮下层以内，细胞壁向内凹陷形成许多皱褶，叶绿体沿壁分布排列。在叶肉组织的不同位置上分布着树脂道，由一层上皮细胞围绕，外面还有一层由厚壁细胞构成的鞘包被着。树脂道的位置，根据种的不同而异，可以作为分种参考的依据。如马尾松、赤松的树脂道与皮下层相接，称为外生树脂道。湿地松的树脂道与内皮层相接，称为内生树脂道。红松、黑松的树脂道在叶肉组织中间，既不与皮下层相接，也不与内皮层相接，称为中生树脂道。还有少数种类，如热带松的树脂道既与皮下层相接，也与内皮层相接，称为横生树脂道。

(3) 维管束

针叶的维管束与叶肉之间有明显分化的内皮层。内皮层由圆形或椭圆形的厚壁细胞组成，排列比较整齐，无胞间隙，成熟后细胞壁木质化，径向壁上有明显的凯氏点。在内皮层细胞之内排列着几层转输组织(transfusion tissue)。转输组织由管胞状细胞(tracheidal cell)和薄壁细胞组成，管胞状细胞零散地分布在薄壁细胞中。维管束一般1~2束，分布在转输组织中，由木质部和韧皮部构成，木质部在近轴面，由径向排列的管胞和薄壁细胞相间隔而成；韧皮部位于远轴面，由筛胞和薄壁细胞径向排列组成。在韧皮部的外侧常分布一些厚壁组织。

上述松属植物叶的特征在许多松柏类植物中也能见到，但在数量上有些差别，如皮下层细胞的层数、树脂道的数量和分布的位置、转输组织的含量等都会因属种的不同而不同。大多数松柏类植物的叶内并不含有具皱褶的叶肉细胞，有些种类的叶内也具有栅栏组织和海绵组织的分化。

6.5　叶的生态类型

植物各器官中，叶的形态结构最易受生态环境的影响而发生变化，并成为遗传性状固定下来，形成叶的各种生态类型，其中以光照和水分对叶形态结构的影响最为明显。

6.5.1　阳生植物和阴生植物

(1) 阳生植物

一些植物，在充足的阳光下才能正常生长，不能忍受荫蔽的环境，称为阳生植物(sun

plant),其叶为阳生叶(sun leaf)[图6-20(a)],如甘草、水稻等。阳生植物受热和受光较强,所处的环境中,空气较干燥,风的影响也很大,加强了蒸腾作用。

(2)阴生植物

一些植物适应于在较弱的光照下进行光合作用,称为阴生植物(shade plant)或耐阴植物,阴生植物的叶为阴生叶(shade leaf)[图6-20(b)],如八角金盘、香龙血树等。阴生植物一般叶片较大而薄,角质层薄或没有,气孔较少,叶绿体含量较多,这些结构有利于其在弱光环境下提高光的吸收和利用。

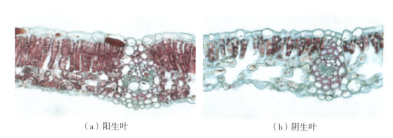

(a)阳生叶　　　　　　　　(b)阴生叶

图6-20　阳生叶和阴生叶

6.5.2　旱生植物和水生植物

叶的形态构造不仅与它的生理机能相适应,而且因所处环境条件的变化而改变,各类植物根据它们与水分的关系,可以划分为3种类型:旱生植物(xerophytes)、水生植物(hydrophytes)和中生植物(mesophytes)。

(1)旱生植物

旱生植物是生长在气候干燥、土壤水分缺乏地区的植物。为了适应这种旱生环境,其叶片的结构主要朝着降低蒸腾和发展贮水组织两个方向变化。一种是叶片小而厚,角质层很发达,叶的上下表皮常分布着密生的表皮毛,气孔下陷,伴有皮下层产生,叶肉组织排列紧密,栅栏组织特别发达,常为两层或多层,海绵组织不发达或没有,输导组织和机械组织发达,如夹竹桃、赤桉等。另一种是叶片肥厚、肉质化,有发达的贮水组织,如景天属、芦荟属植物。有些植物叶片强烈缩小、退化成刺形、针形、鳞形,如仙人掌、夹竹桃[图6-21(a)]、松属、柏属等。

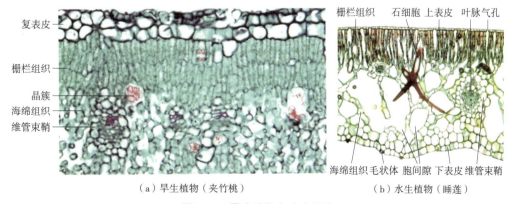

(a)旱生植物(夹竹桃)　　　　　　　　(b)水生植物(睡莲)

图6-21　旱生植物和水生植物

（2）水生植物

水生植物是指植物体的全部或大部分生长在水中的植物。叶片生长在水中，没有防止水分蒸腾的必要，但由于水中光照不足，通气条件差，因此，在结构上表现为：角质层不发达，表皮细胞内含有叶绿体，没有表皮毛和气孔；叶肉细胞层数少，没有分化为栅栏组织和海绵组织；叶内通气组织发达，输导组织和机械组织退化。有些沉水植物的叶片分裂成线形裂片，以增加与水的接触面积和对气体的吸收面积，如狐尾藻、菱、睡莲[图 6-21（b）]等。

（3）中生植物

中生植物是介于旱生植物和水生植物之间的一种类型。它们生活在气候温和、土壤湿度适中的环境条件下，大多数植物都属于中生植物。

6.6 落　叶

叶的生活期一般都短于植株，生活期的长短因植物种类而异。当完成一定的生活周期后，叶就枯萎死亡，从植物体上脱落，这种现象称为落叶（defoliation）。落叶是植物维持体内水分平衡，保证植物正常生命活动，抵抗不良环境条件的一种适应。

（1）落叶树

白杨、垂柳、槐、榆、桦木[图 6-22（a）]等，以及绝大多数果树的叶，只能生活一个生长季，在寒冬来临时即全部脱落，称为落叶树（deciduous tree）。

（2）常绿树

有些植物的叶，生活期超过 1 年，如女贞叶可活 1~3 年，松叶可活 3~5 年，冷杉叶可活 3~10 年[图 6-22（b）]，这类树木的落叶不集中在一个时期，而是在春、夏季新叶发生后，老叶才逐渐枯落，因此，就全树看终年常绿，称为常绿树（evergreen tree）。

（a）落叶树（桦木）　　　　　　（b）常绿树（冷杉）

图 6-22　落叶树和常绿树

落叶的原因与叶柄结构的变化有关。木本落叶植物在落叶之前，靠近叶柄基部的几层细胞发生细胞上和化学上的变化，形成离区（abscission zone）（图 6-23）。以后在离区的范围内进一步分化产生离层（abscission layer）和保护层（protective layer）。叶柄就是从离层处与枝条断离。保护层在离层之下，保护叶脱落后所暴露的表面不受干旱和寄生物的侵袭。

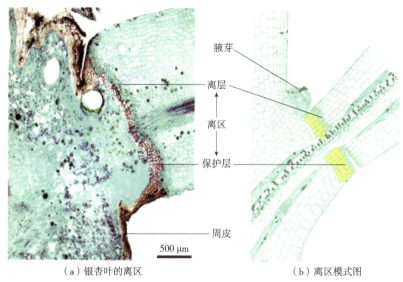

(a) 银杏叶的离区　　　　　(b) 离区模式图

图 6-23　离区

植物产生落叶现象受内外条件的影响。引起叶柄断离的细胞解剖学特征，有的是由于胞间层组成成分的变化，果胶酸钙转化为可溶性的果胶和果胶酸而导致胞间层的溶解；有的除胞间层外，还有部分或全部初生壁溶解；有的是整个细胞，包括原生质体和细胞壁全部发生解体，结果使离层细胞彼此分离。另外，叶柄维管束的导管失去作用，叶片干枯，在叶片重力悬垂以及风吹雨打的机械作用下，叶从离层处断裂而脱落。紧接离层下面的细胞其细胞壁木栓化，有时还有胶质、木质等物质沉积于细胞壁的胞间隙内，形成保护层。叶脱落以后，在茎上所遗留的痕迹，称为叶痕。

离层不仅可以产生于营养器官叶柄基部，在一定的条件下，花柄、果柄的基部也会出现。花、果等器官脱落的原因，例如，果树落花、落果等问题，多与离层的形成有关。因此，研究离层形成的解剖学和生理学机制，分析化学变化过程及其与外界条件的关系，对于解决器官脱落问题具有重要的现实意义。

6.7　叶的变态

叶的可塑性很强，是植物形态构造最容易发生改变的器官。叶的变态多种多样，下面介绍几种常见的变态类型(图6-24)。

(1) 叶刺

叶刺(leaf thorn)是由叶或叶的部分变态而成，如仙人掌科植物的叶变态为刺形，小檗长枝上的叶变态为分叉刺，刺槐的托叶变态为托叶刺[图6-24(a)]。

(2) 叶卷须

某些攀缘植物的叶片、托叶或复叶的一部分变成卷须(leaf tendril)，如豌豆的羽状复叶，先端的一些叶片变成卷须，菝葜的托叶变态成卷须[图6-24(b)]，西葫芦的整个叶片变为卷须。卷须和刺状叶可能是由茎变态而成的，也可能由叶变态而成，可以根据它们在茎上着生的部位、有没有节和节间以及腋内有无腋芽来区别。

(a) 刺槐的托叶刺　　　　(b) 菝葜的叶卷须　　　　(c) 台湾相思的叶状柄

(d) 洋葱的鳞叶　　　　　　　　(e) 茅膏菜的盘状叶

图 6-24　叶的变态

(3) 叶状柄

生长在我国广东、台湾等地的台湾相思，只在幼苗时出现几片羽状复叶，以后产生的叶，小叶完全退化，叶柄扁化成叶片状并具有叶的功能，称为叶状柄(phyllode)[图 6-24(c)]。

(4) 鳞叶

叶的功能特化或叶片退化成鳞片状，称为鳞叶(scale leaf)。鳞叶有两种类型：一种是包在木本植物鳞芽外部的芽鳞，具绒毛或黏液，有保护幼芽的作用；另一种是生长在地下茎上的鳞叶，如洋葱[图 6-24(d)]和百合的鳞叶、荸荠球茎上的膜质鳞叶。

(5) 捕虫叶

有些植物的叶变态为能够捕食昆虫的叶，称为捕虫叶(insect-catching leaf)，如猪笼草的瓶状叶、茅膏菜的盘状叶[图 6-24(e)]等。在这些捕虫叶上有分泌黏液的腺毛，能粘住昆虫，当昆虫被捕捉后，叶片分泌消化液将昆虫消化吸收。

本章小结

发育成熟的叶一般由叶片、叶柄和托叶 3 部分组成。根据叶柄着生叶片的数量，可将叶分为单叶和复叶。叶在茎上按一定规律的排列方式，有互生、对生、轮生等叶序。同一植株上具有不同叶形的现象，称为异型叶性。叶的发生方式是外起源。叶的主要生理功能包括光合作用、蒸腾作用、气体交换等。双子叶植物、单子叶植物和裸子植物叶的解剖结构各有其特点。植物根据叶片对光强的适应,可分为阳生植物和阴生植物;根据对水分的适应,可分为旱生植物、水生植物、中生植物。叶是营养器官中可塑性最强的器官,有很多种变态类型。植物产生落叶现象受内外条件的影响。

思考题

1. 叶是怎么发生的?它的起源与侧根有何不同?
2. 从解剖构造上说明叶的光合作用和蒸腾作用是如何进行的。
3. C_3 植物和 C_4 植物在叶的结构上有何区别?
4. 落叶的内外因分别是什么?离区与落叶有何关系?落叶对于植物体有何意义?
5. 如何理解"根深叶茂"一词的内在含义?

第 7 章

花

繁殖(propagation)是植物的生命现象之一,是指生物生成复制品或类似物以延续种族的现象,它是生物最重要的特征之一。任何植物,无论是低等还是高等,它们的全部生命周期包含着两个互为依存的方面,一个是维持它们本身一代的生存,另一个是保持种族的延续。当植物生长发育到一定阶段,就必然通过一定的方式从本身产生新的个体来延续后代,这就是植物的繁殖。

繁殖是植物生命活动中的重要环节,也是一切植物具有的共同特征。通过繁殖不仅延续了后代,还可以从中产生生活力更强、适应性更广的后代,使种族得到发展。植物的繁殖包括无性生殖、营养繁殖和有性生殖3种方式。

(1) 无性生殖

无性生殖(asexual reproduction)包括分裂生殖、出芽生殖和孢子生殖。

①**分裂生殖**。简称裂殖(fissiparism),原核生物常以此方式来繁殖,这种生殖方式较原始,其特点是过程简单,繁殖迅速[图 7-1(a)]。

②**出芽生殖**。简称芽殖(budding),靠个体生出小芽体,小芽体长大成为独立生活的个体[图 7-1(b)]。例如,酵母进行芽殖时,细胞壁与原生质从母细胞的一端凸出,同时细胞核一分为二,一核留在母细胞内,另一核移入凸出部分成为芽,芽脱离母体,长成新个体。

③**孢子生殖**(sporogony)。是由无性孢子来繁殖后代的方式,由母体生成孢子囊,在孢子囊内产生许多无性孢子;孢子囊成熟时,无性孢子散出,遇到适宜条件就萌发成新个体,如藻类、菌类的分生孢子[图 7-1(c)]和游动孢子。

(2) 营养繁殖

营养繁殖(vegetative reproduction)是植物通过自身营养体的一部分形成新个体的繁殖方式[图 7-1(d)],分为自然营养繁殖和人工营养繁殖。

①**自然营养繁殖**。多借助块根、鳞茎、球茎、块茎等变态器官来进行繁殖。

②**人工营养繁殖**。可以分为分离(division)、扦插(cutting)、压条(layering)和嫁接(grafting)等几种繁殖类型。

(3) 有性生殖

有性生殖(sexual reproduction)是通过雌雄两性的两个细胞(配子)结合成合子来产生后代的繁殖方式。通过有性生殖,子代新个体组合亲代的优点,得到新的变异,能更好地适应环境。它有同配生殖(isogamy)、异配生殖(heterogamy)和卵式生殖(oogamy)3种生殖方式。

①同配生殖。是由形状、大小、结构和运动能力皆相同的两性配子融合，形成合子，再由合子发育成新个体的生殖方式，如衣藻。参与同配生殖的两性配子在形态、结构和行为上没有明显差别。

②异配生殖。是配子体在形态、结构上出现了很大的差异，形体比较大的配子为雌配子，小的为雄配子。这样两个配子相融合的生殖方式称为异配生殖。

③卵式生殖。是植物有性生殖的最高形式。参与融合的两个配子在结构、能动性和大小都有显著的差异。雄配子(即精子)具有运动能力，细胞质少而细胞核大。雌配子(即卵细胞)是不动的细胞，细胞质多。卵式生殖的植物从藻类、真菌到高等植物都存在［图7-1(e)］。

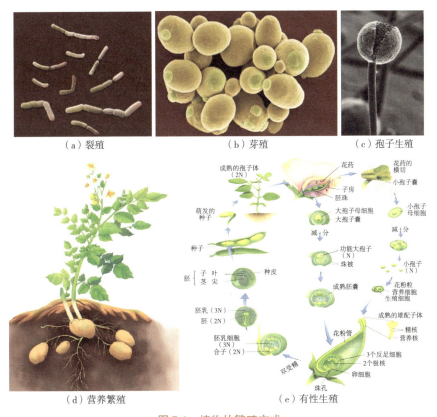

图 7-1 植物的繁殖方式

种子植物经过一定时期的营养生长(vegetative growth)，在外部环境(如光照、温度等)及内部激素的作用下转入生殖生长(reproductive growth)。种子植物的有性生殖是卵式生殖。被子植物的有性生殖器官是花(flower)，裸子植物的有性生殖器官是孢子叶球(strobilus)。

7.1 花的形态

花是被子植物的重要特征之一。花部子房内有胚珠，经传粉、受精，胚珠发育成种子，子房发育成果实，种子包被在果实中，因此称为被子植物(angiosperm)。从形态发生和解剖构造的特点来看，花是不分枝的变态短枝。被子植物复杂的生殖过程就是从花的形成和开放开始的。

7.1.1 花的基本组成

一朵完整的花可分为 6 部分：花柄、花托、花萼、花冠、雄蕊群和雌蕊群(图 7-2)。

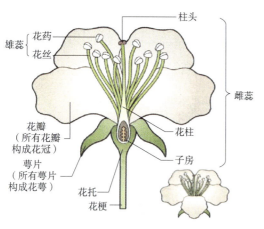

图 7-2　花的模式图
（蔷薇属）

(1) 花柄

花柄(pedicel)或称花梗，是着生花的小枝并与茎连接，起支持和输导作用。花柄的长短因植物种类而异。有的很长，如梨、垂丝海棠等；有的很短，如桑、垂柳等。果实成熟时，花柄成为果柄。花柄的结构与茎、枝的结构是相同的。

(2) 花托

花托(receptacle)是花柄顶端的膨大部分，花的其他部分按一定方式排列着生在花托上。花托的类型较多，如木兰科植物的花托呈柱状[图 7-3(a)]；草莓的呈圆锥状[图 7-3(b)]；莲的呈倒圆锥状[图 7-3(c)]；还有的呈壶状[图 7-3(d)]或杯状[图 7-3(e)]。此外，落花生的花托在雌蕊基部向上延伸为柄状，称为雌蕊柄[图 7-3(f)]，雌蕊柄在花完成受精作用后迅速延伸，将先端子房插入土中，形成果实。西番莲、苹婆属等植物的花托，在花冠以内的部分延伸成柄，称为雌雄蕊柄或两蕊柄[图 7-3(g)]；也有花托在花萼以内的部分伸长成花冠柄[图 7-3(h)]，如剪秋萝属和某些

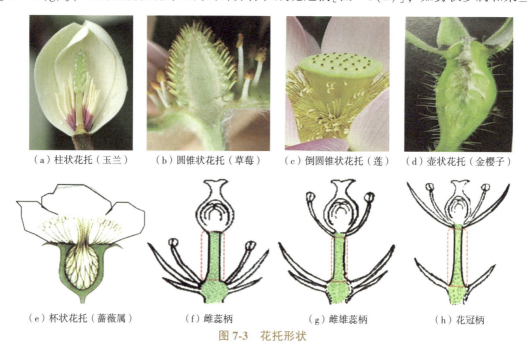

(a) 柱状花托（玉兰）　　(b) 圆锥状花托（草莓）　　(c) 倒圆锥状花托（莲）　　(d) 壶状花托（金樱子）

(e) 杯状花托（蔷薇属）　　(f) 雌蕊柄　　(g) 雌雄蕊柄　　(h) 花冠柄

图 7-3　花托形状

石竹科植物。

(3) 花萼

花萼(calyx)是花的最外一轮变态叶，由若干萼片(sepal)组成，常为绿色，在结构上类似叶，有丰富的绿色薄壁细胞，但无栅栏组织和海绵组织的分化。一朵花的萼片各自分离的称为离萼(chorisepalous)，如油菜、桑等；萼片基部联合或全部联合的称为合萼(gamosepalous)，如棉、蚕豆、烟草。合萼下端联合的部分称为萼筒(calyx tube)，先端分裂部分称为萼裂片(calyx lobe)。有些植物在花萼之外还有副萼(epicalyx)，如棉、草莓、锦葵。花萼和副萼具有保护幼花的作用，并能为传粉后的子房提供营养物质。

(4) 花冠

花冠(corolla)位于花萼的内轮，由若干花瓣组成。花冠常有鲜艳的色彩。花冠由薄壁细胞组成，花瓣比花萼薄，常有颜色。与萼片离合一样，花瓣也有离瓣、合瓣之分。花瓣完全分离的称为离瓣花(choripetal)，如油茶、桃等；花瓣合生的称为合瓣花(synpetal)，如南瓜、番茄、丁香等。花冠下部合生的部分称为花冠筒(corolla tube)，上部分离的部分称为花冠裂片(corolla lobe)。花瓣基部常有分泌蜜汁的腺体，能分泌蜜汁和产生香味。许多植物的花瓣也能分泌挥发油，产生特殊香味。

花冠的形态多种多样，根据花瓣数量、形状、离合状态、花冠筒的长度、花冠裂片的形态等特点，通常分为下列主要类型：十字形(如油菜、萝卜)、蝶形(包括1个大型旗瓣、2个翼瓣和2个龙骨瓣，如大豆、蚕豆)、漏斗状(如甘薯)、钟状(花冠筒稍短而宽，如南瓜、桔梗)、管状(花冠筒长、管形，如向日葵花序中央的花)、舌状(花冠筒较短，上部宽大向一侧展开，如向日葵花序周缘的花)、唇形(上唇常2裂，下唇常3裂，如芝麻、薄荷)、蔷薇形(如桃、梅等蔷薇科植物)、高脚杯状(合瓣花的下部为狭圆筒状，上部突然扩大成平面的裂片，如长春花和水仙花)、轮状(合瓣花冠的裂片平展，呈辐射状排列，花冠筒极短或无，如番茄)、坛状(花冠筒膨大呈卵形或球形，形如罐状，中空，口部缢缩呈一短颈，如石楠属植物)(图7-4)等。

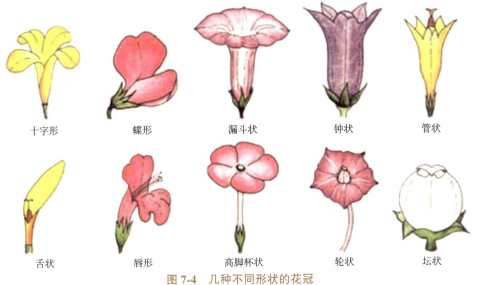

图 7-4 几种不同形状的花冠

花萼和花冠合称花被(perianth)。当花萼、花冠形态、色泽相似不易区分时,可统称花被,称为同被花(homoiochlamydeous flower),如洋葱、百合等,这种花被的每一片称为花被片(tepal)。花萼、花冠都有且有明显区别的花称为双被花(dichlamydeous flower),如棉花、油菜、花生、桃、梨等;花被仅有一轮,且无法区别花萼或花冠的花称为单被花(monochlamydeous flower),如桑、板栗、甜菜等;既无花萼又无花冠的花称为无被花(achlamydeous flower),也称裸花(naked flower),如垂柳、毛白杨、杨梅等。花瓣形状、大小相同,自花的中央向外呈辐射式排列称为整齐花(regular flower),如桃花;自花的中心呈两侧对称或没有对称面的花称为不整齐花(irregular flower),如豌豆、鸡冠花。托杯(被丝托,hypanthium)是指花托的杯状延伸部分,常由花萼、花冠和雄蕊群的基部联合而成,通常包围或包裹着雌蕊。

(5)雄蕊群

雄蕊群(androecium)是一朵花中所有雄蕊的总称。从起源上讲,雄蕊是变态叶(图7-5)。雄蕊群位于花冠的内侧,一般直接着生在花托上,但有的雄蕊基部与花冠愈合。雄蕊(stamen)是花的重要组成部分。一般单子叶植物为3基数,双子叶植物为4~5基数。每个雄蕊由花药和花丝两部分组成。花药(anther)为花丝顶端膨大成的囊状物,是形成花粉粒的地方。花丝(filament)常细长,基部着生在花托或贴生在花冠上。

(a)花的形态

(b)萼片   (c)花瓣   (d)雄蕊

图7-5 睡莲雄蕊为叶的变态证据

雄蕊螺旋状排列或轮状排列,花丝通常纤细,或顶部和基部稍宽。唇形科植物雄蕊的花丝2长2短,称为二强雄蕊(didynamous stamen)。十字花科植物雄蕊的花丝6枚,4长2短,称为四强雄蕊(tetradynamous stamen)。锦葵科植物雄蕊的花丝,联合形成围绕雌蕊群的筒,称为单体雄蕊(monadelphous stamen)。豆科植物雄蕊的花丝10枚,9枚相连,另一枚花丝分离，称为二体雄蕊（diadelphous stamen）。金丝桃科植物雄蕊的花丝联合成多束，称为多体雄蕊（polydelphous stamen）。菊科植物的花，花药相连，花丝分离，称为聚药雄蕊（synantherous stamen）。梧桐科植物的花，花药分离，花丝相连，称为连蕊。雄蕊也可与其他花部联合，称为冠生雄蕊（epipetalous stamen），雄蕊着生在花冠上。花药以基底着生于花丝的顶端，称为基着药（innate anther）；以背部着生于花丝上部，称为背着药（dorsifixed anther）；花药背部全部贴在花丝上，称为全着药（adnate anther）；花药以中部着生于花丝顶端，称为丁字药（versatile anther）。花药以药面朝向雌蕊的，称为内向药（introrse）；以药面朝向花瓣的，称为外向药（extrorse）。樟科植物有内向和外向两种花药。花药成熟的次序自外而内的，称为向心发育的雄蕊；成熟次序自内而外的，称为离心发育的雄蕊。不同植物的花药有不同的开裂方式，大多数植物的花药是纵裂，少数是横裂、孔裂或瓣裂（图7-6）。

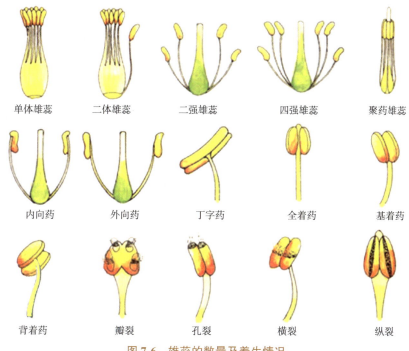

图7-6 雄蕊的数量及着生情况
（李先源，2018）

（6）雌蕊群

雌蕊群（gynoecium）是一朵花中所有雌蕊（pistil）的总称。不同植物，雌蕊可以由一至数个心皮组成。构成雌蕊的基本单位称为心皮（carpel），它是由适应于生殖的变态叶卷合而成（图7-7）。每一个雌蕊包括柱头、花柱和子房3个部分。

柱头（stigma）位于雌蕊的上部，是接受花粉的部位，它有各种形态。柱头的表皮细胞或延伸成乳头、短毛，或呈毛茸状突起，如小麦、垂柳的柱头呈羽毛状。花柱（style）位于柱头与子房之间，是花粉萌发后花粉管进入子房的通道。子房（ovary）是雌蕊基部的膨大部分，它的外层是子房壁（ovary wall），内为一至数个子房室（locule），子房室内有胚珠（ovule）。

由于组成雌蕊的心皮数量和结合情况不同，形成了不同的雌蕊类型。

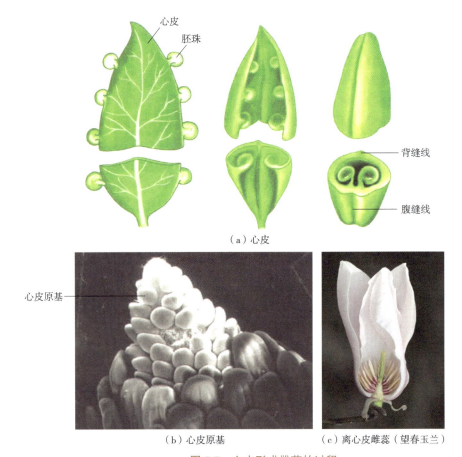

图 7-7 心皮形成雌蕊的过程

① 单雌蕊(simple pistil)。一朵花的雌蕊仅由 1 个心皮构成，子房内只有 1 室，如豌豆、牡丹、水稻等。

② 离生单雌蕊(apocarpous pistil)。一朵花中由多个心皮组成，每个心皮相互分离而成为多个单雌蕊，又称离心皮雌蕊[图 7-8(a)]，如草莓、玉兰等。

③ 复雌蕊(compound pistil)。一朵花中子房由数个心皮合为一或数室[图 7-8(b)]，如牵牛、凤仙花等。

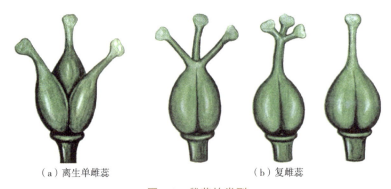

图 7-8 雌蕊的类型

胚珠着生在心皮壁上，往往形成肉质突起，称为胎座（placenta）。由于心皮数量以及心皮连接情况不同，胎座类型又可分为以下类型（图 7-9）。

①边缘胎座（marginal placenta）。胚珠多数，着生于单心皮的腹缝线上，如豌豆、蚕豆。

②侧膜胎座（parietal placenta）。由多心皮组成的 1 室子房，胚珠着生于相邻 2 心皮的腹缝线上，如西瓜、紫花地丁。

③中轴胎座（axial placenta）。胚珠着生于二或多室子房的中轴上，如水仙、百合。

④特立中央胎座（free central placenta）。胚轴着生于单室子房中央的与子房上部不相连的柱上，如石竹、马齿苋。

⑤顶生胎座（pandulous placenta）。胚珠着生在子房顶部而悬垂室中，如榆、桑。

⑥基生胎座（basal placenta）。胚珠着生于单室子房的基部，如向日葵。

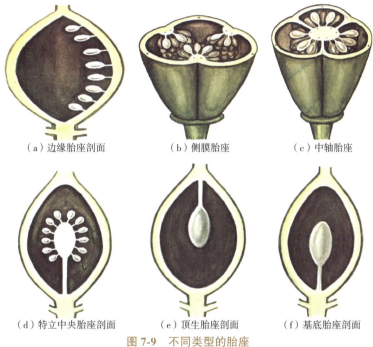

（a）边缘胎座剖面　　（b）侧膜胎座　　（c）中轴胎座

（d）特立中央胎座剖面　　（e）顶生胎座剖面　　（f）基底胎座剖面

图 7-9　不同类型的胎座

水稻、小麦、高粱等禾本科植物的花，与一般双子叶植物花的组成不同（图 7-10），它们通常由 1 枚外稃（lemma）、1 枚内稃（palea）、2 枚浆片（lodicule）、3 枚或 6 枚雄蕊及 1 枚雌蕊组成。外稃为基部的苞片变态所成，其中脉常外延成芒（awn）。内稃为小苞片（bractlet），是苞片和花之间的变态叶。浆片是花被的变态器官，开花时，浆片吸水膨胀，撑开外稃和内稃，使雄蕊和柱头露出稃外，适应风力传粉。花后，浆片便消失。

禾本科植物由一至数朵小花和 1 对颖片（glume）组成小穗（spikelet），再由小穗组成复合花序。颖片着生在小穗的基部，相当于花序分枝基部的小总苞。具有多朵小花的小穗，中间有小穗轴（rachilla）；只有 1 朵小花的小穗，小穗轴退化或不存在。如小麦是复穗状花序，小穗无梗，单生于每一穗轴节上。小穗基部的 2 枚颖片明显，每一小穗含 2~5 朵花，上部几朵往往是发育不完全的不育花。每朵能育花的外面，有内、外稃各 1 枚，内有 2 枚浆片、3 枚雄蕊和 1 枚雌蕊。不育花没有雌雄蕊。

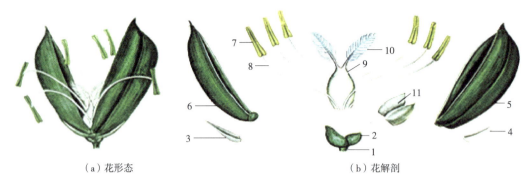

(a) 花形态　　　　　　　　　　　　(b) 花解剖
1.小花梗；2.退化颖片；3.退化的小花外稃；4.退化的小花内稃；5.外稃；
6.内稃；7.花药；8.花丝；9.子房；10.柱头；11.浆片。
图 7-10　禾本科植物的花

7.1.2　花部变化及花序

同种植物花的形态是相对稳定的，不同植物花的形态则差别明显，因此，花是植物分类的重要依据。在不同植物中花的组成部分上也有多种变化，花萼、花冠、雄蕊群、雌蕊群都有的花称为完全花(complete flower)；不全具有这 4 部分的花称为不完全花(incomplete flower)。一朵花中兼有雄蕊和雌蕊的花称为两性花(bisexual flower)，如油菜、桃、水稻等；只具备其中之一的称为单性花(unisexual flower)，仅有雌蕊者称为雌花(pistillate flower)；仅有雄蕊者称为雄花(staminate flower)。

如果雌花和雄花生在同一植株上，称为雌雄同株(monoecious)，如核桃、玉米等；如果雌花和雄花分别生在不同的植株上，称为雌雄异株(dioecious)，如垂柳、大麻等；花中既无雌蕊，又无雄蕊，称为无性花(asexual flower)或中性花(neutral flower)，如向日葵花盘边缘的舌状花。

在枝顶或叶腋处只着生一朵花，称为单生花(solitary flower)；但大多数被子植物在枝顶或叶腋处着生许多花，并在花轴上按一定的排列顺序着生，称为花序(inflorescence)。花序下部的梗称为花序梗(总花梗，peduncle)，总花梗向上延伸成为花序轴(rachis)；花序轴上每一朵花称为小花。总花梗基部通常生有苞片(bract)，有的花序的苞片密集着生在一起，组成总苞，如菊科植物蒲公英等。有的苞片转变为特殊形态，如禾本科植物小穗基部的颖片。根据花序轴的长度、分枝与否、花柄有无、各花开放的顺序，花序可分为无限花序和有限花序两大类。

(1) 无限花序

无限花序(indefifnite inflorescence)又称向心花序或总状类花序。无限花序的开花顺序是花序轴基部的花最先开放，然后向上依次开放；如果花序轴缩短，各花密集排列成一平面或球面时，开花顺序则是由边缘向中央依次开放。无限花序分为多种类型(图 7-11)。

①总状花序(raceme)。花序轴单一、较长，由下而上生有近等长花柄的两性花，如油菜、紫藤等。

②伞房花序(corymb)。花序轴较短，着生在花轴上的花其花柄长短不一，靠近基部的花其花柄较长，越近顶部其花柄越短，使各花分布近于同一水平面上，如梨、苹果、山楂等。

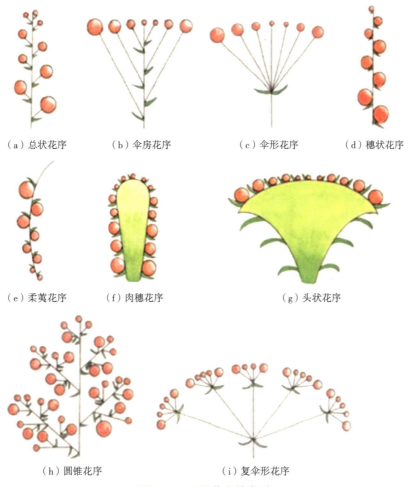

图 7-11 无限花序的类型

③伞形花序(umbel)。花自花序轴顶部生出,花柄等长,花序呈伞状,如五加、人参、韭菜、常春藤等。

④穗状花序(spike)。花序轴直立、较长,其上着生许多无柄的两性花,如车前、马鞭草等。

⑤柔荑花序(catkin)。花序轴上着生许多无柄或具短柄的单性花,通常雌花序轴直立,雄花序轴柔软下垂,开花后,一般整个花序一起脱落,如白杨、垂柳、枫杨、栎等。

⑥肉穗花序(spadix)。基本结构与穗状花序相似,但花序轴膨大、肉质化,其上着生许多无柄的单性花,有的肉穗花序外包有大型苞片,称为佛焰苞(spathe),因而这类花序又称佛焰花序,如玉米、香蒲、半夏、天南星、芋等。

⑦头状花序(capitulum)。花序轴缩短呈球形或盘形,上面密生许多近无柄或无柄的花,苞片聚成总苞,生于花序基部,如三叶草、蒲公英、向日葵等。

⑧隐头花序(hypanthodium)。花序轴肉质,特别肥大并内凹成囊状,许多无柄单性花隐生于囊体的内壁上,雄花位于上部,雌花位于下部。整个花序仅囊体前端留一小孔,可容昆虫进出进行传粉,如无花果、薜荔等。

上述各种花序的花序轴都不分枝，而有些植物的花序轴具有分枝，在每一分枝上又按上述的某一种花序着生花朵，这类花序称为复合花序。常见的有以下几种。

①圆锥花序(panicle)。又称复总状花序。花序轴的分枝做总状排列，每一分枝相当于一个总状花序，如女贞、水稻、南天竹等。

②复伞房花序。花序轴的分枝做伞房状排列，每一分枝再为伞房花序，如花楸、石楠等。

③复伞形花序。花序轴顶端分出伞形分枝，各分枝的顶部再生一伞形花序，如胡萝卜、芹菜、小茴香等。

④复穗状花序。花序轴依穗状式着生分枝，每一分枝相当于一个穗状花序，如小麦。

(2) 有限花序

有限花序(definite inflorescence)又称离心花序或聚伞类花序。有限花序中最顶点或最中心的花先开，由于顶花的开放，限制了花序轴顶端继续生长，因而以后开花顺序延及下方和周围，通常包括以下几种类型。

①单歧聚伞花序(monochasium)。花序轴顶端先生一花，然后在顶花下的一侧形成分枝，继而分枝的顶部又生一花，其下方再生二次分枝，如此依次开花，形成合轴分枝式的花序。花序各次分枝是左右相间长出，整个花序左右对称，称为蝎尾状聚伞花序(scorpioid cyme)[图7-12(a)]，如唐菖蒲、委陵菜等；花序各次分枝都从同一方向的一侧长出，最后整个花序呈卷曲状，称为螺旋状聚伞花序(bostrix)[图7-12(b)]，如附地菜、勿忘我。

②二歧聚伞花序(dichasium)。花序顶生花先形成，然后在其下方两侧同时发育出一对分支，以后分支再按上法继续生出顶花和分支[图7-12(c)]，如繁缕、石竹、大叶黄杨等。

③多歧聚伞花序(pleiochasium)。花序顶花下同时发育出3个以上分枝，各分枝再以同样方式进行分枝，各分枝各自成一小聚伞花序[图7-12(d)]，如械叶草。其中，花无柄或花柄短而密集成簇的多歧聚伞花序称为密伞花序，如大戟、泽漆等。

④轮伞花序(verticillaster)。花序由许多无柄的花聚伞状排列在茎节的对生叶腋内，呈轮状排列[图7-12(e)]，如益母草、丹参等。

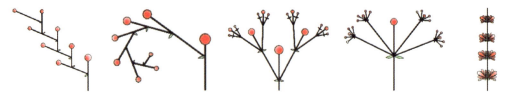

(a) 蝎尾状聚伞花序　　(b) 螺旋状聚伞花序　　(c) 二歧聚伞花序　　(d) 多歧聚伞花序　　(e) 轮伞花序

图7-12　有限花序的类型

7.1.3　子房的位置变化

原始类型的花托呈圆锥或圆柱形，在进化过程中，花托逐渐缩短，加大宽度，变为圆顶状或扁平状，并且进一步在中央出现凹陷，成为凹顶状。花托形状的变化改变了花部在花托上的排列地位，特别是子房的位置，出现以下几种不同的形态。

(1) 子房上位

花托圆柱形或圆顶状、平顶状，花萼、花冠和雄蕊群着生在雌蕊下方的花托四周或雌蕊外方的花托上,雌蕊的位置要比其他各部分高,这类子房称上位子房(ovary superior),这类花称为下位花(hypogynous flower)[图7-13(a)],如毛茛、牡丹、番茄等。子房仅底部与花托凹陷,花被和雄蕊群着生于花托上缘,位于子房四周,这类花称为(上位子房)周位花(perigynous flower)[图7-13(b)],如桃、李。

(2)子房中位或半下位

花托中央凹陷,花托杯状或盂状,花萼、花冠、雄蕊群着生在杯状花托隆起的边缘,而雌蕊的子房着生在花托的杯底,花托侧面与子房并不相连,只有底部与子房相连。因花萼、花冠和雄蕊群着生在子房周围花托的较高位置,所以称这类子房为中位子房或半下位子房(half-inferior ovary),这类花称为周位花[图7-13(c)],如野蔷薇、桃、樱桃等。

(3)子房下位

花托呈深陷的杯状,子房着生在花托的杯底,子房壁与花托完全愈合,只留花柱和柱头突出在外面,花萼、花冠和雄蕊群着生在子房上方的花托边缘。这类花的子房位置最低,是下位子房(ovary inferior),这类花称为上位花(epigynous flower)[图7-13(d)],如苹果、黄瓜等。

(a)上位子房(下位花)　(b)上位子房(周位花)　(c)半下位子房(周位花)　(d)下位子房(上位花)

图7-13　子房位置类型

(李先源,2018)

7.1.4　繁育系统

繁育系统(breeding systems)又称性别系统。Blakelee(1905)和Correns(1928)最早研究了植物的繁育系统,并将其分为同型繁育系统(包括两性、单性同株、雌全同株、雄全同株和多全同株)和异型繁育系统(包括单性异株、雌全异株、雄全异株、多全异株和三型异株)。在植物群落和区系水平上,繁育系统的比较研究一般按两种划分方案处理:一是分为两性花(unisexual flower)、单性异株和单性同株3种类型;二是分为两性花(hermaphroditic flower)、雌雄同株(monoecism)、雌雄异株(dioecism)、雌全同株(gynomonoecism)、雄全同株(andromonoecism)、雌全异株(gynodioecism)和雄全异株(androdioecism)7种类型。两性花是指同时具雌蕊和雄蕊的花。雌雄同株,即雌花和雄花同时着生在一株植物上。雌雄异株,即雌花与雄花分别着生于不同株的植物上。雌全同株,又称为雌花、两性花同株,即植株上既着生雌花,也着生两性花;雄全同株,又称为雄花、两性花同株,即植株上既着生雄花,也着生两性花;雌全异株,即居群由雌株和两性花植株组成。

7.2 花芽分化

7.2.1 花芽分化的主要阶段

花是由花芽发育而来的，多数植物经历幼年期(juvenile phase)达到一定的生理状态之后，植物体的某些部分能接受外界信号的刺激，叶芽内源激素水平发生变化，芽的营养生长锥的顶端分生组织不再形成叶原基和腋芽原基[图7-14(a)]，生长点横向扩大，向上突起并逐渐变平。以后按一定规律先后形成若干轮小突起，这些小突起就是花各部分的原基。花原基可以分为萼片原基、花瓣原基、雄蕊原基、雌蕊原基几部分，由这些原基发育成花的各部分，这个过程称为花芽分化(flower bud differentiation)。这些原基是一群幼嫩细胞，通常生殖生长锥[图7-14(b)]形成的分生组织细胞全部参与花的各个原基的形成，所以花芽分化完成后，生长锥也就不存在了。幼年期的长短因植物种类而异。牵牛、油菜等几乎没有幼年期，种子萌发后2~3 d，只要给予适当长度的日照，就可以形成花芽。但大多数植物都有相当长的幼年期。木本植物(如桃)一般经历2~3年的营养生长后开始生殖生长，梨、苹果为3~4年，毛竹约60年。

花芽形态因植物种类而异，一般花芽比腋芽肥大。有些植物一个花芽只分化成一朵花，如油茶、玉兰、桃等；有些植物则分化成花序，如白杨、垂柳、板栗、相思树等。

根据花芽分化时的形态变化，可以分为以下几个时期。

①前分化期。此期生长点稍尖，从外形上尚无法分辨花芽或叶芽，随后生长锥细胞分裂较快，逐渐由尖变圆[图7-14(a)(b)]。

②萼片原基形成期。圆形生长点下侧细胞分裂较快，形成一些小突起，称为萼片原基[图7-14(c)]，接着每一萼片原基向内弯曲伸长，形成萼片。

③花瓣原基形成期。当萼片形成的后期，生长点顶端由圆变平，出现了花瓣原基[图7-14(d)]，花瓣原基以不同生长速率向相对方向延伸增大，形成花瓣。

④雄蕊原基形成期。在花瓣全部形成的同时，生长点四周扩散并稍凹陷，在凹陷的周围形成的一些小突起，称为雄蕊原基[图7-14(e)]，后来进一化分化为雄蕊。

⑤雌蕊原基形成期。生长锥凹陷的中央逐渐向上突起，形成雌蕊原基[图7-14(f)]，又称心皮原基，后来进一步分化为雌蕊。

⑥子房、花药形成期。在雌雄蕊形成后期，雌蕊下部膨大形成子房，中央有小孔形成子房室，室内开始形成胚珠，这时雄蕊原基开始分化出花药[图7-14(g)(h)]。

花芽分化过程中各种原基的分化次序，一般是从外向内分化，即最先出现的突起是萼片原基，之后依次出现花瓣原基、雄蕊原基、雌蕊原基，如桃。但也因植物种类而有各种变化，如石榴的雄蕊是最后分化的，而龙眼则是花瓣最后分化。

7.2.2 影响花芽分化的因素

不同植物各有特定的花芽分化特性，一些植物的花芽分化需要一定的环境条件，其中最重要的环境因素是光周期和低温。如一些晚粳稻等短日照植物，花芽分化时需要短日照、长黑夜，否则就一直停留在营养生长状态，不能进行花芽分化。又如冬小麦等长日照植物，花

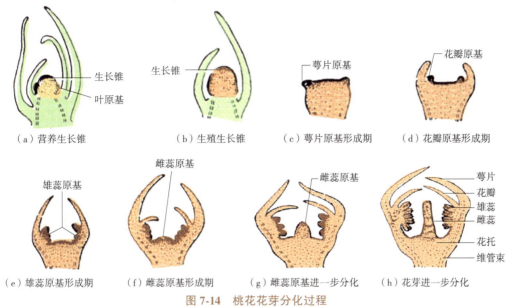

图 7-14 桃花花芽分化过程
(贺学礼，2016)

芽分化时需要低温和长日照的环境条件。近年，针对模式植物拟南芥从分子水平对花芽分化(成花转变)的研究表明，其分子调控网络包括 6 条途径，分别是：光周期途径、春化途径、温敏途径、自主途径、年龄途径和赤霉素途径。各途径中，植物通过相应的信号受体感知并传导外界信号，各途径彼此独立又相互交错，最终将各种信号汇集到"开花整合基因"，如 *FT*(*FLOWERING LOCUS T*) 和 *SOC1*(*SUPPRESSOR OF OVEREXPRESSION CONSTANS 1*)，从而精确地控制开花时间。在众多环境因素中，光周期和温度是决定开花时间的主要因素，涉及光周期途径、春化途径和温敏途径；而自主途径、年龄途径和赤霉素途径则响应内源生长信号(图 7-15)。

7.3 雄蕊的发育和构造

7.3.1 花药的发育和构造

雄蕊由花芽中的雄蕊原基发育而来。雄蕊原基顶端分化为花药，基部由于居间生长而形成花丝。雄蕊原基中央部分的原形成层分化为维管束，由筛管及螺纹导管组成。

花丝的结构简单，最外一层为表皮，表皮以内为薄壁组织，中央有一维管束，上与花药维管束相连，下与花托中的维管束相连。花丝在花芽中常不伸长，开花前或开花时，以居间生长的方式迅速伸长。

花药在发育初期，构造很简单，外围是一层原表皮[图 7-16(a)]，在表皮下有一团薄壁组织，细胞形状、大小相似。这一团细胞中有 4 组细胞同时进行分化，渐渐发育为花粉囊(pollen sac)，花粉囊之间的中央部分称为药隔(connective)，含一个维管束，花粉囊产生花粉粒(pollen grain)。花粉(pollen)又称小孢子(microspore)，花粉囊又称小孢子囊(microsporangium)。

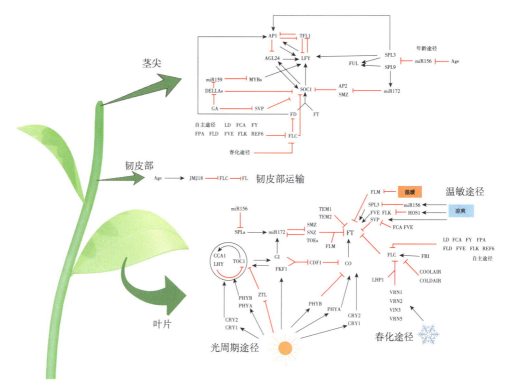

图 7-15 拟南芥成花途径

花粉囊形成时,在原表皮下 4 个角隅处出现细胞核大、细胞质浓的孢原细胞(archesporial cell)[图 7-16(a)]。孢原细胞分裂形成内外两部分组织,外层为周缘细胞(parietal cell)[图 7-16(b)],周缘细胞进一步发育为花粉囊壁部分,内层为造孢细胞(sporogenous cell)[图 7-16(b)~(e)],造孢细胞经进一步分化发育成花粉母细胞(pollen mother cell)[图 7-16(f)]。

花粉囊壁由于周缘细胞的进一步平周分裂和垂周分裂,自外向内逐渐形成了药室内壁、中层、绒毡层[图 7-16(e)],这 3 层位于表皮以内。

(1) 表皮(epidermis)

表皮是整个花药的最外一层细胞,以垂周分裂增加细胞数量以适应内部组织的迅速增长。

(2) 药室内壁(endothecium)

药室内壁通常 1 层,紧贴在表皮之下,初期常贮藏大量淀粉和其他营养物质。当花药接近成熟时,细胞径向扩展,细胞内的贮藏物消失,细胞壁除了与表皮接触的一面外,内壁发生带状加厚,加厚的壁物质主要是纤维素,成熟时略木质化,这时称为纤维层(fibrous layer)。另外,在两个花粉囊交接处的外侧,则无带状加厚,仅有一狭条薄壁细胞,其表皮细胞也较小,称为裂口(stomium)。这种结构有利于花粉囊的开裂,花药一旦成熟,就从裂口纵裂开来,散出花粉。

(3) 中层(middle layer)

中层通常有 1~3 层细胞,一般含有淀粉或其他贮藏物。在花粉发育过程中,中层细

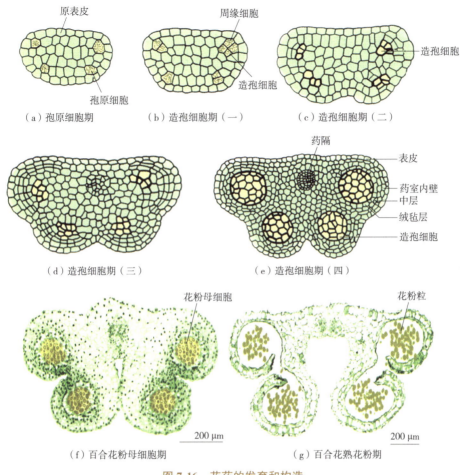

图 7-16 花药的发育和构造
(杨世杰, 2010)

胞逐渐解体和被吸收, 因此, 成熟的花药中一般已不存在中层。但在一些中层较多的植物中, 中层的最外层不仅不消失, 还可发生像纤维层那样的加厚, 如百合等。

(4) 绒毡层(tapetum)

绒毡层是花粉囊壁的最内一层细胞, 体积大, 具腺细胞特征; 初期单核, 后期双核或多核; 细胞质浓厚, 液泡较小, 细胞内含有较多的 RNA 和蛋白质, 并有丰富的细胞器及丰富的油脂和类胡萝卜素等营养物质和生理活性物质, 对花粉的形成和发育起重要的营养和调节作用。绒毡层的功能失常是花粉败育的主要原因之一。

绒毡层的功能: ①当花粉母细胞减数分裂时, 它起到提供或转运营养物质至花粉囊的作用。②合成和分泌胼胝质酶, 分解包围四分孢子的胼胝质壁使小孢子分离。胼胝质酶活动不适时, 如过早释放胼胝质酶将导致花粉母细胞减数分裂异常和雄性不育。③减数分裂完成后, 在花粉壁的形成上起着重要作用, 提供构成花粉外壁中的特殊物质——孢粉素。④成熟花粉粒外面的花粉鞘和含油层主要包含脂类和胡萝卜素, 主要由它输运。⑤提供花粉外壁中一种具有识别作用的识别蛋白, 在花粉与雌蕊的相互识别中对决定亲和与否起着重要作用。⑥绒毡层解体后，降解产物可以作为花粉合成 DNA、RNA、蛋白质和淀粉的原料。

花药发育过程如图 7-17 所示。

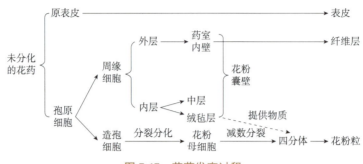

图 7-17　花药发育过程

7.3.2　雄配子体的形成和发育

孢原细胞进行平周分裂，产生内、外两层细胞，内层称为造孢细胞[图 7-16(b)]。造孢细胞经过不断分裂，形成大量花粉母细胞[图 7-16(f)]，这些细胞体积大，核也大，原生质浓厚、丰富，与周缘细胞形态差异较大。

花粉母细胞继续发育，通过减数分裂形成四分孢子(tetrad spores)。由于花粉母细胞形成四分孢子时产生的新壁方式不同而使四分孢子的排列方式不同。一般单子叶植物中的四分孢子排列在同一平面上，而双子叶植物的四分孢子排列成四面体。四分孢子形成时由胼胝质所分隔和包围。以后四分孢子相互分离而成独立的细胞。花粉母细胞减数分裂期时间短且易受外界条件的影响，如低温、干旱等环境因素会影响减数分裂，进而影响花粉粒的形成和活力。

四分孢子刚分离出来的单核花粉粒[图 7-18(a)]，单核，细胞壁薄，细胞质浓，细胞核位于细胞中央，胼胝质转化为纤维素，绒毡层分泌孢粉素形成外壁。同时，单核花粉粒从绒毡层细胞中不断吸取营养，细胞体积迅速增大，细胞质明显液泡化，逐渐形成中央大液泡，细胞核随之移到花粉粒一侧[图 7-18(b)]。接着核开始分裂[图 7-18(c)]，产生大小不等的两个核[图 7-18(d)]。靠近萌发孔的大核称为营养核(vegetative nucleus)，远离萌发孔的小核为生殖核(generative nucleus)。胞质分裂时不均等，在两核间形成弯向生殖核的弧形细胞板。最后形成了大小悬殊的两个细胞，大的为营养细胞(vegetative cell)，小的为生殖细胞(generative cell)[图 7-18(d)]。紧贴着花粉粒内壁，两细胞之间的壁主要由胼胝质组成。随后整个生殖细胞从最初紧贴花粉粒内壁逐渐沿壁推移、收缩、脱离开来，成为圆球形。圆球形的生殖细胞外围胼胝质壁逐渐解体而成为仅有质膜的裸细胞[图 7-18(e)(f)]，变成长纺锤形或长椭圆形，游离于营养细胞质中。传粉时，花粉仅由一个营养细胞和一个生殖细胞组成，称为二细胞型花粉(2-celled pollen)，如木兰科、毛茛科、蔷薇科、豆科等。花粉在植物授粉时多为二细胞型花粉。

有些植物花粉的生殖细胞再经一次有丝分裂，形成 2 个精子[图 7-18(g)(h)]。精子也是无壁的裸细胞，核大，细胞质少。这类花粉在传粉时包含 3 个核，称三细胞型花粉

(3-celled pollen)，如禾本科、菊科。营养细胞是花粉粒中最大的细胞。它与花粉管的生长有关。花粉在植物传粉时多为二细胞型花粉，也有少数植物传粉时同时具有二细胞型和三细胞型两种状态的花粉，如堇菜属、捕蝇草属等。

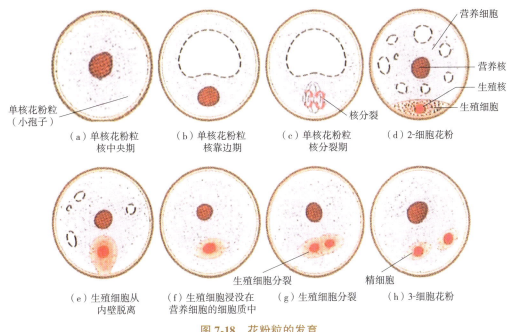

图 7-18　花粉粒的发育
(贺学礼，2016)

在精子形成过程中，营养细胞与生殖细胞、精子与营养细胞、精子与精子之间都存在联系，Russell et al. (1981)通过三维构建[图 7-19(a)(b)]，提出了雄性生殖单位和精子二型性的概念。雄性生殖单位(male germ unit)是指雄配子体中的营养核与一对姊妹精细胞存在物理上的连接或结构上的连接，从而成为一个结构单位。精子二型性(sperm dimorphism)是指一个生殖细胞的两个姊妹精细胞之间存在形态结构和遗传上的差异。对白花丹雄性生殖单位的研究证实了精子二型性，两个姊妹精细胞中，一个精细胞较大，称为第一精细胞，富含线粒体，它总是与极核融合；另一个精细胞较小，称为第二精细胞，富含质体，它总是与卵细胞融合[图 7-19(b)]。

成熟花粉粒形态和构造多样，其大小、形状、外壁纹饰、萌发孔数量和分布等特征因植物种类而异，这些特征受遗传因素控制，因而就某一种植物来说，这些特征又是非常稳定的(图 7-20)。

花粉的形状一般多为球形、椭圆形、三角形、长方形等。花粉粒的直径一般为 10~50 μm，如桃约 25 μm，柑橘约 30 μm。

花粉壁的发育始于减数分裂结束后不久。先生成的壁是花粉粒的外壁，继而在外壁(exine)内侧生成花粉粒的内壁(intine)，所以成熟花粉有内、外二重壁包围。外壁质地坚厚，缺乏弹性，含有大量的孢粉素，并吸收了绒毡层细胞解体时生成的类胡萝卜素、类黄酮素、脂类和蛋白质等物质，积累在壁中或壁上，使花粉外壁具有特定的纹理和特性。内壁比外壁柔薄，富有弹性，由纤维素、果胶质、半纤维素、蛋白质等物质组成，包被花粉的

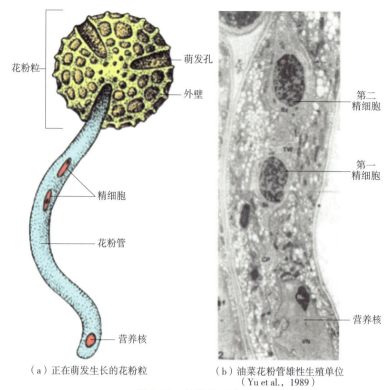

（a）正在萌发生长的花粉粒　　（b）油菜花粉管雄性生殖单位
（Yu et al., 1989）

图 7-19　雄性生殖单位

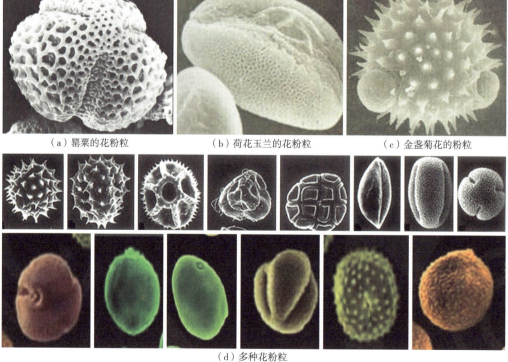

（a）罂粟的花粉粒　　（b）荷花玉兰的花粉粒　　（c）金盏菊花的粉粒

（d）多种花粉粒

图 7-20　花粉粒的形态

原生质。花粉内壁和外壁所含有的蛋白是一种活性蛋白，具有识别功能，称为识别蛋白（recognition protein）。成熟花粉粒的外壁常形成各种条纹、网纹等图案花纹和刺、疣、棒状或圆柱状等附属物。外壁上保留了一些不增厚的孔或沟，称为萌发孔（germ pore）或萌发沟（germ furrow），花粉萌发时花粉管由萌发孔或萌发沟长出。孔、沟的数量因植物种类而异，有的只有萌发孔，有的只有萌发沟，有的两者均有。萌发沟的数量较少，但萌发孔可以有1个到多个，如水稻、小麦等禾本科植物只有1个萌发孔，油菜有3~4个萌发孔，棉花的萌发孔有8~16个。

由于各种植物花粉具有自己的特征，因此可以根据花粉形态鉴定植物种类，尤其是在化石植物的鉴定上，花粉鉴定具有十分重要的价值，已形成一门新兴学科——孢粉学（Palynology），孢粉研究已在植物分类学、地质学、古植物学以及研究植物演替及地理分布、鉴定蜜源植物甚至刑事案件侦破等方面得到应用。

7.3.3 雄性不育

花药成熟后，一般都能散放正常发育的花粉粒。有时，由于内外因素的影响，花粉没有经过正常的发育，不能起生殖的作用，这一现象称为花粉败育（abortion）。花粉败育的原因很多，例如，花粉母细胞不能正常进行减数分裂，绒毡层细胞的功能失调，外界环境条件的影响（如温度过低或严重干旱）等。在极少数植物中，由于遗传和生理原因或外界环境的影响，花中的雄蕊得不到正常发育，使花药发育畸形或完全退化，这种现象称为雄性不育（male sterility）。雄性不育植物的雌蕊发育正常，因而在杂交育种工作中往往可以利用这一特性来免去人工去雄步骤，简化杂交程序。雄性不育植株可通过杂交或化学杀雄等方法诱导。雄性不育植株有3种类型：①花粉全部干瘪退化；②花药内不产生花粉；③能够形成花粉，但花粉败育。最早报道雄性不育的是加特纳（K. F. Gartner，1844）和达尔文（1890）。雄性不育分为孢子体不育（sporophyte sterility）和配子体不育（gametophyte sterility）。孢子体不育是指花粉的育性（fertility）受孢子体（母本）基因型所控制，而与花粉本身所含基因无关；而配子体不育是指花粉的育性直接受雄配子体（花粉）本身的基因所控制。

7.3.4 花粉生活力与花粉贮藏

花粉生活力是指花粉在雌蕊（或胚珠）上的萌发百分率；或经氯化三苯基四氮唑（TTC）法染色镜检后呈红色的花粉粒数；或经蔗糖琼脂培养基上培养24 h后镜检视野中检出的花粉萌发百分率所估计的花粉生命力。不同植物花粉生活力差异很大。自然条件下，大多数植物的花粉从花药散出后只能存活数小时、数天或数周。一般木本植物花粉的寿命比草本植物长，在干燥、凉爽的条件下，柑橘花粉能存活40~50 d，椴树45 d，苹果10~70 d，麻栎1年。而草本植物中，如棉属花粉采下后24 h存活率只有65%，超过24 h很少存活。多数禾本科植物花粉的存活时间不超过1 d，玉米1~2 d，水稻在田间条件散粉后3 min就有50%的花粉丧失生活力，5 min后就全部死亡。

杂交是育种的重要手段。在果树和作物育种实践中，若两个亲本在时空上距离较远，而又确实需要进行授粉，这就需要对花粉进行短期贮藏。花粉的生活力除受植物本身的遗传因素决定外，同时受环境影响。影响花粉生活力的主要环境因素是温度、湿度和空气。

因此，控制低温、干燥、缺氧的条件进行花粉贮藏，降低花粉的代谢活动水平，使其处于休眠状态，以保持或延长花粉的寿命。当花粉粒含水率小于20%时，其代谢水平很低，而含水率在30%~65%时，代谢保持较高水平。黑松花粉贮藏在5℃、10%的相对湿度下，15年后还保持较高的萌发率，而25%的相对湿度下则将失去萌发能力。西蒙得木属花粉在-20℃条件下贮藏8个月，萌发率为100%，贮藏1年也仅下降25%。

7.4 雌蕊的发育和构造

7.4.1 柱头和花柱

（1）柱头

柱头是植物接受花粉的部位，也是花粉粒与雌蕊之间相互作用的场所。柱头可分为两大类：一类称为湿柱头（wet stigma），在雌蕊成熟过程中，其不断地向外分泌分泌物，分泌物中有脂类、碳水化合物、酚类、糖蛋白等物质，如烟草等；另一类称为干柱头（dry stigma）[图7-21(b)]，雌蕊成熟时没有分泌物，在柱头发育中明显形成表膜、角质层和壁，如油菜、棉花等。

大多数被子植物的柱头具有乳突或毛状体，柱头的乳突或毛状体都是表皮细胞的特化，乳突角质膜外还覆盖一层蛋白质表膜，起黏合花粉粒的作用，是柱头与花粉进行识别的部位[图7-21(a)(b)]。表膜角质层是不连续的，分泌物可以从角质层溢出。

（2）花柱

花柱的结构比较简单，最外层为表皮，内为基本组织，基本组织中有维管束。根据花柱中央中空或实心把花柱分为两类：一类是中空花柱（hollow style）[图7-21(d)]，指花柱中央有一至数条纵行的沟道，称为花柱道（stylar canal），自柱头经花柱通向子房。如百合有1条花柱道。花柱道的内表面常有一层特殊的腺细胞，称为通道细胞（canal cell），花粉管沿花柱道进入子房。另一类是实心花柱（solid style）[图7-21(b)]，指花柱实心，中间是一些细胞狭长、具分泌能力的细胞组成，称为引导组织（transmitting tissue）[图7-21(b)(c)]，如核桃、烟草等大多数双子叶植物。引导组织的细胞为狭长形含有丰富细胞器和具分泌能力的细胞。在花柱生长过程中，引导组织的细胞逐渐彼此分离，形成大的胞间隙和积累胞间物质（分泌的产物），传粉后，花粉管沿着充满胞间物质的胞间隙生长进入子房。

7.4.2 胚珠的发育和构造

雌蕊的子房，外面有子房壁，其内包藏着胚珠。子房壁的内外两面都有一层表皮，在表皮上具有气孔或表皮毛，两层表皮之间为基本组织。在背缝线处有一较大的维管束，在腹缝线处有两个较小的维管束。通常在腹缝线上着生一至数个胚珠。子房室和胚珠数量因植物种类而异，例如，核桃是2心皮、1室、1胚珠；桃是1心皮、1室、2胚珠；梨、石竹等多心皮合生、1室；百合是3心皮、3室、6胚珠[图7-21(e)]。

发育成熟的胚珠由珠心、珠被、珠孔、珠柄和合点等几部分组成。随着雌蕊的发育，在子房壁腹缝线的胎座处形成一小突起，是一团幼嫩细胞，称为胚珠原基[图7-22(a)]，经分裂逐

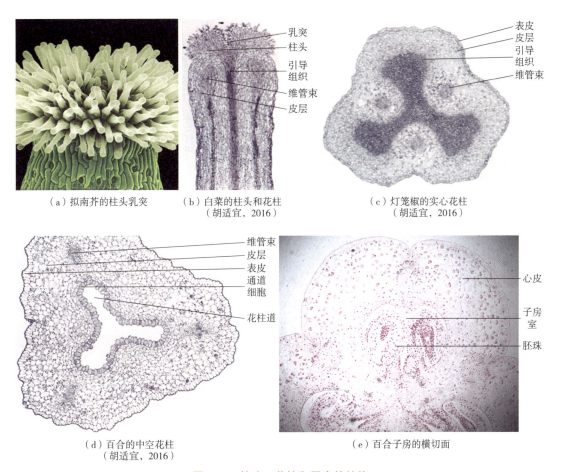

图 7-21 柱头、花柱和子房的结构

渐增大,在子房中逐渐形成胚珠。突起的上部形成珠心(nucellus),基部成为珠柄(funiculus),以后珠心基部表皮层细胞分裂较快,产生一环状突起,称为珠被原基[图 7-22(b)],逐渐将珠心包围起来形成珠被(integument),在珠心中分化出一个大孢子母细胞(megaspore mother cell)[图 7-22(c)]。胚珠进一步发育[图 7-22(d)],珠被在珠心顶端留一小孔,称为珠孔(micropyle)[图 7-22(e)]。有的植物只有一层珠被,如番茄、向日葵等多数合瓣花类植物以及核桃等少数离瓣花植物;有的植物具有两层珠被,分别称为外珠被(outer integument)和内珠被(inner integument),如油茶、桃、鹅掌楸等大多数离瓣花植物以及百合、小麦、水稻等单子叶植物。珠心基部与珠被连合的部位称为合点(chalaza)。胚珠以珠柄着生在胎座上。

根据珠柄、珠孔、合点的位置变化,可将胚珠分为直生胚珠(orthotropous)、横生胚珠(amphitropous)、倒生胚珠(anatropous)、弯生胚珠(campylotropous)、拳卷胚珠(circinotropous ovule)、曲生胚珠(amphitropous ovule)等不同类型(图 7-23)。

①直生胚珠。胚珠各部分均匀生长,整个胚珠直立地着生在株柄,即珠孔、珠心、合点和珠柄列于同一直线,珠孔在珠柄相对的一端,如大黄、酸膜、荞麦。

②横生胚珠。胚珠在形成时,其一侧增长较快,使胚珠在珠柄上形成了 90°的扭曲,

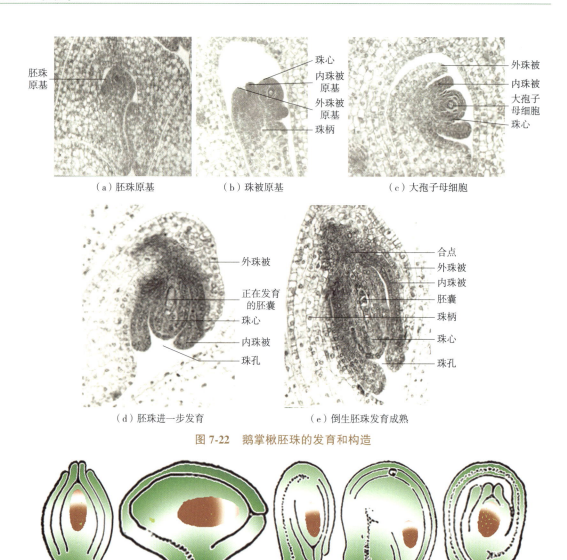

图 7-22 鹅掌楸胚珠的发育和构造

图 7-23 胚珠类型的纵切面

胚珠与珠柄成为直角，珠孔偏向一侧，如锦葵、毛茛等。

③**倒生胚珠**。整个胚珠做180°扭转，呈倒悬状，珠心不弯曲，珠孔的位置在珠柄基部一侧。靠近珠柄的外珠被常与珠柄相贴合，形成一条向外突出的隆起，称为珠脊（raphe），大多数被子植物属于这一类。

④**弯生胚珠**。有些胚珠下部保持直立，而上部扭转，使胚珠上半部弯曲，珠孔朝下，向着基部，但珠心并不弯曲，如云薹属、苋、豌豆、蚕豆和禾本科植物。

⑤**拳卷胚珠**。珠柄特别长，并且卷曲，包住胚珠，如仙人掌属、漆树等。

⑥**曲生胚珠**。胚珠强烈弯曲，珠心和胚囊弯曲成弓形或马蹄形，珠柄与珠孔靠得很近，如荠菜、花蔺科、泽泻科等植物。

7.4.3 胚囊的发育和构造

被子植物的胚囊因植物种类而异。根据参与形成胚囊的大孢子数目和胚囊形成中经历的有丝分裂次数,以及成熟胚囊中除卵细胞外,助细胞、反足细胞和极核的有无、数目和排列位置等方面的变化,还划分出 10 种不同类型,如蓼型、待宵草型、葱型、五福花型,等等。其中蓼型(polygonum type)胚囊发育形式最初见于蓼科植物,也是被子植物中最常见的一种胚囊类型,约有 81% 的被子植物属此类型。

7.4.3.1 蓼型胚囊的发育

在胚珠发育的同时,珠心中形成一个孢原细胞[图 7-24(a)]。孢原细胞与其周围的珠心细胞显著不同,细胞较大,细胞核大而明显,细胞质浓,细胞器丰富,液泡化程度低。孢原细胞或再经分裂分化或直接增大形成大孢子母细胞(macrosporal mother cell)[图 7-24(b)]。由于胚珠又称大孢子囊(macrosporangium),故大孢子母细胞又可称胚囊母细胞(embryo-sac mother cell)。大孢子母细胞为二倍体(diploid,2n),经减数分裂(meiosis)形成四分体,即四分大孢子(megaspore),为单倍体(haploid,1n)[图 7-24(c)]。四分大孢子沿珠心排成一行,

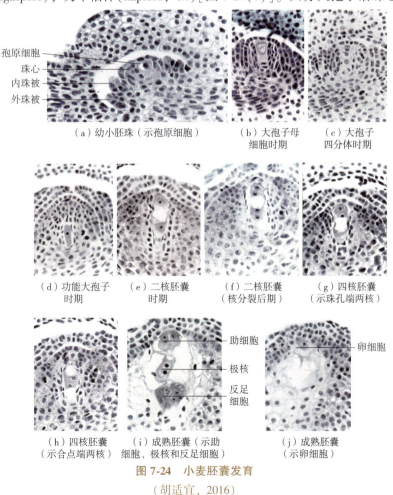

图 7-24　小麦胚囊发育

(胡适宜,2016)

其中靠近珠孔的3个细胞逐渐退化消失，离珠孔端最远的一个具功能的大孢子继续发育，形成胚囊（embryo-sac）[图7-24(d)]。具功能的大孢子开始发育时，细胞体积增大并出现大液泡，形成单核胚囊，随后，核连续分裂3次，第1次分裂形成二核，移至胚囊两端，形成二核（two-nucleated）胚囊[图7-24(e)(f)]，二核胚囊连续进行二次分裂，形成四核胚囊[图7-24(g)(h)]、八核胚囊[图7-24(i)(j)]。8个核暂时游离于共同细胞质中，以后每端的4个小核中各有一核向胚囊中部移动，相互靠拢，这两个核称为极核（polar nucleus）。极核与周围的细胞质一起组成胚囊中最大的细胞，称为中央细胞（central cell）。在一些植物中，中央细胞中的两个极核常在传粉或受精前相互融合成二倍体，称为次生核（secondary nucleus）。近珠孔端的3个核，1个分化成卵细胞（egg cell）、2个分化成助细胞（synergid），它们合称卵器（egg apparatus）。近合点端（chalazal end）的3个核分化为3个反足细胞（antipodal cell）。至此，发育成具有7个细胞8个核的成熟胚囊[图7-25(a)(b)]。成熟胚囊也就是被子植物的雌配子体（female gametophyte），其中卵器是它的雌性生殖器官，而卵细胞则是其雌性生殖细胞或称雌配子（female gamete）。

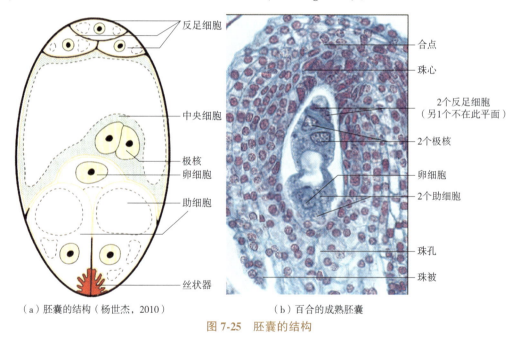

（a）胚囊的结构（杨世杰，2010） （b）百合的成熟胚囊

图7-25 胚囊的结构

7.4.3.2 胚囊的结构

胚囊中的各个细胞都具有特定的功能和与功能相适应的特有形态分化。

（1）助细胞

助细胞位于珠孔端，多为梨形。珠孔端的细胞壁向细胞内伸进成为丝状器，往往合点端无壁。丝状器有吸收、转送分泌物质的作用。通常大部分细胞质和核偏于珠孔端。一个助细胞在花粉管进入前或进入后退化，称为退化助细胞（degenerated synergid）；另一个助细胞可维持到受精后一段时间，称为宿存助细胞（persistent synergid）。

助细胞具有以下功能：①为花粉管进入及释放精子和内含物的场所；②从珠心吸收转运营养物质到胚囊，受精前起传递细胞的作用；③合成及分泌向化性物质，引导花粉管定向生长。

(2) 卵细胞

卵细胞，即雌配子，位于珠孔端，与两个助细胞呈三角形排列。成熟卵细胞呈梨形。大多数被子植物的卵细胞具有明显的极性，即核和细胞质偏于合点端，珠孔端有一个大液泡。细胞质主要分布在合点端核周围，液泡四周及珠孔端只有少量细胞质。卵细胞仅在珠孔端区域有细胞壁，近合点端区域缺少细胞壁（如棉花、玉米等）或呈蜂窝状（如荠菜）。卵细胞在发育初期，靠近合点端的细胞质中含有丰富的细胞器，珠孔端细胞器分布很少；卵细胞成熟后细胞器减少，代谢活动减缓，且珠孔端的大液泡分散成小液泡，细胞核更贴近合点端。

(3) 反足细胞

反足细胞位于合点端，它与珠心相邻的细胞壁有壁内突，具传递细胞的特征，有些反足细胞很大，具吸器的功能。反足细胞代谢活跃。

(4) 中央细胞

中央细胞介于卵器及反足细胞之间，占很大空间，是一个高度液泡化的细胞，中央细胞有 2 个核，称为极核。成熟胚囊中，两个极核相互靠近或融合为一个双倍体的核，称为次生核。中央细胞与一个精子融合，发育为胚乳。

7.5 花器官发育的分子调控

7.5.1 经典 ABC 模型

典型的双子叶植物花由 4 个不同器官在花柄顶端呈同心圆排列，按 4 轮分布，由外到内分别是萼片、花瓣、雄蕊和心皮。基于双子叶模式植物拟南芥和金鱼草各类花器官同源异型突变体的研究，Coen et al. (1991) 提出了花器官发育的经典 ABC 模型（图 7-26），这是植物发育生物学研究领域里程碑式的重大突破。该模型认为，控制花器官发育的基因按功能可以分

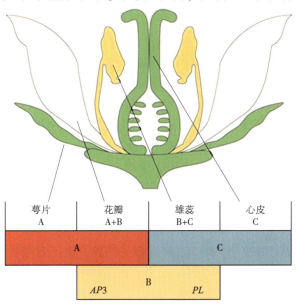

图 7-26 花器官发育的 ABC 模型

成3类，即 A 功能基因、B 功能基因和 C 功能基因，这3类基因单独或者共同作用控制各轮花器官的发育。在正常花器官发育过程中，A 类基因单独决定形成萼片，A 类和 B 类基因共同决定形成花瓣，B 类和 C 类基因共同决定形成雄蕊，而 C 类基因单独作用形成心皮，即一类基因控制相邻两轮花器官的发育萼片(A)、花瓣(A+B)、雄蕊(B+C)、心皮(C)。A 类基因与 C 类基因是相互抑制的，A 类基因抑制 C 类基因在萼片和花瓣中表达，而 C 类基因抑制 A 类基因在雄蕊和心皮中表达。拟南芥中，A 类基因有2个，分别是 *APETALA1*(*AP1*) 和 *APETALA2*(*AP2*) 基因；B 类基因也有2个，分别是 *APETALA3*(*AP3*) 和 *PISTILLATA*(*PI*) 基因；C 类基因只有1个，是 *AGAMOUS*(*AG*)。自 ABC 模型提出以来，大量决定花器官特征属性的基因也在其他物种中相继被克隆鉴定。尽管其他植物在细节上有所不同，但就所研究的植物种类而言，花器官发育的模式基本符合 ABC 模型。由于经典 ABC 模型较好地解释了花同源异型基因的表达模式，阐明了花器官突变的分子机制，所以被人们广泛接受。

7.5.2 ABC 模型的发展

随着研究的深入和克隆的花同源异型基因数量的增加，出现了许多经典 ABC 模型无法解释的现象。如 ABC 三重突变体的花器官除了叶片外仍含有心皮状结构，并非预测的那样不再含有任何花器官组织，表明还存在与 *AG* 功能相近的促心皮发育的基因。另外，在基部被子植物类群中(如萍蓬草属、睡莲属以及八角属等)，通常具有无法区分的外轮花器官(统称被片)，4轮花器官呈螺旋状渐变结构而非轮状结构，且经常伴有花器官数量不清及花器官整合等现象。因此，近年来学者们对经典 ABC 模型进行了不断补充、完善和发展。

在对矮牵牛胚珠发育突变体进行研究时，Angenent et al. (1995)成功分离到决定胚珠发育的基因 *FLORLBINDING PROTEIN 7*(*FBP7*) 和 *FBP11*。*FBP11* 基因专一在胚珠原基、珠被和珠柄中表达。在转基因植株异位表达 *FBP11* 基因，则会在花被上形成胚珠或胎座。同时，抑制 *FBP11* 基因的表达，在野生型植株形成胚珠的地方则会发育出心皮状的结构。Colombo et al. (1995)将此类调控胚珠发育的基因归属于 D 类基因，并提出了花发育的 ABCD 模型。序列相似性分析表明，拟南芥中与 *FBP11* 基因同源的 D 类基因是 *AG-like*(*AGL11*) 基因[后被更名为 *SEEDSTICK*(*STK*) 基因]。*FBP11* 和 *STK* 都属于 *MADS-box* 基因家族，它们与属于 C 类基因的 *AG* 亲缘关系较近，有相似的基因表达模式。

虽然通过调控 ABC 基因的表达可以人为地操纵每轮花器官的发育状态，但却无法使叶片转变为花器官，据此推测，还应有另外的基因参与调控花器官的发育。Pelaz et al. (2000)在拟南芥中发现 *AG* 家族基因 *AGL2*、*AGL4* 和 *AGL9* 与花器官特异性决定有关。这3个基因存在功能冗余，即3个基因中任何1个或2个发生突变，其他基因可以互补其功能，对花器官发育无明显影响。而当3个基因同时突变时，所有花器官只形成花萼。因此，这些基因分别被重新命名为 *SEPALLATA1*(*SEP1*)、*SEP2* 和 *SEP3*，同时 *SEP* 基因也被称为 E 类基因，连同 D 类基因一起将 ABC 模型扩展为 ABCDE 模型(图7-27)。最近研究发现，*ALG3* 基因与 *SEP1*、*SEP2* 和 *SEP3* 有着类似的功能，决定着萼片的特性，并被命名为 *SEP4*。在 *sep1 sep2 sep3 sep4* 四重突变体中，所有的花器官都转变为叶状结构，与缺少 ABC 功能的三重突变体表型类似。在拟南芥中，ABC 类基因与 *SEP* 基因联合表达可以使叶片转化为完整的花器官，证明了 ABCE 基因联合作用决定了花器官的特征(Ditta et al., 2004)。

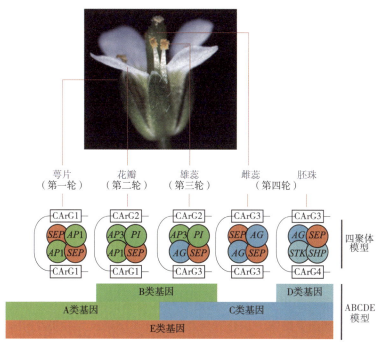

图 7-27　拟南芥花器官发育 ABCDE 模型和四聚体模型

（景丹龙等，2018）

7.5.3　四聚体模型

人们通过凝胶阻滞、酵母双杂交等分子生物学实验发现，花的同源蛋白能通过聚合作用形成同源或者异源二聚体，进而组装成多聚复合体发挥作用。为了解释这些蛋白如何通过相互作用来调控花器官的发育，Theissen et al. (2001) 结合 MADS 蛋白多聚体的研究，提出了四聚体模型，认为花器官是由 4 种同源异型蛋白复合体通过结合在目标基因启动子区域来调节基因开闭，进而调控花器官的发育。构成四聚体的 2 个二聚体单位（同源或异源二聚体）特异结合在同一条 DNA 上，然后 2 个二聚体单位通过 C 末端结合形成四聚体，使 DNA 分子弯曲靠近，进而激活或者抑制靶基因的表达。在拟南芥中，蛋白复合物 AP1+AP1+SEP+SEP（2A+2SEP）调控萼片的发育，AP1+AP3+PI+SEP（A+2B+SEP）调控花瓣的发育，PI+AP3+AG+SEP（2B+C+SEP）调控雄蕊的发育，AG+AG+SEP+SEP（2C+2SEP）调控心皮的发育。后来，Smaczniak et al. (2012) 通过亲和纯化和质谱分析在拟南芥中证实了 5 个主要的花部同源异型 MADS-domain 蛋白（AP1、AP3、PI、AG 和 SEP3）之间存在相互作用，验证了四聚体模型（图 7-27）。另外，体外实验结果表明根据蛋白的相对浓度和 DNA 序列，MADS-domain 蛋白间可以柔性组合成不同的蛋白复合体。原位双分子荧光互补实验显示，在花发育阶段的分生阶段，MADS-domain 蛋白间发生了相互作用。

7.5.4　边界滑动模型

经典 ABC 模型是建立在对拟南芥和金鱼草研究基础上的，两者都是高等真双子叶植物，具有典型的四轮花部特征，但是对于某些单子叶植物和基部核心真双子叶植物类群来说，其外轮萼片与内层花瓣在形态上具有一致性，如百合、郁金香、毛茛和楼斗菜等，并不符合典型的 ABC 模型。在对郁金香突变体的花部形态研究中，van Tunen et al. (1993) 首次提出形成类似花瓣结构的萼片是 B 类基因的表达区域向外拓展的结果，导致了原本只有 A 类基因发挥功能的第一轮变成 A+B 同时发挥作用，使萼片转变成了花瓣。在花发育进程中，B 类基因的表达区域扩展到外层而导致花瓣状器官的分化，使外轮器官与内层花瓣在形态上具有一致性。这种解释 B 类基因表达区域可塑性的模型称为边界滑动模型(shifting border model)，又称修饰的 ABC 模型(modified ABC model)。近年来，对百合、郁金香和非洲爱情花的研究结果都支持这种模型。然而，对于同属于百合科的芦笋进行研究时却发现，B 类基因的表达并未扩展到最外轮。因此，该模型还有待于深入研究，并需要扩大其研究范围。相比 B 类基因的移动，A 类和 C 类基因表达区域发生滑动的例子则相对较少。例如，位于基部核心双子叶植物博落回属，其第二轮花瓣的位置长出了雄蕊，推测是由于 C 类基因的表达区域发生滑动，扩展到第二轮导致的结果。

7.5.5 边界衰减模型

某些基部被子植物，如无油樟属，睡莲属和八角属，除了存在未分化的萼片和花瓣外，其花器官呈螺旋状渐变结构，从苞叶到花被、从外层花被到内层花被、从花被到雄蕊再到最内层的心皮，是逐渐转化的。针对这类基部被子植物，Buzgo et al. (2004) 提出了边界衰减模型(fading boarder model)。该模型认为，花器官渐变现象是由于花形成时期，花器官属性决定基因的表达水平呈梯度表达所致，即花器官属性决定基因在边界表达相对较弱，同时相邻两个基因会发生边界区域的重叠，这种重叠表达模式导致形成的器官在形态上具有相邻两类花器官的特征。目前，在莲和睡莲中的研究都支持这一模型。基部被子植物的花器官是由表达范围较广而且边界相互重叠的花器官决定基因共同调控的。而在核心双子叶植物中，ABCDE 功能基因具有固定的表达区域，同时研究表明，在基部被子植物中发现的花部器官决定基因与核心双子叶植物中的基因具有同源性，所以边界衰减模型也被认为是 ABCDE 模型的一种原始形式。

7.6 开花和传粉

7.6.1 开 花

种子植物生长发育到一定阶段后，就能开花结实。当雄蕊的花粉粒和雌蕊的胚囊成熟以后，花萼和花冠开放，露出雄蕊和雌蕊，有利于传粉，这一现象称为开花(anthesis)。开花时，雄蕊花丝挺立，花药呈现特有的颜色；雌蕊柱头可分泌柱头液，或柱头有裂片、腺毛等利于接受花粉的结构。

植物初始开花的年龄、季节、花期、长短，以及一朵花开放的时间和持续时间，都因植物种类而异，甚至在同种植物的不同品种间也会有差别。木本植物及其他多年生植物第一次开花的年龄相差很大，如桃 3~5 年、柑橘 6~8 年、桦木 10~12 年、麻栎 10~20 年等。开花的季节随植物的不同而不同，多数植物春夏开花，有些植物早春先花后叶，如白杨、垂柳、梅、玉兰等。有些植物深秋、初冬开花，如山茶、蜡梅等。有些园艺植物和热带植物(如月季、赤桉)可终年多次开花。

植物的开花期(flowering stage)是指一株植物从第一朵花开放到最后一朵花开放所经历的时间。开花期的长短随植物而不同,有的仅有几天,有的持续 1~2 个月甚至更长。每朵花开放的时间各种植物也不同,如小麦 5~30 min,有些植物为几小时或几天,某些热带兰单花开放时间长达数月。植物的开花习性是对环境长期适应形成的遗传特性,但在某种程度上也受当前所处环境条件的影响,如纬度、海拔、气温、光照、营养状况等条件的变化都能引起植物开花的提早或推迟。

7.6.2 传　粉

植物开花以后,花药开裂,花粉以各种方式传送到雌蕊的柱头上,这个过程称为传粉(pollination)(图 7-28)。

7.6.2.1 传粉方式

传粉的方式有自花传粉和异花传粉。

(1) 自花传粉

两性花雄蕊的花粉落到同一朵花雌蕊的柱头上称为自花传粉(self-pollination)。自花传粉的植物必然是两性花,而且一朵花中的雌蕊和雄蕊必须同时成熟,在实际应用中含义常有扩大。在果树栽培中,自花传粉一般指同一品种内的传粉;在林业上则指同一植株内的传粉。有一类植物,它的花在开花之前就已经完成了受精作用,这种现象称为闭花受精(cleistogamy)现象,如豌豆、花生等。

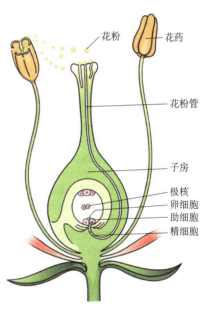

图 7-28　传粉和受精

(2) 异花传粉

一朵花的花粉传到另一朵花的柱头上称为异花传粉(cross-pollination)。在果树栽培中,一般指不同品种间的传粉;在林业上,则指不同植株间的传粉。异花传粉的植物,花在结构和生理上产生了一些防止自花传粉的适应特征。

7.6.2.2 传粉媒介

传粉系统是植物群落或区系中生物与非生物传粉媒介的总和。植物传粉媒介的传粉方式是多样的。植物传粉方式可划分为昆虫传粉、脊椎动物传粉和非生物传粉三大类。

(1) 昆虫传粉

昆虫传粉(entomophily),是最复杂的传粉方式,细分的各种传粉方式及其昆虫类群如下:①蟑螂传粉(cockroach pollination),蜚蠊目;②蓟马传粉(thripsophily),缨翅目;③甲虫传粉(cantharophily)[图 7-29(a)],鞘翅目;④蛾传粉(phalaenophily)[图 7-29(b)],鳞翅目螟蛾科、尺蛾科、天蛾科和夜蛾科,有时天蛾科昆虫传粉单独称为天蛾传粉(hawkmoth pollination);⑤蝴蝶传粉(psychophily)[图 7-29(c)],鳞翅目凤蝶科、粉蝶科、蛱蝶科和灰蝶科;⑥蝇传粉(fly pollination)[图 7-29(d)],双翅目,又分两个亚类,即食蚜蝇科和蜂蝇科昆虫,可称为食蚜蝇传粉(myophily);丽蝇科和粪蝇科昆虫,可称为丽蝇传粉(sa-

图 7-29　昆虫传粉

promyophily）；⑦胡蜂传粉（sphecophily），膜翅目胡蜂总科；⑧蚂蚁传粉（myrmecophily）[图 7-29（e）]，膜翅目蚁科；⑨蜜蜂传粉（melittophily）[图 7-29（f）]，膜翅目蜜蜂总科。

为了适应昆虫传粉，虫媒花一般具有以下特点。

①花大而显著，并有各种鲜艳色彩。一般白天开放的花多红黄等颜色；而晚间开放的多纯白色，只有夜间活动的蛾类昆虫能识别，帮助传粉。

②虫媒花多能产蜜汁。蜜腺或分布在花的各个部位，或形成特殊的器官。花蜜经分泌后积聚在花的底部或特有的距内。花蜜暴露在外，利于吸引甲虫、蝇和短喙的蜂类、蛾类取食。如果花蜜深藏于花冠之内的，多为长喙的蝶类和蛾类吸食。昆虫取蜜时，花粉粒黏附在昆虫体上而被传播开去。

③虫媒花多具特殊的气味以吸引昆虫。不同植物散发的气味不同，所以吸引的昆虫种类也不一样，有喜芳香的，也有喜恶臭的。

此外，虫媒花在结构上也常与传粉昆虫形成互为适应的关系，如昆虫的大小、体形、结构和行动，与花的大小、结构和蜜腺的位置等都是密切相关的。马兜铃花的特征表现为花筒长，雌雄蕊异熟，蜜腺位于花筒基部，此外花筒的内壁生有斜向基部的倒毛，这些都与昆虫的传粉密切相关。马兜铃的传粉是靠一些小型昆虫为媒介的，当花内雌蕊成熟时，昆虫顺着倒毛进入花筒基部采蜜，这时虫体携带的花粉就被传送到雌蕊的柱头。因为花筒内壁的倒毛尚未枯萎，昆虫被倒毛阻于花内，一时无法爬出，直至花药成熟，花粉散出，倒毛才逐渐枯萎，为昆虫外出留下通道，而外出的昆虫周身也就粘上大量花粉，待进入另一花采蜜时，就把花粉带到另一花的柱头。虫媒花的花粉粒一般比风媒花大，花粉外壁粗糙，多有刺突，花药裂开时不为风吹散，而是粘在花药上，昆虫在访花采蜜时容易触到，附于体周。雌蕊的柱头也多有黏液分泌，花粉一经接触，即被粘住。花粉数量也远较风媒花少。

兰科植物是被子植物中十分进化的类型，其花的结构与昆虫传粉高度适应，并与传粉昆虫构成了相互作用、相互依赖的密切关系。有些兰花（如盔兰、芬芳兰）可以产生花蜜，以花蜜作为报酬，昆虫在取食花蜜的过程中可完成对其授粉。然而，许多兰花不为传粉者提供任何报酬，而是利用各种欺骗方式诱骗昆虫拜访，从而实现传粉，称为欺骗性传粉（deceptive pollination），具体包括食源性拟态、巢欺骗、产卵地拟态和性欺骗。食源性拟态是指兰花向传粉者提供假的食物信号，诱骗昆虫到花上觅食，达到传粉的目的，如美花石斛、蕙兰等[图7-30(a)]。斑花红门兰、无蜜红门兰等红门兰属中许多种类的花具有"假蜜腺"花或"假蜜生产者"。这类花具蜜腺距，但不产生花蜜，却能被昆虫传粉。巢欺骗是指兰花为传粉者提供虚假巢穴，从而达到传粉的目的，如飘唇兰[图7-30(b)]。产卵地拟态是指兰花拟态昆虫的产卵地，吸引昆虫进入花内产卵，以达到传粉的目的，如长瓣兜兰[图7-30(c)]。性欺骗是指兰花向雄性昆虫发出假的雌性昆虫的性信息素和形态信号，吸引雄性昆虫前来交配，从而达到传粉的目的，如锤头兰、蜜蜂兰、飞鸭兰、眉兰和角蜂眉兰等[图7-30(d)]。眉兰属的许多种类，它们的花能释放类似于膜翅目雌性昆虫的性信息素，能吸引雄性膜翅目昆虫进行传粉。这类兰花并不产生花蜜，无香味，但是散发着挥发性的次生物质，其中的某些脂肪酸衍生物（如辛醇、十四碳醇、十六碳醇、乙酸十四碳酯等）恰为地蜂属雌蜂头腺所含的成分，还含有地蜂性信息素——杜松萜烯（cadinene）的一种异构体。所以眉兰引诱地蜂的雄蜂进行拟交配以达到传粉和异花受精的目的，是适宜的视觉、触觉和嗅觉刺激对雄蜂作用的结果。眉兰唇瓣的色彩与泥蜂相似并具长红毛，对雄性泥蜂有吸引性，当泥蜂停歇在花上时，顺唇瓣长轴，头部在蕊喙之下，腹部末端与唇瓣顶端的长红毛接触，雄蜂这时特定的动作与交尾时相同，其间便在头部黏附花粉块。这种传粉机制称为拟交配（pseudocopulation）。

图7-30 兰花的欺骗性传粉

(2) 脊椎动物传粉

脊椎动物传粉主要有鸟类传粉（ornithophily）、蝙蝠传粉（chiropterophily）等。借鸟类传粉的传粉方式称鸟媒，传粉的是一些小型的蜂鸟，头部长喙，在摄取花蜜时把花粉传开。蜗牛、壁虎、蜥蜴、蝙蝠、鼠类、猴类等动物也能传粉，但较少见（图7-31）。

（a）鸟类传粉　　　　　　（b）鼠类传粉

（c）蝙蝠传粉　　　　　　（d）狐猴传粉

图 7-31　脊椎动物传粉

(3) 非生物传粉

非生物传粉包括风媒（anemophily）和水媒（hydrophily）。

①风媒植物。靠风传粉的植物称为风媒植物（anemophilous plant），它们的花称为风媒花（anemophilous flower）。据估计，约有1/10的被子植物是风媒植物，大部分禾本科植物以及木本植物中的栎、响叶杨、桦木等都是风媒植物。

风媒植物的花多密集成穗状、柔荑等花序，大量花粉同时散放。花粉一般质轻、干燥，表面光滑，容易被风吹送（图7-32）。禾本科植物（如小麦、水稻等）的花丝特别细长，花药早期就伸出颖片之外，受风力的吹动，使大量花粉散布到空气中。风媒花的花柱往往较长，柱头膨大呈羽状，高出花外，增加接受花粉的机会。多数风媒植物有先花后叶的习性，所以开花时期常在枝叶发生之前，散出花粉受风吹送时，可以不受枝叶的阻挡。此外，风媒植物也常是雌雄异花或异株，花被常退化，不具香味和色泽，但这些并非是必要的特征。有的风媒花也可是两性花，也具花被，如禾本科植物的花是两性花，槭属植物的花也具花被。

②水媒植物。一些植物借水流传送花粉，这类植物称为水媒植物（hydrophilous plant），如金鱼藻和苦草。这种传粉方式称为水媒（hydrophily）。例如，苦草属植物雌雄异株，它们生活在水底，当雄花成熟时，大量雄花自花柄脱落，浮升至水面开放，同时雌花花柄迅速延长，把雌花顶到水面，当雄花漂近雌花时，两种花在水面相遇，柱头与雄花花药接触，完成

（a）榆（示先开花后展叶）　　（b）板栗（示细长的花丝，羽毛状的柱头）　　（c）响叶杨（示柔荑花序）

（d）桦木（示柔荑花序，花粉量大）　（e）小麦（示细长的花丝）（f）小麦（示细长的花丝，羽毛状的柱头）

图 7-32　风媒植物

传粉和受精过程，以后雌花的花柄重新卷曲成螺旋状，把雌蕊带回水底，进一步发育成果实和种子(图 7-33)。

7.6.2.3　人工辅助授粉

异花传粉往往容易受到环境条件的限制，得不到传粉的机会，如风媒传粉没有风，虫媒传粉因风大或气温低而缺少足够的昆虫传粉等，将降低传粉和受精的机会，影响果实和种子的产量。在农业生产上，常采用人工辅助授粉的方法克服传粉得不到保证的缺陷，以达到预期的产量。人工辅助授粉可以大幅增加柱头上花粉粒的数量，花粉粒所含激素相对含量的增加和酶反应的增强，将起到促进花粉萌发和花粉管生长的作用，从而提高受精率。例如，玉米在一般栽培条件下，由于雄蕊先熟，到雌蕊成熟时已得不到及时的传粉，因而果穗顶部往往形成缺粒，降低了产量。人工辅助授粉能克服这一缺点，使产量提高 8%～10%；又如，向日葵在自然传粉条件下，空瘪粒较多，辅以人工辅助授粉，同样能提高结实率和含油量。

人工辅助授粉的具体方法对于不同作物并不完全一样，一般步骤是先从雄蕊上采集成熟花粉，然后撒到雌蕊柱头，或者把收集的花粉在低温和干燥的条件下加以贮藏，留待后用。

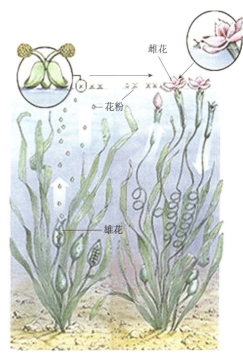

图 7-33　水媒植物苦草

7.6.2.4 自花传粉与异花传粉的生物学意义

一般说来，自花传粉有害，异花传粉有益。早在1876年，达尔文在其发表的《植物界中异花传粉和自花传粉的作用》一文中指出，植物连续自花传粉是有害的，异花传粉是有益的。由异花传粉所得的后代，植株高大、生活力强、结实率高，抗逆性也强。

大量的生产实践和科学研究证明了达尔文上述理论的正确性。如自花传粉的栽培植物，若任其长期连续地进行自花传粉，一般三四十年后就会发生退化，成为毫无栽培价值的品种。

既然自花传粉有害，异花传粉有益，那为什么自然界还存在自花传粉的植物呢？这是由于自花传粉是植物对异花传粉条件缺乏情况的一种适应性繁殖。因为在不适于异花传粉的情况下，例如，早春太冷或风雨太大，影响了昆虫的活动，自花传粉与严格的异花传粉相比，仍然具有一定的优势。实际上，自花传粉是植物长期在不具备异花传粉条件的适应。在自然情况下，异花传粉的植物在条件不具备时，也可进行自花传粉。同样，自花传粉的植物在一定条件下，也可以进行异花传粉。

7.6.2.5 植物对异花传粉的适应

自然界中虽有自花传粉的植物，但仍以异花传粉的种类为多，特别是在树木中更为普遍。一般来说，植物在长期的进化过程中形成了各种特殊的性状以适应异花传粉。

(1) 单性花

有些植物仅有单性花(unisexual flower)，而雄花和雌花又分别着生在不同的植株上，称为雌雄异株，如白杨、垂柳等，这种情况下是严格的异花传粉。

(2) 雌雄蕊异熟

两性花植物的雄蕊和雌蕊并不同时成熟，这种现象称为雌雄蕊异熟(dichogamy)。通常有两种类型：一种是雄蕊先熟，花粉散布时同株的雌蕊尚未成熟，不能受粉，雄蕊先熟的情况比较普遍，如泡桐、莴苣、旱金莲等(图7-34)；另一种是雌蕊先熟，在花粉散布时同株花的雌蕊柱头已枯萎，不再受粉，如柑橘、甜菜等。

(a) 雄蕊期　　　　　　　　　　(b) 雌蕊期

图 7-34　旱金莲的雌雄蕊异熟花

(3) 雌雄异位

雌雄异位(herkogamy)是指两性花中雌雄蕊长度不等或存在空间隔离的现象。雌雄异位有多种不同的形式，分为同型雌雄异位和异型雌雄异位两大类。

①同型雌雄异位。是指所有个体具有相同的异位方式，根据雌雄性器官的异位方式又可以分为 3 种主要类型：柱头探出式（approach herkogamy）、柱头缩入式（reverse herkogamy）和动态式雌雄异位（movement herkogamy）。柱头探出式异位是指雌蕊长于花药[图 7-35（a）]，如聚合草。柱头缩入式异位是指雌蕊短于雄蕊[图 7-35（b）]，如蝴蝶戏珠花。动态式雌雄异位是指雄蕊或者雌蕊会发生位置的变动而形成异位。其中柱头探出式异位在自然界中最为普遍。一般认为，柱头探出式异位既能避免雌雄功能干扰，也能降低自交水平。当然，大多数柱头探出式异位的植物是自交不亲和的，说明这种异位方式的主要功能可能是避免雌雄功能的相互干扰，而非避免自

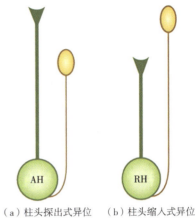

(a) 柱头探出式异位　(b) 柱头缩入式异位

图 7-35　同型雌雄异位

交。柱头缩入式异位一般被认为会增加自交的风险，而其主要的优势是有利于高位的花药散粉，增加雄性功能适合度以及降低雌雄干扰。研究表明，柱头缩入式异位的植物可能具有匹配的特殊花部结构来辅助实现避免自交。动态式雌雄异位可以在合适的时间将柱头或者花药在合适的位置展现给传粉者，从而既最大限度地降低雌雄干扰又可以提高传粉精确性，还可以有效地避免自花自交。动态式雌雄异位往往伴随着雌雄蕊异熟。动态式雌雄蕊异位与传粉者有着密切的协同进化关系。动态式雌雄蕊异位包括雄蕊运动、雌蕊运动和雌雄蕊都运动 3 种类型。

雄蕊运动是指雄蕊会在开花的某些时期发生位置变化，使正在散粉的花药暴露在最佳的传粉通道上，以便于传粉者能最大限度地带走花粉传递给下一朵花的柱头。最典型的是雄蕊级联运动，即一个或者两个正在散粉的花药依次运动至合适的位置，待传粉者将花粉采集完后又运动至边缘位置以免干扰下一个花药或者柱头充分接触传粉者。花药级联运动在芸香科和虎耳草科等植物中较常见。

雌蕊运动是指雌蕊会在开花的某些时期发生位置变化，使活性柱头暴露在最佳的传粉通道上，以便接受传粉者携带的花粉。其中柱头弯曲运动在姜属植物中较常见；触敏性柱头运动在通泉草科、紫葳科植物中较常见。

雌雄蕊都运动的动态式异位是上述两种方式的综合。唇形科金疮小草呈雌雄蕊都运动的方式，在开花过程中，雄蕊和柱头相互朝着对方运动而达到互换位置的效果，并且伴随着雌雄异熟，有效避免了雌雄干扰，同时还有效地提高了传粉的精确性。

②异型雌雄异位。是指种群内不同个体有着不同的雌雄蕊异位方式。如雌雄蕊在垂直高度上发生交互变化，可称为异长花柱（heterostyly）。达尔文（1877）在《同种植物的不同花型》这本书中专门论述了一种特殊形式的多态性——异长花柱，并且对其复杂性很感兴趣："与任何其他植物或动物相比，它们的受精方式更值得关注。大自然已经注定了一个最复杂的婚姻安排。"在达尔文的开创性研究之后，异长花柱受到了持续的关注，是当今生态学和进化生物学教科书中经常出现且较容易理解的植物适应性。

异长花柱包括二型花柱（distyly）和三型花柱（tristyly），其花的雄蕊与柱头高度不同，位置呈现互补的雌雄异位。根据花药与柱头的相对高度，二型花柱包括长花柱型（longstyled morph)和短花柱型(short-styled morph)两种花[图7-36(a)],如荞麦、报春花、连翘等,通常传粉时只有短柱花的花粉落到长柱花的柱头上或长柱花的花粉落到短柱花的柱头上,才能受精。三型花柱包括长花柱型、中花柱型(mid-styled morph)以及短花柱型3种花[图7-36(b)],如千屈菜属植物的同种个体,能产生3种不同长度的花柱和3种不同长度的花丝,只有相同高度的雄蕊和雌蕊传粉才能受精。

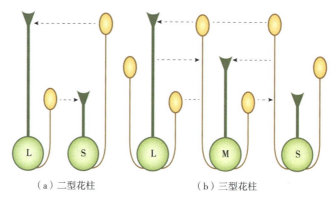

(a)二型花柱　　(b)三型花柱

图7-36　异长花柱

另一种异型雌雄异位是花柱镜像性(monomorphic enantiostyly),指花柱在花水平面上向左(左花柱型)或向右(右花柱型)偏离花中轴线的现象。具有镜像花柱的花称为镜像花(mirror-image flowers)。可根据左、右花柱型花在植株上的排列式样将镜像花划分为单型镜像花柱(monomorphic enantiostyly)[图7-37(a)]和二型镜像花柱(dimorphic enantiostyly)[图7-37(b)]两类。

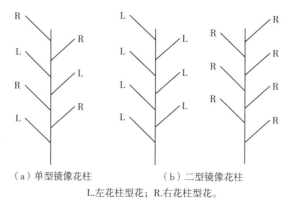

(a)单型镜像花柱　　(b)二型镜像花柱

L.左花柱型花;R.右花柱型花。

图7-37　镜像花柱的类型

(4)自花不稔性

自花不稔性(self-sterility)是指花粉粒落到同一朵花或同一植株上而不能结实的现象。自花不稔性有两种情况:一种是花粉粒落到自花的柱头上,根本不能萌发,如向日葵、荞麦、黑麦等;另一种是自花的花粉粒虽能萌发,但花粉管生长缓慢,其生长速率比异花传粉的花粉管慢,无法实现自体受精,如玉米、番茄等。此外,某些兰科植物的花粉粒对自花的柱头有毒害作用,常引起柱头凋萎,以致花粉管不能生长。

7.7 受 精

卵细胞与精细胞相互融合形成合子的过程称为受精(fertilization)。被子植物的受精过程包括花粉落在柱头上萌发生长，形成花粉管，进入胚珠，释放精子至精卵完成融合的一系列过程。

7.7.1 花粉粒萌发和花粉管生长

7.7.1.1 花粉与柱头之间的识别

花粉粒传到柱头上后，从柱头吸收水分，同时发生蛋白质的释放。经[花粉]壁蛋白与柱头表面的溢出物或亲水性的蛋白质膜(表膜)的相互识别(recognition)[图7-38(a)]，决定雄性花粉被雌蕊"接受"或"拒绝"。如果是亲和性的花粉(如一般同种异花的花粉)则被接受，柱头提供水分、营养物质及刺激花粉萌发生长的特殊物质，同时花粉分泌角质酶溶解与柱头接触点上的角质层，花粉萌发和花粉管不断沿花柱生长[图7-38(b)(c)]。如果是自花或远缘花粉，不具亲和性，则产生"拒绝"反应，柱头乳突细胞产生胼胝质，花粉的萌发和花粉管的生长被抑制[图7-38(d)(e)]。因此，花粉与雌蕊的识别作用对于完成受精起着决定性作用。对于干柱头，它的识别功能主要在柱头；而湿柱头，其识别功能主要在花柱。

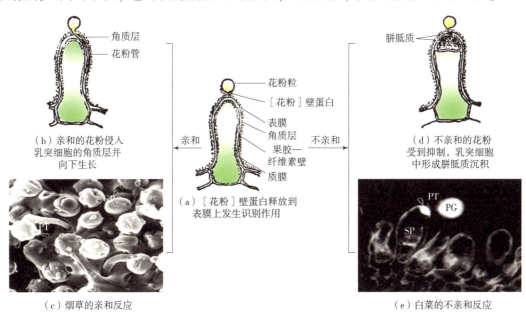

图7-38 花粉与柱头的相互作用

7.7.1.2 花粉管萌发和生长

花粉粒从柱头分泌物中吸收水分膨胀，内壁从萌发孔向外突出形成细长的花粉管，内含物流入管内(图7-39)。花粉管不断伸长，经花柱进入子房，最后直达胚囊。花粉管生长时，细胞质处于运动状态。如为二细胞型花粉，生殖细胞和营养细胞随之进入花粉管先端，一般营养细胞在前，生殖细胞在花粉管中分裂一次形成两个精子(图7-39)；如为三细

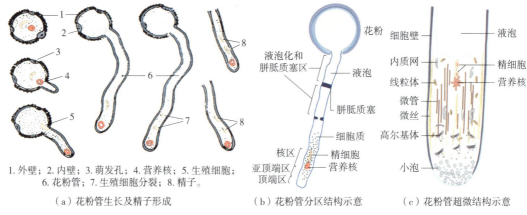

1. 外壁；2. 内壁；3. 萌发孔；4. 营养核；5. 生殖细胞；
6. 花粉管；7. 生殖细胞分裂；8. 精子。

（a）花粉管生长及精子形成　（b）花粉管分区结构示意　（c）花粉管超微结构示意

图 7-39　花粉管萌发和生长
（杨世杰，2010）

胞型花粉，营养细胞和两个精子都进入花粉管。花粉管生长的途径：在中空花柱的植物中，花粉管沿花柱道向下生长；在实心花柱的植物中，花粉管则沿花柱中的引导组织生长。

花粉管进入子房后，直趋珠孔，通过珠孔进入珠心，最后进入胚囊，称为珠孔受精（porogamy），如油茶[图 7-40（a）]。有些植物，花粉管进入子房后，沿子房壁内表皮经合点进入胚囊，称为合点受精（chalazogamy），如桦木、鹅耳枥、核桃等[图 7-40（b）]。还有些植物，如南瓜等，则是从珠被中部或珠柄处进入胚珠，然后经珠孔进入胚囊，称为中部受精（mesogamy）[图 7-40（c）]。

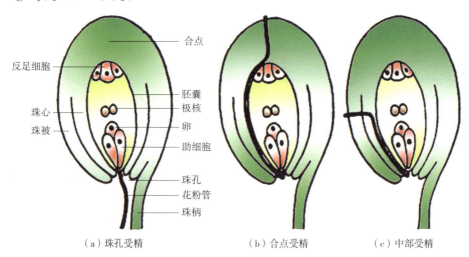

（a）珠孔受精　　　　（b）合点受精　　　　（c）中部受精

图 7-40　花粉管进入胚囊的 3 种方式

花粉管在花柱中的生长速率因植物的种类及外界的条件差异而不同。木本植物一般较慢，如桃受粉后花粉管需 10~12 h 到达胚珠，柑橘需 30 h，核桃需 72 h，鹅掌楸需 72 h，白桦需两个月，而栓皮栎、麻栎则需 14 个月才受精。草本植物一般较快，如水稻、小麦从受粉到花粉管到达胚囊约需 30 min，菊科的橡胶草需 15~30 min，蚕豆需 14~16 h。影响花粉管生长速率的外界条件主要是温度。在适宜的温度范围内，温度越高生长越快，如小麦，10℃时花粉管到达胚珠需 2 h，20℃时则需 30 min，30℃时仅需 15 min。此外，花粉生活力、亲本亲缘关系、花粉数量等都是影响花粉管生长速率的因素。

从传粉到受精的整个过程中，花粉管与雌蕊组织之间是一种相互同化的关系。一方面，花粉要吸收同化雌蕊的物质，特别是要受到柱头液的刺激后才能萌发生长；另一方面，花粉和花粉管也能分泌一些物质，引起雌蕊组织的一系列变化，使大量营养物质进入花柱和子房，从而使受精过程能够顺利进行。

7.7.2 被子植物的双受精现象

双受精是指花粉管的两个精子分别与卵细胞和极核结合的现象。当花粉管从一个退化助细胞处进入胚囊后，先端破裂，两个精子分别穿过质膜。其中一个精子与卵细胞结合，形成二倍体的合子（zygote），将来发育成胚；另一个精子与极核结合形成三倍体的初生胚乳核（primary endosperm nucleus），这种两个精子分别与卵和极核结合的现象，称为双受精（double fertilization）（图7-41）。双受精是被子植物所特有的进化现象。受精前后胚囊中的其他细胞也有不同的变化。受精前有的一个助细胞退化消失，有的两个助细胞均退化；受精后一般两个助细胞全部消失。反足细胞有的在受精前消失，如油茶等；有的在受精后消失，如核桃等；还有一些植物反足细胞可以增多形成细胞群，成为胚及胚乳发育过程中的养料，最后全部消失，如毛竹。

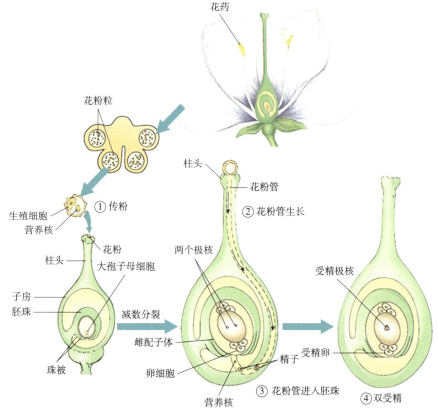

图7-41 被子植物的双受精过程
（Berg，2008）

7.7.3 受精的选择性

在自然情况下，开花时，各种植物的花粉都有可能被传送到柱头上，有本种同株或异株的花粉，也可能有异种的花粉。但只有亲和的花粉粒能够萌发，形成花粉管伸入子房，经受精形成正常发育的种子。通常只有一条花粉管进入胚囊放出两个精子进行受精。不亲和的花粉则受到排斥，不能萌发或受精，这表明受精是有选择性的。选择是通过花粉与雌蕊之间的识别等一系列生理、生化、遗传机理的控制。两亲本间必须具有相近的遗传背景，即只有在遗传性上差异不过大、也不过小的亲本之间才能实现受精。大多数植物广泛表现为种内异花受精，这既有利于维持物种的稳定性，又能保证物种的生活力和适应性。而两亲本间遗传差异较大（如种间、属间授粉）或遗传差异太小（如自花授粉），都不能完成受精，表现不亲和性，或花粉不能萌发，或花粉管不能正常生长，或配子不能正常融合以及胚的早期败育，等等。受精的选择性是在长期的自然选择条件下形成的，是生物适应性的一种表现。由此即可避免自花受精或近亲繁殖，从而保证了后代生活力的提高和适应性的加强。研究发现，拟南芥雌蕊柱头的乳突细胞中存在活性氧的积累，受粉能够引起乳突细胞中活性氧水平降低；花粉的PCP-Bγ小肽能够与柱头自分泌的RALF33小肽竞争性结合FER/ANJ，从而阻断柱头乳突细胞中活性氧的产生通路，导致活性氧水平下降，引起花粉水合速率加快，从而促进花粉管的正常萌发。该策略保证了亲和花粉与柱头之间的识别，并为克服杂交育种中的远缘杂交障碍提供了重要的理论依据。在被子植物中，双精入卵和多精入卵的特殊情形也有发现，附加精子进入卵细胞后，改变了卵细胞的同化作用，使胚的营养条件和子代的遗传性也发生变化。研究人员筛选出仅在卵细胞特异表达的天冬氨酸蛋白酶ECS1和ECS2。受精前，ECS1和ECS2主要分布在卵细胞内，在精细胞与卵细胞融合后，二者则迅速被分泌到卵细胞周围，降解助细胞分泌的花粉管吸引信号LURE，从而阻止多余花粉管进入胚囊，避免受精卵再度与精子融合。

7.7.4 受精作用的生物学和实践意义

受精作用实质上是雌雄配子相互同化过程，由于雌雄配子间存在遗传差异，精卵融合将父母本具有差异的遗传物质组合在一起，通过受精形成的合子及由它发育形成的新个体具有父母本的遗传特性，同时具有较强的生活力和适应性。又由于雌雄配子本身相互之间的遗传差异（由减数分裂过程中所发生的遗传基因交换、重组所决定），因而在所形成的后代中就可能形成一些新的变异，这极大地丰富了后代的遗传性和变异性，为生物进化提供了选择的可能性和必然性。

被子植物的双受精作用具有特殊的生物学意义。因为双受精不仅使合子或由合子发育成的胚具有父母双方的遗传特性，而且作为胚发育中的营养来源的胚乳，也是通过受精而来的，因而也带有父母双方的遗传特性。这就使后代具有更显著的父母本的遗传特性，以及更强的生活力和适应性。因此，被子植物的双受精，是植物界有性生殖过程的最进化、最高级的形式，加上其他各种形态构造上的进化适应，使被子植物成为地球上适应性最强、构造最完美、种类最多、分布最广、在植物界中占绝对优势的类群。

开花、传粉和受精的规律，是农林生产实践以及作物遗传育种工作的理论基础。人为地控制和利用有性生殖过程的规律可以提高作物的产量和质量，创造培育新的品种。例如，生产实践中采用人工辅助授粉的方法可以提高结实率，采用蕾期授粉、混合授粉的方法克服某些自交和杂交不亲和性，利用自交提纯作物及花卉优良杂种培育新的品系，通过种子繁殖以及杂种优势以提高后代的生活力，通过杂交选育新品种等，都是有性生殖基本规律的应用。

本章小结

高等植物的繁殖方式主要有营养繁殖、无性生殖和有性生殖。花由花芽发育而来，花是适应于生殖的变态短枝。花序是许多花按一定的次序在茎轴上的排列方式，分为有限花序和无限花序。组成雌蕊的基本单位是心皮。胚珠有直生胚珠、倒生胚珠和弯生胚珠等类型。胚珠着生在子房壁上的部位称为胎座，胎座有边缘胎座、侧膜胎座、中轴胎座、特立中央胎座、基生胎座和顶生胎座等几种类型。由孢原细胞经一定的发育过程形成七细胞八核的成熟蓼型胚囊，包含卵细胞 1 个，助细胞 2 个，中央细胞 1 个，反足细胞 3 个。植物的传粉有自花传粉和异花传粉两种方式。双受精是被子植物特有的现象。

思考题

1. 为什么说花是不分支的变态短枝，花的各部分是叶的变态？
2. 简述植物传粉途径及其在农林中的应用。
3. 简述花器官发育的 ABC 模型。
4. 试述被子植物从孢原细胞的产生到成熟花粉粒形成的整个花药发育过程。
5. 试述受精后，花的各部分的发育变化。
6. 简述被子植物雌配子体的产生和发育。
7. "自花授粉有害，异花授粉有益"，被子植物是如何适应异花授粉的？
8. 为什么植物在生长期不开花？
9. 植物成花受哪些因素的影响？

第 8 章

种子和果实

种子是种子植物所特有的器官。被子植物完成受精作用以后，胚珠发育成种子，子房发育成果实（图 8-1）。被子植物的种子由果皮（子房壁或心皮）所包被，因而果实为被子植物所特有。

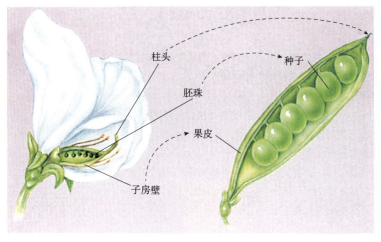

图 8-1　种子和果实

8.1　种　子

8.1.1　胚的发育

胚（embryo）是新一代植物的幼小孢子体，由合子发育形成。合子的形成标志着新一轮孢子体生长发育的开始，通常将被子植物的合子在胚珠中发育形成胚的过程称为胚胎发生（embryogenesis）。

8.1.1.1　双子叶植物胚的发育

合子经过一定时间的休眠才开始发育，休眠期的长短因植物种类而异，如水稻 4~6 h，苹果 5~6 d，茶属植物 5~6 个月，秋季开花的植物常可越冬。在绝大多数植物中，经过休眠的合子［图 8-2(a)］萌发生长时，首先进行横向的不均等分裂形成两个细胞，称为二细胞原胚[图8-2(b)]。近珠孔端较大的称为基细胞(basal cell)，有明显的大液泡。远离珠孔端较小的称为顶细胞(apical cell)，液泡小而少，细胞质较浓，细胞器丰富。此下面以十字花科植物荠菜为例说明双子叶植物胚的发育过程。

(1) 原胚期

通常将尚未出现器官分化的胚胎称为原胚(proembryo)。从合子第一次分裂形成的二细胞原胚开始，直至器官分化之前的胚胎发育阶段称为原胚期(proembryo stage)。在原胚发育早期，基细胞进行一次横分裂[图8-2(c)]，其中远离顶细胞的那个细胞连续进行3~4次横分裂，形成一列由6~8个细胞组成的胚柄(suspensor)[图8-2(d)]，将胚体推向胚囊中部，以利于胚在发育中从周围吸收营养物质。同时，胚柄基部的细胞膨大成泡状[图8-2(d)~(f)]，珠孔附近的细胞壁内突，具传递细胞特征，从珠被、珠心组织吸收、加工、转运养分供给胚的发育。而与顶细胞紧邻的细胞小，内质网和高尔基体丰富，但核糖体少，蛋白质和核酸也少，该细胞分裂滞后，仅分裂两次，参与胚根发育，并对胚根从珠孔伸出具有引导作用。

在基细胞分裂形成胚柄的同时，顶细胞相应地进行分裂。首先顶细胞经纵分裂形成两个细胞[图8-2(d)]，接着进行与上次分裂面相垂直的纵分裂形成4个细胞，称为四分体(quadrant)[图8-2(e)，此切面上只看到2个细胞]。然后四分体细胞再进行横分裂，形成8个细胞，称为八分体(octant)[图8-2(f)]。八分体细胞平周分裂，形成16细胞原胚[图8-2(g)]。外面一层细胞衍生为原表皮，里面的细胞进一步分裂形成原形成层和基本分生组织。原表皮细胞进行垂周分裂，内部的8个细胞纵分裂，形成由32个细胞组成的球形原胚(globular proembryo)[图8-2(h)]。细胞继续分裂，球形胚(globular embryo)增大[图8-2(i)]。在多数双子叶植物中，球形胚呈绿色。

(2) 幼胚期

幼胚期(young embryo stage)是指从球形胚到胚各组成器官分化形成的阶段。球形胚的胚体继续增大，在顶端两侧部位的细胞分裂频率较快，生长较快，先形成三角形胚[图8-2(j)]，之后形成两个子叶原基突起，发育为心形胚(heart-shaped embryo)[图8-2(k)]。心形胚的胚体内部细胞已开始分化。随着子叶原基延伸，形成两片形状相似、大小相同的子叶，紧接着其基部的胚轴也相应伸长，整个胚体呈鱼雷形，称为鱼雷形胚(torpedo embryo)[图8-2(l)]。之后，在两片子叶基部相连处的凹陷部位分化出胚芽；与胚芽相对一端，胚体基部细胞和与其相接的一个胚柄细胞不断分裂，共同参与胚根发育分化而完成幼胚分化。至此，幼胚的形态建成基本完成。

(3) 成熟胚期

成熟胚期(maturing embryo stage)是指从胚各部分器官形成后到胚的形态、结构和生理上成熟的阶段。在胚发育成熟初期，幼胚仍可继续通过胚柄从胚乳细胞和珠心细胞吸取养分。随着胚体不断发育完善，胚柄细胞萎缩凋亡，胚的两片子叶不断发育增大，并可直接从胚乳吸收、转化养分，使胚更充分发育，由于空间的限制，子叶弯曲，折叠生长，此时称为弯生胚(campylotropous embryo)或手杖形胚(cane-shaped embryo)[图8-2(m)]。最后形成了具有胚芽(plumule)、胚轴(hypocotyl)、胚根(radicle)和2片子叶(cotyledon)的成熟胚。成熟胚在胚囊内弯曲呈马蹄形，称为马蹄形胚(horseshoe-shaped embryo)[图8-2(n)]。至此，胚胎形态发生基本完成，随后进行储藏物的积累，使胚胎的体积和质量迅速增加。

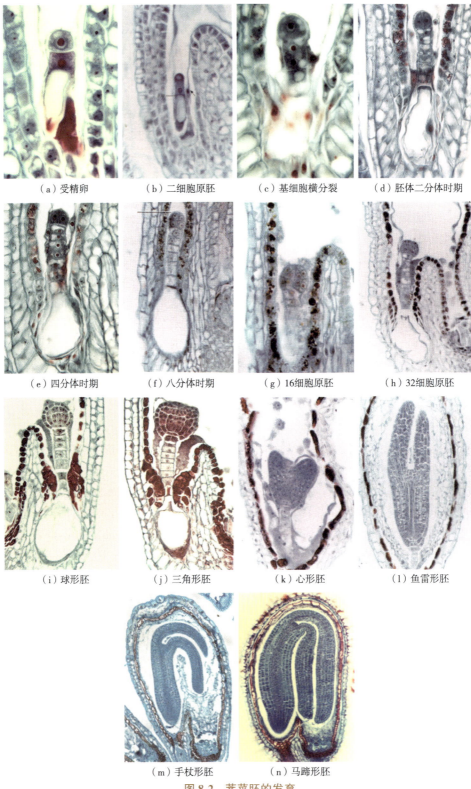

图 8-2 荠菜胚的发育

8.1.1.2 单子叶植物胚的发育

单子叶植物与双子叶植物在胚发育早期阶段有着相似的发育过程和形态，但在胚分化过程和成熟胚的结构上差异显著。下面以小麦为例说明单子叶植物胚的发育特点。

小麦合子第一次分裂[图8-3(a)]，常是倾斜横分裂，形成1个顶细胞和1个基细胞，称为二细胞原胚[图8-3(b)]。接着顶细胞纵分裂，基细胞横分裂，形成4个细胞的原胚。4个细胞又不断从各个方向分裂，增大胚的体积，形状似倒梨形，称梨形胚[图8-3(c)]。到了16-32细胞时期，胚呈棍棒状，称为棒形胚(club-shaped embryo)[图8-3(d)]，上部膨大为胚体前身，下部细长分化为胚柄。此后，在胚体中上部一侧出现一个凹刻，在凹刻处形成胚体主轴生长点，凹刻以上部分，由于生长较快，很快突出于生长点以上，形成盾片(子叶)的主要部分和胚芽鞘的大部分[图8-3(e)]，原胚基部形成盾片下部，生长点分化后不久，出现了胚芽鞘的原始体，罩在生长点和第一片真叶原基外面。同时，在与盾片相对一侧形成一个新的小突起，即为一片不发达的外胚叶；与此同时，胚体下方出现胚根鞘和胚根原始体，由于两者细胞生长速率不同，因此，在胚根周围形成一个裂生性空腔，在胚芽与胚根中间部分即形成胚轴。

禾本科植物成熟胚也具有胚芽、胚轴、胚根和子叶，且在胚根和胚芽之外，分别有胚根鞘(coleorhiza)和胚芽鞘(coleoptile)，成熟胚中只有一片宽大的子叶，位于胚一侧，因其形如盾牌，故称盾片(scutellum)[图8-3(f)]。

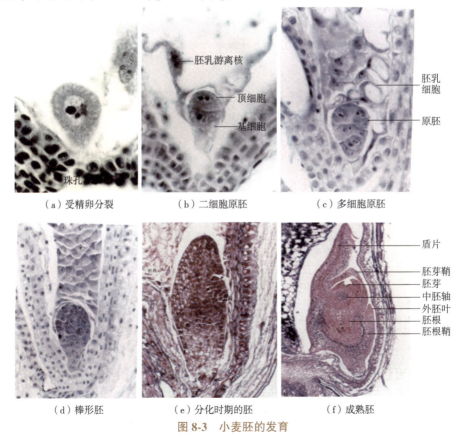

图8-3 小麦胚的发育

8.1.2 多胚现象

一般情况下,一粒种子只有一个由受精卵发育形成的胚,但有些植物里含有两个或两个以上的胚,称为多胚现象(polyembryony)(图 8-4)。多胚的产生有下列几种来源。

(1) 经受精形成多胚

受精卵裂生成两个至多个独立胚,即裂生多胚(cleavage polyembryony),或称真多胚,如郁金香、椰子和百合等。除此还有由胚囊内的其他细胞经受精形成的多胚,如助细胞受精形成合子胚以外的胚,经受精产生的多胚为二倍性的,具有父母本的遗传特性,如柽柳、狼尾草等。

(2) 胚囊内细胞形成胚

胚囊内其他细胞(如助细胞、反足细胞)不经过受精发育形成的胚,这种胚是单性的,只有母本遗传特性,通常是不育的,如欧洲百合、马兜铃、岩白菜等助细胞发育为单倍体胚。

(3) 胚珠内的多个胚囊形成多胚

一个胚珠中有多个胚囊,每个胚囊发育成一个胚,如桃、梅等。

(4) 胚囊外珠心或珠被细胞分裂形成胚

这种胚称为不定胚(adventitious embryony)。不定胚通常是由珠心或珠被的一些细胞侵入胚囊中,与正常的受精卵同时发育,结果在 1 个胚囊中形成 1 个或数个与合子相似的,同样具有子叶、胚芽、胚轴和胚根的胚。不定胚是二倍性的,只具有母体的遗传特性,与合子相比,能较好地保持母体性状,如柑橘属、芒果属、仙人掌属、山核桃属[图 8-4(a)]等极易产生不定胚。有的一粒种子内甚至可以产生几个至数十个不定胚与合子同时在胚囊中发育[图 8-4(b) ~ (e)]。

(a) 山核桃的 3 个胚　　(b) 粗柠檬的 2 个胚　　(c) 粗柠檬的 3 个胚　　(d) 粗柠檬的 4 个胚　　(e) 粗柠檬的 6 个胚

图 8-4　被子植物的多胚现象

8.1.3 胚状体

正常情况下,被子植物的胚是由合子发育而来,但自然界中,有少数植物可以形成不定胚,在适宜条件可以萌发形成新的植物个体;在人工离体培养植物细胞、组织或器官过程中,可产生与正常受精卵发育方式类似的胚状结构。这种在自然界或组织培养中由非合子细胞分化形成的胚状结构,称为胚状体(embryoid)。胚状体脱离母体后能单独生长,形成植株。

胚状体的研究在理论和实践上均有重要意义。在高等植物中,由非合子细胞分化形成胚状体能够长成植株,说明高等植物的每一个细胞均携带发育成一株完整植株的全套遗传信息,即细胞具有全能性。在应用上,通过诱导胚状体可实现快速繁殖的目的;也可在胚状体产生过程中,将外源基因转入胚状体,产生转基因植株,在基因工程上具有较高的应用价值。

8.1.4 胚乳的发育

被子植物的胚乳是由 2 个极核受精后发育而成的,一般是三倍体。根据胚乳的发育特征可分为 3 种类型。

(1) 核型胚乳

受精极核,即初生胚乳核[图 8-5(a)],不经休眠,随即开始分裂,但每次分裂后暂不进行胞质分裂,因而形成很多游离核。最初的所有游离核都沿胚囊边缘分布[图 8-5(b)],随后,核继续分裂,逐渐分布到胚囊中央,最后,游离核布满整个胚囊[图 8-5(c)]。同时从胚囊边缘开始逐渐产生细胞壁,并进行胞质分裂,形成胚乳细胞[图 8-5(d)],并由边缘向中心发展[图 8-5(e)],以这种方式形成的胚乳称为核型胚乳(nuclear endosperm)。胚乳游离核的数量因植物种类而有差异。如咖啡,初生胚乳核仅分裂 2 次,即四核阶段便形成胚乳细胞壁,而水稻、柑橘、苹果要形成几百个,棉则要形成上千个游离核后才逐渐形成细胞壁。

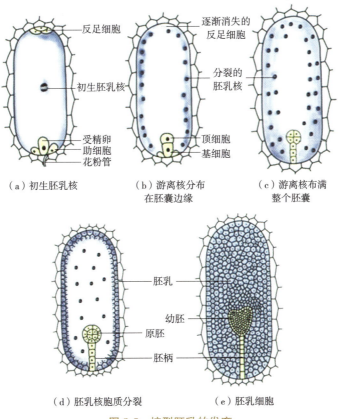

图 8-5 核型胚乳的发育

水稻的初生胚乳核第一次分裂后,接着每隔一段时间,核即分裂一次。这样,胚乳游离核不断增多,逐渐趋向胚囊边缘,更多地趋向珠孔端和合点端,胚囊中央为一大液泡。以后在胚囊周围逐渐形成胚乳细胞,它往往是单层的结构。随着颖果的发育,胚囊周围的胚乳细胞不断地向内方分裂,层层叠加,形成许多新的胚乳细胞层。当胚乳细胞即将充满胚囊时,胚囊边缘的细胞逐渐分化形成专门贮藏蛋白质和脂肪的细胞,形成糊粉层(aleurone layer),细胞中有特殊的颗粒状结构,称为糊粉粒(aleurone grain),而胚囊中央的胚乳细胞逐渐出现淀粉粒,形成淀粉质胚乳。

(2)细胞型胚乳

有些植物的胚乳,在形成初生胚乳核后,每次分裂都伴随胞质分裂[图8-6(a)],产生细胞壁,成为多细胞结构[图8-6(b)],而不经过游离核时期,这种胚乳类型称为细胞型胚乳(cellular endosperm),见于大多数合瓣花植物,如番茄、芝麻等。

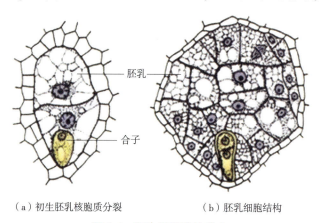

(a)初生胚乳核胞质分裂　　　(b)胚乳细胞结构

图8-6　细胞型胚乳的发育

(3)沼生目型胚乳

沼生目型胚乳(helobial endosperm),其初生胚乳核第一次分裂后把胚囊分隔成2室:珠孔室(较大)和合点室(较小)。然后,每室(主要是珠孔室)分别进行几次游离核的分裂。最后,珠孔室一般形成胚乳细胞,即以细胞型胚乳的方式发育;而合点室往往保持游离核状态,即以核型胚乳的方式发育。这一类型主要见于单子叶沼生目植物,如慈姑、紫萍等。

胚乳在胚的发育中起着重要作用。胚的发育依赖于胚乳的发育,胚乳初期阶段主要供给胚发育所需的营养物质,胚乳后期则成为贮藏养分的组织,以备种子萌发时需要。有些植物的种子,当胚发育时,胚乳被胚全部吸收,其中养料完全转移到子叶中。因此,种子成熟后胚乳消失而子叶特别大,成为无胚乳种子(exalbuminous seed),如豆科、蔷薇科、壳斗科等。还有一些植物,其成熟的种子里有胚乳,将胚包围在内,成为有胚乳种子(albuminous seed),如大戟科、柿树科等。在杂交育种中常存在种子败育现象,许多都是由于胚乳发育受阻,或推迟发育或很早退化。大多数植物的种子,当胚乳发育的时候,胚囊外的珠心组织全部被吸收。但也有些植物,珠心组织始终存在,在种子成熟时,珠心组织发育成为一种类似胚乳的贮藏组织,包在胚乳之外,称为外胚乳(perisperm)(图8-7),如胡椒科、藜科、石竹科植物。

8.1.5 种皮的形成

种皮（seed coat）是由珠被发育而成的。受精后，在胚和胚乳发育的同时，珠被发育成种皮，包在种子的最外面起保护作用。具两层珠被的胚珠，常形成两层种皮，外珠被形成外种皮，内珠被形成内种皮，如棉、油菜等。但有些植物，如毛茛科、豆科等，其内珠被在种子形成过程中全部被吸收而消失，因而只具一层种皮。具一层珠被的胚珠，形成种子时一般只具一层种皮，如番茄、向日葵、核桃等。

种皮上有种脐（hulium）和种孔。种脐是种子成熟后脱离珠柄或胎座，在种子上遗留下来的痕迹。种孔来自胚珠的珠孔。各种植物的种皮结构差异较大，这不仅取决于珠被的数目，而且取决于种皮发育中的变化。为了了解种皮结构的多样性，下面以菜豆种子和小麦种子种皮的发育情况为例，加以说明。

菜豆种子在形成过程中，胚珠的内珠被为胚吸收消耗后消失，所以种皮仅由外珠被发育来的。外珠被发育成种皮时，珠被分化成3层，由外到内分别是表皮、表皮下层和薄壁组织。表皮是一层长柱状厚壁细胞，细胞的长轴致密地平行排列，形成栅栏层。表皮下层是一层骨形厚壁细胞，这些细胞短柱状，两端膨大呈"工"字形，壁厚，细胞腔明显，彼此紧靠排列，有极强的保护作用。再下面是薄壁组织，是外珠被未经分化的细胞层，种子在生长时，这部分细胞常被压扁。早期的种皮细胞内含有淀粉，是贮存营养的场所，所以新鲜幼嫩的菜豆种皮柔软可食，老后转化为坚硬的组织。

小麦种子发育时，2层珠被也同样经过一系列变化。初时，每层珠被都包含两层细胞，合子进行第一次分裂时，外珠被开始出现退化现象，细胞内原生质逐渐消失，以后被挤压，失去细胞原来的形状，最终消失。这时内珠被尚保持原有性状，并增大体积，到种子成熟时，内珠被的外层细胞开始消失，内层细胞保持短期存在，到种子成熟干燥时，它起不到保护作用，以后保护种子的结构主要是由心皮发育而来。

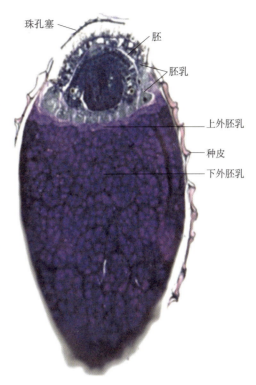

图 8-7　独蕊草的种子（示外胚乳）
（Friedman et al，2012）

8.2　果　实

8.2.1　果实的形成

卵细胞受精后，花各部分随之发生显著变化，通常花瓣凋谢，花萼枯落，少数植物的花萼宿存，雄蕊和花柱、柱头也都枯萎，仅子房继续发育增大，形成果实（fruit）。果实包括由胚珠发育形成的种子和包在种子外面的果皮。果皮（pericarp）是由子房壁发育形成的。果皮部分的变化很多，因而形成了不同类型的果实。

一般情况下，植物的果实完全由子房发育而来，这种果实称为真果(true fruit)，如桃[图8-8(a)]、杏等。有些植物的果实除子房外，还有花的其他部分(如花托、花被等)参与发育，与子房一起形成果实，这种果实称为假果(false fruit)，如梨[图8-8(b)]、苹果、石榴等。

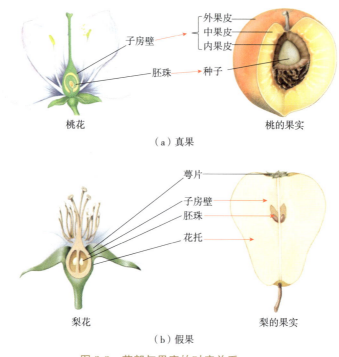

图 8-8　花部与果实的对应关系
(Berg，2008)

8.2.2　果皮的构造

果皮的构造可分为3层：外果皮、中果皮和内果皮。外果皮(exocarp)一般较薄，只有1~2层细胞，通常具有角质层和气孔，有时有蜡粉和毛。幼果的果皮细胞中含有许多叶绿素，因此通常呈绿色。果实成熟时，果皮细胞中产生花青素或有色体，呈红、橙、黄等颜色。中果皮(mesocarp)较厚，占整个果皮的大部分，不同植物其结构差异很大。如桃、李、杏的中果皮肉质，全部由薄壁细胞组成；刺槐、豌豆的中果皮成熟时革质，由薄壁细胞和厚壁细胞组成。中果皮内有维管束分布，有的维管束发达，形成复杂的网状结构，如丝瓜络、橘络。内果皮(endocarp)变化很大，有些植物的内果皮细胞木质化加厚，非常坚硬，如桃、李、核桃、油橄榄等；有的内果皮内壁的表皮毛变成肉质多汁的囊，如柑橘的食用部分。有些果实成熟时，内果皮分离成单个的浆汁细胞，如葡萄、番茄等。

8.2.3　果实的类型

根据果实的心皮数量、果皮的含水情况(革质或肉质等)、果皮是否开裂等情况可将果实划分为很多类型，如荚果、核果、浆果、蒴果等十几种不同类型。

8.2.3.1 根据心皮数量划分

根据心皮数量可将果实分为单果、聚合果和复果。单果(simple fruit)是指一朵花中只有一枚雌蕊，以后只形成一个果实，如桃、柑橘[图8-9(a)]等；聚合果(aggregate fruit)是指一朵花中有许多离生雌蕊，以后每一雌蕊形成一个小果，相聚在同一花托之上，如莲、草莓[图8-9(b)]、玉兰等；复果(multiple fruit)是指果实由整个花序发育而来，花序轴也是果实的一部分，也称聚花果，如桑[图8-9(c)]、无花果等。

(a) 单果　　　　　　　(b) 聚合果　　　　　　　(c) 复果

图 8-9　果实的类型

8.2.3.2 根据果皮性质划分

果实按果皮性质来分，有肥厚肉质的，也有干燥无汁的。前者称为肉果(fleshy fruit)，后者称为干果(dry fruit)。肉果和干果又分若干类。

(1) 肉果

肉果的特征是果皮肉质化，往往肥厚多汁，按果皮来源和性质可分为以下几类。

①浆果(berry)。是肉果中最常见的一类果实，由一个或几个心皮组成，果实柔软，肉质多汁，内含多数种子，如葡萄、番茄[图8-10(a)]、柿等。

②瓠果(pepo)。是浆果中的一种，特指果实肉质部分是子房和花托共同发育而成的，如西瓜[图8-10(b)]、冬瓜等葫芦科植物，其食用部分主要是它们的果皮。

③柑果(hesperidium)。也是一种浆果，由多心皮具中轴胎座的子房发育而成。外果皮坚韧革质，有很多油囊分布；中果皮疏松髓质，有维管束分布其间，干燥果皮的橘络就是维管束；内果皮膜质，室内充满肉质多汁的囊，由子房内壁的表皮毛发育而成，是这类果实的食用部分，常见的有柚[图8-10(c)]、柠檬等。

④核果(drupe)。由一心皮一心室的单雌蕊发育而成，通常有一枚种子。外果皮极薄，中果皮是发达的肉质食用部分，内果皮的细胞经木质化后，成为坚硬的核，包在种子外面，如桃[图8-10(d)]、李等。

⑤梨果(pome)。果实由花筒和心皮部分愈合后共同发育形成。外面很厚的肉质部分由花筒发育而成，肉质部分以内是果皮部分，是一类假果。这类果实多为子房下位上位花的植物所有。外果皮和花筒，以及外果皮和中果皮之间，均无明显的界限。内果皮由木质化的厚壁细胞组成，比较明显。如梨[图 8-10(e)]、苹果等。

⑥香蕉果。特指香蕉[图 8-10(f)]和芭蕉这一类的果实，由下位子房发生，或者发育产生种子，或者单性发育，3 个心皮排列成中轴胎座。

(a)浆果　　　　　　(b)瓠果　　　　　　(c)柑果

(d)核果　　　　　　(e)梨果　　　　　　(f)香蕉果

图 8-10　肉果的类型

(2)干果

干果的果实成熟后，果皮干燥，有的果皮能自行开裂，也有果实即使成熟，果皮仍闭合不开裂的，前者为裂果(dehiscent fruit)，后者为闭果(indehiscent fruit)。根据心皮结构不同，又可分为以下几种类型。

①裂果类。该类果实成熟后自行裂开，又可分为以下几种类型。

荚果(legume)：果实由单心皮发育而成，成熟后，果皮沿背缝线和腹缝线两面开裂，如豌豆[图 8-11(a)]、蚕豆等。有的虽有荚果形态，但并不开裂，如落花生、合欢、皂荚等。有的荚果分节状，成熟后也不开裂，而是节节脱落，每节含一粒种子，如含羞草、山蚂蟥等。

蓇葖果(follicle)：果实由单心皮或离生心皮发育而成，成熟后只由一面开裂，有沿背缝线开裂的，如木兰[图 8-11(b)]、白玉兰等；也有沿心皮腹缝线开裂的，如梧桐、牡丹、芍药[图 8-11(c)]等。

角果(silique)：角果由二心皮组成的雌蕊发育而成，子房一室，后来由心皮边缘合生处向中央生出隔膜，将子房隔成二室，这一隔膜称假隔膜。果实成熟后，果皮从二腹线裂开，成二片脱落，只留假隔膜，种子附于假隔膜上。如十字花科植物。角果有细长的，果长为宽的几倍，称长角果(silique)，如萝卜、油菜[图 8-11(d)]等；另有一些短形的，长宽之比几乎相等，称为短角果(silicle)，如荠菜[图 8-11(e)]、菥蓂(遏蓝菜)等。

蒴果(capsule)：果实由合心皮的复雌蕊发育而成，子房一室或多室，每室含种子多粒，成熟时有3种开裂方式：a. 纵裂，裂缝沿心皮纵轴方向分开，又可分为：室间开裂，即沿心皮腹缝线相接处裂开，如秋水仙、马兜铃等；室背开裂，沿心皮背缝处开裂，如草棉、紫花地丁等；室轴开裂，沿胞间或胞背开裂，如牵牛、曼陀罗［图8-11（f）］等。b. 孔裂，果实成熟后，各心皮并不分离，而在子房各室上方裂成小孔，种子由孔口散出，如金鱼草［图8-11（g）］、桔梗等。c. 周裂，合心皮一室的复雌蕊组成，心皮成熟后沿上部或中部作横裂，果实成盖状开裂，也称盖果，如樱草、马齿苋、车前［图8-11（h）］等。

（a）荚果　　　　　　　（b）蓇葖果（沿背缝线开裂）

（c）蓇葖果（沿腹缝线开裂）　　（d）长角果　　　（e）短角果

（f）蒴果（纵裂）　　（g）蒴果（孔裂）　　（h）蒴果（周裂）

图8-11　裂果的类型

②闭果类。该类果实成熟后果皮仍不开裂，又可分为以下几类。

瘦果（achene）：果实由一心皮发育而成，只含一粒种子，果皮与种皮分离，如荨麻、向日葵［图8-12（a）］等。

颖果（caryopsis）：果皮薄，革质，只含一粒种子，果皮与种皮紧密愈合不易分离，果实小，一般易误认为种子，是水稻［图8-12（b）］、小麦、玉米等禾本科植物的特有的果实类型。

翅果（samara）：果实具瘦果特征，但果皮延展成翅状，有利于随风传播，如榆、槭［图8-12（c）］、臭椿等。

坚果（nut）：外果皮坚硬木质，含一粒种子，成熟果实多附有总苞，称为壳斗（cupule），如栎、板栗[图8-12(d)]等。通常一个花序中仅有一个果实成熟,也有2~3个果实同时成熟的情况。板栗外褐色坚硬的皮是它的果皮,包在外面带刺的壳是由总苞发育而成的。

双悬果(cremocarp):果实由二心皮的子房发育而成,伞形科植物的果实多属这一类型。果实成熟后心皮分离成两瓣,并列悬挂在中央果柄上端,种子仍包于心皮中,以后脱离。果皮干燥,不开裂,如胡萝卜、前胡[图8-12(e)]等。

图 8-12 闭果的类型

8.2.4 无融合生殖与单性结实

8.2.4.1 无融合生殖

被子植物的胚一般都是由受精卵发育而成,但也有些植物,可以不经过雌雄性细胞的融合(受精)而产生有胚的种子。根据 Battaglia(1963)的定义,将由配子体产生孢子体的不经过配子融合的生殖过程,称为无融合生殖(apomixis)。目前,已在被子植物36科440种植物中发现无融合生殖现象。无融合生殖形式多样,可归纳为单倍体无融合生殖和二倍体无融合生殖两大类。

(1)单倍体无融合生殖

单倍体无融合生殖(haploid apomixis)的胚囊是由胚囊母细胞经过正常减数分裂而形成。这种胚囊中的细胞都只含单倍染色体组,具体包括单倍体孤雌生殖、单倍体孤雄生殖和无配子生殖3种类型。

①单倍体孤雌生殖。卵细胞不经过受精(或假受精)而直接发育成胚,称为单倍体孤雌生殖(haploid parthenogenesis)。在玉米、小麦、烟草等植物中,其胚囊中的卵细胞,可不经过受精发育成单倍体的胚。

②单倍体孤雄生殖。孤雄生殖(androgenesis)的单倍体胚由雄配子单独分裂获得,一般通过杂交或其他实验处理获得。

③无配子生殖。由助细胞、反足细胞或极核等非生殖性细胞发育形成单倍体胚，称为无配子生殖（apogamy），在水稻、玉米、葱、鸢尾、含羞草等植物中均有报道。

单倍体无融合生殖所产生的胚以及长成的植株都是单倍体，无法进行减数分裂，其后代通常是不育的，但可通过人工或自然手段加倍染色体，很快得到遗传上稳定的纯合二倍体，缩短育种进程，固定杂种优势，提高育种效率。

(2) 二倍体无融合生殖

二倍体无融合生殖（diploid apomixis）的胚囊来自孢原细胞、胚囊母细胞因减数分裂受阻而产生的二倍体孢子或珠心、珠被等体细胞，这种胚囊中的细胞都是二倍体染色体组。具体有以下几种情况。

①大孢子母细胞直接发育成胚囊，如齿缘苦荬菜。
②大孢子母细胞经有丝分裂形成二分体，由其中一个产生胚囊，如白花蒲公英。
③大孢子母细胞与体细胞相似的有丝分裂产生胚囊，如蝶须属。

二倍体无融合生殖产生的胚以及长成的植株都为二倍体，能正常生殖和遗传。优良杂种后代的二倍体无融合生殖，只要合理隔离种植，就能一劳永逸地保存杂种优良性状，而不再产生分离和衰退。此外，无融合生殖在克服远缘杂交不亲和、提纯复壮品种等方面也有广泛应用前景。

8.2.4.2 单性结实

一般情况下，植物结实一定要经过受精作用，否则，子房不会发育成果实。但有些植物，特别是栽培植物，不经过受精，子房也会膨大发育成果实。这种现象称单性结实（parthenocarpy）。单性结实所形成的果实不含种子，称为无籽果实（stenospermocarpy），如葡萄、柑橘、香蕉等。它的产生有以下两种情况。

(1) 营养单性结实

不需要传粉或任何刺激就可使子房膨大形成无籽果实，这种单性结实现象称为营养单性结实（vegetative parthenocarpy），如葡萄、柑橘、香蕉、柿等。

(2) 刺激单性结实

卵细胞虽不受精，但子房仍需给予一定的刺激（如花粉）才能形成无籽果实，这种单性结实现象称为刺激单性结实（stimulative parthenocarpy），如用爬山虎的花粉刺激葡萄的花柱，得到无籽果实。另外，还可用一些死花粉、花粉浸出液、生长素、赤霉素等刺激结实。单性结实在一定程度上与子房所含生长激素的浓度有关，所以农林生产上可应用植物生长调节剂诱导单性结实。

单性结实必然形成无籽果实，但无籽果实并非全部来自单性结实，因为有些受精后，胚珠发育形成种子的过程受阻，种子败育也可形成无籽果实。

8.3 果实和种子的传播

果实和种子的传播主要依靠风、水、动物和人类的携带，以及果实本身所产生的机械力量。果实和种子对于各种传播力量的适应形式是不一样的。

(1) 风力传播

多种植物的果实和种子是借助风力传播的。它们一般细小质轻,能借助风力吹送到远处,如兰科植物的种子小而轻,可随风吹送到数千米以外。另外,这类果实或种子表面常有絮毛、果翅或其他有助于承受风力飞翔的特殊构造,如棉、垂柳种子外面有绒毛,蒲公英果实有降落伞状的冠毛[图 8-13(a)],槭、榆等果皮特化成翅状。

(2) 水力传播

水生植物的果实、种子往往借水力传播。如莲的果实呈倒圆锥形,组织疏松、质轻,漂浮在水面,随水流到各处;例如,椰子果实中果皮疏松、富有纤维,内果皮坚硬,内有大量椰汁,可随水漂流到其他海岸上生根发芽[图 8-13(b)]。

(3) 动物和人类传播

这类植物的果实,有的成熟后色泽鲜艳,果肉甘美,吸引人和其他动物食用,它的果实和种子是靠人类和动物携带散布的。有些植物的果实和种子的外面生有刺毛、倒钩或分泌有黏液,能挂在或黏附于动物的毛羽或人们的衣裤上,随着动物和人们的活动无意中把它们散布到较远的地方,如鬼针草、苍耳[图 8-13(c)]等。坚果常是动物的食物,特别是松鼠,把这类果实搬运走,埋藏地下,一部分供其食用,另一部分则在原地自行萌发产生下一代个体。鸟兽吞食一些果实后,果皮被消化,残留的种子由于坚韧种皮保护而随鸟兽粪便排出,散落传播。

(4) 弹力传播

有些植物的果实在急剧开裂时,产生机械力或喷射力,使种子传播出去。干果中的裂果,果皮成熟后成为干燥坚硬的结构。由于果皮各层厚壁细胞的排列形式不一,随着果皮含水量的变化,容易在收缩时产生扭裂现象,借此把种子弹出,分散远处,如大豆、凤仙花、喷瓜[图 8-13(d)]等。

(a) 风力传播　　　　　　　　(b) 水力传播

(c) 动物和人类传播　　　(d) 弹力传播　　　(e) 火力传播

图 8-13　果实和种子传播的类型

（5）火力传播

有的植物通过火烧传播种子。一些植物种子在火烧中具有抵抗热或火的能力。这些种子可能具有硬壳或耐高温的外壳，可以在火烧中存活下来。这些种子借助火力打破休眠，从火烧灰烬中迅速发芽，利用减少的竞争和新生态位来生长，如白蜡树、帝王花[图8-13(e)]等。火力传播对于植物种群的演化和生态系统的恢复具有重要意义，它能够帮助植物种群在竞争激烈的环境中重新建立，并增加植物种类的多样性。然而，火烧频繁发生也可能对生态系统造成破坏，因此火力传播需要被适当管理和控制。

本章小结

受精卵发育形成胚，受精极核发育形成胚乳，珠被发育成种皮。子房壁发育形成果皮，子房发育形成果实。果实有真果与假果之分，单果、聚合果与复果之分，肉果与干果之分。植物中还存在无融合生殖机制，不定胚和多胚现象，单性结实等行为。果实和种子传播存在风力、水力、动物和人类、弹力、火力等方式。

思考题

1. 试述双子叶植物种子的形成过程。
2. 简述被子植物的无融合生殖机制。
3. 试述植物果实和种子传播的适应机制。

第 9 章

植物器官间的联系

维管植物在植物界中占有绝对的数量优势。当提及维管，人们便不自觉地联想到人体的血液循环系统。许多激素及其他信息物质通过血液的运输到达各个靶器官。在植物中，其维管系统的功能类似人体内遍布的血液循环系统，负责将水分、无机盐、有机物等从外界或合成器官运输到靶器官。植物体通过维管系统将各个组织器官连接成有机统一的整体，器官之间相互联系、相互影响。

9.1 植物器官发生的同源性

被子植物器官的形态结构多样，究其器官的来源，却来自同一器官——顶枝。化石记录的最原始的维管植物，如莱尼蕨属(Rhynia)植物，无根，无叶，仅有等二叉分枝的顶枝。歌德(Goethe)早在 1790 年便提出茎叶同源说，认为茎和叶并非一开始就有区别，而是由某一原基的相异部分，分别形成茎和叶。Zimmermann(1954，1965)的顶枝学说比较完美地解释了茎、叶的起源："自等二叉分枝的顶枝，经其越顶，形成了不等的二叉分枝式样，越顶的枝演化成茎，从属的侧枝经'扁化'(使侧枝生于一个平面上)，再经'蹼化'，产生扁平的叶片。"至于根的起源，也是由原始维管植物的等二叉状的地下枝演化而来的。不仅茎、叶和根同源，而且茎与花和花序也同源。花是适应繁殖功能的一个枝条，花序相当于一个具分枝的枝条。总之，从演化上考察，植物各器官的来源是相同的。

9.2 植物器官结构的整体性

植物体各器官虽然在外部形态结构上存在很大差异，但是其内部的解剖结构却彼此相似、彼此联系，具体体现在：均是由表皮、皮层薄壁组织和维管组织共同构成各个器官，从而使植物体成为有机统一的整体(图 9-1)。这种内部解剖结构的相似和联系，将根、茎、叶、花和果实种子连接成一个相互依赖又相互配合的整体。在植物生命过程中，各自行使特定的生理功能，彼此协调，共同保障植物体的正常生长。

(1) 皮系统

植物各个器官的最外层均有保护层，幼嫩的根、茎、叶、花和果实等的最外层是表

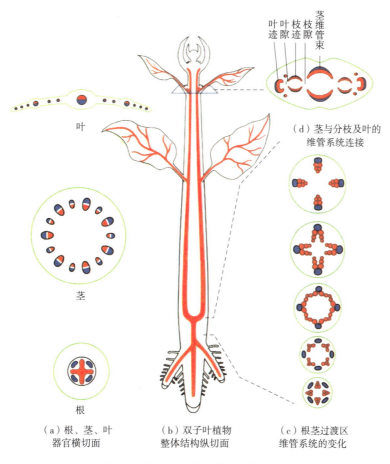

(a) 根、茎、叶　　(b) 双子叶植物　　(c) 根茎过渡区
　器官横切面　　　整体结构纵切面　　维管系统的变化

图 9-1　器官初生结构的统一与联系

皮，为初生保护组织，经次生生长，根和茎的表皮被周皮取代，为次生保护组织。多年生植物的新生枝条，在主茎和侧枝交界处有周皮与表皮相连，从而保证各器官的最外层由表皮或周皮连续覆盖。

(2) 基本组织系统和维管系统

植物体皮系统往里分别是基本组织系统和维管系统。根和茎互相连接共同组成植物体的主轴，两者的基本组织系统和维管系统的组织组成基本一致，变化趋势大致相同，基本组织系统从根到茎的变化由厚到薄，髓从无到有，维管系统所占面积由小到大。然而根和茎的维管组织在排列上差异很大，主要体现在：一是维管束的数量(束数)；二是木质部与韧皮部的相对位置，根中木质部与韧皮部相间排列，而茎中木质部与韧皮部内外排列，成束环状；三是发生顺序，根的木质部是外始式，而茎的木质部则为内始式。

(3) 过渡区

植物体各个器官互相连接形成一个整体，互相之间内部结构存在较大差异，器官与器官相接触，必然要经过一个转变过程，这个部位称为过渡区(transition zone)。

根与茎的过渡区在胚轴。种子萌发时，下胚轴发育成主根，上胚轴则发育成主茎。根和茎的维管系统必然发生转变以相互连接。过渡区表皮和皮层是连续的，而维管组织的变化逐渐进行，形成一个区段，这一区段一般很短，从小于 1 mm 到 2~3 mm，很少达几厘米。从根到茎的变化，一般先是中柱增粗，伴随着维管组织分化，木质部的位置和方向出现一系列变化。下面以二原型根为例说明过渡区维管组织的变化。根中维管组织要经过分割、旋转、靠合，最终转变成茎的维管组织结构（图 9-2）。分割是指根初生木质部的后生木质部纵列为二；旋转是指分割的后生木质部分别向左、向右旋转 180°；靠合是指相邻的木质部移位到韧皮部内侧，同时韧皮部拉长分隔为两部分，分别与相邻的韧皮部一起排在木质部外侧。经过过渡区的一系列变化，原根中木质部与韧皮部相间排列转变成了内外排列。上述示例中，根和茎中的维管束数量相同，有些植物中根和茎中的维管束数量并不相同，但根和茎的维管组织得以统一，相应部位得以连接，从而保证维管组织的正常生理功能。

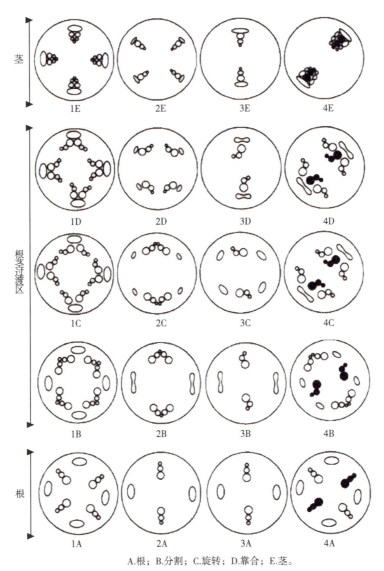

A.根；B.分割；C.旋转；D.靠合；E.茎。

图 9-2　根茎过渡区维管束的转变方式

叶与茎通过叶柄连接。茎中维管束通过叶迹进入叶柄，通过叶柄进入叶片，与叶脉维管束相连。叶迹(leaf trace)是茎中分出的维管束在进入叶柄以前仍处于茎内的一段。叶迹进入叶柄后，其上方出现一个空隙，由薄壁组织填充，这个区域称为叶隙(leaf gap)(图9-3)。叶腋处有腋芽，以后发育成分枝。双子叶植物的茎与分枝的结构基本相似，其过渡区相对简单，皮系统、基本组织系统均可直接贯通，而维管系统通过枝迹与分枝的维管组织相连。枝迹(branch trace)是由茎的维管系统分出，经其皮层通往分枝的一段维管束，位于叶迹上方。同叶隙一样，枝隙(branch gap)是在枝迹的上方的空隙，为薄壁细胞所充填(图9-3)。

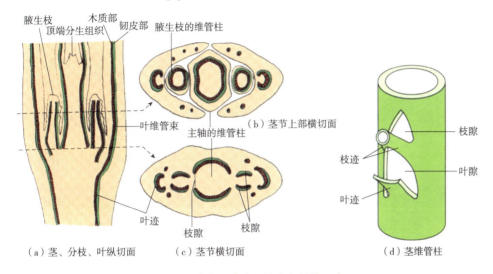

图 9-3　叶迹、叶隙、枝迹和枝隙示意

植物体通过各个过渡区将器官连接成有机统一的整体，实现结构和功能的协调一致。维管组织在植物体内形成一张四通八达的紧密大网，实现水分、无机盐和有机物的运输，保证植物体正常生长。

9.3　植物器官功能的协同性

植物各个器官在形态结构上通过皮系统和维管系统形成一个有机整体，同时在功能彼此间既有分工又有协同或整体调控，共同完成生长发育等一系列生命活动。植物的生命活动离不开营养物质的吸收、转运及其在各个器官之间的分配。植物体内的物质主要包括水、无机盐和有机物。这些物质通过细胞的跨膜运输、细胞到细胞的短距离运输以及在木质部和韧皮部进行长距离运输，从而满足各个器官生命活动所需。

9.3.1　植物体内水分与无机盐的吸收、转运和蒸腾

对于植物而言，其体内水分在其处于生活状态时含量最大。植物主要通过根系吸收水分，其主要吸水部位在根尖，根尖的根毛区吸水能力最强。只要土壤溶液水势高于根系水势，植物就可以顺利吸水。土壤水分移动到根表面后，植物通过根系吸收将其运送到地上部的各个器官，供生理代谢需要或随蒸腾作用散发到体外。

水分从土壤经植物至大气的整个运输途径(图9-4)主要分为两类：一类是细胞到细胞间的短距离运输，如土壤到根系的水分运输途径，水分经根毛、皮层、内皮层、中柱至导管，又如叶到大气的水分运输途径，水分经叶脉导管、叶肉细胞、叶肉细胞间隙与气孔下腔至气孔蒸腾；另一类是通过导管和管胞的长距离运输，水分进入木质部导管和管胞，向上经胚轴、主茎及分枝的木质部，再分布至叶脉导管和管胞。由此可见，水分在植物体内的整个运输途径是通过短距离和长距离两种运输方式形成一个连续的系统。值得注意的是，内皮层细胞壁存在凯氏带，使水分只能通过内皮层的原生质体，经共质体途径进行渗透性运输，速率较慢。根系吸水的动力有两种：一种是根系生理活动产生的使液流从根部上升的压力，即根压，根压引起的吸水为主动吸水；另一种是叶片蒸腾时气孔下腔附近的叶肉细胞因蒸腾失水而导致水势下降，产生蒸腾拉力，由蒸腾拉力引起的吸水为被动吸水。通常植物的吸水主要是由蒸腾拉力引起的。

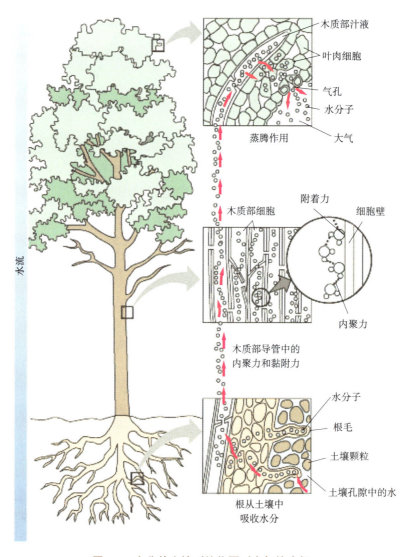

图 9-4 水分从土壤到植物再到大气的途径

植物体内的无机盐主要为矿物质，已发现的矿质元素有 60 余种，包括大量元素、微量元素，既有有益元素也有非必需元素。植物在吸收和运输水分的同时，土壤中的矿物质也随同水分运输的蒸腾流进入植物体。但根对矿质元素的吸收与水分吸收并不一致，而有其独立性和选择性。例如，菜豆吸水量增加 1 倍时，氮、磷、钾的吸收只增加了 0.1~0.7 倍，不同元素增加量也不同。这主要归因于水分与矿质元素的吸收机制不同。根系吸水主要依赖蒸腾拉力，而矿质元素则以消耗能量的主动吸收为主，需要跨膜转运蛋白的参与，具有饱和效应。同位素示踪实验表明，吸收矿质元素最活跃的部位是靠近根冠的分生区和根毛区。其中根毛区含有大量根毛，且已分化出输导组织，内皮层形成凯氏带，能有效吸收矿质元素并及时向上转运。矿质元素进入植物体内的运输路径与水分类似。根部吸收的矿质元素，部分留在根内，其余大部分通过长距离运输运至植物的各个组织器官，通过分析木质部的伤流液证明，绝大多数矿质元素以无机离子的形式在木质部运输，且受到根压和水势梯度的驱动。矿质元素在韧皮部中的长距离运输是双向的，对蓖麻筛管汁液的矿质元素分析检测出主要矿质元素的种类和含量。在长距离运输期间，矿质元素和有机溶质在木质部和韧皮部之间进行转移。矿质元素从木质部到韧皮部的转移非常重要，因为木质部运输主要依赖蒸腾拉力，而蒸腾拉力最强的器官是叶，叶并非矿质元素需求量最大的部位。植物各个器官中，矿质元素需求最大的部位在茎顶端、果实和种子，这些器官也称矿质元素的库。因此，需要通过韧皮部将矿质元素转移到需求旺盛的器官中。

9.3.2 植物体内有机物质的制造、运输、利用和贮藏

植物体内各器官、组织所需要的有机物主要由叶片通过光合作用制造的。而光合作用依赖植物从根系吸收并经茎运输的水分作为原料，同时以水分维持叶细胞的膨压以及强光下的降温等，保证叶片光合作用。

光合作用的产物通过韧皮部筛管进行运输，方向既可以向上也可以向下，不受重力影响。运输的方向是从光合产物合成的器官(源)到代谢或者贮藏的器官(库)，也可以从贮藏的器官运输到其他需要碳水化合物的组织或器官。韧皮部汁液分析表明，大多数植物运输的物质主要是糖类，且是非还原性的糖，如蔗糖、棉籽糖、水苏糖和毛蕊草糖，其中蔗糖是最主要的运输糖。

光合产物从叶肉细胞的叶绿体运输到筛管分子—伴胞复合体的过程称为韧皮部装载，这是需要能量的主动运输，装载的物质除蔗糖外还有无机离子、氨基酸等。光合产物经筛管分子运输到植物需要同化物的部位，如新生的嫩叶、贮藏茎、根和种子等，到达这些部位后需要将被运输的糖从筛管分子中输出，这一过程即为韧皮部卸载。同时将糖输入库组织，而这是需要能量的。

韧皮部运输相关理论主要有压力流动学说、胞间连丝和胞质泵动学说以及 P-蛋白的收缩推动学说等。目前被普遍接受的理论是压力流动学说。该学说认为，筛管分子中溶液的流动是由源与库之间渗透产生的压力梯度所推动的。

9.3.3 器官间的信息传递

植物生活过程中时刻受到光、温度、水分状况、机械刺激等因素的影响。感受器官接收信号以后经过信号转导，传递给其他部分做出局部或整体反应，以适应外界环境的变化。植物体内每个瞬间进行着成千上万个生物化学反应，需要通过信息调控使之有条不紊地进行，保证植物体内新陈代谢的正常运行。

信号可以是化学的(如激素和其他信息化学物质)，也可以是物理的(如电信号、重力、压力变化等)。信息传递可能在细胞间、组织间和器官间进行。例如，叶是感受光周期诱导的器官，而花的形成却在茎的顶端或叶腋部位，表明叶接受光周期信号以后，产生了某种开花刺激物，运到开花部位，引起开花。如果把短日照植物苍耳依次嫁接(图9-5)，将第一株的叶片在短日照诱导，其余均在长日照下，结果各植株都开了花。这个实验证实了开花刺激物在所有嫁接植株之间传递。这种物质被称为成花素(florigen)。成花素假说对开花机制研究起了重要的推动作用。2007年，首次研究发现一种称为FT(flowering locus T)的小分子蛋白充当成花素的角色从叶片经韧皮部运输到茎尖，激活茎尖的下游基因诱发一系列的生化反应，最后导致开花。

图 9-5　苍耳的短日照嫁接试验

当植物某一部分受到生物入侵后，一方面就地做出种种防御反应，另一方面可发出信号(如水杨酸、茉莉酸等)传递至植物体其他部位，使之也处于抵御生物入侵的状态，这就是抗病的系统性反应(symstemic response)。例如，当番茄叶片被昆虫啃食后，受伤的番茄叶片在韧皮部软组织细胞中合成原系统素，经加工最后合成系统素。韧皮部软组织释放的系统素结合到其邻近的伴胞质膜的受体上，激活导致茉莉酸生物合成的信号级联反应，接着可能以结合物形式经过筛管分子运输到未受伤的叶片。这些叶片的叶肉细胞启动信号反应，导致蛋白酶抑制基因的激活。植物细胞中的胞间连丝促进这个信号转导途径的传播(图9-6)。

各部分之间的信息传递维系了植物体整体的协调统一，保证了生命活动的正常运行。

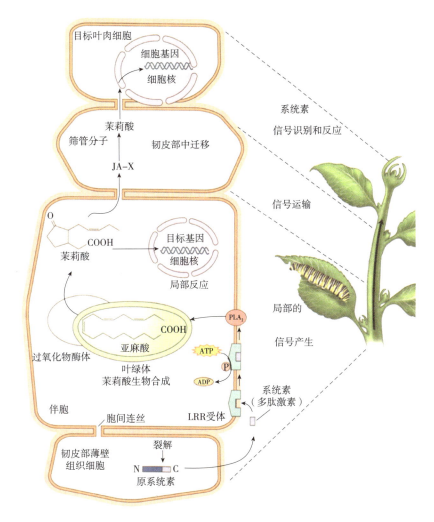

图 9-6　系统素信号转导途径

9.4　植物器官生长的相关性

植物各个器官的生长发育在一定程度上受其他器官生长状况及生理活动的影响，如开花结果依赖于营养生长，根系的生长受地上部生长速率的影响，腋芽或侧根受顶芽或主根的抑制等，器官之间这种互相促进或互相抑制的关系称为生长的相关性。

9.4.1　营养器官与繁殖器官的相关性

植物从种子萌发开始，经历营养生长阶段和生殖生长阶段。营养生长阶段较长，使植物具备更高的产能潜力和光能竞争能力，同时也提高植物的生物量。生殖生长受营养生长和光温生长的调控。相应的营养器官与繁殖器官之间存在相互依赖、相互制约的关系。生殖生长有赖于营养生长，只有在营养生长阶段根、茎、叶等营养器官充分发育、健壮生长，才能保障在生殖生长阶段花、果实、种子等繁殖器官正常生长，而发育良好的果实和种子又为新一代的营养器官(胚)的生长奠定基础。营养器官与繁殖器官之间的相互制约主要表现在对营养物质的争夺上。如果营养生长阶段过长，营养器官消耗的营养物质过多，就会推迟生殖生长或导致繁殖器官发育不良。反之，生殖生长阶段营养物质消耗过多，也会引起营养器官生长势和生长量的下降，甚至导致植株早衰乃至死亡。果树"大小年"现象就是营养生长与生殖生长相互制约造成的。其主要原因是树体营养失调，大年结果多，由于繁殖器官对营养物质的激烈争夺，大量贮备的养分和光合产物用于繁殖器官的发育，而营养器官的养分贮备减少，生长发育减弱。营养器官的生长发育被削弱反过来又影响当年树体的花芽分化，由于营养不足，花芽分化大量减少，大年不能形成足量的花芽，第二年结果少，就形成了小年。而小年开花结果少，营养物质消耗少，树体营养状况得到改善，营养物质积累，进一步促进花芽分化，形成大量花芽，使第三年结果多，又成为大年。如此循环往复，即为果树的"大小年"。因此，在果树生产实践中，通过采取疏花、疏果等措施调节营养生长与生殖生长之间的矛盾，减少"大小年"差异，以达到年年持续丰产的目的。

相比木本植物，一年生草本植物在进入生殖生长阶段时，营养生长常常被削弱或者终止。在果实成熟期，茎和叶通过物质的再分配，将已经积累的有机物和无机物转运到果实中，从而加速植物的衰老并最终死亡。而多年生草本植物在生殖生长阶段，将部分营养物质转运到繁殖器官，同时将部分营养物质转运到地下的贮藏根或根茎等，因此仅地上部死亡，第二年生长季节仍能重新萌发生长。

9.4.2　植物地上部器官与地下部器官的相关性

植物地上部器官指地上器官，即茎、叶、花和果实等，地下部器官指地下器官，即根、块茎、鳞茎等。植物正常的生长发育是地上部器官光合作用与地下部器官吸收水分、养分相统一的系统过程。两者的生长互相依赖、互相促进，具体体现为：地上部器官的生命活动有赖于地下部器官吸收的水分、无机盐等；地下部器官的生长依赖于地上部器官生成的光合产物和生理活性物质。它们之间形成相互依存、相互制约的生长关系。当两者之间关系协调，则体现为"根深叶茂""本固枝荣"的繁荣现象；反之，植株生长将受到不同程度的影响，严重时将不能正常发育。

植物地上部器官与地下部器官生长协调的前提是两者在生长上保持一定的比例关系，一般用根冠比表示，即植物地下部器官与地上部器官的鲜重或干重的比值。根冠比的大小反映植物地下部器官与地上部器官的相关性。通常在作物营养生长期，需要创造良好的土壤条件，促进植物地下部根系的生长，从而保障地上部器官的生长，其根冠比往往较大。在树木生长过程中，幼苗期地下部与地上部的生长速率几乎相同，根冠比基本在 1.0 左右。随着地上部分的生长，光合能力逐渐增强，枝叶生长加速，地上部的生长量往往会超过地下部，根冠比大多小于 1.0。随着树龄的增加，地下部器官与地上部器官之间会保持一定的比例关系。在经济林树种实际生产过程中，人们常采用修剪、深耕等手段调控根冠比，从而控制地上部与地下部的生长发育。土壤水分、光照、养分、温度、生长调节剂以及修剪方式均会影响植物的根冠比。在农业生产上，针对甘薯、胡萝卜、马铃薯等以收获地下部为主的作物，通过肥水措施调控根冠比，在生长前期保证氮肥和水分的供应，增加光合产物的合成，中后期则要增加磷肥、钾肥，同时适当降低氮肥和水分，促进光合产物向地下部运输和积累。

9.4.3 植物顶端优势

大多数高等植物在生长过程中都存在顶端优势。在茎中，顶芽抑制腋芽生长，如果去掉顶芽，腋芽会生长旺盛；在根中，主根抑制侧根生长，如果去除主根，侧根就会大量发生。这种顶芽或主根生长占优势，抑制腋芽和侧根生长的现象称为顶端优势（apical dominance）。顶端优势是植株形态建成的重要协调方式，其强弱程度与植物种类有关，如向日葵的许多品种几乎不生分支，顶端优势很强；番茄等能长出许多分支，顶端优势较弱；灌木的主茎与分支几乎没有区别，顶端优势极弱；而水稻、小麦等多数植物为中间类型。

茎的顶端优势与植物的生物量和经济产量密切相关。农林生产的栽培措施都是通过抑制或促进顶端优势来满足生产实际需要。例如，去掉腋芽增强顶端优势以促进树木主茎的生长和成材；对果树进行整枝、对棉花进行打顶则是抑制顶端优势，以促进侧枝生长，多开花结果，提高经济产量。由于根系分布在地下，实际生产中对根系顶端优势的利用远不如对茎。根系是植物吸收水分、养分的主要器官，对水分和矿质元素的吸收主要发生在根尖部位以及根尖后面几厘米的区域，在成熟区基本没有吸收功能。在生产中，可采取去除主根顶端优势的增产栽培措施，如棉花、蔬菜等育苗移栽时，切断主根抑制顶端优势，以促进侧根发生，增加根系总量以及与土壤的接触面积，提高水分养分吸收能力，提早返苗，促进壮苗。

对茎和根顶端优势的利用，需要建立在理解茎和根顶端优势调控机理的基础上。目前，关于顶端优势的假说主要有3种。一是生长素抑制学说，其试验证据是除去顶端，腋芽很快生长，用外施生长素代替顶芽也能抑制腋芽生长。二是营养学说，该学说认为顶芽的细胞生长迅速、代谢旺盛，因此所需的营养物质较多，多数营养物质流向顶芽，而腋芽因得不到充足的养分而生长受到抑制。三是营养调运学说，该学说提出顶端分生组织细胞生长活跃，合成的高浓度激素使营养物质向顶芽调运，使腋芽得不到足够的养分而受到抑制。其中参与营养物质调运的激素不止一种，包括促进与抑制两类。细胞分裂素可解除顶端优势，而赤霉素可加强顶端优势。

9.5 同源器官和同功器官

各种器官变态，有的来源相同，但功能不同，形态构造也不同，这样的变态器官称为同源器官（homologous organ），例如，叶卷须与雄蕊[图9-7(a)]同为叶的变态，但变态后功能不同，因而形态构造也不同；有的来源不同，但形态功能相同，这样的变态器官称为同功器官（analogous organ），例如，茎刺与叶刺、茎卷须与叶卷须、块根与块茎[图9-7(b)]，它们变态后的功能相同，因而产生相似的形态构造。

豌豆的叶卷须　　　　　　　　　百合的雄蕊

(a) 同源器官

番薯的块根　　　　　　　　　马铃薯的块茎

(b) 同功器官

图 9-7　同源器官和同功器官

同源器官和同功器官的事实说明，植物器官的形态构造取决于功能，而功能又取决于植物对环境的长期适应。陆生植物根、茎、叶器官的出现是植物对陆生环境的适应。某种植物的某一器官或某一结构，都是长期适应的结果，表现较好的遗传稳定性。植物总是依据它的遗传性，从周围环境中选择它生长发育所需的条件，来建造自己，发展自己。但植物并不是绝对不变的，由于外界条件的变化，引起新的适应而产生器官功能和形态构造的可塑性。说明植物与环境、功能与形态结构的辩证统一关系。我们可以运用此种辩证关系研究植物的遗传以及用控制条件的方法来控制植物的发展，使植物的某些形态构造朝着人们所需要的方向发展。

本章小结

植物各个器官之间通过皮系统和维管系统连接成一个有机的整体，实现物质之间的运输和转移。各器官之间相互联系、相互影响，地下部主要负责锚定植株、吸收水分和无机盐，只有地下部正常生长发育，才能提供地上部生长所需的营养，地上部器官的良好生长为地下部运送有机物，又反过来促进地下部更好地生长。植物的根尖和茎尖对侧根和腋芽具有抑制作用，尤其是地上部的顶端优势与经济作物的产量密切相关，生产上可通过控制顶端优势达到优产和丰产的目的。

思考题

1. 请详细描述根和茎中维管组织初生结构的异同点，并举例说明根到茎的维管组织是如何完成结构转变的。
2. 植物体内绝大部分的水分通过根系从土壤中获取，请详细描述水分从土壤到植物再到大气的途径。
3. 什么是植物的顶端优势，关于其调控机理有哪些学说？请举例生产上对顶端优势的应用。
4. 果树的生产过程中存在"大小年"的现象，请解释该现象形成的原因以及调控措施。

第 10 章

植物系统分类基础

自然界的植物种类繁多，据记载约有 50 万种。它们在形态、结构、生活习性等诸多方面不尽相同。人类若要认识、利用或改造它们，就必须对它们进行分类，并建立相应的分类系统。

人类对植物的认识和分类经历了漫长的历史过程。早在史前时代，人类就开始接触和利用植物，辨别可食的和有毒的植物，把某些植物的种子、果实、块茎、块根等作为食物。人类还利用植物治疗疾病，如李时珍在《本草纲目》中对植物的类别、名称、性能和特征的描述，就是植物分类。

为了便于系统地、分门别类地认识、研究和利用植物，植物系统分类学家按照植物间的亲缘关系，将植物界分为门、纲、目、科、属和种级单位或等级。根据植物的形态结构、生活习性，通过检索表方便快捷地检索已有植物所属的等级和名称。例如，将植物界分成藻菌植物门（Thallophyta）、苔藓植物门（Bryophyta）、蕨类植物门（Pteridophyta）和种子植物门（Spermatophyta）等。

植物分类的目的，不仅是认识植物，给植物以名称和特征描述，而且要按植物的亲缘关系把它们分门别类，建立一个足以说明植物亲缘关系的分类系统，利用植物分类学等知识，进行植物的引种、驯化、培育和改造，为人类的生产、经济和生活服务。因此，我们有必要学习和掌握植物分类的基础知识。

根据植物的形态、结构、生存方式等特征，人们将现存的 50 多万种植物划归于不同的门、纲、目、科和属。学习植物界的基本类群与进化的知识，了解不同植物类群在自然中的意义及其与人类的关系，对正确认识、利用和改造植物，树立进化论思想等具有重要的意义。

10.1 植物分类方法和分类等级

10.1.1 植物分类方法

人类要利用植物，首先就要识别植物并进行分类。植物的分类从人们对植物的辨识和分类，到建立植物分类系统并发展成为一门学科，经过了漫长的历史时期。一般以古希腊学者提奥弗拉斯托斯所著《植物的历史》和《植物本原》的问世，作为植物分类系统的开始，此后关于植物分类的系统不断优化，推陈出新，更加反映植物间的亲缘关系及进化规律。

植物分类的历史大体上经历了人为分类、自然分类和系统发育分类3个时期，建立了相对完整的植物分类系统。

(1) 人为分类时期(远古至1830年左右)

从原始人类认识植物开始到19世纪初是植物人为分类时期。这一时期，人类对植物的识别和分类主要是对植物的食用性、药用性或观赏性的认识，是学者们根据植物的经济用途和食用部位，选择其一个或少数几个特征或属性作为标准将植物进行分门别类的时期，其所应用的植物分类方法就是人为分类法(method of artificial classification)。

依据人为分类法对植物所进行的分类，是一种机械的分类(mechanical taxonomy)，它不考虑物种间亲缘关系的远近，常把亲缘关系极远的植物归并为一类，而相近的植物反被分离得很远，以致所建立的分类系统不能客观反映植物间的内在联系和固有次序。但是，植物人为分类对人类的生产和生活等实际应用却起了重要作用。例如，栽培学所称的粮食作物、油料作物、纤维植物等，果树学将果树分为仁果类、核果类、坚果类、浆果类、柑果类等，通俗易懂、紧密联系生产实际、简单易行。其杰出的代表人物是提奥弗拉斯托斯，在他所著的《植物的历史》和《植物本原》中记载已知植物近500种，并按照生殖方式、生境、植株大小，以及食用和药用价值对植物进行分类。我国是记载和描述植物，特别是进行本草学研究最早的国家，西汉《淮南子·修务训》有"尝百草之滋味，……一日而遇七十毒"的记述。东汉《神农本草经》记载植物药252种。明代药物学家李时珍(1518—1593)著《本草纲目》，将其所收集的1 000多种植物分为草、谷、菜、果、木5部，每部又分成若干类，如草部分为山草、芳草、湿草、青草、水草和杂草等11类，木部分为乔木、灌木等6类，成为当时具有重要影响的巨著。

(2) 自然分类时期(17世纪至19世纪中叶)

自然分类(natural taxonomy)是依据植物间性状的相似程度所进行的植物分类方法。依据自然分类法(method of natural classification)所建立的分类系统即为自然分类系统(system of natural classification)。其主要代表人物是林奈，他1735年所著的《自然系统》根据雄蕊的数量、特征以及和雌蕊的关系，将植物分成24纲。1753年，林奈完成《植物种志》，将约7 700种植物归入1 105个属，并首次完整地使用了双名法(binomial nomenclature)，被后人称为"分类学之父"。瑞士植物学家德·堪多(Augustin Pyrame de Candolle)1813年著《植物学的基本原理》(*Therorie Elementaire de la Botanique*)和《植物自然系统》(*Prodromus Systematios Naturalis Regni Vegetabilis*)，将植物分成135目(科)，其子A. de Candolle发展到213科，肯定了子叶的数量和花部特征的重要性，并将维管束的有无及其排列情况列为门、纲的分类特征，认为双子叶植物是被子植物的原始类群。

(3) 系统发育分类时期(1859年至今)

现代植物分类系统(modern system of taxonomy)是在过去分类系统的基础上发展起来的。在达尔文的进化论(1859年)发表以后，各类植物分类系统纷纷问世。现今，植物分类进入了系统发育分类时期。系统发育分类法是以植物进化的观点为出发点，按性状的演化趋势来进行分类，建立能反映植物类群之间亲缘关系和植物界客观演化规律的方法。依据系统发育分类法所建立的植物分类系统，即现代植物分类系统。

现代植物分类系统建立的主要代表人物及其贡献有：德国植物学家恩格勒(Adolf Engler)

与勃兰特(Karl Prantl)合作出版20卷本巨著《自然植物分科志》。在《植物科志略》中叙述了纲、目、科的系统排列。苏联植物学家A.塔赫他间所著的《有花植物多样性与分类》(*Diversity and Classification of Flowering Plant*)将木兰植物门(Magnoliophyta)分为木兰纲(Magnoliopsida)(11亚纲)和百合纲(Liliopsida)(6亚纲),共71超目、232目、591科,并认为种子蕨可能是被子植物的祖先。美国学者克朗奎斯特(Arthur Cronquist)的《开花植物分类系统集成》(*An Integrated of System of Classification of Flowering Plant*)(1981)和《有花植物的进化和分类》(*The Evolution and Classification of Flowering Plant*)(1988),将被子植物(有花植物)作为一个门——木兰门,其分为木兰纲(双子叶植物)(6个亚纲)和百合纲(单子叶植物)。英国植物分类学家哈钦松(John Hutchinson)的《有花植物科志》(5个亚纲)和《有花植物的进化和系统发育》,将被子植物分为双子叶植物和单子叶植物,并认为木兰科是现存被子植物最原始的科。

系统分类法能够比较客观地说明植物界发生发展的本质和进化上的时序性,但是由于百万年来植物的变化发展很复杂,许多古代植物早已灭绝,化石资料又残缺不全,新种还不断被发现,因此,从事这方面研究的学者们的见解难以一致,在学术观点上形成了假花说(Pseudanthium Theory)和真花说(Euanthium 或 Anthostrobilus Theory)两个学派,出现了各种不同的分类系统。现代被子植物的分类系统主要有:恩格勒分类系统(1897)、哈钦松分类系统(1962,1934)、塔赫他间分类系统(1954)、克朗奎斯特分类系统(1958,1981)、胡先骕的多元系统(1950)、吴征镒的八纲系统(1998)以及建立在分子系统学(Molecular Systematics)基础上的维管植物系统发育树(phylogeny tree)和 APG 系统(1998,2003,2009,2016)等。这些系统从不同侧面反映了植物界的发生演化关系。随着生产实践的发展和科学技术水平的提高,植物分类系统将会不断得到修正和完善。

10.1.2 植物分类等级

(1)植物分类阶元

为了有效地识别多样的植物种类和系统地表示植物间的亲缘关系与系统发生的时序性,对全部植物进行分门别类,按照植物类群的阶元(或等级)系统给予的一定名称,就是分类上的各级阶元(或单位)。植物分类的基本阶元有:界(Regnum)、门(Divisio)、纲(Classis)、目(Ordo)、科(Familia)、属(Genus)、种(Species)。

各级阶元根据需要可再分成亚级,即在各级阶元之前,加上一个亚(sub-)字,如亚门、亚纲、亚目、亚科、亚属。种下又分亚种、变种和变型。现以水稻为例,说明它在分类上所属的各级阶元。

    界 植物界(Regnum vegetable)
     门 被子植物门(Angiospermae)
      纲 单子叶植物纲(Monocotyledoneae)
       亚纲 颖花亚纲(Gillminorae)
        目 禾本目(Poales,Graminales)
         科 禾本科(Poaceae,Gramineae)
          属 稻属(*Oryza* Linn.)
           种 稻(*Oryza sativa* Linn.)

（2）物种的概念及其意义

在进化论提出之前，分类学家根据生物的表型特征来识别和区分物种。就生物分类的目的而言，物种是生物界可依据生物表型特征识别和区分生物的基本单位。从进化的观点来看，物种是生物进化过程中从量变到质变的结果，是自然选择的历史产物，也就是说，物种是进化的，是在进化中产生的。

早在17世纪，约翰·雷（John Ray）在其《植物史》（1692）一书中把物种定义为"形态类似的个体之集合"，同时认为，物种具有通过繁殖而永远延续的特点。林奈继承了约翰·雷的观点，他认为，物种由形态相似的个体组成，同种个体可以自由交配，并能产生可育的后代，而异种杂交则不育。达尔文打破了物种永恒性的传统观点，认为一个物种可变为另一个物种，物种之间存在着不同程度的亲缘关系。

由上可见，植物物种（或种）是指具有一定自然分布区和一定生理、形态特征的植物类群。一般同一种内的个体间具有相同的遗传性状，彼此能进行自然交配并产生可育后代（即种间具有生殖隔离现象）。物种是生物进化和自然选择的产物，是植物分类的基本单位。

物种虽具有相对稳定的形态特征，但又处于不断发展演化之中。如果种内某些个体之间具有显著差异，则可视差异的大小，分为亚种、变种和变型。亚种除形态结构和生理上有显著特征外，还具有一定的自然分布区。变种在植物分类中是一个比较常用的单位，它与原有种只是在特征上存在较小的差别，例如，花色的变化、毛的有无、枝条下垂与否等，这些特征是种内个体在不同环境条件影响下所产生的可遗传的变异，如糯稻（*Oryza sativa* var. *glutinosa*）。变型是同一种内的植物，在形态上表现与原有种有差异的个体群，其变异更小，不稳定，也不能遗传，如树木的形态、叶色的变异等。

在栽培植物中，人们常以品种（cultivar）来评价或区分种内不同的栽培群体类型。因此，品种是人类在栽培某一物种的过程中，基于经济意义和形态上的考虑而选择出来的变异群体类型。确立品种的指标主要有色、香、味、植株大小、产量高低等，如苹果有'国光''香蕉''红元帅'等品种，小麦、玉米、水稻、菊花等具有更多的品种。品种只用于栽培植物，不用于野生植物，实际上是栽培植物的变种或变型。种内各品种间的杂交，称为近亲杂交。种间、属间或更高级单位之间的杂交，称远缘杂交。育种工作者，常常遵循近亲易于杂交的法则培育新的品种。

10.2 植物分类命名

人们在生产实践和科学研究中，为了识别、掌握和利用植物，常常给不同种类的植物以不同的名称，借以区别它们，所以各国、各地区或各民族对某种植物都有各自通俗的称呼，即俗名。俗名在某个地方通用，一说皆知，具有描述性、形象性，如七叶一枝花、人参、钻天杨、龙爪槐等。但俗名也有其局限性：存在同物异名（synonym）或异物同名（homonym）的混乱现象，如马铃薯在南京称洋山芋，在东北和华北多称土豆，在西北则称洋芋。一种名为"贯众"的药材，其来源涉及9科17属50余种蕨类植物，造成识别和利用植物及成果交流等方面的障碍。

为避免混乱，很早以前，植物学家就对制定国际通用的植物命名法做了很多努力。1753年，瑞典植物学家林奈发表的《植物种志》系统规范地应用了双名法，后被世界植物学家所采用。1867年8月，在巴黎，由德·勘多等拟定，并经国际植物学会确认通过了《国际植物命名法规》(International Code of Botanical Nomenclature，ICBN)。此后，每5年1次举行国际植物学会议，对其补充和完善。

双名法是用两个拉丁单词作为一种植物的名称，第一个单词是属名，是名词，其第一个字母要大写；第二个单词为种加词或种名形容词(specific opithet)；后边再写上定名人的姓氏或姓氏缩写(第一个字母要大写)，便于考证。这种国际上统一的名称，就是学名(scientific name)。学名的属名和种加词一般应为斜体书写。例如，稻的学名是 *Oryza sativa* L.，第一个单词是属名，是水稻的古希腊名，是名词；第二个单词是种名形容词，是栽培的意用。后面L.是定名人林奈姓氏的(Linnaeus)的缩写。

种以下的分类单位有亚种(subspecies)、变种(varietas)、变型(forma)等，这3个词的缩写为subsp.或ssp.(亚种)、var.(变种)、f.(变型)。其命名方法是在原种名之后，加上拉丁文亚种、变种或变型的缩写，然后再加上亚种名、变种名或变型名，并斜体书写，最后附以定名人姓氏或姓氏缩写。例如，蟠桃(*Prunus persica* var. *compressa* Bean.)为桃的变种，白丁香(*Syringa oblata* Lindl. var. *alba* Rehd.)为紫丁香的变种，龙爪槐(*Sophora japonica* Linn. f. *pendula* Loud.)是槐树的变型等。植物的科名常根据本科中某一显著特征而来，或根据一科中最显著的某一属名而定，如茄科(Solanaceae)是由茄属(*Solanum*)而来。科及科以上各级单位的名称均正体书写。

10.3　植物分类检索表的编制与利用

检索表的式样一般有定距(或缩进)检索表、平行检索表和连续平行检索表3种。定距检索表将每对互相矛盾的特征分开间隔在一定的距离处，而注明同样号码，如1-1、2-2、3-3等，每两个相对应的分支都编写在距左边同等距离的地方。每一个分支下边相对应的两个分支，较先出现的又向右退一个字格，这样继续下去，直到编制的终点。现以毛茛科为例来说明编制检索表的过程，一些代表性属的鉴定特征列举如下：

①毛茛属。草本植物，瘦果，花萼和花冠明显区分，无距，花瓣基部有蜜腺。
②侧金盏花属。草本植物，瘦果，花萼和花冠明显区分，无距，花瓣无蜜腺。
③银莲花属。草本植物，瘦果，花萼不分化，花被花瓣状，无距。
④铁线莲属。木本植物，瘦果，花萼不分化，花被花瓣状，无距。
⑤驴蹄草属。草本植物，蓇葖果，花萼不分化，花被花瓣状，无距。
⑥翠雀属。草本植物，蓇葖果，花萼不区分，花被花瓣状，有1个距。
⑦耧斗菜属。草本植物，蓇葖果，花萼花瓣状，与花冠没有区分，有5个距。
根据上面的特征，可以列出以下成对的特征并引导鉴别。
①木本植物/草本植物。
②瘦果/蓇葖果。
③花萼和花冠明显区分/花萼和花冠不能区分。

④无距/有距。
⑤距 1 个/距 5 个。
⑥花瓣基部有蜜腺/花瓣基部无蜜腺。

必须注意对花距的特征有 3 种选择(无、1 个、5 个)，要将其分为两组使其成为二歧。基于每对特征的排列和它们的引导，形成 3 类主要的二歧检索表：定距或缩进检索表、相等或平行检索表和连续或数字检索表。

(1) 定距或缩进检索表

这是一种在植物志和手册中普遍使用的检索表，尤其是当检索表比较小时。在这种检索表中，检索项和要鉴定的分类群以可见的归类或定距的方式排列，每下一级成对的性状都在页边上比上一级缩进固定的距离，使下一级的页边距不断增加。我们选择果实类型作为第一个成对的性状，它将列出的属分为几乎相等的两部分，无论未知植物的果实是瘦果或蓇葖果，未包括的分类群将几乎是相等的。对这些分类群编制的定距或缩进检索表显示如下。

1. 瘦果。
  2. 花萼与花冠明显区分。
    3. 花瓣基部有蜜腺 ··· **1. 毛茛属**
    3. 花瓣基部无蜜腺 ··· **2. 侧金盏花属**
  2. 花萼与花冠没有区分。
    4. 木本植物 ··· **4. 铁线莲属**
    4. 草本植物 ··· **3. 银莲花属**
1. 蓇葖果。
  5. 有距。
    6. 距 1 个 ··· **6. 翠雀属**
    6. 距 5 个 ··· **7. 耧斗菜属**
  5. 无距 ··· **5. 驴蹄草属**

需要指出的是，果实为瘦果的所有属放在一起，形成一类；每对下一级的检索项不断增加页边距，并且最初的一对引导相隔很远，而接下来的下一级成对的检索项相距较近。这种编排非常适合较小的检索表，尤其是只有一页的。但是如果检索表比较长，有好几页，它的缺点就比较明显了。首先，寻找最初成对性状中的另一个检索项变得困难，因为它可能出现在任何页码上。其次，随着下一级性状的增加，检索表将变得越来越狭，减少了可利用的空间，这样造成页面资源的浪费。这个问题在《欧洲植物志》的检索表编排中展现的比较明显，它试图减少缩进的距离，但是这样就使检索表的利用更加复杂化了。上述两个缺点是相对于相等或平行检索表而言的。

(2) 相等或平行检索表

这类检索表已经在比较大的植物志中使用，如《苏联植物志》《中亚植物》(*Plants of Central Asia*)、《不列颠岛屿植物志》(*Flora of British Isles*)。成对性状的两个检索项总在一起，页边距也总是相等的。该类型检索表的几种变异如今仍在使用，其中有的成对性状的第 2 个检索项没有编码，如《不列颠岛屿植物志》；或者成对性状的第 2 个检索项加一个前缀符号"+"，如《中亚植物》。该类型检索表的编排方式对于较长的检索表在交互检索的定位是没有问题的(两个总是在一起)，并且没有浪费页面。然而，它也有一个缺点，即检索表的表达不再为可见的归类，参考初始的检索项通常比较困难，但是这个问题通常通过在括号内表明初始性状检索项的号码来解决。一个典型的平行检索表列举如下。

1. 瘦果 ·· 2
1. 蓇葖果 ·· 5
2. 花萼与花冠明显区分 ·· 3
2. 花萼与花冠没有区分 ·· 4
3. 花瓣基部有蜜腺 ·· 1. 毛茛属
3. 花瓣基部无蜜腺 ·· 2. 侧金盏花属
4. 木本植物 ··· 4. 铁线莲属
4. 草本植物 ··· 3. 银莲花属
5. 有距 ·· 6
5. 无距 ··· 5. 驴蹄草属
6. 距1个 ··· 6. 翠雀属
6. 距5个 ··· 7. 耧斗菜属

(3) 连续或数字检索表

连续检索表成功地包含平行检索表和定距检索表可见类别的优点。该检索表保留了定距检索表的排列方式，但是页边不缩进。查找互换的引导通过成对性状的连续编码实现(或分离时的引导编码)，并在括号内指明互换引导的连续编码。一个分类群查询的连续检索表表示如下。

1. (8) 瘦果
2. (5) 花萼与花冠明显区分
3. (4) 花瓣基部有蜜腺 ·· 1. 毛茛属
4. (3) 花瓣基部无蜜 ·· 2. 侧金盏花属
5. (2) 花萼与花冠没有区分
6. (7) 木本植物 ·· 4. 铁线莲属
7. (6) 草本植物 ·· 3. 银莲花属
8. (1) 蓇葖果
9. (12) 有距
10. (11) 距1个 ·· 6. 翠雀属
11. (10) 距5个 ·· 7. 耧斗菜属
12. (9) 无距 ··· 5. 驴蹄草属

该检索表保留可见归类的表达，而尽管分类群、互换检索项分离，也容易查找，不浪费页面。

二歧检索表的一个内在缺点是使用者只能按照单一的固定顺序的植物特征来检索，而这种顺序是由制表人决定的。在上面举的例子中，如果没有提供果实的信息，就不能检索。

制作二歧检索表的方法：

①检索表应该是严格二歧的，即所包含的每对性状检索项只能有两个可能的选择。

②性状中的两个检索项必须是相互排斥的，因此接受一个就意味自动拒绝另一个。

③两个检索项不能交叠，以叶片为例，叶片长 5~25 cm 和叶片长 20~40 cm，这样的表达将使长为 20~25 cm 的叶片不知道放在哪个之中。

④两个成对性状的检索项应该以同样的表达开始，在上面的例子中，第1级的两个检索项都是果实。

⑤两对连续的检索项不应该以同样的表达开始，上面的例子中，单词"距"在两个连续的检索项中出现，在第2个中就以"数量"开始。这样就变成"距1个"和"距5个"。

⑥鉴别树木时，应该分别采用营养器官或繁殖器官的特征编制两种检索表，一般来说，由于树木在一年的大部分时间里带叶，但花期很短，许多树木先花后叶，因而这种分别的检索表对于鉴定来说是必需的。

⑦避免运用模糊的表达，如"花大"和"花小"，以免在实际鉴别中混淆。

⑧第1对性状的选择依据：它可以将被鉴定的植物分成大概相等的两组，而且特征比较容易研究。这样选择将使排除的过程加快。

⑨对于雌雄异株的植物，应该制作两个检索表，分别标明雌株和雄株。

⑩每一项都应该有字母或数字，这样做将易于查找。如果没有，查找将非常困难，尤其是较长的检索表。

总之，在进行植物鉴定时，应根据需要选用检索表，也可以从纲开始检索一直到种。要达到预期检索的目的，必须同时具备完整的检索表资料和所检索对象性状完整而有代表性的标本。检索鉴定时，首先要弄清植物各部的形态特征，尤其要仔细解剖和观察花的构造，掌握所要鉴定植物花的各类特征，然后沿着纲、目、科、属、种的顺序进行检索。在初步确定所鉴定植物所属的科、属、种的基础上，再利用植物志、图鉴、分类手册等工具书，进一步核对已检索植物的生态习性和形态特征描述，以确保检索鉴定的准确性。

使用检索表检索时应注意以下几点：①一定要熟悉每组成对性状特征的表述；②理解表述的特征的含义，不能猜测；③有关大小的特征，用数字定量化，不能揣测；④细微特征用足够放大倍数的放大镜进行观察，不能马虎；⑤新鲜的植物标本，常有颜色等性状的变化，不能仅通过对一份标本的观察就下结论，一定要对标本各部分以及多份标本进行观察研究，选取要点进行检索。

在查检索表时，若发现特征不充分，应先从不同方向继续推敲两个可能的答案，再核对植物体的全部特征，并与学名进行校对。在检索过程中，要求耐心细致，讲究科学性、准确性和唯一性。对初学者和分类学爱好者来说，要经常反复地练习使用检索工具。检索鉴定的过程也是学习和掌握分类学知识的过程。

10.4　植物界的基本类群

据考证，地球上最原始的植物是原核的藻类植物，出现于38亿年前的海洋，陆地植物的出现至少有26亿年的历史。陆地上出现真核植物至少有20亿年。植物经过长期的进化发展，出现了形态结构、生活习性等方面的差别。有些类群繁盛起来，有些类群衰退下去。老的物种不断消亡（来自植物化石的证据），新的物种不断产生。植物不断进化和发展，从无到有，从少到多，从简单到复杂，从水生到陆生，从低级到高级。

在形形色色、多种多样的植物中，有的结构简单、低等而古老，常生活于水中或阴湿地方。植物体没有根、茎、叶的分化，其生殖器官常为单个细胞，受精卵不发育成胚，故称为无胚植物(non-embryophyta)或低等植物(lower plant)。低等植物包括藻类(Algae)、菌物(Fungi)、地衣(Lichenes)等植物类群，有10多万种。有些植物，形态构造和生理上都比较复杂，绝大多数营陆生生活，常有根、茎、叶的分化(苔藓植物例外)，生活周期有明显的世代交替，生殖器官由多个细胞构成，由受精卵发育成胚，继而形成植物体，因此，又称有胚植物(embryophyte)或高等植物(higher plant)。高等植物包括苔藓植物(bryophyta)、蕨类植物(pteridphyta)和种子植物(seed plant)等植物类群，有30万种以上。在形形色色的植物中，通过单细胞繁殖孢子传播扩散的植物称为孢子植物(spore plant)，由于孢子植物没有开花结实现象，故又称隐花植物(cryptogamae)；通过产生种子繁衍生息的植物称为种子植物或显花植物(phanerogamae)。蕨类植物、种子植物因其植物体有维管组织的分化，因而又称为维管植物(vascular plant)。苔藓植物、蕨类植物的雌性生殖器官为颈卵器(archegonium)，而裸子植物也有退化的颈卵器，因此将三者合称为颈卵器植物(archegoniatae)。

植物界的分门并不统一。根据多数学者的观点，植物界可分为15门(图10-1)。低等植物包括11门，高等植物包括4门。本书分别对藻类植物、菌物植物、地衣植物、苔藓植物、蕨类植物、裸子植物和被子植物七大类群加以介绍。

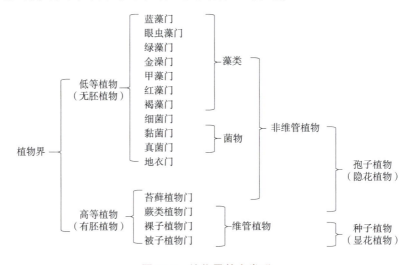

图10-1　植物界基本类群

本章小结

对植物进行分类的方法有人为分类法、自然分类法和系统发育分类法3种。人为分类法是人们依据自身需求或用途对植物进行分类的方法。自然分类法是依据植物间性状的相似程度所进行的植物分类方法。系统发育分类法是以植物性状的相似性程度和演化趋势对植物进行分类，建立能反映植物类群之间亲缘关系和植物界客观演化规律的方法。不同分类方法的建立对人类认识、利用植物和促进植物科学的发展都起到了重要作用。依据系统发育分类法所建立的植物分类系统受到学者们的高度重视和广泛支持。

随着植物学分支学科的发展，建立了细胞分类学、化学分类学、数量分类学、超微结构分类学等。植物分类的各级单位，以亲缘关系远近为根据，分为界、门、纲、目、科、属、种。种是植物分类的基本单位，种以下还有亚种、变种和变型。科也是植物分类的重要单位。

每种植物各国都有各自的名称，一个国家各地的名称也有差异。而世界各国普遍采用林奈创立的双名法命名植物并以此作为一种植物的学名。双名法是用两个拉丁单词作为一种植物的名称，第 1 个单词是属名，第 2 个单词是种加词，最后加上命名人的姓氏或姓氏缩写。《植物命名国际法规》对植物的命名进行了严格的规定。

植物检索表是根据拉马克二歧分类原则，将不同特征的植物，用对比方法，汇同辨异，逐一排列编制而成，用它可迅速鉴定不知学名的植物。使用检索表鉴定检索植物必须做到科学、准确和客观，不可有丝毫的马虎。

根据形态结构、生活习性和生活史等特点，可把植物界简单地分为低等植物和高等植物。低等植物没有根、茎、叶的分化，生殖器官单细胞，合子不发育成胚。低等植物包括藻类植物、原核细菌、菌物和地衣植物，它们分别具有不同的特征和代表植物。高等植物有根、茎、叶的分化，生殖器官多细胞，合子发育成胚。高等植物包括苔藓植物、蕨类植物和种子植物(包括裸子植物和被子植物)。

思考题

1. 植物分类的方法有哪几种，各有何特点？
2. 植物各级分类单位有哪些，物种的概念及其意义是什么？
3. 解释种的概念。
4. 解释植物"双名法"，并举例加以说明。
5. 解释"检索表"的定义，如何编制检索表？
6. 低等植物有哪些基本特征，包括哪几个类群？
7. 高等植物有哪些基本特征，包括哪几个类群？

第 11 章

孢子植物

在形形色色的植物中，通过单细胞繁殖孢子传播扩散的植物称为孢子植物(spore plant)，由于孢子植物没有开花结实现象，故又称为隐花植物(cryptogamae)。孢子植物包括藻类植物、菌物、地衣植物、苔藓植物和蕨类植物五大类。

本章介绍藻类(原核藻类和真核藻类)、菌物(原核菌类和真核菌类)、地衣、苔藓和蕨类植物和一般特征、分类与代表类群，以及其与人类的关系。

11.1 藻类植物

11.1.1 藻类植物的一般特征

藻类植物是一群具有光合色素、能独立生活的自养原植体(没有根、茎、叶分化)植物(thallophyte)。现存的藻类植物有2万种左右，多生于海水或淡水，或潮湿的土壤、树皮和石头上。我国有海水藻类2400种以上，淡水藻类约9000种。藻类植物植物体为单细胞体或多细胞的丝状体、球状体、片状体、枝状体等。藻类植物的繁殖有营养繁殖、无性繁殖和有性生殖等方式。生活史过程具有核相交替(如衣藻、水绵等)和世代交替(如海带、紫菜等)两种。世代交替是在植物的生活史过程中，二倍体的孢子体世代(或称孢子体阶段、无性世代)和单倍体的配子体世代(或称配子体阶段、有性世代)有规律交替出现的现象。

11.1.2 藻类植物分类和代表植物

藻类植物不是一个自然类群。根据藻类植物所含的色素、植物体细胞结构、鞭毛的有无和着生的位置与类型、光合色素的种类、储藏物质种类、生殖方式等特征，将其分为蓝藻门(Cyanophyta)、绿藻门(Chlorophyta)、裸藻门(Euglenophyta)、红藻门(Rhodophyta)、金藻门(Chrysophyta)、甲藻门(Pyrrophyta)、褐藻门(Phaeophyta)7门，现选其代表门简述如下(表11-1)。

表 11-1 藻类植物 4 个代表门的主要特征比较

门	藻体形态结构	色素成分	储藏物质	细胞壁的主要成分	繁殖方法	鞭毛	生境	种数
蓝藻门	原核生物,单细胞,丝状体、叶状体;多细胞丝状体或非丝状体	叶绿素a、藻蓝素、藻红素、胡萝卜素、叶黄素	蓝藻淀粉	果胶、黏多糖、肽聚糖	营养繁殖、无性繁殖	无	多生于淡水中,海水、温泉、树皮等处也有分布	1 500 余种
绿藻门	单细胞、群体、叶状体、丝状体	叶绿素a、叶绿素b、胡萝卜素、叶黄素	淀粉、蛋白质、油类	纤维素	营养繁殖、无性繁殖和有性生殖(同配、异配和卵式)	2~8 根等长鞭毛,顶生	分布广泛	6 000~8 000 种
红藻门	绝大多数为丝状体、叶状体或枝状体,极少为单细胞	叶绿素a、藻蓝素、藻红素、类胡萝卜素、叶黄素	红藻淀粉	纤维素、琼胶、海萝胶、鹿角菜胶等	无性繁殖、有性生殖(卵式)	无	绝大多数生于寒冷浅海	约 4 000 种
褐藻门	多细胞丝状,或有组织分化的组织体	叶绿素a、叶绿素c、胡萝卜素、叶黄素	褐藻淀粉、甘露醇	纤维素、褐藻胶	营养繁殖、有性生殖(同配、异配、卵式)	2 根不等长鞭毛,侧生	绝大多数生于浅海	1 500

11.1.2.1 蓝藻门

(1) 主要特征

蓝藻门(Cyanophyta)是最简单、也是最原始的自养植物类群。植物体或是单细胞或是多细胞丝状体。蓝藻门植物细胞的原生质体分化为周质(periplasm)(色素片层等分布其中)和中央质(centroplasm)(常位于细胞中央,主要由染色质组成),没有真正的核结构,属于原核生物(procaryote)。周质中没有载色体(chromatophore),但有光合片层(photosynthetic lamella),含有叶绿素 a、藻蓝素(phycocyanobilin),故植物体常呈蓝绿色,有的因含有藻红素(phycoerythrobilin)而呈其他色泽。储藏物质为蓝藻淀粉(cyanophycean starch)。蓝藻门植物的繁殖方式主要为营养繁殖和无性繁殖,无有性生殖。营养繁殖通过细胞的直接分裂,故蓝藻又称裂殖藻(schizophyceae)。分裂时细胞中部向内生出新横壁,初生如环,逐渐向心扩展,直至将原生质体分为两半,中央质也同时分为两半。单细胞类型,其细胞分裂后,子细胞分离形成新的单细胞个体;单细胞群体类型是细胞反复分裂后,形成更多细胞的大群体,群体破裂后形成小群体;如果为丝状体,其丝状体可进行断离繁殖。断离的丝状体段称为藻殖段(hormogonium)。藻殖段由异形胞(heterocyst)或厚垣孢子(akinete)分隔形成。与厚垣孢子相比,异形胞较小、壁厚,所含物质均匀透明,与营养细胞连接的两端鼓胀,呈乳头状突起(papillae)。厚垣孢子是无性繁殖的结构,类似内生孢子(endospore),萌发之前,原生质体分裂发育形成新的植物(图 11-1)。

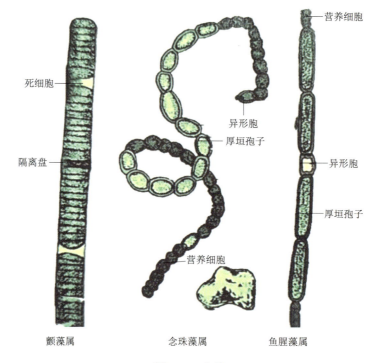

图 11-1 蓝藻

蓝藻门植物约有 150 属，1 500 余种，多数植物种类生于淡水，海水中也有，甚至在 85℃ 的热泉中也有蓝藻分布。还有的则附生于其他植物体、光石或树干上等阴湿之处，或与真菌共生形成地衣。

(2) 代表植物

①念珠藻属（*Nostoc*）。生于水中、湿地或草地上。植物体为念珠状丝状群体，或外有公共的胶质鞘所包被的片状体。细胞为圆球形，丝状体上有异形胞和厚垣孢子。常见种如可食用的葛仙米（*Nostoc commune*）和发菜（*Nostoc flglliforme*）等，钝顶螺旋藻（*Spirulina platensia*）呈螺旋状，其蛋白质含量高达 60%~70%，长期食用该植物能降低胆固醇、抗癌和养胃护肝。

②鱼腥藻属（*Anabaena*）。与念珠藻属相近，念珠状的丝状体无胶质鞘包被，营养细胞为球形或圆筒形，厚垣孢子较长或较大。有的鱼腥藻属植物能固定游离的氮，如能与满江红属（*Azolla*）植物共生，可用于生产绿肥和饲料。

11.1.2.2 绿藻门

(1) 主要特征

绿藻门（Chlorophyta）是最常见的藻类植物，90% 的淡水藻是绿藻，陆地阴湿处或海水中也有少量分布。绿藻或附着生长，或浮游生活。有些种类与真菌共生成为地衣，有的则生活于绿水螅（*Hydra viridis*）体内。绿藻的形态结构多样，有单细胞和群体型的球状体、丝状体、片状体和"茎叶体"（图 11-2）。多数种类的游动细胞有 2 根或 4 根等长的顶生鞭毛。

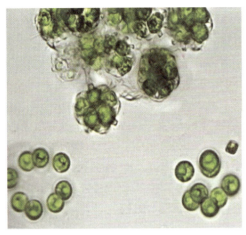
（a）小球藻（*Chlorella pyrenoidosa*）

（b）石莼（*Ulva lactula*）

图 11-2 绿藻

绿藻植物细胞结构、细胞壁成分、胞内色素及其所储藏的养分与高等植物相似。细胞壁外层为果胶质，内层为纤维素。绿藻色素存在于载色体（含1至数个蛋白核）中，有叶绿素a、叶绿素b、胡萝卜素和叶黄素。储藏的养料有淀粉、蛋白质和油类。

绿藻有营养繁殖、无性繁殖和有性生殖（同配生殖、异配生殖和卵式生殖）3种繁殖方式。

绿藻门是藻类植物最大的一个门，约430属6 000~8 000种。一般将绿藻门分为绿藻纲（Chlorophyceae）和轮藻纲（Charophyceae）两个纲。

(2) 代表植物

①衣藻属（*Chlamydomonas*）。衣藻属有100种以上，多生于有机质丰富的淡水中。植物体为单细胞，卵形，细胞内有1个核，1个杯状载色体，载色体中有淀粉粒（或称蛋白核），细胞前端有2根等长的鞭毛，其基部有2个伸缩泡，旁边有1个红色眼点。莱茵衣藻（*Chlamydomonas reinhardti*）进行无性繁殖时，其营养细胞失去鞭毛，原生质体分为2团、4团、8团、16团，各形成具有2根鞭毛的游动孢子（zoospore）。游动孢子形成后，母细胞成为游动孢子囊，囊壁破裂后放出新个体。衣藻有性生殖为同配生殖或异配生殖，少为卵式生殖（oogamy）。同配生殖（isogamy），即结合的2个配子形状相似、大小相同。异配生殖（gamete），即结合的2个配子形状相似、大小不同，与游动孢子相似。配子结合，先形成具有4条鞭毛的合子，再形成厚壁的合子。休眠后，经过减数分裂，产生4个游动孢子。当合子壁破裂后，游动孢子散出新的衣藻个体。

②水绵属（*Spirogyra*）。水绵属植物是最普通的淡水绿藻，分布于静水中。植物体为不分枝的丝状体，由许多圆筒状细胞连接而成。细胞壁外有很厚的果胶质，手感滑腻。细胞核位于细胞中央，通过原生质丝与贴近细胞壁的细胞质相连，有1个大液泡和1至数条呈带状螺旋环绕于细胞质的载色体，载色体有多个淀粉粒。水绵以细胞分裂和丝状体的折断进行营养繁殖。水绵的有性生殖通过接合生殖（conjugation）方式进行。在春秋季节，具有性别差异的两条藻丝并列靠近，相对的细胞分别产生突起，并生长、接触直至接触点融通

形成接合管(conjugation tube)。同时，各细胞中的原生质体收缩成为配子，其中一条藻丝中的全部配子分别以变形虫式运动到另一条藻丝的对应细胞中，并与其内的配子融合成合子($2n$)，这样的生殖方式称为梯形接合(scalariform conjugation)。合子形成后，产生厚壁，休眠，藻体腐解。环境适宜时，合子减数分裂，形成新的单倍体孢子，由此萌发形成新的个体。此外，水绵还可在同一藻丝体上的相邻两个细胞间以侧面接合(lateral conjugation)的方式完成有性生殖。

③轮藻属(*Chara*)。分布于流动缓慢、富含钙质的淡水中，如浅湖、池塘、稻田等。轮藻有灭蚊作用，凡轮藻多的地方，往往孑孓(蚊子的幼虫)很少。轮藻属植物体直立多分枝，以单列多细胞的无色假根(rhizoid)固着于底泥。高 10~60 cm。体被钙质。枝顶有一个可持续生长的大型顶细胞(apical cell)。主枝和侧枝有"节"与"节间"之分，"节间"由有一个多核的中央大细胞和数个细长的外围细胞组成。"节"部生"侧枝"，"侧枝"的"节"上有轮生的"叶"。

轮藻的生殖只行卵式生殖。生殖器官的结构较其他藻类复杂、高级。雌性生殖结构称为卵囊球(oogonium nucule)，雄性生殖结构称为藏精器(spermatangium)；前者位于节之上侧，后者位于节之下侧。卵囊球卵形，由 1 个位于中央的卵细胞、5 个螺旋形管细胞(tube cell)及其先端各 1 个冠细胞所组成。藏精器呈球形，由 8 个三角状的盾细胞(shield cell)组成，其细胞内的载色体呈橘红色。盾细胞内侧生有数个盾柄细胞(manubrium)，盾柄细胞上生出 1~2 个头细胞和次生头细胞。次生头细胞上生出几条精囊丝(antheridia filament)，其上每一个细胞中各有 1 个精子。精子放出后，进入卵囊球与卵结合形成受精卵。受精卵经休眠以后，减数分裂发育形成新的个体。轮藻的营养繁殖以藻体断裂为主。轮藻的枝状体基部也可长出珠芽，由珠芽长成植物体。

11.1.2.3 红藻门

(1) 主要特征

红藻门(Rhodophyta)植物体多数为多细胞丝状体、叶状体或枝状体，极少是单细胞个体。细胞壁分两层，内层由纤维素组成，外层为琼胶、海萝胶等红藻特有的果胶化合物。载色体含叶绿素 a、类胡萝卜素、叶黄素、藻红素和藻蓝素，藻体多呈红色或紫红色(图 11-3)。储藏物质主要是红藻淀粉(floridean starch)。繁殖方式有无性繁殖和有性生殖两种。无性繁殖产生静孢子，有性生殖为卵式生殖。

红藻门有 550 多属约 4 000 种，生于淡水或海水中，且多数种类固着生活。

(2) 代表植物

紫菜属(*Porphyra*)。藻体为由单层或双层细胞组成的叶状体，以固着器固着于基质上，细胞有 1~2 个星状载色体，载色体中央为 1 个蛋白核，紫菜长度一般为 20~30 cm。我国常见栽培及分布的紫菜有甘紫菜、圆紫菜和长紫菜等，现以甘紫菜(*P. tenera*)为例介绍紫菜的生活史。

甘紫菜是雌雄同株植物，水温在 15℃左右时，产生性器官。雄性生殖结构称精子囊，藻体的任何一个营养细胞，都可转变为精子囊器，其原生质体分裂形成 64 个精子囊，每个精子囊含有一个精子；雌性生殖结构又称果孢(carpogonium)，是由一个普通营养细胞稍加变态形成的。果孢子的一端或两端可产生突起，形成受精丝，果孢子内则含一个经转化

（a）鹿角海萝（*Gloiopeltis tenax*）　　　　（b）石花菜（*Gelidium amansii*）

图 11-3　红藻

而成的卵核。精子放出后可随水流漂至受精丝，并由此进入果胞内与卵核结合，形成二倍体的合子。合子经过分裂，形成 8 个果孢子。果孢子成熟后，落到文蛤、牡蛎或其他软体动物的壳上，萌发进入壳内，长成单列分枝的丝状体，即壳斑藻。壳斑藻产生壳孢子，由壳孢子萌发为夏季小紫菜，其直径约 3 mm。当水温在 15℃左右时，壳孢子也可直接发育成大型紫菜。夏季水体温度高，不能发育成大型紫菜，故小紫菜产生单孢子，发育为小紫菜。在整个夏季，小紫菜不断产生，不断死亡。大型紫菜也可以直接产生单孢子，发育成小紫菜。晚秋水温在 15℃左右时，单孢子萌发为大型紫菜。

红藻门中的许多植物可以食用、药用和纺织工业用。从海萝（*Gloiopeltis furcata*）中可提取海萝胶来浆丝，如广东的香云纱；可食用的红藻门植物除紫菜外，还有石花菜（*Gelidium amansii*）、江蓠（*Gracilaria confervoides*）等。此外，鹧鸪菜（*Caloglossa leprieurii*）、海人草（*Digenea simplex*）常用作小儿驱虫药，从石花菜属、江蓠属、麒麟菜属（*Eucheuma*）中提取琼胶（agar）制作培养基等。

11.1.2.4　褐藻门

(1) 主要特征

褐藻门（Phaeophyta）植物体均为多细胞分枝的丝状体，直立或匍匐，或分枝的丝状体相互紧贴成假薄壁组织体，或分化成具有"表皮""皮层"和"髓"的假组织体，或呈有假根、假茎和假叶分化的巨大树状，如巨藻属（*Macrocystis*）等。

细胞壁的组成物质主要是纤维素和褐藻胶。载色体含叶绿素 a、叶绿素 c、胡萝卜素及叶黄素（主要是墨角藻黄素），且以可利用短波光的墨角藻黄素含量较多，藻体呈褐色（图 11-4）。储藏物质主要是褐藻淀粉（laminarin）（或称昆布多糖，一种水溶性的多糖）和甘露醇（mannitol），有的种类（如海带），其体内含碘量很高。

褐藻的繁殖方式有营养繁殖、无性繁殖和有性生殖。有些种类以断裂方式进行营养繁殖。无性繁殖产生游动孢子和静孢子。褐藻有性生殖有同配生殖、异配生殖或卵配生殖 3 种方式。游动孢子和配子都具有侧生的 2 根不等长的鞭毛，一般向前的一根较长，向后的

(a) 昆布（*Ecklonia kurome*）　　(b) 海带（*Laminaria japonica*）

图 11-4　褐藻

一根较短。褐藻植物有同形世代交替（isomorphic alternation of generations）和异形世代交替（heteromorphic alternation of generation）。同形世代交替即孢子体世代与配子体世代形状、大小相似。异形世代交替即孢子体发达，生活时间长，配子体小，经历时间短。

本门植物属于冷水藻类，几乎全为海产，且多见于寒带海水中，营固着生活，是"海底森林"的主要组成植物。本门约有 250 属 1 500 种。

(2) 代表植物

海带（*Laminaria japonica*）。生长在比较寒冷的海洋中，植物体可长达十余米，分为 3 部分：上部为平扁的带片（食用部分），下部为杆状的柄（其组织分为表皮、皮层和髓，髓中有类似筛管的构造，其功能为运输养分），基部为分枝的根状固着器（有些种类呈盘状）。藻体发育到一定时期，带片的两面丛生出许多棒状孢子囊，孢子母细胞经减数分裂产生许多单倍体的游动孢子，分别形成丝状的雌配子体或雄配子体。雌配子体与雄配子体丝状，极小，雌配子体产生具卵细胞的卵囊，雄配子体产生具精子的精子囊，在卵囊口精卵结合，合子不离母体，萌发成新的孢子体（小海带）。所以，海带的世代交替为异形世代交替。

除海带外，褐藻中的鹿角菜（*Pelvetia siliguosa*）、裙带菜（*Undaria pinnatifida*）等可食用或药用，马尾藻属（*Sargassun*）的植物还可作饲料或肥料。从马尾藻等植物中提取的褐藻胶、甘露醇、碘氯化钾、褐藻淀粉等，已用作食品或医药工业原料。

11.1.3　藻类植物与人类的关系

藻类植物是高度多样的植物类群，在地球表面的水生生态系统和湿地生态系统中发挥着重要的作用。由于自然环境的变化和人类经济活动的影响，特别是随着工业化、城镇化进程的快速发展，以及不合理的水资源开发和利用的影响，我国的湖泊、水库、江河、溪水、沼泽、池塘、泉水等各种内陆水体的水质明显下降，藻类植物的生存面临前所未有的威胁，水体中藻类多样性水平降低，群落结构趋向简化，在许多污染严重的水体中，有些藻类已处于濒危状态，有必要尽早采取积极措施进行保护。

藻类植物具有重要的经济价值。人类对藻类的利用由来已久，应用领域广泛。

在工业上，藻类是碘、琼脂、角叉菜胶（carrageenin）、藻酸和钾碱等的来源。在褐藻和红藻中可提取许多物质，如取自褐藻的藻胶酸，可制耐火性更强的人造纤维，作为食品工业中的稳定剂、口腔医疗中的牙模型材料，还能使染料、皮革、布匹等增加光泽，使水泥、混凝土、沥青提高不透水性，以及提高生丝的质量等。琼胶和卡拉胶被广泛应用于食品、造纸、纤维板以及建筑工业。硅藻沉积成的硅藻土用作吸附剂、磨光剂、滤过剂、保温材料，或橡胶、化妆品、涂料等的填充剂，甚至在废水氧化池中用作消化剂。

在农业上，可利用蓝藻固氮。目前，世界上已知有 70 多种，我国有 10 多种固氮蓝藻，它们能增加水体的氮素营养。

藻类食品。人们常食用的蓝藻有葛仙米、发菜、海泡菜，绿藻有溪菜、石莼、浒苔、海松，褐藻有海带、裙带菜、羊栖菜、鹿角菜；红藻有紫菜、石花菜、海萝、麒麟菜、鸡冠菜、江蓠等。据研究，小球藻含蛋白质50%、脂肪 4%～30%，其营养价值相当于鸡蛋的 5 倍、花生仁的 2 倍。蓝藻还含蛋白质类纤维和多种微量元素与维生素，成为未来食品来源中最有发展前途的重要藻类之一。海藻富含维生素 A、维生素 B_1、维生素 B_6、维生素 C、维生素 D、维生素 E、维生素 K 和微量元素硼、钴、铜、锰、锌、碘、钾、铁、镁和钙等，因此，增加藻类食品的摄入有利于健康。

藻类与鱼类关系密切。小型藻类都直接或间接是鱼、虾的饵料，如甲藻为海产贝类的饵料，有"海洋牧草"之称。

此外，硅藻、甲藻等死亡后沉积海底，成为古生代含油地层中的主要化石。石油勘探中，常以硅藻、甲藻化石判断石油蕴藏的依据。藻类用于废水处理，大幅减少了常规废水处理中有毒化学品的使用。用藻类来生产优质的生物燃料，未来在能源领域具有广阔的应用前景。

11.2 菌类植物

11.2.1 菌类植物的一般特征

菌物是真核生物，是一类具有细胞核，无叶绿素，不能进行光合作用，营异养生活的一类植物的总称。为了知识体系的完整性和系统性，本节也附带将原核细菌放在此处加以简要介绍，将真核菌物和原核细菌合称菌类植物。菌物除光合硫细菌、硝化细菌等极少数种类外，专营寄生、共生或腐生生活。菌类植物分布广泛，在水中、陆地、动植物体内外都能见到。

菌类植物以孢子形式进行无性繁殖和产生有性孢子进行有性生殖。生活史过程中，单倍体阶段长，二倍体阶段短。

菌类植物约有 12 万种，分为细菌门（Schizomycophyta）、黏菌门（Myxomycophyta）和真菌门（Eumycophyta），其形态结构、繁殖方式和生活史等特征各不相同。菌类植物不是一个有自然亲缘关系的类群。

11.2.2 菌类植物分类和代表植物

11.2.2.1 细菌门(Schizomycophyta)

细菌是单细胞的原核生物,大小一般有几微米,无色素,异养型,没有真正的核结构。细菌分布广泛,水、空气、土壤和许多动植物体内都有细菌分布。

根据细菌的形态,可将其分为球菌、杆菌和螺旋菌3类。球菌呈球状或半球状,直径 $0.5\sim2~\mu m$,一般无鞭毛。杆菌细胞呈棒状,长 $1.5\sim10~\mu m$,宽 $0.5\sim1~\mu m$。螺旋菌细胞细长而弯曲。细菌细胞的构造比一般真核植物细胞简单,没有真正的细胞核,核质分散于细胞质中。细胞壁的主要化学成分是黏质复合物。多数细菌的细胞壁外面还有一层透明的胶状物质,称为荚膜(capsule),它是由多糖类物质组成,有保护细胞的作用。不少杆菌和螺旋菌在其生活中的某一个时期生出鞭毛(flagellum),能游动。鞭毛有单生、丛生和周生。球菌常无鞭毛,不能游动。很多杆菌生长到某个阶段,细胞失水,细胞质浓缩,逐渐形成1个厚壁的芽孢。芽孢的抗逆能力很强,遇适宜的环境条件能重新形成一个细菌,故芽孢无繁殖意义。

根据细菌获取营养的方式,分为寄生细菌和腐生细菌两类。寄生细菌能致人畜和植物病害,如水稻白叶枯病、棉花角斑病、花生青枯病以及常见的蔬菜软腐病等都是细菌引起的。腐生细菌分布最广,它们生活在动物、植物的残体和含有机物的土壤及污水中,人及动物的消化道中也有此类细菌存在。它们通过分解有机物质获取养料,少数细菌能利用二氧化碳自制养料,因而是自养的,如硝化细菌、铁细菌能借氧化作用获得能量制造养料,红硫细菌和红螺细菌含有细菌叶绿素,则是光合自养的细菌。

细菌的生殖方式是细胞分裂,一分为二。环境适宜时,细菌繁殖速率极快,可 $20\sim30~min$ 分裂一次,形成新的一代;环境不适宜时,细菌可形成芽孢(spore),芽孢原生质体凝缩,其外包被着一层含脂肪、坚厚而不透水的壁,具有很强的抗不良环境的能力。细菌的芽孢能忍受约 $-253℃$ 的低温,并且在沸水中 $30~h$ 仍能存活,当环境再次适宜时,它们可重新萌发生长。

11.2.2.2 黏菌门(Myxomycophyta)

(1)主要特征

黏菌约有500种,兼有动物和植物的特性。在生长期或营养阶段,菌体裸露、无细胞壁,呈多核的原生质体团,无叶绿素、异养,似变形虫式运动和吞食固体食物。或繁殖时节在恶劣环境条件下,产生具纤维素壁的孢子,似真菌。因此,黏菌是介于动物与真菌之间的一类生物。

(2)代表植物

发网菌属(*Stemonitis*)。发网菌是黏菌中最常见、分布最广泛的一类。其营养体为裸露的原生质团,称为变形体。变形体呈不规则的网状,直径数厘米,在阴湿处的腐木上或枯叶上缓缓爬行。在无性繁殖时,首先变形体爬到干燥光亮的地方,形成很多发状突起,每个突起发育成一个具柄的孢子囊(子实体)。孢子囊通常呈长筒形,紫灰色,外有包被(peridium)。孢子囊柄伸入囊内的部分,称为囊轴(columella),囊内有孢丝(capillitium)交织成孢网。然后原生质团中的许多核进行减数分裂,原生质团被割裂成许多块单核的小原生质团,每块小原生质团分泌出细胞壁,形成一个孢子,藏在孢丝的网眼中。成熟时,包被破裂,借助孢网的弹力将孢子散出。孢子在适宜的环境下,萌发成具两根不等长鞭毛的游动细胞。游动细胞的鞭毛可收缩成变形体状的细胞,称为变形菌胞。有性生殖时,由游动细胞或变形菌胞两两结合,形成合子,合子不经过休眠,合子核进行多次有丝分裂,形成多个双倍体核,构成一个多核的变形体。

11.2.2.3 真菌门(Eumycophyta)

真菌是一类不含叶绿素、异养的真核生物。与细菌不同的是,真菌的细胞都有细胞核,细胞壁多含几丁质(chitin),有时也含纤维素。大多数真菌由菌丝(hypha)构成,菌丝是纤细的管状体,组成一个菌体的所有菌丝称为菌丝体(mycelium)。菌丝分为有隔菌丝(septatehypha)和无隔菌丝(nonseptate hypha)2种。某些高等真菌在环境条件不良或进入生殖阶段时,菌丝会相互密结形成具有特定形态的菌丝组织体,常见的有根状菌索(rhizomorph)、菌核(sclerotium)和子座(stroma)。

真菌因其不含光合色素而营异养生活。有的寄生,有的腐生。有的以腐生为主,兼寄生生活,而有的则以寄生为主,兼腐生生活。真菌中的绝对寄生者少,但常常是农作物病害的主要病原菌,如小麦秆锈菌(*Puccinia graminis*)、稻瘟菌(*Piricularia oryzae*)、玉米黑粉菌(*Ustilago zeae*)等。

真菌的繁殖方式有营养繁殖、无性繁殖和有性生殖3种。营养繁殖以菌丝断裂方式进行。无性繁殖可产生多种类型的孢子,孢子内生(即生于孢子囊内)或外生,如麦类白粉菌(*Erysiphe graminis*)的分生孢子。有性生殖有同配生殖、异配生殖和卵式生殖等方式,低等真菌多为同配生殖或异配生殖,较高等的真菌,如子囊菌亚门的种类,有性生殖过程在子囊果(ascocarp)中完成,子囊果内有子囊(ascus),子囊内产生子囊孢子(ascospore);担子菌纲的种类有性配合后形成担子(basidium),担子内产生担孢子(basidiospore)。子囊孢子和担孢子是有性结合后产生的孢子,与无性繁殖产生的孢子不同。

在真菌的生活史中,单倍体无性阶段所占的时间长,而有性生殖形成的二倍体合子很快进行减数分裂,形成单倍体的繁殖孢子。因此,真菌没有明显的世代交替,但有单倍体和二倍体的核相交替。

真菌的种类很多,有3 800多属,7万~10万种,广布于陆地、水体及大气,而尤以土壤中最多,滋生于各种动物、植物的残体,主要寄生于各类植物,许多动物及人体也有真菌寄生。Ainsworth(1973)将真菌分为鞭毛菌亚门、接合菌亚门、子囊菌亚门、担子菌亚门和半知菌亚门5个亚门,为多数人接受,现列其检索表如下。

1. 无真正的菌丝体,如有菌丝体,一般不具横隔壁。
  2. 无性繁殖产生单鞭毛或双鞭毛的游动孢子,有性生殖产生卵孢子 ·················· 鞭毛菌亚门(**Mastigomycotina**)
  2. 无性繁殖产生不动的孢囊孢子,有性生殖产生接合孢子 ························· 接合菌亚门(**Zygomycotina**)
1. 有真正的菌丝体,菌丝有横隔壁。
  3. 有性生殖阶段已经明。
    4. 有性生殖时产生子囊,子囊内产生子囊孢子 ························ 子囊菌亚门(**Ascomycotina**)
    4. 有性生殖时产生担子,担子中产生担孢子 ························ 担子菌亚门(**Basidiomycotina**)
  3. 有性生殖阶段不清楚,甚至只知其菌丝体而未发现任何孢子 ··············· 半知菌亚门(**Deuteromycotina**)

1) 鞭毛菌亚门(Mastigomycotina)

(1) 基本特征

鞭毛菌亚门菌类除少数单细胞个体外,绝大多数是分枝的丝状体。菌丝多核,繁殖期菌丝的基部产生横隔,形成一个能产生单鞭毛或双鞭毛游动孢子的特定细胞。有性生殖时产生卵孢子或休眠孢子;低等的种类为同配生殖或异配生殖。本亚门约有 1 100 种,大多数水生、两栖生,少数陆生、腐生或寄生。

(2) 代表植物

水霉属(*Saprolegnia*)。可生活在鱼、蝌蚪、昆虫等尸体上,是鱼体常见的一种病原菌。其菌丝体无隔壁、多核,呈白色多分枝的绒毛状,由短的根状菌丝(钻入寄主组织,吸收寄主养料)和众多细长、分枝繁茂的菌丝组成。无性繁殖时,菌丝的顶端稍膨大,在膨大部分的基部产生横隔壁,形成一个长筒型的游动孢子囊,其内产生的游动孢子呈球形或梨形,顶生2根鞭毛,称为初生孢子。初生孢子形成不久,鞭毛收缩,变为球形的静孢子。不久静孢子萌发变成一个具侧生鞭毛的肾形游动孢子,称为次生孢子。次生孢子不久又变为静孢子。静孢子在新寄主上萌发,再发育为新菌丝体。这种具两种游动孢子的现象,称为双游现象(diplanetism)。营养不良时,水霉进入有性生殖阶段,菌丝顶端分别膨大形成精囊和卵囊。在精囊和卵囊内分别产生精子和卵,精卵结合后形成厚壁的合子或卵孢子。卵孢子休眠后经减数分裂和有丝分裂,发育成新的无隔菌丝体。

2) 接合菌亚门(Zygomycotina)

(1) 主要特征

营养体由无隔的多核菌丝组成。无性繁殖产生孢囊孢子,有性生殖产生接合孢子。接合菌是由鞭毛菌类向无鞭毛菌类演变的类群,也是由水生向陆生发展过渡的类群。本亚门约610种,有腐生、兼性寄生、寄生或专性寄生等营养类型。

(2) 代表植物

根霉属(*Rhizopus*)。本属为腐生菌,最常见的是匍枝根霉(*Rhizopus stolonifer*),又称黑根霉、面包霉,生于面包、馒头等淀粉类的食物上,会使食物腐烂变质。菌丝体由分枝、不具横隔壁的菌丝组成,含多个细胞核。菌丝常横生,向下生有假根;向上可生出孢子囊梗,其先端分隔形成孢子囊,其中生有许多孢子(内生孢子)。孢子成熟后呈黑色,当散落在适宜的基质上时,就萌发成新菌丝。

根霉的有性生殖为接合生殖。在异性菌丝接触处产生短枝,两短枝的顶端膨大,产生横壁,使短枝与菌丝隔开,顶端形成配子囊(gametangium),横壁下部是配子囊柄(gametangiophore)。两个配子囊成熟后,它们之间接触的壁溶解,使原生质体融合为一体,形成合子。不久它的外壁加厚,合子休眠后,经过减数分裂,开始萌发,突破厚壁长出一直立不分枝的菌丝,顶端形成一个孢子囊,孢子囊内产生孢子,由孢子再发育成新的个体。根霉常使蔬菜、水果、食物等腐烂。

接合菌亚门中常见的还有毛霉属(*Mucor*)的毛霉,也广泛分布于自然界中。根霉和毛霉含有大量的淀粉酶,能将淀粉分解为葡萄糖。在酿酒工业中,先利用毛霉和根霉制成酒曲后再酿酒。根霉和毛霉也能产生脂肪酶,分解脂肪,使羊毛脱脂,羊皮软化。

3）子囊菌亚门（Ascomycotina）

（1）主要特征

子囊菌亚门除酵母菌属（Saccharomyces）为单细胞个体外，大多数为多细胞有机体，菌丝有隔。无性繁殖时，单细胞的种类出芽繁殖，多细胞的种类产生分生孢子。有性生殖时产生子囊，子囊内两性结合后的核经减数分裂，一般形成 8 个子囊孢子。本亚门子实体（产生孢子的结构）称为子囊果，其周围包被着由交织的菌丝构成的子囊果的壁，子囊果内排列着子囊层（子实层，hymenium）和与之相间的侧丝（paraphysis）。子囊果有 3 类：①闭囊壳（cleistothecium），子囊果呈球形，无孔口，完全闭合；②子囊壳（perithecium），子囊果呈瓶形，顶端有孔口，这种子囊果常埋于子座（stroma）中；③子囊盘（apothecium），子囊果呈杯碟状，子实层常露在外。子囊果的有无和形状是本亚门分纲的主要依据。

子囊菌种类繁多，类型复杂，约 1 950 属 15 000 种。

（2）代表植物

①酵母菌属。本属是本亚门中最原始的种类，植物体为单细胞，卵形，有一大液泡，核很小。酵母菌的重要特征是出芽繁殖：首先母细胞的一端形成一个小芽——芽生孢子（blastospore），芽生孢子长大后脱离母细胞，成为新的酵母菌；有时芽生孢子可相连成为假菌丝。有性生殖时合子不转变为子囊，以芽殖法生成二倍体的细胞，由二倍体的细胞转变成子囊，减数分裂后形成 4 个子囊孢子。酵母菌能进行无氧发酵，将糖类分解为二氧化碳和乙醇。酿酒酵母（Saccharomyces cerevisiae）是现代生物学研究中最重要的模式生物之一。

②青霉属（Penicillium）。本属真菌最普遍，常滋生于水果、蔬菜及各种潮湿的有机质上，常使储藏的柑橘和苹果腐烂，引起青霉病。主要以分生孢子繁殖，从菌丝体上产生很多分生孢子梗，梗的先端分枝数次，呈扫帚状，最后的分枝称为小梗（sterigma），生小梗的分枝称为梗基。小梗上生有一串分生孢子，青绿色。有性生殖仅在少数种中发现，形成闭囊壳。黄青霉（Penicillium chrysogenum）和点青霉（Penicillium notatum）等能分泌抗生素——青霉素（penicillin）。

③麦角菌属（Claviceps）。本属有麦角菌（Claviceps purpurea），其子囊壳瓶状，主要寄生于麦类的子房中，形成黑色坚硬的菌核，状似角，称为麦角（ergot）；麦角制剂可作收敛子宫、子宫出血或体内器官出血的止血剂，人畜误食也常会引起中毒、流产，甚至死亡。

4）担子菌亚门（Basidiomycotina）

（1）主要特征

担子菌都是多细胞有隔菌丝体，其菌丝有初生菌丝和次生菌丝之分。由担孢子萌发成单核、有隔且多分枝的菌丝称为初生菌丝；由部分初生菌丝经有性结合后的双核细胞分裂而来的双核菌丝称为次生菌丝，由次生菌丝发育成子实体（又称担子果）。

担子菌的营养繁殖产生节孢子（arthrospore）、厚壁孢子（chlamydospore）或芽孢（blastospore）；无性繁殖可产生分生孢子（conidium, conidiospore）、粉孢子；有性生殖产生担子，担子经减数分裂形成担孢子，担孢子萌发形成新的单核菌丝。

担子菌类型多样，约有 900 属 22 000 多种。多数种类是植物专性寄生菌和腐生菌，可食用、药用，但有毒的种类也不少，因此，担子菌与人类关系密切。

(2) 代表植物

①锈菌目(Uredinales)。本目菌类为专性寄生菌,主要的寄主为种子植物和蕨类植物。初生菌丝可形成性孢子,次生菌丝可产生秋孢子、夏孢子和冬孢子。大部分锈菌以冬孢子越冬。冬孢子萌发时,经减数分裂产生担孢子。锈菌种类极多,有 5 000 余种。不同孢子的产生有一定的顺序。禾病锈菌(小麦秆锈病菌)(*Puccinia graminis*)生活史中有两个不同寄主,称为转主寄生(heteroecism)。第一寄主为小麦、大麦、燕麦及其他禾本科植物,第二寄主为小檗属(*Berberis*)或十大功劳属(*Mahonia*)等属的某些植物。

②伞菌目(Agaricales)。本目多数种类为腐生菌。子实体肉质,少革质、栓质或膜质。具有伞状或帽状的菌盖(pileus)和菌柄(stipe)。菌柄大多数中间生。菌盖的腹面为辐射状或放射状的菌褶(gill),子实层生于菌褶的两面,担子果幼嫩时常有内菌幕(partial veil)遮盖着菌褶。菌盖充分生长展开时,内菌幕破裂,在菌柄上残留着的部分常形成环状的菌环(annulus)。有些种类有外菌幕(universal veil)包围子实体,菌柄延长时外菌幕破裂后在菌柄基部的残留称为菌托(volva)。伞菌目的种类较多,已知的约有 3 250 种。其中蘑菇属(*Agaricus*)的子实体有菌盖、菌柄和菌褶 3 个主要部分。菌盖肉质伞形,菌柄中生、柱状肉质,菌褶膜质。现多人工栽培。本目中菌的子实体除味美可食外,还供药用,其所含的多糖类抗癌效果很强。

③多孔菌目(Polyporales)。本目子实体无菌褶,一年生至多年生,木质、栓质、肉质、蜡质、海绵质、酪质、稀胶质。形状多种多样,蹄形、扇形、半球形和珊瑚枝状等。担子单细胞,无分隔,担孢子 4 个。本目种类繁多,构造复杂,常生于树干或木材上,致木腐朽。例如,灵芝(*Ganoderma lucidium*)生于栎属或其他阔叶树干基部、干部或根部,子实体木质或木栓质,有侧生柄或无柄,有坚硬且具光泽的皮壳。本目植物在我国西北、华北、华中、西南、华东各地和台湾均有分布。有些可作为中药,用于健脑,治神经衰弱、慢性肝炎、消化不良,对防止血管硬化和调节血压也有一定效能,有些可用作滋补剂。

5) 半知菌亚门(Deuteromycotina)

本亚门的菌类多为有隔菌丝体,在其生活史中,还只知其无性繁殖,有性阶段尚未发现。为了分类上的需要,人为地将这类真菌归纳为一亚门。半知菌大多是子囊菌亚门的无性阶段,少数是担子菌亚门的无性阶段,如发现其有性阶段,则按其有性特征进行归类。

本亚门已知 1 800 余属 26 000 余种,其中约 300 属是农作物和林木病害的病原菌,还有些属是能引起人类和一些动物皮肤病的病原菌。常见的农作物病害有引起水稻稻瘟病的稻瘟菌、引起水稻纹枯病的水稻纹枯菌(*Rhizoctonia solani*)和引起棉花炭疽病的棉花炭疽菌(*Colletotrichum gossypii*)等。

11.2.3　菌类植物与人类的关系

菌类植物是自然物质的分解者。在自然界的物质循环中,菌类植物占有很重要的地位。菌类的活动,对碳和氮的循环尤为重要。经菌类的活动,动植物残体腐烂分解成二氧化碳和水等简单的化合物,重新被植物所利用。土壤中不能被植物利用的物质被菌类转化成可利用的物质,森林下的枯枝落叶被菌类分解成腐殖质,增加了土壤肥力。

真菌常通过产生胞外蛋白、有机酸和其他代谢产物来提高其适应严酷环境(如污染严重的环境)的能力。工业生产中产生的废水往往富含金属、无机营养和有机化合物等，如果不进行净化处理直接排放将导致环境的恶化。白腐菌(*Phanerochaete chrysosporium*)被发现具有高效的废水处理能力，也被认为在土壤生物修复中具有潜在的应用价值。

除真菌外，细菌在环境净化中的作用也不可忽视。某些光合细菌可在污染严重的水体环境生存，并在其自身的代谢活动中降解有机物，发挥净化水质的作用。

在传统的食品工业中，食品的发酵生产是菌类利用最广泛的领域。酵母菌、乙酸菌、乳酸菌、霉菌等是食品加工业中常用的微生物，因而与人们的日常生活密切相关。酵母菌是面包、馒头、葡萄酒等加工和生产中必不可少的常用真菌，而酸奶、泡菜的生产也离不开乳酸菌的发酵作用。霉菌则被用于酱油、豆腐乳等食品的加工。此外，石油原油的分解，以及制革、造纸、制糖等都与菌类植物的利用有关。

人类经常食用的菌类植物主要是大型真菌。在我国，已知可食用的菌类多达350余种，常见的有隶属于担子菌亚门的香菇(*Lentinula edodes*)、草菇(*Volvariella volvacea*)、木耳(*Auricularia auricula*)、银耳(*Tremella fuciformis*)、猴头(*Hericium erinaceus*)、竹荪(*Dictyophora indusiata*)、松口蘑(*Tricholoma matsutake*)、红菇(*Russula lepida*)、金针菇(*Flammulina velutipes*)和牛肝菌(*Boletus impolitus*)等，以及少数子囊菌亚门的种类，如羊肚菌(*Morchella esculenta*)等。不同种类的食用菌具有各自独特的风味或专一的营养价值，除了直接采收野外自然生长的可食性真菌外，人类还掌握了食用菌栽培技术，不断地培育出新型的食用菌。

在农业上，根瘤菌属(*Rhizobium*)、梭状芽孢杆菌属(*Clostridium*)及固氮菌属(*Azotobacter*)等，都能摄取大气中的游离态氮(N_2)，合成有机态氮，直接或间接供给绿色植物。利用某些菌类植物还可制成生物肥料。例如'5406'菌肥实际上就是放线菌类(*Actinomycetes*)生物肥料，它能提高土壤肥力，刺激作物生长，并能抑制有害微生物活动。

在医药卫生方面，菌类也有广泛的用途。例如，预防和治疗疾病的抗血清以及常见的链霉素、四环素、土霉素、氯霉素等抗生素，都是从菌类植物中制取的。此外，灵芝、猴头有滋补养生的功效，可治疗胃炎和胃溃疡等，所含的多糖类还有抗癌效能。茯苓则有健脾宁神之功效，冬虫夏草能补肺益肾、止咳化痰。猪苓、茯苓、木耳、银耳等也都有很高的医药功能。

此外，菌类植物对人类及其他动物、植物有直接影响。致病菌能使人、禽、畜及植物染病受害，甚至造成死亡，如痢疾、伤寒、鼠疫、霍乱、白喉、破伤风、水稻白叶枯病、白菜霜霉病等。

11.3 地衣植物

11.3.1 地衣植物的一般特征

地衣(Lichenes)植物是一类由1种藻类与1种真菌通过建立紧密共生关系而形成的多年生有机复合体，它们是一类特殊的低等植物类群。通常，将地衣中的真菌称为地衣型真菌(或共生菌)，藻类称为共生藻。

地衣植物中藻类与真菌之间的共生关系具有一定程度的专一性，并非所有的真菌都可与藻类建立稳定的共生关系。地衣型真菌绝大多数隶属于子囊菌，少数为担子菌和半知菌的种类。地衣中的共生藻类主要为隶属于绿藻门(共球藻属、橘色藻属)和蓝藻门(念珠藻属、伪枝藻属)的种类。一般情况下,菌类占地衣的大部分,藻类则在复合体的内部,成一层或若干团。藻类为整个植物体制造养分,而菌类则吸收水分与无机盐为藻类制造养分提供原料,并围裹和保护藻细胞。

地衣的主要形态与类型有如下几种。

①壳状地衣(crustose lichen)。植物体薄质扁平,呈壳状紧贴于树皮、岩石或其他基质的表面,如文字衣属(*Graphis*)。此类地衣群体外观上形成各色条带或板块,如橙衣属(*Caloplaca*)呈红色,微孢衣属(*Acarospora*)呈黄色,茶渍属(*Lecanora*)呈绿色。有些壳状地衣甚至可包埋在岩石中生长。壳状地衣种类约占全部地衣的80%。

②叶状地衣(foliose lichen)。植物体薄片状,具背腹性,上表面与下表面差异显著。较高级的类型可为网状分枝状。具分枝的叶状地衣顶部和基部表面明显不同,因而可以将它们与绝大部分枝状地衣区分开来。叶状地衣一般通过细小的菌丝假根与基质接触,易于采集,如生于草地上的地卷属(*Peltigera*)、生长在岩石或树皮上的梅花衣属(*Parmelia*)及袋衣属(*Hypogymnia*)等。

③枝状地衣(fruticose lichen)。植物体直立,通常分枝,呈丛生状,是最为高级的地衣。其分枝在外形上更接近于真正的分枝,如石蕊属(*Cladonia*)、松萝属(*Usnea*)等。

此外,还有丝状地衣(filamentous lichen),如毡衣属(*Ephebe*);皮屑状地衣(leprose lichen),如癞屑衣属(*Lepraria*),以及鳞片状地衣(squamulose lichen),如小皿叶衣(*Normandina pulchella*)等一些过渡或中间类型。

根据地衣植物中藻体的分布规律,在结构层次上将其分为同层地衣(homolomerous lichen)和异层地衣(heteromerous lichen)两种结构类型。同层地衣没有明显的藻胞层,其上、下"皮层"都有藻类细胞与真菌的菌丝呈交织状混合一起,中部菌丝稀疏,藻细胞均匀分布其中,下皮层的一些菌丝伸入基质,具有吸收和固着作用,壳状地衣多为同层地衣。异层地衣具有明显的藻胞层,其藻细胞集中排列于上皮层下方,形成绿色藻层。叶状地衣、枝状地衣一般为异层地衣。在显微镜下观察,典型的叶状地衣的叶状体部位,可以区分出上皮层、藻胞层、髓层和下皮层4个结构层次。最顶层是由共生菌的菌丝密集交结在一起形成的外层保护层,称为上皮层。在上皮层内侧是由包埋在非常密集交织的菌丝中的藻细胞组成的藻胞层。每个藻细胞或藻细胞群通常由菌丝包裹着,有时则被吸器穿透。在藻胞层下,是由松散交织在一起的菌丝组成的无藻类细胞分布的髓层。在髓层以下的下表面部分,在结构上与上表面相似,菌丝紧密地交织,称为下皮层。下皮层上常带有假根或绒毛等结构,叶状体借此贴于其生长的基质上。有时地衣还含有由真菌代谢产物组成的结构,如壳状地衣的皮层内含有多糖。

地衣植物的繁殖主要取决于地衣型真菌的类型和特性。其繁殖有营养繁殖、无性繁殖和有性生殖3种类型。

①营养繁殖。是地衣最普通的繁殖方式。地衣的营养繁殖体主要有珊瑚芽、粉芽和碎裂片(lobules)3种主要形式。珊瑚芽是叶状体表面的扩展部分,是叶状体顶部的细小结构,有圆柱状、球状、十字分枝状或耳垂状。20%~30%的叶状地衣和枝状地衣具有珊瑚芽。粉芽是菌丝交织结构中的藻细胞细束,与珊瑚芽不同,粉芽不含皮层,相反,它们与叶状体的髓层(medulla)更为相似,极易从叶状体脱离。碎裂片是生活的裂片,它生长在叶状

地衣叶状体的边缘，结构扁平，可以从叶状体脱离后随风或水传播。

②**无性繁殖**。地衣的藻类及真菌成员都可以产生无性繁殖的孢子。藻类的孢子可以独立生长发育，而真菌的孢子发芽后，幼菌丝若未找到合适的藻类细胞便会立即死亡。地衣型真菌的无性孢子在分生孢子器内产生，这类孢子特称为粉子(pycnospores)。地衣中的藻类通常以二分分裂法在地衣叶状体内繁殖。

③**有性生殖**。是与其共生的地衣型真菌独立进行的。若共生真菌为子囊菌则产生子囊和子囊孢子，若为担子菌则产生担子和担孢子。地衣型真菌中子囊菌种类最多，子囊衣类地衣藻胞层中的一些菌丝分化为囊卵胞(ascogonia)与精胞(spermogonia)，两者接触，受精的囊卵胞发芽而伸出双核菌丝，即囊原菌丝，在其先端形成子囊，其中的两个核结合成接合子，并进行减数分裂形成8枚囊孢子。此类孢子自子囊释放后萌发成菌丝，待遇到适合的共生藻细胞后才可继续生存。

地衣植物分布广泛，它们可以在各种自然基质(树皮、岩石、土壤、苔藓和其他地衣)上生长，也可在人工表面(水泥、金属)生长。

11.3.2 地衣植物分类和代表植物

全世界有地衣约500属25 000多种。地衣植物在形态、构造、生理和遗传特性上既完全不同于共生菌，也有别于共生的藻类。因此，在分类上，通常将地衣独立为一门。根据其共生真菌的门类将地衣植物分为子囊衣纲(Ascolichens)、担子衣纲(Basidiolichens)和半知衣纲(Deuterolichens)3个纲。

子囊衣纲的地衣种类最多，占地衣总数的99%，约有18个目。属于担子菌的地衣型真菌约50种，分属白蘑目、鸡油菌目和展齿革菌目3个目。此外，还有少数种类属半知衣纲，为无子实体地衣或地衣型真菌，如白角衣属(*Siphula*)、地茶属(*Thamnolia*)、癞屑衣属(*Lepraria*)和绒枝属(*Leprocaulon*)等，它们的归属尚未完全确定。

11.3.3 地衣植物与人类的关系

地衣植物在结构上是植物界最奇特的类群。地衣体中藻菌间互惠共生关系的建立在很大程度上扩展了藻类和真菌的生态位，使地衣本身能在其他类群植物无法生存的干热贫瘠地区正常地生长，如壳状地衣往往是裸露岩石上唯一生长着的植物。地衣在生长过程中常不断地向体外分泌地衣酸，腐蚀岩石，加速岩石的风化和成土过程，因而，地衣植物是自然界名副其实的拓荒者。地衣是自然界最主要的先锋植物，地衣死亡后遗留下来的有机质，为岩石发育成土奠定了基础，也为苔藓等植物的迁入、生长和定殖创造了条件。

地衣植物也是一类对大气污染非常敏感的植物，空气中极少量的二氧化硫也能使其逐渐死亡。枝状地衣对大气污染最为敏感，叶状地衣次之，壳状地衣则抗污染能力最强。因此，地衣可作为大气污染监测的指示植物，根据地衣多样性、种群和时空分布的变化等监测大气污染的程度和对生态系统的影响等。

某些地衣被认为具有药用价值。例如，粉芽肺衣(*Lobaria pulmonaria*)和槽梅衣(*Parmelia sulcata*)用于治疗肺病，犬地卷(*Peltigera canina*)则被用于狂犬病的治疗。在民间医学中，有些种类的地衣还被制作成"茶"而加以利用。例如，滇西北藏族和纳西族将白雪茶、红雪茶和青雪茶等作为传统保健茶。

有些地衣可以食用。石耳属(*Umbilicaria*)味道鲜美，在中国、日本和北美洲等地被广泛食用。有时，鹿蕊属(*Cladina*)及冰岛衣(*Cetraria islandica*)也用作救荒食物，但绝大部分地衣口味苦涩，营养价值较低。

在工业上，地衣主要用作染料和香料工业的原料。据记载，古罗马人曾用染料衣(*Roccella tinctoria*)经发酵而获得一种紫罗兰色染料。而从梅衣属(*Parmelia*)、肉疣衣属(*Ochrolechia*)和扁枝衣属(*Evernia*)等地衣中提取的褐色染料现仍用于羊毛的染色，并有杀菌作用。香料工业中则以拟扁枝衣属(*Pseudevernia*)、扁枝衣属(*Evernia*)地衣为原料加工提取物。石蕊、染料衣、红粉衣(*Ochrolechia tartarea*)可提取酸碱指示剂；石蕊试纸就是以石蕊等地衣为原料生产的。此外，地衣植物还在控制土壤侵蚀方面发挥着重要的作用。

但有的地衣可危及森林，尤其对茶、柑橘之类危害较大，常以假根穿入寄主的皮层构成危害。

11.4　苔藓植物

11.4.1　苔藓植物的一般特征

苔藓植物(Bryophyta)植株矮小，最大的也只有数十厘米。多生于阴湿处的土壤、林中树皮和朽木上，少数生于水中或岩石上。它们虽然脱离水生环境进入陆地生活，但大多数仍需生长在潮湿地区。它们是植物从水生到陆生过渡的代表类型。

苔藓植物结构简单，是一群小型的非维管高等植物。较低等的种类其植物体为扁平的叶状体，比较高等的种类其植物体有类似茎、叶的分化，称为拟茎叶体，但都没有维管组织和真根，只有假根。假根是由单细胞或单列细胞组成的丝状体，具有吸收水分、无机盐和固着植物体的功能。

苔藓植物的生活史有明显的世代交替。在世代交替中，孢子从孢蒴散出后，在适宜的环境中萌发成丝状或片状的原丝体(protonema)，再由原丝体发育生成新的配子体(植物体)。配子体绿色，独立生活，占优势，孢子体不发达，寄生于配子体上，依赖配子体提供养分。

苔藓植物现有约 23 000 种，遍布于世界各地，我国约有 3 450 种。根据苔藓植物原丝体的发达程度和营养体的形态可将其分为苔纲(Hepaticae)和藓纲(Musci)。1899 年，美国植物学家 M.A. Howe 又把角苔类从苔纲中分出，命名为角苔纲(Anthocerotae)(表 11-2)。2009 年，Frey 又把苔藓植物分为苔门 Marchantiophyta、藓门 Bryophyta 和角苔门 Anthocerotophyta。

表 11-2　苔纲、藓纲和角苔纲的主要区别

特征类型	苔　纲	藓　纲	角苔纲
植物体	叶状体	有假根和茎、叶的分化	构造简单的叶状体
孢蒴	蒴柄短，多无蒴轴，具弹丝，不规则(4 瓣)开裂	蒴柄长，有蒴轴，无弹丝，盖裂	无蒴柄，孢蒴长角状，常有蒴轴，纵长 2 瓣裂

(续)

特征类型	苔纲	藓纲	角苔纲
孢子萌发	原丝体不发达，不产生芽体，只形成1个配子体植株	原丝体阶段发达，可产生多芽体、配子体植株多	原丝体不发达，不产生芽体，只形成1个简单的配子体植株
代表植物	地钱等	葫芦藓、泥炭藓等	角苔

11.4.2 苔藓植物分类和代表植物

11.4.2.1 苔纲(Hepaticae)

(1) 主要特征

植物体(配子体)为叶状体，或有茎、叶的分化，但有背腹之分，常为两侧对称，有单细胞的假根。有性生殖器官埋藏于配子体中，孢子体不发达。多分布于热带、亚热带地区。

本纲分为5目：藻苔目(Takakiales)、美苔目(Calobryales)、叶苔目(Jungermanniales)、囊果苔目(Sphaerocarpales)和地钱目(Marchantiales)。从形态学上可以将苔类分为复杂叶状体(complex thalloid)、简单叶状体(simple thalloid)和茎叶体(leafy gametophyte)3种类型。

(2) 代表植物

地钱(*Marchantia polymorpha*)。生于阴湿地，其配子体为叉状分枝的叶状体，生长点位于分叉凹陷处。叶状体的背面有菱形或多边形的小区。各区中央有一个气孔。腹面有多细胞的鳞片和单细胞的假根。成熟的叶状体由上表皮、气室层(或同化组织层)、薄壁细胞层和下表皮构成。

地钱主要以孢芽(gemmae)进行营养繁殖。孢芽生于叶状体背面的胞芽杯(gemma cup)内，形似倒挂的绿色小提琴，成熟后脱落，形成新配子体。

地钱为雌雄异株，雌配子体、雄配子体腹面(或背面)的中肋处产生雄生殖托(antheridiophore)和雌生殖托(archegoniophore)，两者均呈伞状，均由托柄和托盘两部分组成。雌生殖托的托盘边缘有指状伸出的芒线，托盘腹面有倒悬的瓶状颈卵器(雌性生殖器官)，两侧各有一片苞膜(蒴苞，involucre)，将颈卵器遮盖。颈卵器(archegonium)形如瓶，分为腹部和颈部。腹部由一层壁细胞包裹着一个卵细胞和一个腹沟细胞(ventral canal cell)组成；颈部由一层壁细胞包裹着一串颈沟细胞(neck canal cell)组成。雄生殖托的托盘背面生有很多小孔，每一孔腔中各有一精子器(雄性生殖器官)。精子器(antheridium)呈棒状或球状，由一层壁细胞和其内的多数精子母细胞或精子所组成。精子长而卷曲，具鞭毛。

苔藓植物的精子和卵细胞成熟后，精子借助水游动到颈卵器附近，解体中的颈沟细胞和腹沟细胞提供精子运动所需的物质和能量，并诱导精子游向卵细胞，精卵受精形成合子，合子有丝分裂发育成胚，胚发育成孢子体。孢子体分为孢子囊(又称孢蒴，capsula)、基足(basal foot)和蒴柄(seta)3部分。孢子囊是孢子体远离配子体一端的结构，其内的造孢组织发育成孢子母细胞，孢子母细胞经减数分裂发育成单倍体的孢子；基足嵌生于配子体植株顶端，呈吸器样吸取配子体中的养分，营养自身；蒴柄是连接基足与孢子囊的柄状结构。孢蒴中有长形、壁上有螺旋状增厚的弹丝(elater)，可帮助孢子散出。孢子传播后，在适宜的条件下，萌发成仅有6~7个细胞的丝状体，称为原丝体(protonema)。原丝体上生出芽体，芽体进一步发育成配子体。

11.4.2.2 藓纲(Musci)

(1) 主要特征

藓纲的植物种类繁多，个体也多，分布遍及全球。植物体为具单列细胞假根的茎叶体(无背腹之分)，多为辐射对称。孢子萌发形成原丝体，原丝体上生出带叶的配子托(gametophore)。孢子体的结构较苔纲复杂，孢蒴具蒴盖、蒴齿，多数种类有蒴帽，其内有发达的蒴轴，但无弹丝。原丝体发达，每一原丝体可形成几个芽体。

本纲分为泥炭藓目(Sphagnales)、黑藓目(Andreaeales)和葫芦藓目(Funariales)3目。

(2) 代表植物

①泥炭藓属(*Sphagnum*)。本属植物如泥炭藓(*Sphagnum cymbifolium*)，其叶无中肋，由一层细胞组成。细胞有2种。细长的细胞含有叶绿体，连成网状，环围着大而无色的死细胞，且其细胞的壁呈螺纹增厚并具水孔。植物体吸水力强，消毒后可作药棉的代用品。植株死后形成的泥炭可作肥料及燃料。

②葫芦藓属(*Funaria*)。现以葫芦藓(*Funaria hygrometrica*)为例介绍本属的特征。葫芦藓植株矮小，习生于阴湿含有机质或氮素丰富的地方，常分布于山林火烧迹地及村落附近。植物体绿色丛生，茎直立，有茎、叶分化，叶倒卵形，螺旋状排列于茎上。茎的基部产生多数假根，将植物体固着于基质上。雌雄同株，雄枝顶端的叶较大，中央为雄器苞(由橘红色的精子器和单列细胞的隔丝组成)。精子器呈长棒状，有短柄，其中有很多螺旋状、具有两条鞭毛的精子。雌枝顶端的叶集生呈芽状，其中分布着数个颈卵器。精子借助水进入颈卵器并与其中的卵细胞结合发育成胚，胚发育形成孢子体。随着孢子体的生长，蒴柄迅速伸长，使颈卵器撕裂成为上下两部，上部成为蒴帽(calyptra)。孢子体顶端膨大成的囊状部分称为孢蒴，孢蒴下为蒴柄和基足。孢蒴的顶部除去蒴帽可见蒴盖。孢蒴内的造孢组织发育为孢子母细胞。孢子母细胞经减数分裂后形成四分孢子，孢子成熟后，孢蒴盖裂，蒴齿帮助孢子散出。孢子遇到适宜环境萌发形成多细胞而有分支的绿色原丝体，原丝体上发生芽体，芽体再发育成直立的营养体，即配子体。

11.4.2.3 角苔纲(Anthocerotae)

(1) 主要特征

角苔类植物为苔藓植物中较独特的一个类群，植物体呈叶状，具空腔或空腔缺失。孢蒴多呈细长角状，稀为短角状，中央分化有不育的中轴，少数无分化中轴。假弹丝常扭曲，具螺纹加厚或无螺纹加厚，表面平滑。孢子三裂缝，外壁具不规则刺状或棒状突起，基部常相连成片状，稀表面仅略不平或稍有不规则突起。角苔类植物的孢子和假弹丝有别于其他苔类，是进行分类鉴定的重要依据。多分布于热带、亚热带地区，生于田埂、河岸以及小溪边潮湿土坡。

本纲仅有角苔目(Anthocerotales)1目，下分2科：①角苔科(Anthocerotaceae)，包括花角苔属(*Aspiromitus*)、角苔属(*Anthoceros*，异名 *Phaeoceros*)、树角苔属(*Dendroceros*)和大

角苔属(*Megaceros*); ②短角苔科(Notothylaceae), 仅有短角苔属(*Notothylas*)。

系统上，角苔类植物具有形态性状上异于苔类中其他的叶状体类型。在孢子体上，孢蒴独特的角状类型以及孢子和假弹丝性状与其他苔类植物也不存在任何亲缘关系。因此，角苔类植物被一致认为独立于藓类和其他苔类的一个独立的纲。对角苔纲的系统位置，有不同意见，认为其排在苔类中最原始位置的观点，是源于角苔类可能由裸蕨植物退化而来的推测。当前，苔类学家多偏向于认为角苔类植物呈现特化趋向，其系统位置应排列于苔纲之后。

(2) 代表植物

角苔(*Anthoceros punctatus*)。角苔生于阴湿土坡，分布遍及全球。其配子体呈叶状，孢子体呈长角状，直立，中央分化有不育的中轴。孢子近四面体形，外壁具密的长尖刺，刺顶端多向一边弯曲，刺上部常有小突起，基部膨大，刺间基部常相连。假弹丝常扭曲，无螺纹加厚，表面平滑。孢蒴成熟时裂开，散出孢子，孢子在适宜条件下萌发，形成配子体。

11.4.3 苔藓植物与人类的关系

苔藓植物与人类的关系密切。苔藓植物是自然界的拓荒者之一，它们和蓝藻、地衣等植物常常首先出现于裸露的岩面、新形成的陆地表面或冻土、沙土地带，成为改造自然的先锋植物。苔藓植物可以分泌一些酸性物质，逐渐溶解岩面，还能积蓄空气中的灰尘和水分，再加上其残体的分解和有机物质的积累，在经历悠久岁月后，逐渐形成土壤，为其他植物的生存创造了有利条件。

苔藓植物生长快，吸水力强，能使沼泽陆地化或使森林沼泽化。在沼泽地带，苔藓植物往往吸干积水，同时它们的残体逐渐堆积填平洼地，并向沼泽地中心扩展，最后使沼泽变成陆地。在这些地方，草本植物和木本植物接踵而来，原有的湖泊、沼泽演替成草地和森林。但在空气湿润而寒冷的北方针叶林地带中，常因过于繁茂的苔藓植物大量吸收水分而加大了土壤酸性，抑制了林木的生长，影响林木的萌发和林分的天然更新，长期作用将使森林演变替沼泽。

苔藓植物对水分、土壤、空气等环境因素的反应非常敏感，在不同的森林中或立地类型上常出现不同种类的苔藓植物，因而可利用苔藓植物来指示森林的类型和确定宜于造林的树种和林型。另外，苔藓植物因其结构简单，叶片多由单层细胞组成，又无角质层保护，易受有害气体的伤害，对大气污染很敏感。例如，空气中二氧化硫平均浓度若高于 0.154 μL/L，将造成苔藓的急性伤害，致使叶色由绿转黄、变褐。因此，国内外都以苔藓植物作为监测大气污染的指示植物。

苔藓植物可作药用。我国古代就已利用凤尾藓属(*Fissidens*)和金发藓属(*Polytrichum*)的某些种类作为利尿和刺激毛发生长的药物。在印度和北美洲地区，则用桧叶金发藓(*Polytrichum juniperinum*)来治疗烧伤和青肿。在法国，地钱被用作利尿剂。

泥炭藓属(*Sphagnum*)中的泥炭藓醇(sphagnol)可用于治疗湿疹、干癣、瘙痒症、冻疮、疥疮、粉刺和其他皮肤疾病。从折叶苔(*Diplophyllum albicans*)和鳞叶折叶苔(*Diplophyllum taxifolium*)中分离得到的一种化合物对人类上皮样肿瘤细胞具有显著的抑制作用。

苔藓植物还可用作土壤添加剂、栽培中的装饰材料和庭院美化。泥炭是重要的土壤调节剂，有利于土壤稳定和保湿，在世界各地被广泛采用。

泥炭藓沼泽地土壤呈酸性（pH 值 2.0~4.0），堆积若干年后往往形成泥炭层，俗称草炭或草煤，可作燃料，农业上可用于改良土壤和用作制造颗粒肥的原料。泥炭藓形成的泥炭含硫量低，与木材燃烧产热相比，其热能利用的生态意义重大。

此外，泥炭藓具有重金属吸收特性，可用作过滤剂和吸收剂处理含银、铜、镉、汞、铁、锑和铅的工业废水。可作为吸收剂的某些苔藓植物产品，吸收能力强，吸收容量可达其自身重量的 12 倍以上，而且所需存储空间小，因而应用前景广阔。研究发现，合叶苔（*Scapania undulata*）对铅、汞、镉、铬、铜和镍等重金属具有超强的富集能力，被认为在污染水体和土壤的植物修复（phytoremediation）中具有巨大的应用潜力。因此，苔藓植物及其多样性的保护不但具有重要的生物学意义，而且具有潜在的应用价值。

11.5 蕨类植物

11.5.1 蕨类植物的一般特征

蕨类植物（Pteridophyta）又称羊齿植物（fern），具有真正的根、茎、叶和维管组织的分化。维管组织包括木质部和韧皮部两部分，其中木质部由专门运输水分和无机盐的管胞组成，韧皮部由专门运输有机物的筛胞组成，一般无次生构造。因此，蕨类植物既是高等的孢子植物，又是原始的维管植物。维管组织的形成是植物适应陆地生活的结果。

蕨类植物的根系为须根系。茎多为根状茎，在土中横走、上升或直立。茎的解剖结构包括表皮、皮层和中柱 3 部分。中柱有原生中柱（protostele）、管状中柱（siphonostele）、网状中柱（dictyostele）和多环管状中柱（polycyclic siphonostele）等多种类型。叶有小型叶（microphyll）和大型叶（macrophyll）之分，大型叶种类占绝大多数。大型叶常为多次羽状分裂或复叶。孢子囊（sporangium）单生或群生，着生孢子囊的叶称为孢子叶（sporophyll），因而有孢子叶和营养叶之分。有些种类的孢子叶集生在枝的顶端，形成孢子叶球（strobilus）或称孢子叶穗（sporophyll spike）。孢子有同型孢子（homospory）和异型孢子（heterospory）两类。

蕨类植物无性繁殖时，在小型叶的种类中，孢子叶常集生于枝顶，形成球状或穗状的孢子叶球或孢子叶穗，其孢子叶的近轴面或基部有由一群细胞发育形成的孢子囊，且孢子囊壁具多层细胞。这样的孢子囊称为厚孢子囊（eusporangium）；在进化的真蕨类植物中，孢子囊仅由一个细胞发育而来，且孢子囊壁仅有一层细胞，其孢子囊为薄孢子囊（leptosporangium）。高等蕨类植物的孢子囊或孢子囊群（堆）多生于孢子叶的背面、边缘或特定的孢子叶上。水生蕨类植物的孢子囊群生于特化的孢子果（sporocarp）内。孢子囊内的孢子母细胞减数分裂产生单倍体的孢子，孢子发育成微小的原叶体（prothallus，又称配子体）。有性生殖时，在原叶体的腹面（少数为背面）产生颈卵器和精子器。精卵成熟后受精形成合子，合子发育成胚，胚进一步发育成孢子体。蕨类植物的配子体和孢子体皆能独立生活，但孢子体发达、占优势，有明显的世代交替。

蕨类植物多为草本植物，蕨类植物约有 12 000 种，我国约有 2 600 种，主要分布于热带、亚热带水湿条件较好的地区，如森林、沼泽、溪流、岩缝或高山等地。

11.5.2 蕨类植物分类与代表植物

蕨类植物是一个自然分类群。1978 年，我国蕨类植物学家秦仁昌教授将蕨类植物门分为 5 个亚门，即石松亚门(Lycophytina)、水韭亚门(Isoephytina)、松叶蕨亚门(Psilophytina)、楔叶蕨亚门(Sphenophytina)和真蕨亚门(Filicophytina)。它们的孢子体和配子体都能独立生活，孢子体具有维管组织，通常为多年生草本，产生孢子，孢子产生小的线状或叶状的配子体(原叶体)，在同一个或不同的原叶体上生出颈卵器和(或)精子器进行有性生殖；前 4 个亚门为小叶型蕨类，又称拟蕨植物(fern allies)，是一些较原始而古老的蕨类植物，现存的种类很少；真蕨亚门为大叶型蕨类，是较进化的蕨类植物。

现将蕨类植物不同亚门的特征区别列检索表如下。

1. 叶小型，一般不分裂，茎相对于叶发达。
  2. 茎中实，叶绿色，螺旋排列。
    3. 茎块状，叶长；水生 ·· 水韭亚门(**Isoephytina**)
    3. 茎伸长，叶小；多陆生。
      4. 孢子囊一室 ·· 石松亚门(**Lycophytina**)
      4. 孢子囊三室 ·· 松叶蕨亚门(**Psilophytina**)
  2. 茎中空，叶退化成膜质鳞片状，轮状排列 ·············· 楔叶蕨亚门(**Sphenophytina**)
1. 叶大型，常羽状或掌状分裂，茎相对于叶不发达 ················ 真蕨亚门(**Filicophytina**)

11.5.2.1 石松亚门(Lycophytina)

孢子体具匍匐的根状茎和直立的气生枝，茎二叉式(dichotomy)分枝，原生中柱，须毛状假根，小型叶，常螺旋状排列，有时对生或轮生。孢子囊属于厚孢子囊(由多层细胞组成)厚壁型，单生于孢子叶腋的基部，或聚生于枝端形成孢子叶球(穗)，孢子同型或孢子异型。

本亚门的石松属(*Lycopodium*)约 400 种，广布于世界各地。我国有 20 多种。叶螺旋状排列，无叶舌。孢子同型。配子体(雌雄同体)小。常见有石松(*Lycopodium clavatum*)，全草可入药，孢子粉可做丸药包衣，也可作为铸造工业的优良分型剂和照明工业的闪光剂。

11.5.2.2 水韭亚门(Isoephytina)

水韭亚门仅存水韭属(*Isoetes*)，有 70 多种，我国有 4 种。孢子体为草本，生于水边或水底，叶细长似韭，丛生于短粗的茎上，叶舌生于孢子囊的上方。有大孢子囊、小孢子囊及其孢子。精子具多鞭毛。常见的有中华水韭(*Isoetes sinensis*)，分布于长江下游地区，由于适宜的生境受到人为干扰，植株已非常稀少，为国家一级保护野生植物。

11.5.2.3 松叶蕨亚门(Psilophytina)

松叶蕨亚门为原始的陆生植物类群，孢子体仅有假根，叶为小叶型，枝多次二叉分枝。孢子囊生于柄状孢子叶近顶端，孢子同型。雌雄同体，游动精子螺旋形，具多数鞭毛。我国只有松叶蕨属(*Psilotum*)一属，分布于我国南方的有松叶蕨(*Psilotum nudum*)。

11.5.2.4 楔叶蕨亚门(Sphenophytina)

楔叶蕨亚门又称木贼亚门。有根、茎、叶的分化，茎具有明显的节和节间，叶小，鳞片状轮生；孢子囊穗生于枝顶，孢子叶盾状(peltate)，下生多个孢子囊；孢子同型，具有两条弹丝；精子螺旋形，具多数鞭毛，可游动。

本亚门仅存木贼属(*Hippochaete*)和问荆属(*Equisetum*)，有 30 多种，我国约有 9 种。问荆(*Equisetum arvense*)入药清热利尿，也为田间杂草。

11.5.2.5 真蕨亚门(Filicophytina)

(1) 基本特征

孢子体发达，有明显的根、茎、叶分化。根为不定根，茎除树蕨外全为根状茎，中柱类型多样，叶为大叶型，又分为单叶或复叶，幼时蜷卷，成长中逐步展开。孢子囊着生于叶缘或叶背，汇集成各种孢子囊群(sorus)，有或无囊群盖(indusium)，孢子同型。配子体常为心形，雌雄生殖器官生于腹面。

真蕨亚门有 10 000 种以上，我国有 40 科 2 500 种。可分为厚囊蕨纲(Eusporangiopsida)、原始薄囊蕨纲(Protoleptosporangiopsida)和薄囊蕨纲(Leptosporangiopsida)。

(2) 代表植物

①厚囊蕨纲。孢子囊为厚囊型(eusporangiate type)，由一群细胞发育而成。孢子囊壁具多层细胞。常见的有心叶瓶尔小草(*Ophioglossum reticulatum*)、瓶尔小草(*Ophioglossum vulgatum*)和狭叶瓶尔小草(*Ophioglossum thermale*)等，生于森林、山坡或草地。根肉质、无毛，有菌丝共生。

②薄囊蕨纲。孢子囊为薄囊型(leptosporomgiate type)，由一个细胞发育而来。孢子囊壁仅一层细胞，具有各式环带。孢子囊汇聚为各式孢子囊堆。孢子同型，很少为异型。本纲有真蕨目(Filicales，或水龙骨目 Polypodiales)、蘋目(Marsileales)、槐叶蘋目(Salviniales) 3 个目，是蕨类植物现存种类最多的一类。

现以日本水龙骨(*Goniophlebium niponicum*)为例介绍蕨类植物的生活史。孢子体有横走的根状茎，叶片卵状披针形，羽状深裂。孢子囊群生于叶的背面，孢子囊群小，无囊群盖；孢子囊有柄，孢子囊壁由一行不均匀增厚的细胞环绕成环带(annulus)，近柄的一侧有几个薄壁大细胞，称为唇细胞(lip cell)。孢子成熟后于唇细胞处开裂散出，环境适宜时，孢子萌发生长成心形、扁平的绿色原叶体，行独立生活。触地面为腹面，有假根，雌雄生殖器官生于此面。颈卵器瓶状，壁由多细胞组成；上部狭细部分称为颈部，其中有一列颈沟细胞；下部膨大部分称为腹部，其内有腹沟细胞和卵细胞。精子器球状，其壁仅由一层细胞组成，内生多数螺旋形具多鞭毛的精子。精卵融合，受精卵在颈卵器中发育成胚，再成长为有根、茎、叶的孢子体，行独立生活。叶的背面又生出孢子囊，孢子囊中的孢子母细胞进行减数分裂，形成单倍体的孢子，完成世代交替过程。

11.5.3 蕨类植物与人类的关系

地球上现存的蕨类植物占维管植物种类总数的 2%~5%。其中，85%的蕨类植物分布于热带地区，特别是中海拔的雨林或海洋性岛屿(如夏威夷群岛)，在这些地区它们可占维管植物总数的 16%以上。它们与其他绿色植物一样，承担着合成和积累有机物、释放氧气、净化环境等作用。

在我国，常见的作蔬菜食用的蕨类植物有菜蕨(*Callipteris esculenta*)、蕨(*Pteridium aquilinum* var. *latiusculum*)、田字草(*Marsilea quadrifolia*)等。可供药用的蕨类植物有 400 多

种，常见的如木贼、问荆、卷柏、石松、海金沙(*Lygodium japonicum*)等。贯众(*Cyrtomium fortunei*)的根状茎可驱虫解毒、治流行性感冒，还可作农药。

凤尾蕨属植物全株含有鞣质，可提取栲胶。石松的孢子粉可作铸造脱模剂和闪光剂等。蕨类植物的生活对于外界环境条件的反应具有高度的敏感性，许多种类要求特殊的生态环境条件，因而可以作为地质、土壤、气候等的指示植物。芒萁(*Dicranopteris dichotoma*)、紫萁(*Osmunda japonica*)常作为酸性土的指示植物，蜈蚣草(*Pteris vittata*)不仅可作为钙质土或石灰岩的指示植物，同时对砷也有着极强的富集能力，因此可用于砷等重金属污染严重土壤的环境修复。

在农业上，利用满江红(*Azolla imbricata*)叶内共生的固氮蓝藻，可以固定大气中的氮，其含氮量可达干重的 4.65%，是很好的稻田绿肥，也是畜禽的良好饲料。

许多蕨类植物由于具有奇特而优雅的形体，无性繁殖能力强，管理简便，因而具有很高的观赏价值，如卷柏、铁线蕨、肾蕨、凤尾蕨、鹿角蕨属(*Platycerium*)和巢蕨属(*Neottopteris*)等为著名的观叶植物。

桫椤(*Alsophila spinulosa*)为世界上最古老的活化石，是极少数幸存下来的木本蕨类植物之一。目前，桫椤分布已经极其稀少，处于濒危状态，被列为国家一级保护野生植物，既可观赏又可药用。

此外，古代蕨类植物残体被埋入地下，形成了煤炭，为人类提供了大量的能源。

因此，加强对蕨类植物的有效保护，改善蕨类植物的生长生活环境，避免现有物种衰退甚至灭绝，这与保护其他各类植物一样是全人类的重要长期任务之一。

本章小结

蓝藻是地球上出现最早的植物，属原核生物。其细胞中不具真正的核、载色体和各种细胞器。藻体中含蓝藻素，叶绿素中仅有叶绿素 a，具蓝藻淀粉。繁殖通过细胞直接分裂或藻殖段进行，无有性生殖。绿藻植物细胞与高等植物相似，有核和载色体，叶绿素 a、叶绿素 b 最多，还有叶黄素和胡萝卜素，因而呈绿色；储藏的养料有淀粉和油类。形态多种多样，有单细胞群体和多细胞的个体。单细胞植物体的细胞没有营养与繁殖的分化。群体中实球藻(*Pandorina morum*)也没有分化，多细胞的团藻和轮藻有明显的分化。繁殖方式有营养繁殖、无性繁殖和有性生殖(包括同配生殖、异配生殖和卵式生殖)3 种。

红藻植物体多呈红色或紫红色，除含叶绿素、类胡萝卜素及叶黄素外，还含藻红素和藻蓝素；储藏的养料是红藻淀粉；植物体为丝状、片状等。褐藻植物体含有的色素是叶绿素、胡萝卜素及叶黄素，其中以胡萝卜素及叶黄素含量较多，故呈黄褐色；储藏的养料主要是褐藻淀粉和甘露醇；生活史有明显的世代交替。

菌类植物没有根、茎、叶结构，不含叶绿素。除极少数外，其营养方式均为异养。细菌也是原核单细胞生物，根据其形态特征，可将其分为球菌、杆菌和螺旋菌 3 类。黏菌是介于动物与植物之间的一类多核单细胞生物。黏菌的营养阶段呈一团裸露的原生质体，能做变形虫运动和吞食固体食物，其生殖阶段能产生具纤维素壁的孢子。真菌都具有细胞核、细胞器结构。多数植物体由丝状的菌丝组成，分枝的菌丝团称为菌丝体。高等种类的菌丝体常形成各种类型的子实体，如子囊果和担子果等。根据其菌丝体的有无、菌丝是否具有横隔和有性生殖的孢子类型等，可将真菌分为鞭毛菌亚门、接合菌亚门、子囊菌亚门、担子菌亚门和半知菌亚门。了解菌类植物的特征和不同类型的代表种类对人类的生产、生活和生存与发展很有意义。

地衣是一类特殊的植物，是由某些藻类和菌类共同组合而成的一类互利互惠共生复合体。组成地衣的真菌多数为子囊菌，少数担子菌。藻类是一些单细胞的绿藻和蓝藻。在地衣生长过程中，菌类吸收水分和无机盐类为藻类制造养分提供原料，藻类通过光合作用制造有机物质供给菌类养料，这种互利互惠的关系称为共生关系。根据地衣的形态，地衣可为壳状地衣、叶状地衣和枝状地衣。地衣是陆地先锋植物，也是环境质量的指示植物。

苔藓植物是一类结构比较简单的高等植物，多生于阴湿之地，是植物从水生到陆生过渡代表类型。比较低等的种类为扁平的叶状体，比较高等的种类有茎、叶的分化，但都没有真正的根。植株吸收水分和无机盐以及固着是由其上的一些表皮细胞形成的假根来完成的，它们没有维管束那样真正的输导组织。苔藓植物的雌性生殖器官称为颈卵器，由颈部(包括壁细胞和颈沟细胞)和腹部(包括壁细胞和腹沟细胞及卵细胞)组成；雄性生殖器官称为精子器，由壁细胞和若干具2条鞭毛的精子组成。苔藓植物的孢子体分为孢蒴、蒴柄和基足3部分，孢蒴中的孢子母细胞减数分裂产生孢子，孢子发育形成配子体，配子体上产生生殖器官。苔藓植物的配子体占优势，孢子体不能离开配子体而独立生活。苔藓植物可分为苔纲、藓纲和角苔纲，常见的苔藓植物有地钱、葫芦藓等。

蕨类植物多为陆生，有真正的根、茎、叶的分化，有维管组织系统，既是高等的孢子植物，又是低等的维管植物。配子体与孢子体都能独立生活，且孢子体占优势。配子体也称原叶体，个体小，通常所见的蕨类植物都是孢子体。蕨类植物有明显的世代交替。配子体产生颈卵器和精子器，孢子体产生孢子囊，孢子囊中产生孢子。孢子是单细胞，是蕨类植物繁殖和传播的结构。蕨类植物常分为石松亚门、水韭亚门、松叶蕨亚门、楔叶蕨亚门和真蕨亚门。常见的蕨类植物有卷柏、节节草、肾蕨、满江红等。

思考题

1. 蓝藻有哪些主要特征，举出几种代表植物。
2. 绿藻有哪些主要特征，各有哪些代表性植物？
3. 地衣的主要特征是什么，常见的代表植物有哪些？
4. 苔藓植物与蕨类植物的生活史和世代交替有何不同，原叶体是蕨类植物的哪个世代？
5. 解释名词：孢子植物、颈卵器、菌丝体、子实体、地衣。

第 12 章

种子植物

种子植物(seed plant)是植物界种类最多、演化地位最高的类群。它与孢子植物相比，有两个最主要的区别：一是种子的形成；二是受精过程中产生花粉管。种子的形成，使胚得到了种皮的保护，提高了幼小孢子体(胚)对不良环境的抵抗能力；花粉管的出现，使受精过程不再需要以水为媒介，从而摆脱了对水的依赖。所以，种子植物更能适应陆地生活，有更强的竞争能力。此外，种子植物的孢子体更加发达，结构也更加复杂；而配子体进一步退化，并完全寄生在孢子体上。

种子植物包括裸子植物和被子植物两大类。裸子植物胚珠裸露，不形成果实，有颈卵器，无精子器，被子植物胚珠由心皮包被，形成果实，无颈卵器，也无精子器。

本章内容主要介绍包括种子植物的一般特征和系统分类，并介绍重要科的主要特征及常见植物。

12.1 裸子植物

12.1.1 裸子植物的一般特征

裸子植物(Gymnospermae)是一群介于蕨类植物与被子植物之间的高等植物。它们既是最进化的颈卵器植物，又是较原始的种子植物。因其种子外面没有果皮包被，是裸露的，故称裸子植物。裸子植物的一般特征如下。

(1) 孢子体发达

裸子植物的孢子体占绝对优势，多数种类为常绿乔木，有长枝和短枝之分；维管系统发达，网状中柱，无限外韧维管束，有形成层和次生结构。除买麻藤纲植物以外，木质部中只有管胞而无导管和纤维。韧皮部中有筛胞而无筛管和伴胞。叶针形、条形、披针形、鳞形，极少呈带状；叶表面有较厚的角质层，气孔呈带状分布。

(2) 配子体退化

裸子植物的配子体寄生在孢子体上，不能独立生活。成熟的雄配子体(花粉粒)具有4个细胞，包括1个生殖细胞、1个管细胞和2个退化的原叶细胞。雌配子体在近珠孔端产生2至多个颈卵器，但其结构比蕨类植物的颈卵器更加简单，仅含1个卵细胞和1个腹沟细胞，有的无颈沟细胞。雌、雄配子体均无独立生活能力，完全依赖孢子体供给营养。

(3)胚珠裸露

裸子植物的雌、雄性生殖结构(大孢子叶、小孢子叶)分别聚生成单性的大孢子叶球和小孢子叶球,同株或异株;大孢子叶平展,腹面着生裸露的倒生胚珠,形成裸露的种子。裸子植物的种子由胚、胚乳和种皮组成。胚($2n$)来自受精卵,是新一代的孢子体;胚乳(n)来自雌配子体;种皮($2n$)来自珠被,是老一代孢子体。由于胚得到了胚乳提供的营养,受到了种皮的保护,使后代免受外界损伤,不仅大大延长了寿命,而且增加了传播的机会。种子的产生和成功繁衍,促使植物界有更大的发展,达到更高级的进化水平。

(4)形成花粉管

小孢子叶背部丛生小孢子囊,小孢子囊中的小孢子或花粉粒单沟型,有气囊,可发育成雄配子体。裸子植物花粉(雄配子体)成熟后,借风力传播到胚珠的珠孔处,并萌发产生花粉管,花粉管中的生殖细胞分裂成2个精子,其中1个精子与成熟的卵受精,受精卵发育成具有胚芽、胚根、胚轴和子叶的胚。原雌配子体的一部分则发育成胚乳,单层珠被发育成种皮,形成成熟的种子。花粉管的产生,摆脱了水对受精作用的限制,更适应陆地生活。少数种类,如苏铁属(*Cycas*)和银杏(*Ginkgo biloba*)等,其精子仍有多数鞭毛可游动。由此可以说明,裸子植物是一群介于蕨类植物与被子植物之间的维管植物。

(5)具多胚现象

裸子植物常具多胚现象(polyembryony)。多胚现象的产生有两个途径:一是简单多胚现象(simple polyembryony),由一个雌配子体上的几个颈卵器同时受精,形成多胚;二是裂生多胚现象(cleavage polyembryony),仅一个卵受精,但在发育过程中,原胚分裂成几个胚。

裸子植物出现于3.5亿年前的古生代,最盛时期在中生代。现代裸子植物可分为苏铁纲(Cycadopsida)、银杏纲(Ginkgopsida)、松杉纲(Coniferopsida)、红豆杉纲(Taxopsida)和买麻藤纲(Gnetopsida)5纲9目12科71属(表12-1),约800种。我国是裸子植物种类最多、资源最丰富的国家,有4纲8目11科41属240种。有不少种类是第三纪的孑遗植物,或称"活化石"植物。

表12-1 裸子植物门四纲植物特征比较

类群特征	习性	叶(聚生、散生)	大、小孢子叶球	精子与颈卵器	种子
苏铁纲	直立乔木,少分枝	大型羽状复叶,顶生	单性异株,大孢子叶聚成球状,小孢子叶圆柱状	精子有鞭毛,有颈卵器	核果状
银杏纲	乔木,有长短枝	扇形叶,二叉脉	单性异株,大孢子叶简化为环状珠领和1~2胚珠,小孢子柔荑花序状	精子有鞭毛,有颈卵器	核果状
松杉纲	乔灌木,有长短枝	针形叶、鳞形叶、条形叶	单性异株或同株,大孢子叶、小孢子叶聚成球柱状	精子无鞭毛,有颈卵器	核果状或浆果状

(续)

类群特征	习性	叶(聚生、散生)	大、小孢子叶球	精子与颈卵器	种子
红豆杉纲	木本，多分枝	条形，排成2列	单性异株，稀同株	精子无鞭毛，有颈卵器	具肉质的假种皮或外种皮
买麻藤纲	灌木，藤本，有导管	鳞片叶，带状	单性异株，大孢子叶、小孢子叶聚成球柱状，有假花被	精子无鞭毛，颈卵器退化或无	核果状，有假种皮

12.1.2 裸子植物分类与代表植物

12.1.2.1 苏铁纲(Cycadopsida)

(1) 主要特征

常绿植物，茎干一般不分枝。营养叶羽状深裂。大孢子叶、小孢子叶异株。精子具有鞭毛。

本纲现存苏铁科(Cycadaceae)，含9属，100种左右。我国仅有苏铁属(Cycas)，约8种，常见的有苏铁(Cycas revoluta)和华南苏铁(Cycas rumphii)等。

(2) 代表植物

苏铁。雌雄异株，大孢子叶球、小孢子叶球均集生枝顶。小孢子叶球呈长椭圆形，由鳞片状的小孢子叶螺旋状排列而成，每个小孢子叶的背面生有许多由3~5个小孢子囊组成的小孢子囊群。大孢子叶球呈球形，大孢子叶密被淡黄色绒毛，上部羽状分裂，下部为狭长的柄，柄的两侧生有2~6枚胚珠。珠被一层，珠心顶端有贮粉室(pollen chamber)，珠心中的大孢子母细胞经减数分裂形成大孢子，进而由大孢子发育成胚乳(雌配子体)和位于其中的2~5个颈卵器。成熟的颈卵器一般有1个卵细胞和2个颈细胞。小孢子叶上有小孢子囊(厚囊型发育)，小孢子母细胞经减数分裂形成小孢子。成熟的小孢子进入花粉室，生出花粉管，在花粉管中形成2个陀螺形、有多数鞭毛的精子。精卵结合后形成合子，胚珠发育成红色种子(种皮3层，胚双子叶、胚乳丰富)，继而长成为新的植物。

12.1.2.2 银杏纲(Ginkgopsida)

本纲为单目、单科、单属、单种纲，仅银杏一种，为我国所特有，国内外广为栽培。

银杏是中生代孑遗的稀有植物，又名白果、公孙树。银杏为落叶乔木，树干高大，枝分顶生营养性长枝和侧生生殖性短枝。年轮明显。各种器官内均有分泌腔。叶扇形，有柄，长枝上的叶大多先端两裂，短枝上的叶常具波状缺刻，具分叉的脉序。球花单性、异株。小孢子叶球呈柔荑花序状，生于短枝顶端的鳞片腋内。小孢子叶有一短柄，柄端常有由2个小孢子囊组成的悬垂的小孢子囊群。精子具多数单鞭毛。大孢子叶球简单，通常具长柄，柄端有2个环形的大孢子叶，称为珠领(collar)，大孢子叶上各生1~2个直生胚珠，但通常只有1个成熟，种子近球形，核果状，熟时黄色，外被白粉，种皮分化为3层：外种皮厚，肉质，并含有油脂及芳香物质；中种皮白色，骨质，具2条纵脊；内种皮红色，膜质。胚乳肉质，来自雌配子体。胚具2枚子叶。种子萌发时，子叶不出土。染色体：$n=12$。

银杏树形优美，春季叶色嫩绿，秋季鲜黄，颇为美观，可作行道树及园林绿化。木材优良，可为建筑、雕刻、绘图板、家具等用材。种仁（白果）供食用（多食易中毒）及药用，入药有润肺、止咳等功效。叶可供药用和制杀虫剂。树皮含单宁。

12.1.2.3 松杉纲（Coniferopsida）

（1）主要特征

常绿或落叶乔木，稀为灌木，茎多分枝，多数种类有长枝、短枝之分，具树脂道（resin duct）。叶单生或成束，针形、鳞形、钻形、条形或刺形，螺旋着生、交互对生或轮生，叶的表皮常具较厚的角质层及下陷的气孔。孢子叶球单性，雌雄同株或异株。大孢子叶常排列成球果状。小孢子叶球单生或组成花序，由多数小孢子叶组成，每个小孢子叶通常具2~9个小孢子囊，精子无鞭毛。大孢子叶由3至多数大孢子叶（珠鳞，ovuliferous scale）和苞鳞组成，大孢子叶内侧常生1~2枚倒生胚珠。种子核果状，胚具子叶2~18枚，胚乳丰富。松柏纲植物的叶多为针形，故有针叶树或针叶植物（conifer）之称。

松杉纲是现代裸子植物中数量最多、经济价值最大、分布最广的一个类群，有4科44属600余种，隶属于1目，即松杉目（Pinales）。我国有3科16属，约147种。

（2）代表植物

以松属（*Pinus*）为例，其植物为常绿乔木，叶针形，常2针、3针、5针一束，生于短枝顶端，基部全为膜质鳞片。雌（大孢子叶球）雄（小孢子叶球）同株。

组成大孢子叶球的大孢子叶又称珠鳞，珠鳞背面基部有膜状的苞鳞。珠鳞腹面基部有倒生胚珠2枚，胚珠由一层珠被、珠心和珠孔组成。珠心内的大孢子母细胞经减数分裂，形成大孢子，远离珠孔的一个大孢子（其余3个退化）以核型胚乳的方式发育成雌配子体。在雌配子体成熟过程中，原珠孔端的雌配子体细胞发育成2~7个颈卵器，其他细胞成为胚乳。

小孢子叶球（又称雄球花，由若干小孢子叶组成），着生于当年生新枝基部的鳞片叶腋内，多数密集。每一小孢子叶球有1个纵轴，轴上螺旋排列着小孢子叶。小孢子叶背面（远轴面）有1对小孢子囊（花粉囊），小孢子囊中有多个小孢子母细胞，经减数分裂各形成4个小孢子（单核花粉粒）。小孢子经3次不等分裂，形成具4个细胞的花粉粒（雄配子体）。成熟的小孢子具有2个退化的原叶细胞（prothallial）、1个大的管细胞（tube cell）和1个较小的生殖细胞（generative cell），外壁向两侧突出形成气囊。小孢子囊破裂后，花粉粒散出，随风飘扬。

传粉后，小孢子经珠孔进入贮粉室，并萌发形成花粉管。在花粉管内，生殖细胞分裂形成2根不具鞭毛的精子，精子随花粉管进入颈卵器，并与卵受精发育成胚。胚珠发育成种子，大孢子叶球发育成松球果。种子成熟后，珠鳞张开，种子散出。种子在适宜的条件下萌发，形成新的植株。

松属常见的种类有：马尾松（*Pinus massoniana*），2针一束，长而柔；油松（*Pinus tabulaefor-*

mis），2针一束，较短而硬；白皮松（*Pinus bungeana*），3针一束，树皮灰白色；红松（*Pinus koraiensis*），5针一束。

本纲还有杉科（Taxodiaceae）的杉木（*Cunninghamia lanceolata*）、中国特有树种——水杉（*Metasequoia glyptostroboides*）；柏科（Cupressaceae）的侧柏（*Biota orientalis*）等优良造林树种。

12.1.2.4 买麻藤纲（Gnetopsida）

(1) 主要特征

次生木质部具导管，无树脂道。单叶对生，鳞片状或阔叶。孢子叶球序二叉分枝，孢子叶球有类似于花被的盖被，或有两性的痕迹。胚珠具1~2层珠被，有珠孔管（micropylar tube）。精子无鞭毛，颈卵器极其退化成无。成熟大孢子叶球球果状、浆果状或细长穗状，种子由盖被（假花被）发育而成的假种皮包裹，种皮1~2层，胚乳丰富，胚具2枚子叶。为裸子植物与被子植物的过渡类群。

本纲起源于新生代，现存植物共有3目3科3属，约80种。我国有2目2科2属19种，全国分布。买麻藤纲某些植物的茎内次生木质部出现导管，孢子叶球有盖被，胚珠包裹于盖被内，以及许多种类有多核胚囊而无颈卵器等，成为裸子植物中最进化的类群。

(2) 代表植物

①麻黄属（*Ephedra*）。植株为多分枝的小灌木。枝条绿色，多节；叶通常退化成膜鞘，对生或轮生，外形似木贼；雌、雄球花异株；种子成熟时花被为肉质，色鲜红，包于种子之外。该属植物草麻黄（*Ephedra sinica*）是我国西北与华北常见的药材。

②买麻藤属（*Gnetum*）。木质攀缘而缠绕的藤本植物。茎筒形，节部膨大；叶全缘对生，羽状脉。雌配子体无颈卵器。常见种有买麻藤（*Gnetum montanum*）和小叶买麻藤（*Gnetum parvifolium*）。药用能祛风、行血、消肿、止痛，生汁内服可解蛇毒。

③百岁兰属（*Welwitschia*）。仅百岁兰（*Welwitschia bainesii*）1种，典型旱生植物，分布于非洲西南沙漠地带。茎短而粗，块状，终生只有1对大型带状叶片，叶长2~3 m，可生存百年以上。雌配子体无颈卵器。

12.1.3 裸子植物的起源与演化

裸子植物的演化有如下的趋向：①植物体的次生生长由弱到强；②茎干由不分枝到分枝；③孢子叶由散生到聚生成各式孢子叶球；④大孢子叶逐渐转化，颈卵器简化到无，雄配子体发展为花粉管，雄配子由游动精子到精细胞。生殖器官的演化，使裸子植物更适应陆地生活。

裸子植物的起源可远溯到3.5亿年之前。化石研究表明，中泥盆纪的无脉蕨（Aneurophyton）是一类原始的裸子植物。无脉蕨是高大的乔木，无叶脉，孢子囊小而呈卵形，生于末级枝顶；茎具具缘纹孔的管胞组成的次生木质组织，主根不发达。古蕨（Archaeopteris）是晚泥盆纪特有的一群较为进化的原始裸子植物，株高18 m以上，茎粗1.5 m，有形成层及次生结构，羽状复叶扁平而宽大；根系较无脉蕨发达；孢子囊单个或成束着生在不具叶片的小羽片上，孢子囊有大、小两种孢子，仍以孢子繁殖。其形态、结构和生殖器官的特征更接近裸子植物，因而推测它可能是由原始蕨向裸子植物演化的早期阶段或过渡类型,所以人们称古蕨为原裸子植物(Progymnospermae)或半裸子植物。到了晚泥盆纪、早石炭纪时,由原裸子植物演化出更高级的类型——种子蕨目(Pteridospermales)、苏铁蕨目(Cycadofilices)和科得狄目(Cordaitales)等。

种子蕨是一种最原始的种子植物,最早出现于早石炭纪的地层中,在晚石炭纪和二叠纪得到了极大发展,是当时陆生植被中的优势类群。种子蕨植物体不高大,主茎很少分枝,叶为多回羽状复叶。种子小型并有一杯状包被,其上生有腺体,种子中央为一颇大的雌配子体组织和颈卵器,珠心(大孢子囊)的顶端有一突出的喙,喙外又有一垣围之,两者之间为花粉室,其中有时可看见花粉粒,珠心之外有一层厚的珠被。由上可见,种子蕨是介于真蕨类植物与种子植物之间的过渡类型,但种子蕨并非起源于真蕨,而是从起源于裸蕨的原裸子植物演化而来。

在石炭纪、二叠纪的植被中,除了外貌像蕨的种子蕨之外,还有一类高大乔木状的种子植物——科得狄,其为高大乔木,茎粗一般不超过 1 m,茎干的内部构造与种子蕨相似,但木材较发达而致密,木质部或薄或厚,通常无年轮,髓由许多薄壁细胞横裂成片组成,似被子植物胡桃的髓;具较发达的根系和高大的树冠,叶皆是全缘的单叶,形态大小不一致,其上有许多粗细相等、分叉的、近平行的叶脉;大孢子叶球、小孢子叶球分别组成松散的孢子叶球序,并在大孢子叶球、小孢子叶球的基部有多数不育的苞片;胚珠顶生,珠心与珠被完全分离。从上述特征可以看出,科得狄植物在胚珠结构、叶的形态与结构等方面与种子蕨相似,而茎的构造和孢子叶的形态等又类似现有的裸子植物。

种子蕨和科得狄之间并不存在系统发育上的祖裔关系,它们都是原裸子植物的后裔。根据现有的裸子植物化石资料,现存的裸子植物都是由原裸子植物沿两个方向演化而来。一个是由古蕨经过复杂的分枝和次生组织的发育,在石炭纪形成科得狄,再进一步发展成为银杏类、松杉类和红豆杉类,现存的裸子植物大多属于此类。另一个则由无脉蕨经过侧枝的简化形成种子蕨,再进一步发展成为本内苏铁类(Bennettitinae)和苏铁类(Cycas),其中本内苏铁类在白垩纪后期绝灭。至于买麻藤纲植物的起源和系统地位,至今尚存有争议,根据它们形体的结构和明显的分节,被认为与木贼类植物有一定的亲缘关系;但从它们孢子叶球的结构来看,其祖先曾具有两性的孢子叶球,而具有两性孢子叶球的植物只有起源于种子蕨的本内苏铁类,它们的孢子叶球呈二叉分枝和具有珠孔管等特点说明买麻藤纲植物很可能是强烈退化或特化了的本内苏铁植物的后裔,但买麻藤植物茎内维管组织具导管、精子无鞭毛、颈卵器趋于消失,以及类似花被结构(盖被)的形成和虫媒的传粉方式等,其性状接近现代被子植物。

12.1.4 裸子植物与人类的关系

裸子植物是林业生产上的主要用材树种,我国用在建筑、枕木、造船、家具上的大量木材,大部分是松杉类植物,如东北的红松,南方的杉木。裸子植物又是重要的工业原料植物,可以提供松节油、松香、单宁、树脂、栲胶等,在生产生活中都有重要的用途。

大多数裸子植物为常绿树,树冠美丽,在美化庭院、绿化环境上有很大价值。世界五大庭园植物雪松、南洋杉、金钱松、日本金松和巨杉都是裸子植物。我国的黄山松、水杉、水松、侧柏、龙柏等作为园林观赏树种,也为人类带来了美的享受。

有些裸子植物,如银杏、华山松、红松、香榧等的种子可供食用。有的作药用,如红豆杉属植物全株含三尖杉生物碱,供作抗癌药物;草麻黄为著名中药材,含麻黄碱,枝叶有镇咳、发汗、止喘、利尿等功效,根可止汗。

我国由于特殊的自然环境——第四纪冰河分散,使裸子植物在我国的残余种类特别丰富,很多稀有种类生活到现在,如我国特产的银杏、金钱松、水松、水杉、银杉、白豆杉等,都是地史上遗留的古老植物,因而称为"活化石"。上述6种植物也是我国特有的单种属植物。裸子植物中的珍稀濒危植物很多,它们在研究地史和植物界演化上具有极其重要的意义,但由于天然更新能力弱而造成资源日益枯竭,目前这些濒危植物的种群数量已很少。因此,必须采取有效措施,杜绝乱砍滥伐,保护好现存树种。同时,还应开展繁殖技术的研究,在适宜地区大力育苗造林,以求缓解珍稀濒危植物的生存危机。

12.2 被子植物

12.2.1 被子植物的一般特征

被子植物(Angiosperm)是现存植物界最高级、最繁盛和分布最广的一个植物类群。在地球上占绝对优势。现知被子植物共有1万多属25万种,占植物界种数一半以上。我国有3 100多属,约3万种,其中特有属多达100个以上。被子植物能有如此多的种类,有极其广泛的适应性。这与它的结构复杂化和完善化、生殖方式高效化和多样化有关。被子植物与裸子植物同属于种子植物,两者的孢子体世代漫长,孢子体独立生活,在生活史中占据明显优势;配子体寄生在孢子体上,配子体世代在生活史中相对隐蔽而短暂。与裸子植物相比,被子植物主要具有以下5个方面的进化特征。

(1) 有真正的花

被子植物最显著的特征是具有真正的花。花的组成包括花被(花萼、花冠)、雄蕊群和雌蕊群等部分,雄蕊和雌蕊是花最重要的结构。许多被子植物具有鲜艳的花朵和芬芳的气味,可吸引昆虫和鸟类,实现异花授粉。

(2) 有雄蕊和果实

雌蕊由心皮组成,包括子房、花柱和柱头3部分。胚珠包藏在子房内,子房在受精后发育形成果实。果实有利于种子的发育、传播和保护种子免遭伤害。

(3) 有双受精现象

通过双受精作用。受精卵发育成胚($2n$),融合了双亲的遗传特性;受精极核发育成胚乳($3n$),更加丰富、稳定和增强子代的遗传优势。这与裸子植物的胚乳直接由雌配子体(n)发育而来不同,被子植物的幼胚以$3n$染色体的胚乳为营养,使胚更富于生命力和更强的适应外界环境的能力,更利于种族的繁茂。

(4) 孢子体高度发达和多样化

在形态、结构、生活型和生活方式等方面,被子植物比其他各类植物更完善和多样化。在解剖构造上。被子植物的输导组织更为完善,木质部中有导管和木纤维。韧皮部中有筛管和韧皮纤维,使体内物质运输更为畅通,机械支持和适应能力大为加强。

(5) 配子体进一步简化

雌配子体、雄配子体极简化,寄生在孢子体上,无独立生活能力,结构比裸子植物更简化。雄配子体为 2 个或 3 个细胞的成熟花粉粒。雌配子体为成熟的胚囊,颈卵器退化为卵器,仅由 1 个卵细胞和 2 个助细胞组成。正是由于被子植物具备了上述适应陆地环境更优越的形态结构,才使之得以在地球上迅速地发展和繁茂起来,以至成为现今地球上占统治地位的植物类群。因被子植物具有真正的花,所以又称真花植物(flowing plants),由于具雌蕊,也称雌蕊植物(gynoeciatae),以此与其他具颈卵器的高等植物相区别。

12.2.2 被子植物的主要分类系统

被子植物类群繁多,其系统排列旨在反映类群间的自然系统演化关系。时至今日,尽管已能用分子系统学等证据来证明生命之树,但经典的植物分类学仍依据恩格勒系统和哈钦松系统等分类系统的排列顺序。

(1) 恩格勒系统

恩格勒系统是由德国植物学家恩格勒和勃兰特于 1897 年在《植物自然分科志》中公布的(图 12-1),为植物分类学史上第一个比较完整的自然分类系统,后于 1964 年修订完善。该系统坚持假花学说和二元起源的观点,将双子叶植物分为古生花被亚纲和合瓣花亚纲,并认为被子植物花的演化方向是从无被花发展到有被花,从单被花发展到双被花,从离瓣花发展到合瓣花,花部是由少数发展到多数,从单性花发展到两性花,风媒花发展到虫媒花。因此,柔荑花序类植物是被子植物中最原始的类型。故双子叶植物纲离瓣花亚纲从木麻黄科(Casuaurinaceae)开始至伞形科(Umbelliferae)结束;合瓣花亚纲从岩梅科(Diapensiaceae)开始至菊科(Compositae)结束。单子叶植物纲从泽泻科(Alismataceae)开始至兰科(Orchidaceae)结束。该系统最初还认为,双子叶植物和单子叶植物是平行发展的两支,单子叶植物要比双子叶植物相对原始。

恩格勒系统是被子植物分类学史上第一个比较完善的分类系统。该系统将植物界分为 17 门,其中被子植物独立成一个门,共包括 2 纲 62 目 343 科。目前中国科学院植物标本室、《中国树木分类学》和《中国高等植物图鉴》等均采用这一系统。

(2) 哈钦松系统

哈钦松系统是由英国植物学家哈钦松于 1926—1934 年在《有花植物科志》中发表的(图 12-2),1973 年修订。该系统是在 Bentham 和 Hooker 分类系统基础上发展起来的,坚持真花学说和单元论的观点,认为花的演化是由两性花,到单性花由虫媒花到风媒花,由双被花到单被花或无被花,由雄蕊多数和雌蕊的心皮多数分离向着雄蕊及雌蕊的心皮定数目联合的方向发展。因此,柔荑花序类植物较进化,而木兰目多心皮类为较原始的类群。故双子叶植物纲离瓣花亚纲从木兰科(Magnoliaceae)开始至伞形科(Umbelliferae)结束;合瓣花亚纲从桤叶树科(Clethraceae)开始至唇形科(Labiatae)结束。单子叶植物纲从花蔺科(Butomaceae)开始至禾本科(Gramineae)结束。该系统还认为单子叶植物起源于双子叶植物的毛茛目,将单子叶植物的发生列于双子叶植物之后。

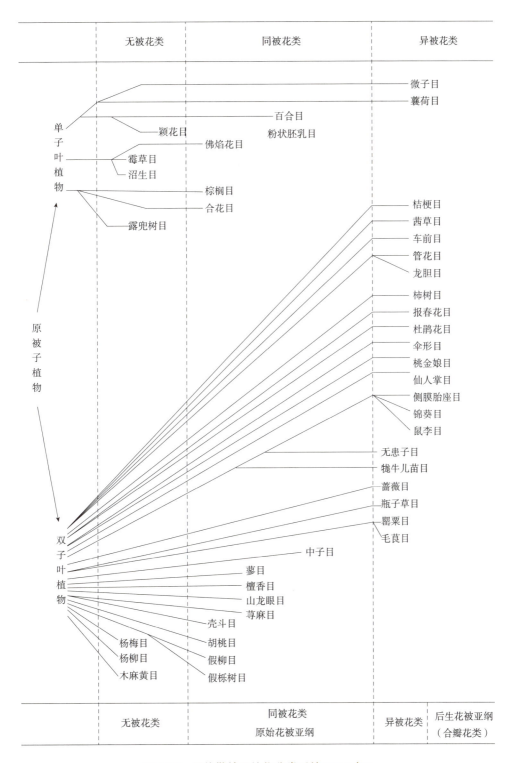

图 12-1　恩格勒被子植物分类系统（1897 年）

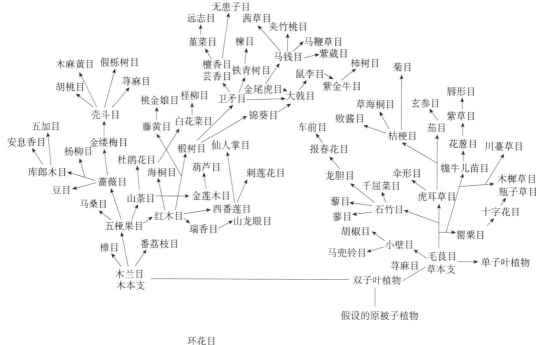

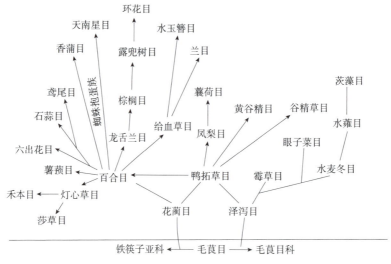

图 12-2　哈钦松被子植物分类系统

哈钦松系统较恩格勒系统有较大的进步，主要表现在把多心皮类作为演化的起点，在许多地方阐明了被子植物的演化关系，但其被子植物分为木本支和草本支的观点目前已被认为是完全错误的。我国的《种子植物分类学》《广州植物志》和《海南植物志》等均采用这一系统。

(3) 塔赫他间分类系统

塔赫他间于 1954 年提出了被子植物分类系统。他认为被子植物起源于种子蕨，并通过幼态成熟演化而成；草本植物是由木本植物演化而来的；单子叶植物起源于原始的水生双子叶植物具单沟舟形花粉的睡莲目莼菜科。该系统主要的特点如下。

①坚持真花说，提出了幼态成熟的理论，主张被子植物起源于种子蕨。

②全部单子叶植物起源于具单沟舟形花粉的水生双子叶植物睡莲目，木兰目更原始，其为木本，由它发展出毛茛目和睡莲目。

③柔荑花序类起源于金缕梅目。

④草本植物由木本植物演化而来，菊科、唇形目是高级类型，较原始的处于低级发展阶段的是木本类型。

1980年塔赫他间发表的分类系统打破了离瓣花和合瓣花的界限，使目安排得更为合理，把芍药属独立为科，处理柔荑花序比原来更为进步，但增加了"超目"这一分类单元，科的数量达410，似乎繁杂了一些。

（4）克朗奎斯特分类系统

克朗奎斯特分类系统是美国学者克朗奎斯特1958年发表的。他的分类系统也采用真花学说及单元起源的观点，认为有花植物起源于一类已经绝灭的种子蕨；现代所有生活的被子植物亚纲，都不可能是从现存的其他亚纲的植物进化来的；木兰亚纲是有花植物基础的复合群，木兰目是被子植物的原始类型；柔荑花序类各目起源于金缕梅目；单子叶植物起源于类似现代睡莲目的祖先，并认为泽泻亚纲是百合亚纲进化线上近基部的一个侧枝。

虽然克朗奎斯特系统和塔赫他间系统接近，但他不采用超目，把木兰亚纲和毛茛亚纲合并成木兰亚纲，并且引用了解剖学、古植物学、植物化学、地理学证据。总之，克朗奎斯特系统在各级分类系统的安排上似乎比前几个分类系统更为合理，科的数量及范围较适中，有利于教学使用。

（5）达格瑞分类系统

1975年，达格瑞系统对单子叶植物的起源提出了独特的见解，它把被子植物作为一个纲，双子叶植物与单子叶植物列为亚纲，下设超目等分类单位，整个系统含33超目108目369科。该系统以花相作为基础，处理分类群亲缘关系以相似性程度作为决定性因素，其种系发生树以横切面图解表示，用间隔距离作为判断亲缘关系的根据，用数学统计（聚类分析）研究系统亲缘关系。其系统树具有如下的特点。

①被子植物是由裸子植物演化来的，这一祖先已有比较明显、稳定的性状。在韧皮部中有筛管和伴胞，具有双受精现象，内胚乳，胚囊型雌配子体，小孢子囊有4个室，有心皮。只有具备这些特征才能演化出被子植物。

②原始被子植物的花是三基数、螺旋状排列的。

③单子叶植物与双子叶植物之间的关系很密切，单子叶植物是由双子叶植物毛茛类而不是睡莲类演化出来的。

④柔荑花序类与金缕梅目有联系，但把山毛榉科、榆科合并到蔷薇类，把塔赫他间分类系统和克朗奎斯特分类系统金缕梅亚纲的某些类群（如荨麻目等）放在锦葵超目，使之成为复合群。

⑤合瓣花类群中的一些科（如报春花科）应分出，不应属于合瓣花类。合瓣花类沿着以下3条路线前进。

山茱萸超目—刺莲花超目—唇形超目—龙胆超目：以含虹彩类化合物为特征。

五加超目—菊超目：以聚炔类化合物-伴萜类化合物为特征。

茄超目：常含莨菪碱或耐逊生物碱。

(6) 张宏达种子植物系统

1986年，我国学者张宏达提出的种子植物系统，打破了传统上把种子植物划分为裸子植物和被子植物的分类法，把全部种子植物及已经发现的种子蕨，包括在他的系统里，首先建立种子植物门，并在种子植物门下设立了10个亚门，有花植物作为最后一个亚门。对于有花植物，也在恩格勒系统的基础上提出了新的系统，其重要的观点如下。

①种子植物的胚球分别来自无孢子叶的顶枝及孕性的孢子叶，并形成了5种不同类型的种子和果实，即银杏型、科得狄—本内苏铁型、紫杉型、苏铁—有花植物型和松柏型。只有松柏类才是真正的裸子植物，买麻藤类具有雏形的双受精现象，再加上买麻藤的营养器官，包括茎、叶、维管束的各种结构，应将其归并于有花植物。

②有花植物起源不迟于三叠纪，因为地球联合古陆自三叠纪开始解体，不再可能产生全世界统一的有花植物区系。

③有花植物起源自种子蕨，根据花植物的子房及胚珠结构，具有异形孢子和孢子叶的种子蕨才可能是它的祖先。现代有花植物（包括木兰目），都不是最古老的有花植物，因为木兰目种系繁衍、花的结构完整，虽然雄蕊及离生心皮具有原始的性状，但次生木质部却具有明显的次生特征。莽草科(Winteraceae)虽有管胞，但种系也比较发达，他不同意把木兰目当作最原始的有花植物，以及全部被子植物均源自木兰目的单元单系观点，主张有花植物的起源是单元多系的。

④孔型和三沟的花粉是古老的，单沟花粉从三沟花粉演化而来；孔型花粉不可能源自沟型花粉。

⑤原始的有花植物只能从风媒的种子植物演化而来。不赞成虫媒植物先于风媒植物，风媒植物源于虫媒植物的观点，认为风媒植物即使不先于虫媒植物，二者至少也是齐头并进的。

⑥单花和两性花是次生的，花序和单性花是原生的，花被的出现是为了加强对雌、雄蕊的保护，因而无被花、单被花是原始的。

⑦柔荑花序类并不限于无被花、单被花和单性花，榆科、荨麻科、马尾树科甚至山毛榉科都存在两性花或两性花的痕迹。二轮花被同样也出现在榆科、山毛榉科、桦木科、马尾树科。柔荑花序类基本上是孔型花粉，只有栎属是沟型花粉，因而不可能从多心皮类衍生。它的孔型花粉，合点受精，风媒花，花被退化或不显眼；但开花时散发的臭气同样吸引了蝇类等昆虫传粉；木质部不具原始的管胞，可能是由非离生心皮祖先派生出来的。

⑧不同意用百合植物来代表全部单子叶植物，至少不能代表泽泻目和棕榈目。

⑨裸子植物中只有松柏纲才是真正的裸子植物，其余的苏铁纲、银杏纲、紫杉纲及买麻藤纲，由于珠被里或假花被里出现形成层，在受精之后进一步分化，形成肉质的果皮，包着种子起保护作用，是雏形的果实，有别于后继的被子植物由子房（心皮叶）发育所成的果实。这种雏形的果实从种子蕨类出现的最初阶段即已存在，并在种子蕨类中占有优势和主流的地位，明显地存在着系统发育的意义。

张宏达的种子植物分类系统把化石植物与现生植物统一起来,纳入他的分类系统中,其最新的种子植物分类系统发表于 2000 年。

(7) 胡先骕系统

我国著名植物分类学先驱胡先骕在 1950 年发表了《被子植物的一个多元的新分类系统》。他认为,被子植物的发生是多元的,被子植物发生于遥远的中生代二叠纪与三叠纪之间,一方面上溯到亚苏铁之 Williamsonilla 与 Wielandiella;另一方面与其他的一切裸子植物,如科得狄、银杏类、松杉类与苏铁类皆有渊源。并认为被子植物的茎、叶、花的演化基础在二叠纪初即已奠定。该系统认为,单子叶植物是独立发生的一支,沼生类、百合类和佛焰苞类源自多元祖先,如棕榈目与苏铁蕨有关,而双子叶植物中的木兰目、毛茛目、金缕梅目、羽状复叶类等均为古代原始类群。

(8) 吴征镒分类系统

我国植物学家吴征镒等在总结了比较形态学、化学分类学、古植物学、分支系统学和分子系统学等的研究成果基础上,于 2002 年提出了被子植物的一个多系、多期、多域八纲新分类系统。该系统被学术界称为被子植物的多元分类系统。按照这个系统,在早白垩纪,被子植物通过 8 条主传代线进化至现今的被子植物 8 个纲,即木兰纲(Magnoliopida)、樟纲(Lauropida)、胡椒纲(Piperopida)、毛茛纲(Ranunculopida)、金缕梅纲(Hamamelidopida)、蔷薇纲(Rosopida)、石竹纲(Caryophyllopida)和百合纲(Liliopida)。八纲分类系统包含 40 亚纲 202 目 572 科,其中有 22 个亚纲和 6 新目为新命名。但吴征镒的八纲分类系统并没有说明各主传代线之间的相互关系,也没有说明它们与祖先类群的演化关系以及被子植物起源的时代和地点等核心问题。

(9) APG 被子植物分类系统

APG 系统是由 29 位植物学家组成的被子植物系统发育研究组(The Angiosperm Phylogeny Group,APG)于 1998 年提出的被子植物 APG 分类法(*An Odinal Classification for the Families of Flowering Plants*),后经 2003 年、2009 年和 2016 年不断修订完善(APG Ⅱ、APG Ⅲ 和 APG Ⅳ)。该分类系统是根据现今分子系统学研究成果所建立的,也是全世界大部分著名植物分类学家智慧的结晶。APG 系统提出了一个以目为单位的被子植物分类系统。该系统依据单系原则将全部被子植物各科目聚类成 3 类 40 目 462 科。第一类为木兰分支(Magnoliids),包括樟目(Laurales)、木兰目(Magnoliales)和胡椒目(Piperales)等;第二类为单子叶植物分支(Monocots),包括菖蒲目(Acorales)、泽泻目(Alismatales)、天门冬目(Asparagales)、薯蓣目(Dioscoreales)、百合目(Liliales)、露兜树目(Pandanales)和若干不确定的科,另设鸭跖草分支(Commelinids),包括棕榈目(Arecales)、鸭跖草目(Commelinales)、禾本目(Poales)、姜目(Zingiberales)和金鱼藻目(Ccratophyllales)等;第三类为真双子叶植物分支(Eudicots),该分支除毛茛目(Ranunculales)、山龙眼目(Protcales)和一些科外,还包括核心真双子叶植物分支[如石竹目(Caryophyllales)、檀香目(Santalales)、虎耳草目(Saxifragales)和一些不确定的科]、蔷薇分支(Rosids)[除牻牛儿苗目(Geraniales)、桃金娘目(Myrtales)外,包含Ⅰ类真蔷薇分支和Ⅱ类真蔷薇分支]和菊分支(Asterids)[除杜鹃花目(Ericales)及若干科外,还有Ⅰ类真菊分支和Ⅱ类真菊分支]。APG Ⅳ被子植物分类系统(2016)基本分支特征如图 12-3 所示。

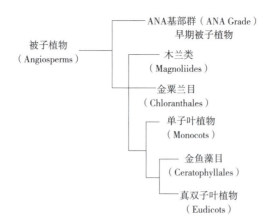

图 12-3　APG Ⅳ被子植物分类系统分支结构

本教材对于被子植物的介绍采用 APG Ⅳ 系统排列。

12.2.3　被子植物主要科分类

(1) 睡莲科(Nymphaeaceae) $* \male K_{4\sim6,12} C_{\infty} A_{\infty} \underline{G}_{(5\sim\infty)}, \overline{G}_{(5\sim\infty)}$ [睡莲目 Nymphaeales]

【主要特征】多年生水生草本。具根状茎。叶常漂浮水面，盾形、心形或戟形。花单生，两性，辐射对称；萼片 4~6(12)；花瓣多数；雄蕊多数，雌蕊由 5 至多数合生心皮组成，子房上位或下位，胚珠 1 至多数。果实浆果状，常不规则开裂，种子具假种皮或无。

睡莲科共有 6 属，约 70 种，广布于世界各地。我国有 3 属 8 种，全国各地均有分布。

睡莲科植物是池塘或湖泊常用的绿化植物，同时具有重要的药用和食用价值。常见的 3 个属是睡莲属、芡属和萍蓬草属。

【重要的属检索表】

1. 叶脉主要掌状或辐射状；萼片带绿色，不花瓣状；子房半下位或下位；种子具假种皮。
　　2. 子房半下位；叶柄、叶脉及果实不具刺 ··· 睡莲属(*Nymphaea*)
　　2. 子房下位；叶柄、叶脉及果实有刺 ··· 芡属(*Euryale*)
1. 叶脉主要羽状；萼片黄或橙，花瓣状；子房上位；种子不具假种皮 ············ 萍蓬草属(*Nuphar*)

【常见植物】芡(*Euryale ferox*)，水生草本。全株具刺[图 12-4(a)]。果实浆果状，海绵质，密被硬刺。全国大部分省份有分布。种仁食用或药用。睡莲(*Nymphaea tetragona*)，多年水生草本。根状茎短粗。花瓣白色；柱头具 5~8 辐射线。浆果球形，种子黑色。全国广泛分布。根状茎供食用或酿酒；全草可作绿肥。萍蓬草(*Nuphar pumilum*)，多年水生草本。叶纸质，先端圆钝，基部具弯缺，心形，侧脉羽状[图 12-4(b)]。花梗有柔毛；萼片黄色，外面中央绿色。浆果。分布于广东、福建、江西、浙江、江苏、黑龙江、吉林、河北；俄罗斯、日本，以及欧洲北部和中部也有分布。根状茎可食用，还有供药用；花供观赏。

(2) 木兰科(Magnoliaceae) $* \male P_{6\sim15} A_{\infty} \underline{G}_{\infty:1;1\sim\infty}$ [木兰目 Magnoliales]

【主要特征】木本。单叶互生，全缘，托叶包被芽，早落。枝具环状托叶痕。花单生，两性，辐射对称，常同被；雄蕊及雌蕊多数，分离，螺旋状排列于柱状花托上，子房上位。聚合蓇葖果穗状，稀为翅果。种子有胚乳。

（a）芡（*Euryale ferox*）　　　　　　　（b）萍蓬草（*Nuphar pumilum*）

图 12-4　睡莲科常见植物

木兰科共有 17 属，约 300 种，分布于亚洲的热带和亚热带地区，北美洲和中美洲也有。我国有 13 属 112 种，主要分布于华南和西南。

木兰科是现存被子植物中最原始的类群之一，许多是孑遗种且处于濒危或稀有状态，属于国家重点保护植物。重要的属有木兰属、含笑属、木莲属和鹅掌楸属等。

【重要的属检索表】

1. 叶多全缘；聚合蓇葖果，开裂。
   2. 花顶生，雌蕊群无柄。
      3. 每心皮具 2 枚胚珠 ………………………………………………………… 木兰属（*Magnolia*）
      3. 每心皮具 4 枚或更多胚珠 ……………………………………………… 木莲属（*Manglietia*）
   2. 花腋生，雌蕊群具显著的柄 …………………………………………………… 含笑属（*Michelia*）
1. 叶常 4~6 裂；聚合翅果，不开裂。………………………………………… 鹅掌楸属（*Liriodendron*）

【常见植物】玉兰（*Magnolia denudate*），落叶乔木。早春开花，先花后叶，花顶生，白色[图 12-5（a）]。各地均有栽培，供观赏，花蕾药用。含笑花（*Michelia figo*），常绿灌木。花腋生，淡黄色而边缘有时红色或紫色[图 12-5（b）]，具甜浓的水果芳香。原产于华南南部各地，现广植于全国各地，供观赏或药用，也可拌入茶叶制作花茶。木莲（*Manglietia fordiana*），常绿乔木。托叶痕半椭圆形。花被片纯白色。聚合果，褐色，卵球形。种子红色。分布于福建、广东、广西、贵州、云南。木材供板料、细工用材；果及树皮可入药。鹅掌楸（*Liriodendron chinense*），落叶乔木。叶马褂状[图 12-5（c）]。花杯状。聚合小坚果，具翅。各地有栽培，供观赏。木材淡红褐色，是优良的用材树种；叶和树皮可入药。

（3）天南星科（Araceae）$*♂♀P_{0,4~6}A_{2~\infty/(2~\infty),4~6}\underline{G}_{(1~\infty;1~\infty;1~\infty)}$；$*♂P_0A_{2~\infty/(2~\infty)}$；$*♀P_0\underline{G}_{(1~\infty;1~\infty;1~\infty)}$　[天南星目 Arales]

【主要特征】多年生草本，稀木质藤本。常具块茎或根状茎。单叶或复叶，常基生，叶柄基部常有膜质鞘，叶脉网状。花小，两性或单性，辐射对称，呈肉穗花序，具佛焰苞；单性花同株或异株，同株时雌花群生于花序下部，雄花群生于花序上部，两者间常有无性

（a）玉兰（*Magnolia denudate*）　　（b）含笑花（*Michelia figo*）　　（c）鹅掌楸（*Liriodendron chinense*）

图 12-5　木兰科常见植物

花相隔，无花被，雄蕊 2~6，常愈合成雄蕊柱，少分离；两性花具花被片 4~6，鳞片状，雄蕊与其同数而互生，雌蕊子房上位。浆果，密集于花序轴。

本科共 110 属 3 500 余种，主产于热带和亚热带地区。我国有 26 属 181 种，多数种类分布于长江以南各省份。

本科包括大量的园艺观赏植物；一些植物的球茎或果实可食用。本科植物的主要成分有挥发油、氰苷、生物碱等，可药用。重要的属有天南星属、菖蒲属、半夏属、魔芋属、芋属和广东万年青属等。

【重要的属检索表】

1. 叶片掌状或鸟足状全裂。
    2. 肉穗花序与叶同时存在；叶裂片非羽状分裂。
        3. 佛焰苞管喉部不闭合，无横隔膜 ……………………………………………………… 天南星属（*Arisaema*）
        3. 佛焰苞管喉部闭合，有横隔膜；肉穗花序的雌花部分位于隔膜之下，雄花部分位于隔膜之上 ……………
        ………………………………………………………………………………………………… 半夏属（*Pinellia*）
    2. 肉穗花序与叶不同时存在；叶裂片 1~2 回羽状分裂 ……………………………… 魔芋属（*Amorphophallus*）
1. 叶片不分裂。
    4. 叶片狭剑形；佛焰苞与叶片同形 ……………………………………………………… 菖蒲属（*Acorus*）
    4. 叶片非狭剑形；佛焰苞与叶片异形。
        5. 肉穗花序顶端具附属物，植株无地上茎 ……………………………………………… 芋属（*Colocasia*）
        5. 肉穗花序顶端无附属物，植株具地上茎 …………………………………… 广东万年青属（*Aglaonema*）

【常见植物】天南星（*Arisaema heterophyllum*），多年生草本。块茎扁球形，周围生根。叶 1；叶片鸟足状分裂。佛焰苞管部圆柱形，喉部截形，外缘稍外卷。肉穗花序两性和雄花序单性。浆果黄红色、红色，种子黄色，具红色斑点。我国大部分省份有分布。块茎含淀粉，有毒，不可食用，作工业用，也可药用。半夏（*Pinellia ternata*），多年生草本。块茎扁球形［图 12-6（a）］。叶柄近基部内侧常有一白色珠芽。花单性同株，肉穗花序，佛焰苞管喉部闭合，有横膈膜。全国均有分布。块茎有毒，炮制后药用。魔芋（*Amorphophallus konjac*），多年生大型草本。块茎扁球形。肉穗花序比佛焰苞长 1 倍。浆果球形或扁球形，成熟时黄绿色。我国大部分省份有分布或栽培。块茎可加工成魔芋豆腐食用或药用。菖蒲（*Acorus calamus*），多年生草本。根茎横走，分枝，芳香。叶片剑状条形［图 12-6（b）］。肉穗花序斜向上或近直立。浆果红色。全国各省份均有分布。水培供观赏或药用。

（a）半夏（*Pinellia ternata*）　　　　　　（b）菖蒲（*Acorus calamus*）

图 12-6　天南星科常见植物

（4）泽泻科（Alismataceae） ✽ ☿, ♀, ♂ $P_{3+3}A_{\infty\sim6}\underline{G}_{\infty\sim6;1;1\sim2}$ [泽泻目 Alismatales]

【主要特征】多年生，稀一年生，沼生或水生草本。具根状茎、匍匐茎、球茎、珠芽。叶基生，直立，挺水、浮水或沉水；叶脉平行；叶柄基部具鞘，边缘膜质或否。花序总状、圆锥状或呈圆锥状聚伞花序，稀 1~3 花单生或散生。花两性、单性或杂性，辐射对称；花被片 6 枚，排成 2 轮，覆瓦状，外轮花被片宿存，内轮花被片易枯萎、凋落；雄蕊 6 枚或多数，花药 2 室，外向，纵裂，花丝分离；心皮多数，轮生，或螺旋状排列，分离，花柱宿存，胚珠通常 1 枚，着生于子房基部。瘦果两侧压扁，或为小坚果。种子通常褐色、深紫色或紫色；胚马蹄形，无胚乳。

本科 11 属，约 100 种，主要产于北半球温带至热带地区，大洋洲、非洲也有分布。我国有 4 属 20 种，南北方均有分布。

本科植物可入药，有些可供观赏，有的球茎可食用，茎叶可作饲料。重要的属有泽泻属和慈姑属。

泽泻属叶片先端渐尖，横脉稀疏。雄蕊 6 枚，花柱细弱，多少向外弯曲；花序为大型圆锥状聚伞花序，花通常两性，花被片 6。瘦果两侧压扁，腹侧具窄翅或无，背部具 1~2 条浅沟。慈姑属叶片箭形、深心形、披针形等；花通常 3 朵轮生；雄蕊多数，花丝内外轮不等长。花序不为大型圆锥花序，仅下部 1~2（~3）轮具分枝，不再次分枝，雌花集中生于花序下部，心皮螺旋状排列或簇生。瘦果两侧压扁，通常具翅，或无。

【常见植物】东方泽泻（*Alisma orientale*），多年生水生或沼生草本。具块茎。叶多数；花序具 3~9 轮分枝；花两性，内轮花被片近圆形，比外轮大[图 12-7（a）]，白色、淡红色，稀黄绿色，边缘波状；心皮排列不整齐，花柱直立；花托在果期呈凹凸状。全国各地几乎均有分布。块茎入药。野慈姑（*Sagittaria trifolia*），多年生水生或沼生草本。根状茎横走，较粗壮，末端膨大或否。挺水叶箭形[图 12-7（b）]。花序总状或圆锥状，具分枝 1~2 枚。花单性；花被片反折，内轮花被片白色或淡黄色；心皮多数，两侧压扁，花柱自腹侧斜上；雄蕊多数，花丝长短不一。瘦果两侧压扁，具翅。全国各地几乎均有分布。茎叶可作饲料，膨大的球茎可食用。

(a) 东方泽泻 (*Alisma orientale*)　　　　(b) 野慈姑 (*Sagittaria trifolia*)

图 12-7　泽泻科常见植物

(5) 百合科 (Liliaceae) $* ♀ P_{3+3} A_{3+3} \underline{G}_{(3:3;2-\infty)}$ [百合目 Liliales]

【主要特征】多年生草本，少灌木。通常具根状茎、块茎或鳞茎，茎直立或攀缘，有叶或为花葶无叶。花两性，少单性，辐射对称；花被片 6，少有 4 或多数，离生或不同程度的合生；雄蕊通常与花被片同数，花丝离生或贴生于花被筒上；花药基着或"丁"字状着生；药室 2，纵裂；子房上位，少半下位，3 室，中轴胎座，稀 1 室，侧膜胎座；每室具 1 至多数倒生胚珠。蒴果或浆果，较少为坚果。种子具丰富的胚乳，胚小。

本科约 230 属 3 500 种，广布于全世界，特别是温带和亚热带地区。我国有 60 属，约 560 种，分布遍及全国。

本科许多种类具有重要的经济价值，如黄精、玉竹、贝母、重楼等是著名的中药材，葱、蒜、韭、黄花菜、百合等是常见的蔬菜，各地常见栽培。玉簪、吊兰、郁金香、萱草等用作观赏。重要的属有百合属、萱草属、黄精属、贝母属、葱属等。

【重要的属检索表】

1. 植株具长或短的根状茎。
   2. 叶基生。花生于花葶顶端，形成总状或假二歧状的圆锥花序 ·················· 萱草属 (*Hemerocallis*)
   2. 叶茎生。花生叶腋间，通常集生似成伞形、伞房或总状花序 ·················· 黄精属 (*Polygonatum*)
1. 植株具圆球状、卵状或近圆柱状的鳞茎。
   3. 花序为伞形花序，未开放前为非绿色的膜质总苞所包；植株有浓烈的葱蒜味 ·················· 葱属 (*Allium*)
   3. 花序非伞形花序；植株无浓烈的葱蒜味。
      4. 花被片内面基部的蜜腺下凹成蜜腺窝；蒴果具 6 棱，棱上常有翅 ·················· 贝母属 (*Fritillaria*)
      4. 花被片内面基部的蜜腺不下陷成蜜腺窝；蒴果具 3 钝棱 ·················· 百合属 (*Lilium*)

【常见植物】萱草 (*Hemerocallis fulva*)，根近肉质，中下部有纺锤状膨大；叶一般较宽；花早上开，晚上凋谢，无香味，橘红色至橘黄色，内花被裂片下部一般有"∧"形彩斑 [图 12-8(a)]。全国各地常见栽培，野生于秦岭以南各省份。花食用或观赏。黄精 (*Polygonatum sibiricum*)，根状茎圆柱状，结节膨大。叶轮生，每轮 4~6 枚，先端蜷卷或弯曲成钩。花序通常具 2~4 朵花，近伞形，花被乳白色至淡黄色，花被筒中部稍缢缩。产于东北、西北及华东等地。地下茎可入药。浙贝母 (*Fritillaria thunbergii*)，茎下部的叶对生或散生，向上常兼有散生、对生和轮生，先端不卷曲或稍弯曲[图12-8(b)]。鳞茎由2(~3)枚鳞片组成。花1~6朵，淡黄色，有时稍带淡紫色，顶端的花具3~4枚叶状苞片，其余的具2枚苞片；苞片先端卷曲。分布于江苏（南部）、浙江（北部）和湖南。鳞茎药用。野百合（*Lilium brownii*），鳞茎球形，鳞片白色。茎时有紫色条纹。叶散生，全缘，两面无毛。花单生或几朵排成近伞形；花喇叭形，有香气，乳白色，外面稍带紫色，无斑点，向外张开或先端外弯而不卷。多分布于华东、华南及西南一带。鳞茎食用或药用。

(a) 萱草（*Hemerocallis fulva*）

(b) 浙贝母（*Fritillaria thunbergii*）

图12-8　百合科常见植物

(6) 兰科（Orchidaceae）* ⚥ $P_{3+3} A_{2~1} \overline{G}_{(3:1;\infty)}$ [兰目 Orchidales]

【主要特征】多年生草本。常有根状茎或块茎，茎基部常肥厚，膨大为假鳞茎。花两性，两侧对称；花被片6，常花瓣状，排成2轮。外轮3片称萼片，上方中央的1片称中萼片，下方两侧的2片称侧萼片；内轮侧生的2片称花瓣，中间的1片称唇瓣，常特化成各种形状，由于子房的扭转而居下方；雄蕊与花柱合生成合蕊柱，与唇瓣对生，通常能育雄蕊1枚，生于合蕊柱顶端，稀2枚生于合蕊柱两侧，花药2室，花粉粒黏结成花粉块；雌蕊子房下位，3心皮，1室，侧膜胎座，胚珠细小，数量极多，柱头常前方侧生于雄蕊下，多凹陷，2~3裂，通常侧生的2个裂片能育，中间不育的1裂片则演变成位于柱头与雄蕊间的舌状突起，称为蕊喙，能分泌黏液。蒴果。种子极多，微小，粉状，胚小而未分化。

本科约800属25 000余种，广布于全球，主产于热带及亚热带地区。我国有194属1 388种，主产于南方地区。

兰科花构造特殊，与虫媒传粉适应相关。昆虫采蜜，虫体背部触及蕊喙，引起黏盘脱出，黏附于虫体背部，使花粉块整体由药室曳出，当昆虫去另一朵花时，将花粉块带去触及柱头而实现异花传粉。

本科常见的春兰、蕙兰、建兰[图12-9(a)]、寒兰、墨兰是著名的观赏花卉，一些兰有较高的药用价值。重要的属有兰属、白及属、石斛属等。

【重要的属检索表】

1. 植株具明显可见的假鳞茎；叶茎生。
    2. 假鳞茎扁球形或斜卵形，具2个长的突起，彼此以同一个方向的突起连成一串；叶3枚以上 ·· 白及属（*Bletilla*）

2. 假鳞茎伸长呈茎状，具明显的节间；叶在茎生互生 ················· 石斛属（*Dendrobium*）
1. 植株的假鳞茎不明显，隐藏于叶丛中；叶近基生或丛生 ················· 兰属（*Cymbidium*）

【常见植物】白及（*Bletilla striata*），假鳞茎扁球形，上面具荸荠似的环带，富有黏性。茎粗壮，劲直。叶4~6枚，狭长圆形或披针形。花序轴或多或少呈"之"字形曲折；花苞片长圆状披针形，开花时常凋落；花大，紫红色或粉红色[图12-9(b)]。分布于江苏、安徽、浙江、江西等多个省份。假鳞茎药用，花供观赏。铁皮石斛（*Dendrobium officinale*），茎直立，圆柱形，不分枝，具多节，常在中部以上互生3~5枚叶。叶鞘常具紫斑。总状花序常从老茎上部发出。分布于安徽、浙江、福建等省份。全草药用或供观赏。春兰（*Cymbidium goeringii*），假鳞茎较小，卵球形，包藏于叶基之内。叶4~7枚，带形，下部常多少对折而呈"V"字形，边缘无齿或具细齿。花葶从假鳞茎基部外侧叶腋中抽出，花序具单朵花，稀2朵。

（a）建兰（*Cymbidium ensifolium*）　　　（b）白及（*Bletilla striata*）

图12-9　兰科常见植物

(7) **棕榈科**（Arecaceae，Palmae）* ⚥ $P_{3,(3)} A_{3+3} \underline{G}_{3:1~3:1}$；* ♂ $P_{3,(3)} A_{3+3}$；* ♀ $P_{3,(3)} G_{3:1~3:1,(3:1~3:1)}$ [初生目 Principes]

【主要特征】乔木或灌木，稀藤本。茎常不分枝。叶大型，常绿，互生或聚生于茎顶；叶片掌状或羽状分裂，革质，叶柄基部常扩大成为具纤维的鞘。花两性或单性，同株或异株，辐射对称3基数；肉穗花序分枝或不分枝，常具佛焰苞1至数枚；花被片6，排成2轮，离生或合生；雄蕊常6，稀3或多数，雌蕊子房上位，常3心皮，分离或合生，1或3室，每室1胚珠，花柱短或无，柱头3。浆果、核果或坚果。

本科约183属2 450种，主产于非洲、美洲和亚洲的热带、亚热带地区。我国有18属77种，多数分布于云南、广东、广西和台湾等地。

本科植物是常见园林观赏植物，也供药用及食用等。重要的属有棕榈属、蒲葵属、棕竹属以及鱼尾葵属等。

【重要的属检索表】

1. 叶片掌状分裂。
   2. 叶柄无刺；叶裂片先端通常硬直。
      3. 叶片掌状浅裂或深裂，裂片先端具2浅裂 ················· 棕榈属（*Trachycarpus*）
      3. 叶片掌状近全裂，裂片先端具数枚不等的齿裂 ················· 棕竹属（*Rhapis*）

2. 叶柄下部边缘有倒刺；叶裂片先端下垂 ·· 蒲葵属(*Livistona*)
1. 叶片羽状全裂，裂片半菱形 ··· 鱼尾葵属(*Caryota*)

【常见植物】棕榈(*Trachycarpus fortunei*)，乔木状，树干圆柱形，被老叶柄基部和密集的网状纤维[图12-10(a)]。叶片深裂，裂片先端具短2裂或2齿。花序粗壮，多次分枝，通常雌雄异株。雄花无梗，每2~3朵密集着生于小穗轴上，雄蕊6枚；雌花序有3个佛焰苞包着，具4~5个圆锥状分枝花序，雌花通常2~3朵聚生。分布于长江以南各地。栽培供观赏；叶鞘纤维可药用、工业用及日常编织用。棕竹(*Rhapis excelsa*)，丛生灌木，茎圆柱形，有节，上部被叶鞘。叶掌状深裂，裂片在基部连合。总花序梗及分枝花序基部各有1枚佛焰苞包着，密被褐色弯卷绒毛；2~3个分枝花序，花枝近无毛，花螺旋状着生于小花枝上。分布于我国南部至西南部，日本也有。树形优美，是庭园绿化的好材料；根及叶鞘纤维可入药。蒲葵(*Livistona chinensis*)，乔木状，基部常膨大。叶阔肾状扇形，掌状深裂至中部；叶柄下部两侧有下弯的短刺。花序呈圆锥状，粗壮，总梗上有6~7个佛焰苞，约6个分枝花序，每分枝花序基部有1个佛焰苞。花小，两性。分布于我国南部，中南半岛也有分布。嫩叶可编制葵扇；老叶制蓑衣等；果实及根可入药。本科还有鱼尾葵(*Caryota ochlandra*)[图12-10(b)]、槟榔(*Areca catechu*)、椰子(*Cocos nucifera*)等。

(a) 棕榈(*Trachycarpus fortunei*)　　(b) 鱼尾葵(*Caryota ochlandra*)

图12-10　棕榈科常见植物

(8) 姜科(Zingiberaceae) ↑⚥ $K_{(3)} C_{(3)} A_1 \overline{G}_{(3:3:\infty)}$ [芭蕉目 Scitamineae]

【主要特征】通常具有芳香、匍匐或块状的根状茎，有时根的末端膨大呈块状。叶基生或茎生，有叶柄或无，具有闭合或不闭合的叶鞘，叶鞘的顶端有明显的叶舌。花单生或组成穗状、总状、圆锥花序，生于具叶的茎上或单独由根茎发出而生于花葶上；花两性，通常两侧对称，具苞片；花被片6枚，2轮，外轮萼状，通常合生成管，一侧开裂及顶端齿裂，内轮花冠状，美丽而柔嫩，基部合生成管状，上部具3裂片，通常位于后方的一枚花被裂片较两侧的为大；退化雄蕊2或4枚，其中外轮的2枚称为侧生退化雄蕊，呈花瓣状、齿状或无，内轮的2枚联合成一唇瓣，常十分显著而美丽；雄蕊1枚；子房下位，3

室，中轴胎座，或1室，侧膜胎座，稀基生胎座（中国不产）；胚珠通常多数，倒生或弯生；花柱1枚，丝状；蒴果；种子有假种皮。

本科约49属1 500种，分布于热带、亚热带地区，主产于热带亚洲。我国有19属150余种，产于东南部至西南部各地。

本科植物包含有很多著名的药材，如砂仁、益智、草果、草豆蔻、姜、高良姜、姜黄、郁金、莪术等。此外，还有许多民间应用的中草药、纤维植物、香料和观赏植物。重要的属有姜属、姜黄属和山姜属等。

【重要的属检索表】

1. 花序生于由根状茎或叶鞘内发出的总花梗上。
    2. 侧生退化雄蕊较小，与唇瓣合生，似唇瓣的侧裂片状，或缺 ················· 姜属（*Zingiber*）
    2. 侧生退化雄蕊花瓣状，与唇瓣基部离生 ················· 姜黄属（*Curcuma*）
1. 花序生于有叶的茎顶 ················· 山姜属（*Alpinia*）

【常见植物】姜（*Zingiber officinale*），根茎肥厚，多分枝，有芳香及辛辣味。叶片披针形或条状披针形，无毛，无柄；叶舌膜质。穗状花序球果状；苞片卵形，淡绿色或边缘淡黄色，顶端有小尖头；花冠黄绿色；唇瓣中央裂片长圆状倒卵形，短于花冠裂片，有紫色条纹及淡黄色斑点，侧裂片卵形；雄蕊暗紫色。我国中部、东南部至西南部各省份广泛栽培。根茎供药用，又可作烹调配料或制成酱菜、糖姜。茎、叶、根茎均可提取芳香油。姜黄（*Curcuma longa*），根茎发达，丛生，多分枝；根粗壮，末端膨大呈块根。花葶由叶鞘内抽出；穗状花序圆柱状；苞片卵形或长圆形，淡绿色，顶端钝，上部无花的较狭，顶端尖，开展，白色，边缘淡红色；花萼白色；花冠淡黄色，侧生退化雄蕊比唇瓣短，与花丝及唇瓣的基部相连成管状［图12-11（a）］。产于福建、台湾、广东、广西、云南、西藏等省份；栽培于向阳的地方。药用、提取姜黄色素或栽培供观赏。山姜（*Alpinia japonica*），具横生、分枝的根茎；叶片顶端具小尖头，叶两面特别是叶背被短柔毛；叶舌2裂，被短柔毛。总状花序顶生，花序轴密生柔毛；花通常2朵聚生；侧生退化雄蕊线形；唇瓣卵形，白色而具红色脉纹，顶端2裂，边缘具不整齐缺刻［图12-11（b）］；子房密被柔毛。果球形或椭圆形，熟时橙红色，顶有宿存的萼筒。分布于我国东南部、南部至西南部各省份，生于林下阴湿处。根茎及果实药用。

（a）姜黄（*Curcuma longa*） （b）山姜（*Alpinia japonica*）

图12-11 姜科常见植物

(9) 莎草科(Cyperaceae) $* ☿ P_0A_3\underline{G}_{(2\sim3:1:1)}$；$* ♂ P_0A_3$；$* ♀ P_0\underline{G}_{(2\sim3:1:1)}$ [莎草目 Cyperales]

【主要特征】多数具根状茎、少有兼具块茎。多数具三棱形的秆。叶基生和秆生，一般具闭合的叶鞘和狭长的叶片，或有时仅有鞘而无叶片。花序有穗状花序、总状花序、圆锥花序、头状花序或聚伞花序；小穗单生、簇生，或排列成穗状或头状，具2至多数花，或退化至仅具1花；花两性或单性，雌雄同株，着生于鳞片(颖片)腋间；雄蕊3个，少有1~2个；子房1室，具1个胚珠，花柱单一，柱头2~3个。果实为小坚果，三棱形。

本科80余属4 000余种。我国有28属500余种，广布于全国，多生长于潮湿处或沼泽中。

重要的属有莎草属、薹草属和藨草属等。

【重要的属检索表】
1. 花单性；小坚果为先出叶所形成的果囊包裹 ············ 薹草属(*Carex*)
1. 花两性；小坚果无先出叶所形成的果囊包裹。
  2. 鳞片螺旋状排列，其下位刚毛，一般6条，粗短，呈刚毛状 ············ 藨草属(*Scirpus*)
  2. 鳞片两行排列，下位刚毛完全退化 ············ 莎草属(*Cyperus*)

【常见植物】莎草(*Cyperus rotundus*)，多年生草本，块茎具香气。秆锐三棱形，平滑。叶基生，3列，叶片短于秆[图12-12(a)]。全国各地有分布。块茎药用，并可提取芳香油。藨草(*Scirpus triqueter*)，正名三棱水葱，匍匐根状茎长，干时呈红棕色。秆散生，三棱形，基部具2~3个鞘，鞘膜质，横脉明显隆起，最上一个鞘顶端具叶片[图12-12(b)]。花柱短，柱头2。广布于我国大部分地区。此外，我国还有近500种薹草(*Carex* spp.)。

(a) 莎草(*Cyperus rotundus*)

(b) 藨草(*Scirpus triqueter*)

图12-12 莎草科常见植物

(10) 禾本科(Poaceae，Gramineae) $* ☿ P_{2\sim3}A_{3,1\sim6}\underline{G}_{(2\sim3,1:1)}$ [禾本目 Graminales]

【主要特征】多为草本，少木本(竹类)。地上茎称为秆，秆有明显的节和节间，节间常中空。单叶互生，排成两列；叶由叶片、叶鞘和叶舌3部分组成；叶鞘抱秆，通常一侧开裂，顶端两侧各有1附属物，称为叶耳；叶片狭长，具明显中脉及平行脉；叶片与叶鞘连接处的内侧有叶舌，呈膜质或纤毛状。花小，常两性，集成小穗再排成穗状、总状或圆锥状；每小穗有花1至数朵，排列于很短的小穗轴上，基部生有2枚颖片(总苞片)，下方的称外颖，上方的称内颖；小花外包有外稃和内稃(小苞片)，外稃厚硬，顶端或背部常生有芒，内稃膜质，内外稃间、子房基部有2或3枚透明肉质的浆片(鳞被)；雄蕊通常3枚；雌蕊子房上位，2~3心皮合生，花柱2，柱头常羽毛状。颖果。种子含丰富淀粉质胚乳。

本科约660属10 000多种，广布于全世界。我国有228属1 200余种，全国均产。本科包括世界主要粮食作物，如水稻、小麦、玉米、大麦等。重要的属有稻属、小麦属、玉蜀黍属等。此外，还有毛竹属、苦竹属等。

【重要的属检索表】

1. 小穗两性，雄小穗和雌小穗生于同一花序上。
   2. 小穗的两颖退化为两半月形的颖片；成熟花的稃体常以其边缘互相紧扣 ············· 稻属(*Oryza*)
   2. 小穗两颖发达，成熟花的稃体并不互相紧扣；颖果与内外稃相分离 ············· 小麦属(*Triticum*)
1. 小穗单性，雄小穗和雌小穗分别生于不同的花序上 ············· 玉蜀黍属(*Zea*)

【常见植物】稻(*Oryza sativa*)，一年生水生草本。叶鞘松弛，无毛；叶舌两侧基部下延长成叶鞘边缘，具2枚镰形抱茎的叶耳。圆锥花序大型，疏展，分枝多，棱粗糙；小穗含1成熟花，两侧压扁；颖极小，仅在小穗柄先端留下半月形的痕迹，退化外稃2枚，锥刺状；两侧孕性花外稃质厚；内稃与外稃同质[图12-13(a)]；雄蕊6枚。颖果。稻是亚洲热带广泛种植的重要谷物，我国南方为主要产稻区，北方各地均有栽种。种下主要分为2亚种，籼稻与粳稻，亚种下包括栽培品种极多。普通小麦(*Triticum aestivum*)，丛生。叶鞘松弛包茎；叶舌膜质。穗状花序直立，小穗含3~9小花，上部者不发育；颖卵圆形；外稃长圆状披针形，顶端具芒或无芒[图12-13(b)]；内稃与外稃几等长。我国南北各地广泛栽培，品种很多，性状均有所不同。玉蜀黍(*Zea mays*)，秆直立，通常不分枝，基部各节具气生支柱根。叶鞘具横脉；叶舌膜质；叶片基部圆形呈耳状，无毛或具疣柔毛。顶生雄性圆锥花序大型；雄性小穗孪生。雌花序被多数宽大的鞘状苞片所包藏；雌小穗孪生，成纵行排列于粗壮花序轴上。颖果。我国各地均有栽培。全世界热带和温带地区广泛种植，为重要谷物。

(a) 水稻(*Oryza sativa*)

(b) 小麦(*Triticum aestivum*)

图12-13　禾本科常见植物

(11) 罂粟科(Papaveraceae) *，↑♀$K_2C_{4\sim6}A_{\infty,4\sim6}\underline{G}_{(2\sim\infty:1:\infty)}$ [罂粟目 Rhoeadales]

【主要特征】草本，体内常含乳汁或黄色液汁。单叶互生，无托叶。花两性，辐射对称或两侧对称，单生或成总状、聚伞、圆锥等花序；萼片2，早落，花瓣4~6，覆瓦状排列；雄蕊多数，轮生，稀4，离生，或6枚合生成2束；子房上位，心皮2至多数，合生，1室，侧膜胎座，胚珠多数。蒴果，孔裂或瓣裂。种子细小。

本科38属700余种，主要分布于北温带。我国有18属362种。重要的属有罂粟属、白屈菜属、博落回属、紫堇属等。

【重要的属检索表】

1. 雄蕊6枚，连合成2束；花冠两侧对称 ··· 紫堇属(*Corydalis*)
1. 雄蕊多数，离生；花冠辐射对称。
   2. 柱头盘状，具辐射线状分枝；蒴果球形，孔裂 ···························· 罂粟属(*Papaver*)
   2. 柱头非盘状；蒴果细长圆柱形、扁长圆形，非孔裂。
      3. 无花瓣；圆锥状花序；叶7~9掌状浅裂 ······························· 博落回属(*Macleaya*)
      3. 有花瓣；伞形花序；叶羽状全裂，裂片2~3对 ····················· 白屈菜属(*Chelidonium*)

【常见植物】罂粟(*Papaver somniferum*)，一年生草本，无毛或稀在植株下部或总花梗上被极少的刚毛。茎直立，不分枝，无毛，具白粉。叶互生，叶片两面无毛，具白粉；萼片2，绿色；花瓣4，白色、粉红色、红色、紫色或杂色；雄蕊多数；子房球形，绿色，无毛，柱头辐射状，连合成扁平的盘状体，盘边缘深裂。蒴果，无毛。种子多数，黑色或深灰色，表面呈蜂窝状。原产于南欧。果实入药。博落回(*Macleaya cordata*)，直立草本，具乳黄色浆汁。茎绿色，光滑，多白粉，中空，上部多分枝。叶片表面绿色，无毛，背面多白粉，被易脱落的细绒毛，基出脉通常5，侧脉2对，稀3对[图12-14(a)]。大型圆锥花序，多花，顶生和腋生；花瓣无；雄蕊24~30。蒴果狭倒卵形或倒披针形。分布于我国长江以南、南岭以北的大部分省份。全草有大毒，不可内服，也可作农药。白屈菜(*Chelidonium majus*)，多年生草本。主根粗壮。茎多分枝，常被短柔毛，节上较密，后变无毛。叶片羽状全裂，表面绿色，无毛，背面具白粉，疏被短柔毛。伞形花序多花；花瓣黄色；柱头2裂[图12-14(b)]。蒴果狭圆柱形。种子暗褐色，具光泽及蜂窝状小格。我国大部分省份均有分布。全草可入药，有毒，含多种生物碱，也可作农药。

(a) 博落回(*Macleaya cordata*)　　　(b) 白屈菜(*Chelidonium majus*)

图12-14　罂粟科常见植物

(12)毛茛科(Ranunculaceae) $*, \uparrow ♀ K_{3\sim8} C_{3\sim\infty,0} A_\infty \underline{G}_{1\sim\infty;1;1\sim\infty}$ [毛茛目 Ranales]

【**主要特征**】草本或藤本。单叶或复叶，多互生，少对生；叶片多缺刻或分裂，稀全缘；通常无托叶。花多两性；辐射对称或两侧对称；单生或排列成聚伞花序、总状花序和圆锥花序等；重被或单被；萼片3至多数，常呈花瓣状；花瓣3至多数或缺；雄蕊和心皮多数，分离，常螺旋状排列，稀定数。聚合瘦果或聚合蓇葖果，稀为浆果。种子具胚乳。

本科约50属1 900余种，广布于世界各地，主产于北半球温带及寒温带。我国有40属，约736种。重要的属有毛茛属、乌头属、黄连属、铁线莲属等。

【**重要的属检索表**】

1. 子房有1颗胚珠；果为瘦果。
   2. 叶基生或茎生；直立草本 ································· 毛茛属(*Ranunculus*)
   2. 叶对生；草质或木质藤本，稀灌木或直立草本 ············· 铁线莲属(*Clematis*)
1. 子房有数颗胚珠；果为蓇葖果。
   3. 花两侧对称，总状花序；花梗有2小苞片 ··············· 乌头属(*Aconitum*)
   3. 花辐射对称 ··· 黄连属(*Coptis*)

【**常见植物**】毛茛(*Ranunculus japonicus*)，多年生草本。须根多数簇生。茎直立，中空，有槽，具分枝，着生开展或贴伏的柔毛。基生叶多数；叶片通常3深裂不达基部。聚伞花序有多数花，疏散[图12-15(a)]；花瓣5，基部有爪，花托无毛。聚合果近球形；小瘦果扁平。除西藏外，分布于我国各省份。全草含原白头翁素，有毒，为发泡剂和杀菌剂。乌头(*Aconitum carmichaelii*)，块根倒圆锥形。茎中部之上疏被反曲的短柔毛，叶等距离着生，分枝；茎下部叶在开花时枯萎；茎中部叶有长柄；叶片薄革质或纸质，五角形，基部浅心形三裂达或近基部。顶生总状花序；萼片蓝紫色，上萼片高盔形。蓇葖果。种子三棱形。分布于我国云南、四川、湖北、江西、浙江、江苏、安徽等地。块根入药。黄连(*Coptis chinensis*)，根状茎黄色，常分枝，密生多数须根。叶片三全裂。花葶1~2条；萼片黄绿色；雄蕊约20；心皮8~12。蓇葖果。分布于四川、贵州、湖南、湖北、陕西南部。根状茎为著名中药"黄连"。铁线莲(*Clematis florida*)，草质藤本。茎棕色或紫红色，具6条纵纹，节部膨大，被稀疏短柔毛。二回三出复叶；小叶片两面均不被毛。花单生于叶腋；萼片6枚，白色[图12-15(b)]。瘦果扁平，宿存花柱伸长成喙状，膨大的柱头2裂。分布于广西、广东、湖南、江西。全草供药用。

(a) 毛茛(*Ranunculus japonicus*)　　　(b) 铁线莲(*Clematis florida*)

图12-15　毛茛科常见植物

(13) 景天科(Crassulaceae) $* ⚥ K_{4\sim5} C_{4\sim5} A_{4\sim5+4\sim5} \underline{G}_{4\sim5;1;\infty}$ [蔷薇目 Rosales]

【主要特征】多年生肉质草本或亚灌木。多单叶，互生或对生，有时轮生；无托叶。花多两性，辐射对称，多排成聚伞花序，有时总状花序或单生；萼片4~5；花瓣4~5；雄蕊与花瓣同数或为其倍数；子房上位，心皮4~5，离生或仅基部合生，每心皮基部具1小鳞片，胚珠多数。蓇葖果。

本科约35属1 600余种，广布于全球，多为耐旱植物。我国10属，近250种。重要的属有景天属、八宝属、伽蓝菜属等。

【重要的属检索表】

1. 花为4基数 ······ 伽蓝菜属(*Kalanchoe*)
1. 花通常为5基数，稀4基数。
   2. 心皮无柄，分离或基部合生，基部宽阔 ······ 景天属(*Sedum*)
   2. 心皮近有柄，分离，基部渐狭 ······ 八宝属(*Hylotelephium*)

【常见植物】伽蓝菜(*Kalanchoe laciniata*)，多年生草本。叶对生，中部叶羽状深裂。聚伞花序排列圆锥状；花冠黄色；雄蕊8；心皮4。分布于云南、广西、广东、台湾、福建。亚洲热带、亚热带地区及非洲北部也有分布。多为盆栽作观赏用。垂盆草(*Sedum sarmentosum*)，多年生草本。3叶轮生[图12-16(a)]。聚伞花序，有3~5分枝；花瓣5，黄色；雄蕊10；心皮5，略叉开。分布于我国大部分省份。全草药用，能清热解毒。八宝(*Hylotelephium erythrostictum*)，多年生草本。块根胡萝卜状。叶对生，少有互生或3叶轮生。伞房状花序顶生；花瓣5，白色或粉红色；雄蕊10，花药紫色；心皮5，直立，基部近分离[图12-16(b)]。分布于我国大部分省份。全草药用或栽培作观赏用。

(a) 垂盆草(*Sedum sarmentosum*)　　　　(b) 八宝(*Hylotelephium erythrostictum*)

图12-16　景天科常见植物

(14) 豆科(Fabaceae, Leguminosae) $*, \uparrow ⚥ K_{5,(5)} C_5 A_{(9)+1,10,\infty} \underline{G}_{1;1;1\sim\infty}$ [蔷薇目 Rosales]

【主要特征】草本、木本或藤本。根部常有根瘤。叶常互生，多为羽状复叶，少为掌状和三出复叶，稀为单叶；多具托叶和叶枕(叶柄基部膨大的部分)；花两性，多为左右对称的蝶形花，少为辐射对称花；花萼5裂，花瓣5，少合生；雄蕊多为10枚，常成二体雄蕊(9+1)，稀多数；心皮1，子房上位，1室，边缘胎座，胚珠一至多数。荚果。种子无胚乳。

本科为种子植物第三大科，仅次于菊科和兰科，约 690 余属 18 000 余种，全球分布。我国有 172 属，约 1 550 种（含变种）。重要的属有大豆属、落花生属、甘草属、合欢属等。

【重要的属检索表】

1. 乔木或灌木；二回羽状复叶 ·· 合欢属（*Albizia*）
1. 草本，3 小叶或一回羽状复叶。
   2. 花单生或数朵簇生叶腋；偶数羽状复叶 ····································· 落花生属（*Arachis*）
   2. 总状花序腋生。
      3. 常 3 小叶；根不发达 ··· 大豆属（*Glycine*）
      3. 奇数羽状复叶；根发达 ·· 甘草属（*Glycyrrhiza*）

【常见植物】落花生（*Arachis hypogaea*），一年生草本。根部有丰富的根瘤；茎直立或匍匐，茎和分枝均有棱。叶通常具小叶 2 对；花冠黄色或金黄色；翼瓣与龙骨瓣分离；花柱延伸于萼管咽部之外，柱头顶生。荚果，膨胀。著名油料作物。大豆（*Glycine max*），一年生草本。茎上部密被褐色长硬毛。叶通常具 3 小叶；托叶宽卵形。总状花序，植株下部的花有时单生或成对生于叶腋间；花紫色、淡紫色或白色；雄蕊二体；子房基部有不发达的腺体，被毛。荚果肥大［图 12-17（a）］。全国各地均有栽培。著名油料作物。甘草（*Glycyrrhiza uralensis*），多年生草本；根与根状茎粗壮，具甜味。茎直立，多分枝；小叶 5～17 枚。总状花序腋生，具多数花；花冠紫色、白色或黄色；子房密被刺毛状腺体。荚果弯曲呈镰刀状或呈环状，密集成球，密生瘤状突起和刺毛状腺体。分布于东北、华北、西北各省份及山东。根和根状茎供药用。合欢（*Albizia julibrissin*），落叶乔木，树冠开展；小枝有棱角，嫩枝、花序和叶轴被绒毛或短柔毛。二回羽状复叶，总叶柄近基部及最顶一对羽片着生处各有 1 腺体。头状花序于枝顶排成圆锥花序；花粉红色［图 12-17（b）］。荚果带状。分布于我国东北至华南及西南各省份。常作园林观赏植物。

（a）大豆（*Glycine max*）　　　　（b）合欢（*Albizia julibrissin*）

图 12-17　豆科常见植物

（15）蔷薇科（Rosaceae）$* \male K_{4\sim 5} C_{0\sim 5} A_{5\sim \infty} \underline{G}_{1\sim \infty;1;1\sim 2}, \overline{G}_{(2\sim 5;2\sim 5;2)}$［蔷薇目 Rosales］

【主要特征】草本、灌木或乔木，常具刺。单叶或复叶，多互生，常具托叶。花两性，辐射对称，单生或排成伞房、圆锥等花序；花托凸起、平展或下凹，花被和雄蕊下部与花托愈合，呈盘状、杯状、坛状、壶状或圆筒状的花筒（被丝托）；萼片、花瓣多各为5，雄蕊常多数，多为5的倍数；子房上位或下位，心皮1至多数，分离或合生，每室胚珠1~2。蓇葖果、瘦果、核果及梨果，通常具宿萼。种子无胚乳。

本科约124属3 300多种，全球分布，以北温带为多。我国有52属1 000余种，全国各地均有分布。本科具有众多的观赏花卉，如桃、李、杏、梅、月季、玫瑰等，也有著名的水果，如苹果、梨、山楂等。重要的属有绣线菊属、蔷薇属、李属、苹果属等。

【重要的属检索表】

1. 叶无托叶；心皮5(3~8)枚；蓇葖果，开裂 ·· 绣线菊属（*Spiraea*）
1. 叶有托叶；心皮(1~)2~5枚或多数；非蓇葖果，果实不开裂。
  2. 子房下位或半下位；梨果 ·· 苹果属（*Malus*）
  2. 子房上位。
    3. 灌木；枝常有刺；瘦果 ·· 蔷薇属（*Rosa*）
    3. 灌木或乔木；枝无刺；核果 ·· 李属（*Prunus*）

【常见植物】中华绣线菊（*Spiraea chinensis*），灌木；小枝呈拱形弯曲，红褐色。叶片菱状卵形至倒卵形，先端急尖或圆钝，基部宽楔形或圆形，边缘有缺刻状粗锯齿，或具不明显3裂。伞形花序；花瓣近圆形，先端微凹或圆钝，白色［图12-18（a）］。蓇葖果开张。分布于我国大部分省份，花洁白密集，供观赏。苹果（*Malus pumila*），乔木；小枝短而粗。伞房花序，具花3~7朵，集生于小枝顶端；花瓣基部具短爪，白色，含苞未放时带粉红色。梨果，萼片宿存。我国多栽培，品种较多，是著名的水果。野蔷薇（*Rosa multiflora*），攀缘灌木；小枝有弯曲皮刺。小叶5~9，近花序的小叶有时3；托叶篦齿状，大部贴生于叶柄。花多朵，排成圆锥状花序；花瓣白色，先端微凹［图12-18（b）］。瘦果。分布于江苏、山东、河南等省。日本、朝鲜习见。园林观赏或作药用。

（a）中华绣线菊（*Spiraea chinensis*）　　　（b）野蔷薇（*Rosa multiflora*）

图12-18　蔷薇科常见植物

(16) 榆科（Ulmaceae）＊♂♀,♀,♂$K_{(4\sim8)}C_0A_{4\sim8}\underline{G}_{(2:1:1)}$［蔷薇目 Rosales］

【主要特征】木本。单叶互生，叶缘常有锯齿，基部常偏斜；托叶早落。花小，两性或单性，雌雄同株，单生、簇生，或组成短的聚伞花序或总状花序；花单被，萼片状，常4~8裂，宿存；雄蕊常与花被裂片同数对生；子房上位，1室，由2心皮合成，室内具1胚珠，悬垂或倒生，花柱2。果实为翅果或核果；种子无胚乳。

本科有16属230余种，主要分布于北温带。我国约8属50余种8变种，南北均有分布。本科植物的木材坚韧，适应性强，是北方用材、园林绿化和防护林的重要造林树种；嫩枝叶、翅果为家畜所喜食。重要的属有榆属、朴属、榉属、青檀属等。

【重要的属检索表】

1. 羽状脉。
   2. 叶缘具重锯齿或非桃形的单锯齿；翅果 ·· 榆属（*Ulmus*）
   2. 叶缘具桃形单锯齿；坚果 ··· 榉属（*Zelkova*）
1. 三出脉。
   3. 叶缘有不整齐的锯齿；坚果，两侧具宽翅，基部具宿花被 ················ 青檀属（*Pteroceltis*）
   3. 叶全缘或中部以上有锯齿；核果，无翅，基部无宿花被 ······················· 朴属（*Celtis*）

【常见植物】榆（*Ulmus pumila*），落叶乔木。叶卵形、卵披针形，有单锯齿。花簇生，翅果倒卵形，有凹陷，种子位于中心[图12-19(a)]。分布于江苏、江西、四川等地以及东北、华北。榆的嫩叶和幼果可与面蒸食。榉树（*Zelkova schneideriana*），落叶乔木。小枝有柔毛。叶椭圆状卵形，桃形锯齿排列整齐，上面粗糙，背面密生灰色柔毛。坚果小，歪斜且有皱纹。分布于黄河流域以南。耐烟尘、抗污染、寿命长。青檀（*Pteroceltis tatarinowii*），落叶乔木。叶卵形，三出脉，基部全缘，先端有锯齿[图12-19(b)]。花单性同株。小坚果周围有薄翅。特产于我国，分布于黄河流域以南。树体高大，树冠开阔，可作庭荫树、行道树。青檀树皮纤维优良，为制作宣纸的原料。

（a）榆（*Ulmus pumila*）　　　　　（b）青檀（*Pteroceltis tatarinowii*）

图12-19　榆科常见植物

(17) 桑科（Moraceae）* ♂P$_{(1)2\sim4(8)}$ A$_{(1)2\sim4}$；♀P$_4$G$_{(2:1:1)}$[蔷薇目 Rosales]

【主要特征】木本，常有乳汁，具钟乳体。单叶互生；托叶明显、早落。花小、单性，雌雄同株或异株；聚伞花序常集成头状、穗状、圆锥状花序或陷于密闭的总（花）托中而成隐头花序；雄花花被片2~4枚，有的仅1枚，有的多至8枚，雄蕊4；雌花花被片4枚，雌蕊由2心皮构成，子房上位1室，花柱2。坚果或核果，有时被宿存萼所包，并在花序中集合成聚花果。

本科约40属1 000种，主要分布于热带、亚热带。我国16属160余种，主产于长江流域以南各省份。桑叶是我国养蚕业的基本饲料，桑葚、无花果、木菠萝是著名水果，桑树和构树树皮是造纸原料，榕树是南方习见的园林绿化树种。此外，还有一些药用植物和少数有毒植物。重要的属有桑属、榕属、构属等。

【重要的属检索表】

1. 隐头花序，小枝有环状托叶痕 ·· 榕属（*Ficus*）
1. 柔荑花序或仅雄花为柔荑花序。
    2. 雌雄花均为柔荑花序，聚花果圆柱形 ·· 桑属（*Morus*）
    2. 雄花序为柔荑花序，雌花序为头状花序，聚花果球形 ··· 构属（*Broussonetia*）

【常见植物】榕树（*Ficus microcarpa*），常绿乔木。气生根纤细下垂。叶椭圆状卵形、倒卵形，基部楔形，全缘，叶光滑无毛。隐花果腋生，扁球形，黄色或淡红色，熟时暗紫色。桑（*Morus alba*），落叶乔木。叶卵形或宽卵形，基部圆或心形，叶缘锯齿粗钝［图12-20（a）］。聚花果紫黑色、淡红色或白色。分布于我国中部，长江中下游各地栽培最多。我国自古就有在房前屋后栽种桑树和梓树的传统，故常将"桑梓"代表故土、家乡。构树（*Broussonetia papyrifera*），落叶乔木。小枝密被丝状刚毛。叶卵形，叶缘具粗锯齿，不裂或有不规则2~5裂，两面密生柔毛。聚花果圆球形，橙红色［图12-20（b）］。分布于全国各地。其耐贫瘠，对烟尘及多种有毒气体有抗性。

（a）桑（*Morus alba*）

（b）构树（*Broussonetia papyrifera*）

图12-20　桑科常见植物

（18）壳斗科（Fagaceae）＊♂$K_{(4~8)}\ C_0\ A_{4~7,8~12}$；♀$K_{(4~8)}\ C_0\ \overline{G}_{(3~6;3~6;1~2)}$［壳斗目 Fagales］

【主要特征】常绿或落叶乔木，稀为灌木。单叶互生，托叶早落。花单性，雌雄同株；单被花，花萼4~8裂，无花瓣；雄蕊4~7或更多，雄花组成柔荑花序或头状花序；雌花位于雄花序的基部，单生或3朵雌花生于总苞内，子房下位，3~6室，每室2个胚珠，但整个子房仅1个胚珠发育成种子，总苞花后增大，发育为木质的杯状或囊状，称为壳斗，壳斗半包或全包坚果，外有鳞片或刺。槲果，生于壳斗中，果皮硬，不开裂，内含1种子，由下位子房发育而成，特指壳斗科的果实。

本科7属900余种，主要分布于热带及北半球的亚热带。我国7属，约320种。壳斗科植物是亚热带常绿阔叶林的重要组成树种，温带则以落叶的栎属植物为多。很多树种在林业生产中占有重要地位，木材通称柞木，材质坚重，耐腐耐用，是建筑、造船、枕木和桥梁的主要用材；种子统称橡子，含淀粉；树皮及壳斗常含鞣质，可提制栲胶；有些种类的根、树皮、壳斗可入药，如板栗的壳斗可治慢性支气管炎；栎属的槲树等多种植物叶片可养柞蚕；栓皮栎的木栓层可作软木，供隔音和制作救生圈等用。重要的属有青冈属、栎属和栗属等。

【重要的属检索表】

1. 雄花序直立；坚果1~3，壳斗球状，外面密生针刺；枝无顶芽，落叶 ·················· 栗属(*Castanea*)
1. 雄花序下垂；坚果1，壳斗杯状或碗状。
   2. 壳斗小苞片组成同心环带；常绿 ·················· 青冈属(*Cyclobalanopsis*)
   2. 壳斗小苞片鳞状、线形或锥形分离，不结合成环；落叶稀，常绿 ·················· 栎属(*Quercus*)

【常见植物】板栗(*Castanea mollissima*)，落叶乔木。小枝灰褐色，托叶长圆形，被疏长毛及鳞腺。叶椭圆至长圆形，基部近截平或圆，或两侧稍向内弯而呈耳垂状，常一侧偏斜而不对称，叶背被星芒状伏贴绒毛或因毛脱落变为近无毛。成熟壳斗外有锐刺。坚果1~3。花期4~6月，果期8~10月。分布于我国辽宁以南各地。板栗是著名的木本粮食作物。青冈(*Cyclobalanopsis glauca*)，常绿乔木。小枝无毛。叶片革质，倒卵状椭圆形或长椭圆形，顶端渐尖或短尾状，基部圆形或宽楔形，叶缘中部以上有疏锯齿，叶面无毛 [图12-21(a)]，叶背有白色单毛，老时渐脱落，常有白色鳞秕。壳斗碗形，包着坚果1/3~1/2，被薄毛；小苞片合生成5~6条同心环带。坚果。花期4~5月，果期10月。是长江流域以南组成常绿阔叶与落叶阔叶混交林的主要树种。麻栎(*Quercus acutissima*)，落叶乔木。树皮深纵裂。叶片通常为长椭圆状披针形，顶端长渐尖，基部圆形或宽楔形，叶缘有刺芒状锯齿。雄花序常数个集生于当年生枝下部叶腋。壳斗杯形，包着坚果约1/2 [图12-21(b)]。小苞片钻形或扁条形，向外反曲，被灰白色绒毛。坚果。花期3~4月，果期翌年9~10月。分布于我国辽宁南部、华北各省份及陕西、甘肃以南，黄河中下游及长江流域较多。叶可饲养柞蚕，枝及朽木可用于栽培养香菇、木耳等。

(a) 青冈(*Cylobalanopsis glauca*)　　　(b) 麻栎(*Quercus acutissima*)

图12-21　壳斗科常见植物

(19)葫芦科(Cucurbitaceae) $* ♂ K_{(5)} C_{(5)} A_{5,(2)+(2)+1}$; $* ♀ K_{(5)} C_{(5)} \overline{G}_{(3:1:\infty)}$ [葫芦目 Cucurbitales]

【主要特征】草质藤本，具卷须。多为单叶互生，常为掌状浅裂及深裂，有时为鸟趾状复叶。花单性，同株或异株，辐射对称；花萼及花冠5裂；雄花有雄蕊5，分离或各式合生，合生时常为2对合生，1分离，药室直或折曲；雌花子房下位，3心皮1室，侧膜胎座，胎座肥大，常在子房中央相遇，胚珠多数；花柱1，柱头膨大，3裂。瓠果，稀蒴果。种子常扁平。

本科约90属700余种，多分布于热带、亚热带地区。我国约20属130种，引种栽培7属，约30种，各地均有分布，以华南和西南种类最多。葫芦科是世界上最重要的食用植物科之一，如黄瓜、南瓜、丝瓜、西瓜等常见的蔬菜和瓜果，其重要性仅次于禾本科、豆科和茄科。本科还有多种药用植物，如绞股蓝（*Gynostemma pentaphyllum*）、栝楼（*Trichosanthes kirilowii*）、罗汉果（*Siraitia grosvenorii*）等。重要的属有南瓜属、黄瓜属、葫芦属、西瓜属、绞股蓝属等。

【重要的属检索表】

1. 单叶。瓠果。
    2. 花冠辐状。花直径大于或小于3 cm。
        3. 花较小，花冠裂片长度小于2 cm，花直径小于3 cm。
            4. 叶片3深裂，裂片再分裂 ·· 西瓜属（*Citrullus*）
            4. 叶片不裂，或浅裂 ··· 黄瓜属（*Cucumis*）
        3. 花较大，花冠裂片长逾2 cm，花直径大于3 cm ····························· 葫芦属（*Lagenaria*）
    2. 花冠钟状或筒状。花直径3 cm左右 ·· 南瓜属（*Cucurbita*）
1. 鸟足状复叶，具3~9小叶。球形浆果或钟形蒴果 ······························ 绞股蓝属（*Gynostemma*）

【常见植物】南瓜（*Cucurbita moschata*），一年生蔓生草本。茎常节部生根，密被白色刚毛。叶宽卵形或卵圆形；卷须3~5歧；雌花单生；子房1室。果柄粗，有棱和槽[图12-22(a)]。瓠果。世界广泛栽培，作蔬菜、杂粮和饲料，种子药用。西瓜（*Citrullus lanatus*），一年生蔓生藤本。茎、枝密被白色或淡黄褐色长柔毛。叶三角状卵形，卷须2歧。雌、雄花均单生叶腋。夏季常见水果，有些品种种子专供食用。绞股蓝（*Gynostemma pentaphyllum*），草质攀缘藤本。茎无毛或疏被柔毛。鸟足状复叶[图12-22(b)]。雌雄异株。果球形，成熟后黑色。分布于陕西南部和长江以南各省份。可供药用。

(a) 南瓜（*Cucurbita moschata*）　　　　(b) 绞股蓝（*Gynostemma pentaphyllum*）

图12-22　葫芦科常见植物

(20) 堇菜科(Violaceac) $*, ↑♀, ♀, ♂K_{5,(5)} C_5 A_5 G_{(3:1;∞)}$ [金虎尾目 Malpighiales]

【主要特征】多年生草本、半灌木或小灌木。单叶,互生。花两性或单性,辐射对称或两侧对称;萼片5,同形或异形,覆瓦状,宿存;花瓣下位,5枚,覆瓦状或旋转状,异形,下面1枚通常较大,基部囊状或有距;雄蕊5;子房上位,完全被雄蕊覆盖,1室,由3~5心皮联合构成,胚珠倒生。果实为沿室背弹裂的蒴果或为浆果状;种皮坚硬,有光泽,常有油质体,有时具翅。

本科约22属900余种,广布于世界各洲,温带、亚热带及热带均产。我国4属,约130多种。本科植物有的可以食用,也可药用,有的作园林观赏,如紫花地丁(*Viola philippica*)、堇菜(*Viola verecunda*)、三色堇(*Viola tricolor*)。我国常见且重要的属是堇菜属。

【常见植物】紫花地丁(*Viola philippica*),多年生草本,无地上茎[图12-23(a)]。叶基生,莲座状;托叶膜质,苍白色或淡绿色。花蓝紫色或淡紫色,稀白色,喉部色较淡并带有紫色条纹;花瓣倒卵形或长圆状倒卵形,侧方花瓣长,里面无毛或有须毛;子房卵形,无毛。蒴果长圆形,无毛。花果期4月中下旬至9月。分布于全国大部分地区。全草可供药用,能清热解毒、凉血消肿。嫩叶可作野菜。可作早春观赏花卉。三色堇(*Viola tricolor*),一、二年或多年生草本。地上茎较粗,直立或稍倾斜,有棱,单一或多分枝。花有紫、白、黄3色[图12-23(b)],单生叶腋。蒴果,椭圆形。花期4~7月,果期5~8月。现培育出较多园艺品种,供观赏。

(a) 紫花地丁(*Viola philippica*)

(b) 三色堇(*Viola tricolor*)

图 12-23 堇菜科常见植物

(21) 杨柳科(Salicaceae) $*♂P_0A_{2~∞};♀P_0G_{(2:1;∞)}$ [金虎尾目 Malpighiales]

【主要特征】落叶乔木或灌木,鳞芽。单叶互生,稀对生,有托叶。花单性异株,柔荑花序,无花被和花柄,雄蕊2至多数,雌蕊由2心皮合成,子房1室,柱头2~4。种子小,基部有白色丝毛。

杨属与柳属的主要特征:杨属顶芽发达,芽鳞多数;叶较宽大,柄长,花序下垂,髓心五角形。柳属顶芽缺,芽鳞1;叶较窄长,柄短,花序直立,髓心近圆形。

本科3属,约620余种,分布于寒温带、温带和亚热带。我国有3属,约320种,遍及全国。本科植物易种间杂交,故分类较难。本科有重要的经济和生态价值,如杨树是我国的主要造林树种,而垂柳是固堤护岸的重要树种。杞柳(*Salix integra*)、蒿柳(*Salix viminalis*)和旱柳(*Salix matsugana*)等都具有重要的价值。

【常见植物】毛白杨(*Populus tomentosa*),落叶乔木。树冠卵圆形或卵形。树干通直,树皮灰绿色至灰白色,皮孔菱形。芽卵形略有绒毛;叶卵形或三角状卵形,先端渐尖或短渐尖,基部心形或平截[图 12-24(a)];叶缘波状缺刻或锯齿,背面密生白绒毛,后全脱落。叶柄扁,顶端常有 2~4 腺体。蒴果,小。垂柳(*Salix babylonica*),落叶乔木。树冠倒广卵形,小枝细长下垂[图 12-24(b)],褐色。叶披针形或条状披针形,先端渐长尖,基部楔形,细锯齿,托叶披针形。

(a)毛白杨(*Populus tomentosa*)　　　　(b)垂柳(*Salix babylonica*)

图 12-24　杨柳科常见植物

(22)大戟科(Euphorbiaceae) $* ♂ K_{0\sim5} C_{0\sim5} A_{1\sim\infty,(\infty)}$；$* ♀ K_{(5)} C_{0\sim5} \underline{G}_{(3:3;1\sim2)}$[金虎尾目 Malpighiales]

【主要特征】草本或木本,多具乳汁。单叶或三出复叶,互生,稀对生,具托叶。花单性,同株或异株,聚伞、伞房、总状或圆锥花序;常为单被花,萼状,有时无花被或萼、瓣具有;花盘常存在或退化为腺体;雄蕊 1 至多数;子房上位,常 3 心皮合成 3 室,每室胚珠 1~2,中轴胎座。蒴果,少数为浆果或核果。

本科约 300 属 5 000 种。我国引入 72 属 450 余种,主产于长江流域以南。

本科中橡胶树是国防及民用工业的重要原料,油桐是珍贵的特用经济树种,重阳木、乌桕和变叶木(*Codiaeum variegatum*)等是重要的庭荫及观赏树种,大戟(*Euphorbia pekinensis*)、巴豆(*Croton tiglium*)、甘遂(*Euphorbia kansui*)等具有药用价值。

【重要的属检索表】

1. 三出复叶。
    2. 小叶全缘,蒴果 ·· 橡胶树属(*Hevea*)
    2. 小叶有锯齿,浆果 ·· 秋枫属(*Bischofia*)
1. 单叶。
    3. 核果,有花瓣及萼片,掌状脉 ·· 油桐属(*Vernicia*)
    3. 蒴果,羽状脉。
        4. 有花瓣,花序腋生 ·· 变叶木属(*Codiaeum*)

4. 无花瓣。

 5. 全体无毛，叶全缘，雄蕊2~3，叶柄顶端有腺体2个 ……………………………… 乌桕属（*Triadica*）

 5. 全体有毛，叶常有粗齿，雄蕊6~8，叶片基部有腺体2或更多 ………………… 山麻杆属（*Alchornea*）

【常见植物】乌桕（*Triadica sebiferum*），落叶乔木。树冠近球形，树皮暗灰色，浅纵裂。小枝纤细。叶菱形至菱状卵形，先端尾尖，基部宽楔形[图12-25（a）]，叶柄顶端有2腺体。花序穗状，花黄绿色。蒴果三棱状球形，熟时黑色，果皮3裂，脱落；种子黑色，外被白蜡，固着于中轴上，经冬不落。油桐（*Vernicia fordii*），落叶乔木。树冠扁球形，枝、叶无毛。叶片卵形至宽卵形，全缘，稀3浅裂，基部截形或心性[图12-25（b）]，叶柄顶端具2紫红色扁平无柄腺体。雌雄同株，花瓣白色，有淡红色斑纹。果球形或扁球形，果皮平滑；种子3~5粒。重阳木（*Bischofia polycarpa*），落叶乔木。三出复叶，小叶纸质，卵形或椭圆状卵形。花雌雄异株，春季与叶同放，总状花序，下垂。果浆果状，球形，熟时褐红色。

（a）乌桕（*Triadica sebiferum*）   （b）油桐（*Vernicia fordii*）

图12-25 大戟科常见植物

(23) 漆树科（Aceraceae） $* \male\female K_{(3\sim5)} C_{3\sim5} A_{5\sim10} \underline{G}_{(1\sim5;1\sim5;1)}$ [无患子目 Sapindales]

【主要特征】乔木或灌木，常含有树脂。复叶或单叶，互生，稀对生，无托叶。花两性、单性或杂性；花盘多扁平，环状；子房上位，心皮1~5。果实多为核果。

本科约60属600余种，主要分布于热带、亚热带。我国有16属50余种。

本科以产漆著称。漆（*Toxicodendron vernicifluum*），生漆为工业或国防上的重要涂料。盐肤木（*Rhus chinensis*）为五倍子蚜的寄主植物。有的为热带著名的水果，如杧果（*Mangifera indica*）、腰果（*Anacardium occidentale*）。有的果和种子可食，如豆腐果（*Buchanania latifolia*）、人面子（*Dracontomelon duperreanum*）、南酸枣（*Choerospondias axillaris*）、槟榔青（*Spondias pinnata*）等。重要的属有漆属、盐肤木属、黄连木属、黄栌属、南酸枣属、杧果属等。

【重要的属检索表】

1. 羽状复叶。

 2. 无花瓣，常为偶数羽状复叶，雌雄异株 ……………………………………………… 黄连木属（*Pistacia*）

 2. 有花瓣，奇数羽状复叶，花杂性。

  3. 植物体无乳液；核果大，上部有5小孔；子房5室 ……………………………… 南酸枣属（*Choerospondias*）

  3. 植物体有乳液；核果小，无小孔；子房1室。

4. 顶芽发达，非柄下芽；果黄色 ·· 漆属(*Toxicodendron*)
　　4. 无顶芽，侧芽柄下芽；果红色 ·· 盐麸木属(*Rhus*)
1. 单叶，全缘。
　　5. 落叶，叶倒卵形至卵形；果序上有多数不育花的花梗 ··················· 黄栌属(*Cotinus*)
　　5. 常绿，叶长椭圆形至披针形；果序上无不育花的花梗 ··················· 杧果属(*Mangifera*)

【常见植物】漆(*Toxicodendron vernicifluum*)，落叶乔木。奇数羽状复叶互生，小叶基部偏斜，全缘。圆锥花序，花黄绿色，单性。核果，外果皮黄色，中果皮蜡质；果核棕色，坚硬。花期5~6月，果期7~10月。南酸枣(*Choerospondias axillaris*)，落叶乔木。奇数羽状复叶互生，小叶对生[图12-26(a)]。花单性或杂性异株，雄花和假两性花组成圆锥花序，雌花单生上部叶腋。核果黄色，中果皮肉质浆状，果核顶端具5小孔。种子无胚乳。盐麸木(*Rhus chinensis*)，小乔木或灌木状。复叶具7~13小叶，叶轴具叶状宽翅，小叶椭圆形或卵状椭圆形，具粗锯齿[图12-26(b)]。圆锥花序被锈色柔毛，雄花序较雌花序长；花白色。核果红色，扁球形，被柔毛及腺毛。

(a) 南酸枣(*Choerospondias axillaris*)　　　　　(b) 盐麸木(*Rhus chinensis*)

图12-26　漆树科常见植物

(24) 芸香科(Rutaceae) $* ♂ K_{4\sim5} C_{4\sim5} A_{8\sim10} \underline{G}_{(2\sim\infty;2\sim\infty;1\sim2)}$ [无患子目 Sapindales]

【主要特征】常绿或落叶乔木，灌木或草本，具挥发性香油。复叶或单身复叶，互生或对生，叶片上常有透明油腺点，无托叶。花两性，稀单性，整齐，单生、聚伞或圆锥花序，萼4~5裂，花瓣4~5；雄蕊与花瓣同数或其倍数，有花盘；子房上位，心皮2~5或多数，每室1~2胚珠。柑果、浆果、蒴果、蓇葖果、核果或翅果。

本科约150属1700种，产于热带、亚热带，少数产于温带。我国28属154种。

本科植物有较高的经济价值，国产的属种中除少数未知其用途外，大多数是民间草药。有些属种是经典中药原料，如花椒(*Zanthoxylum bungeanum*)、吴茱萸(*Tetradium ruticarpum*)、黄檗(*Phellodendron amurense*)、白鲜(*Dictamnus dasycarpus*)、枳(*Citrus trifoliata*)等。重要的属有花椒属、黄檗属、枳属、柑橘属等。

【重要的属检索表】
1. 花单性，蓇葖果或核果。
　　2. 枝有皮刺，复叶互生，蓇葖果 ··· 花椒属(*Zanthoxylum*)
　　2. 枝无皮刺，复叶对生，核果 ··· 黄檗属(*Phellodendron*)

1. 花两性,心皮合生,柑果。
   3. 小叶复叶,落叶性,茎有枝刺,果密被短柔毛 ··· 枳属(*Poncirus*)
   3. 单身复叶或单叶,果无毛 ··· 柑橘属(*Citrus*)

【常见植物】花椒(*Zanthox bungeanum*),落叶乔木。树皮上有许多瘤状突起,枝具宽扁而尖锐的皮刺。奇数羽状复叶,小叶5~11,卵形至卵状椭圆形,先端尖,基部近圆形或广楔形,锯齿细钝,齿缝处有透明油腺点,叶轴具窄翅。顶生聚伞状圆锥花序,花单性或杂性同株,子房无柄。果球形,红色或紫红色,密生油腺点[图12-27(a)]。黄檗(*Phellodendron amurense*),落叶乔木。树皮木栓层发达,深纵裂,富弹性,内皮鲜黄色。小枝无毛。小叶卵状披针形,先端尾尖,基部偏斜,锯齿细钝[图12-27(b)],下面中脉基部有长绒毛。花黄绿色。果球形,熟时紫黑色。

(a) 花椒(*Zanthoxylum bungeanum*)   (b) 黄檗(*Phellodendron amurense*)

图 12-27 芸香科常见植物

(25) 锦葵科(Malvaceae) $* \male\female K_{(3\sim5),3\sim5} C_5 A_{(\infty)} \underline{G}_{(2\sim\infty;2\sim\infty;1\sim\infty)}$ [锦葵目 Malvales]

【主要特征】草本、灌木或乔木。叶互生,单叶,常分裂;具托叶。花两性,单生、簇生、聚伞花序至圆锥花序;萼5裂,常具副萼;花瓣5,在芽内旋卷;雄蕊多数,连合成雄蕊柱,花药1室;中轴胎座。蒴果,室背开裂或分裂为数个果瓣;种子具油质胚乳。

本科约50属1000种。我国16属81种。

本科植物是极为重要的经济作物,如棉属,其种子纤维是棉绒的主要来源,种子可以榨油、食用或供工业用,世界各国均广泛栽培。大叶木槿、黄槿、大麻槿等的茎皮是极优良的纤维来源。朱槿、木芙蓉、木槿、悬铃花、蜀葵等是著名的园林观赏植物。咖啡黄葵、锦葵、蜀葵等可供食用或者药用。重要的属有锦葵属、麻属、秋葵属、木棉属、棉属等。

【重要的属检索表】
1. 蒴果裂成分果;子房由5至多数离生心皮(仅中轴部分合生)组成。
   2. 子房每室仅胚珠1 ·· 锦葵属(*Malva*)
   2. 子房每室胚珠2~9 ·· 麻属(*Abutilon*)
1. 蒴果不分裂为分果;子房由数枚合生心皮组成,通常5室,稀10室。
   3. 花柱有分枝;副萼片小,常呈条形;种子无绵毛。
      4. 花萼佛焰苞状,花后在一侧开裂而早落;果长尖;种子无毛;草本 ··········· 秋葵属(*Abelmoschus*)

4. 花萼5裂，宿存；果通常圆柱形或球状；种子被毛（非绵毛）或有腺体状乳突；木本或草本 ·················
·· 木槿属（*Hibiscus*）
3. 花柱不分枝；副萼片大，叶状心形；种子有长绵毛 ·· 棉属（*Gossypium*）

【常见植物】锦葵（*Malva cathayensis*），二年生或多年生直立草本。多分枝，疏被粗毛。叶圆心形或肾形，5~7浅裂，托叶偏斜，具疏锯齿。花簇生于叶腋；花萼杯状，萼裂片5；花冠紫红，稀白色；花瓣5，匙形或倒心形［图12-28（a）］。分果扁球形，肾形。种子肾形，黑褐色。苘麻（*Abutilon theophrasti*），一年生亚灌木状草本，茎枝被柔毛。叶互生，圆心形，两面均密被星状柔毛。花单生于叶腋；花黄色［图12-28（b）］。蒴果，分果片15~20；种子肾形，褐色。花期7~8月。我国除青藏高原不产外，其他各省份均产。常见于路旁、荒地和田野间。茎皮纤维可作纺织材料。种子含油量15%~16%；种子作药用称"冬葵子"。黄蜀葵（秋葵，*Abelmoschus manihot*），一年生或多年生草本，疏被长硬毛。叶掌状5~9深裂。花单生于枝端叶腋；萼佛焰苞状；花淡黄色，内面基部紫色。蒴果；种子多数，肾形。花期8~10月。分布于我国大部分地区，常生于山谷草丛、田边或沟旁灌丛间。本种花大色美，栽培供园林观赏用；根含黏质，可作造纸糊料；种子、根和花作药用。木槿（*Hibiscus syriacus*），落叶灌木，多分枝；小枝密被黄色星状绒毛。叶菱形至三角状卵形，端部常3裂，边缘具不整齐齿缺，三出脉；花单生于枝端、叶腋，花冠钟状，浅紫蓝色；果卵圆形，密被黄色星状绒毛。枝叶繁茂，为夏、秋季节重要观花树木。

（a）锦葵（*Malva cathayensis*）　　　　（b）苘麻（*Abutilon theophrasti*）

图12-28　锦葵科常见植物

(26) 十字花科（Brassicaceae）$* ⚥ K_4 C_4 A_{2+4} \underline{G}_{(2:1:\infty)}$ ［罂粟目 Rhoeadales］

【主要特征】草本，稀亚灌木。常单叶，少复叶；无托叶；基生叶常莲座状，茎生叶互生。总状或复总状花序；花两性，辐射对称；萼片4；花瓣4，十字形排列，基部常成爪；花托上常有蜜腺；雄蕊6，外轮2枚较短，内轮4枚较长，为四强雄蕊；子房上位，2心皮，侧膜胎座，常有1次生的假隔膜将子房分为2室，胚珠多数。长角果或短角果，自下向上2瓣分裂，少数不裂。种子无胚乳，子叶弯曲或折叠状。

本科约330属3 500种，全世界广布，主产于北温带，以地中海地区最多。我国有102属412种，以西南、西北、东北高山区及丘陵地带较多。

十字花科植物很多是常见的蔬菜、油料作物以及蜜源植物，另有一些药用和观赏植物，也有不少为农田杂草。常见的属有芸薹属、萝卜属、荠属、蔊菜属。

【重要的属检索表】

1. 长角果。
    2. 长角果具喙。
        3. 花黄色，少白色；长角果开裂 ··· 芸薹属（*Brassica*）
        3. 花白色或紫色；长角果不开裂 ··· 萝卜属（*Raphanus*）
    2. 长角果无喙 ··· 蔊菜属（*Rorippa*）
1. 短角果 ··· 荠属（*Capsella*）

【常见植物】芸薹（油菜，*Brassica rapa*），两年生草本；基生叶大头羽裂[图12-29(a)]；重要的油料作物，种子含油量40%左右；嫩茎叶和总花梗可作蔬菜。白菜（大白菜，*Brassica rapa*），两年生草本；基生叶多数，大形，叶柄白色，扁平。原产我国华北，为东北及华北冬、春两季的主要蔬菜。甘蓝（莲花白，*Brassica oleracea*），两年生草本，被粉霜；基生叶多数，质厚，层层包裹成球状体，扁球形。各地均有栽培，常见蔬菜。花椰菜（花菜，*Brassica oleracea* var. *botrytis*），两年生草本，顶生球形肉质花序供食用。绿花菜（*Brassica oleracea* var. *italica*），肉质花序分枝松散，绿色，菜用。羽衣甘蓝（*Brassica oleracea* var. *acephala*），叶皱缩，呈各种颜色，作为观赏植物。青菜（小油菜，*Brassica rapa* var. *chinensis*），原产我国，叶不结球，为常见蔬菜。芥菜（*Brassica juncea*），叶盐腌供食用，种子磨粉称为芥末，榨出的油称为芥子油。荠（*Capsella bursa-pastoris*），一年或二年生草本；花白色[图12-29(b)]；短角果倒三角形或倒心状三角形，全国均有分布；为常见杂草，茎叶可作蔬菜食用。萝卜（*Raphanus sativus*）[图12-29(c)]，直根肥大肉质，供鲜食或腌制食用，原产于温带地区，世界各地栽培；其种子称为莱菔子，药用可消食除胀，降气化痰。蔊菜（*Rorippa indica*），茎表面具纵沟；长角果线状圆柱形，短而粗，种子每室2行。多生于潮湿处，全草药用。

（a）芸薹
（*Brassica rapa*）

（b）荠
（*Capsella bursa-pastoris*）

（c）萝卜
（*Raphanus sativus*）

（d）诸葛菜
（*Orychophragmus violaceus*）

图 12-29　十字花科常见植物

另外，本科的诸葛菜(*Orychophragmus violaceus*)[图 12-29(d)]、紫罗兰(*Matthiola incana*)、香雪球(*Lobularia maritima*)等可观赏。菘蓝(*Isatis tinctoria*)的根作"板蓝根"、叶作"大青叶"入药，叶还可提取蓝色色素称为青黛；独行菜(*Lepidium apetalum*)、播娘蒿(*Descurainia sophia*)等种子均作"葶苈子"入药。拟南芥(鼠耳芥，*Arabidopsis thaliana*)，由于染色体数目少($2n=10$)、生长周期短、结实多、易栽培等特点，现已被广泛作为分子生物学研究的模式植物。

(27) 蓼科(Polygonaceae) $* ♂ P_{3\sim6} A_{6\sim9} \underline{G}_{(2\sim4:1:1)}$ [蓼目 Polygonales]

【**主要特征**】草本，稀灌木或小乔木。茎节膨大。单叶互生，稀对生或轮生；托叶通常联合成鞘状(托叶鞘)，膜质。花序穗状、总状、头状或圆锥状，顶生或腋生；花较小，两性，稀单性，辐射对称；花被片 3~6，宿存；雄蕊常 6~9；子房上位，1 室，心皮通常 3，稀 2~4。瘦果，常包藏于宿存的花被内。种子胚乳丰富。

本科约 50 属 1 120 种，全世界广布，主要分布于北半球的温带地区，少数种类分布在热带。我国有 13 属，约 238 种，产于全国各地。

本科的大黄、何首乌、金荞麦等是药用植物，荞麦、苦荞麦是粮食作物，还有一些种类是蜜源、观赏植物，其余大多为农田杂草。常见的属有荞麦属、蓼属、酸模属、大黄属。

【**重要的属检索表**】

1. 花被片 5。
    2. 瘦果具 3 棱，明显比宿存花被长，稀近等长 ·················· 荞麦属(*Fagopyrum*)
    2. 瘦果具 3 棱或双凸镜状，比宿存花被短，稀较长 ·················· 蓼属(*Polygonum*)
1. 花被片 6。
    3. 雄蕊 6 枚，花药基着 ·················· 酸模属(*Rumex*)
    3. 雄蕊 9 枚，花药背着 ·················· 大黄属(*Rheum*)

【**常见植物**】荞麦(*Fagopyrum esculentum*)，一年生草本；茎红色，叶三角形，基部心型[图 12-30(a)]；花白色或淡红色，瘦果卵状三棱形。我国南北各省份多有种植，粮食作物，种子供食用，也为蜜源植物，全草还可入药。酸模叶蓼(*Polygonum lapathifolium*)，一年生草本，茎无毛；叶披针形或宽披针形[图 12-30(b)]，上面绿色，常有一个大的黑褐色新月形斑点，托叶鞘筒状；总状花序呈穗状，顶生或腋生；瘦果宽卵形，双凹，黑褐色，有光泽，包于宿存花被内。为常见杂草。酸模(*Rumex acetosa*)，多年生草本，茎具深沟槽；基生叶和茎下部叶箭形；花单性，雌雄异株。广布，全草可入药，嫩茎、叶可作蔬菜及饲料。药用大黄(*Rheum officinale*)，根及根状茎粗壮，茎中空；基生叶大型，掌状浅裂；大型圆锥花序；果实长圆状椭圆形；种子宽卵形。药用大黄和掌叶大黄(*Rheum palmatum*)、鸡爪大黄(*Rheum tanguticum*)的根及根状茎可入药，有泻下、健胃功效。

本科中还有萹蓄(*Polygonum aviculare*)，一年生草本；花单生或数朵簇生于叶腋，花被片绿色，边缘白色或淡红色。广布性杂草，全草可入药，有通经利尿、清热解毒的功效。其他入药的还有虎杖(*Reynoutria japonica*)、金荞麦(*Fagopyrum dibotrys*)、拳参(*Polygonum officinalis*)、扛板归(*Polygonum perfoliatum*)等。蓼蓝(*Polygonum tinctorium*)，叶可加工制成靛青，作染料，也可药用。红蓼(*Polygonum orientale*)可供观赏。沙拐枣属(*Calligonum*)、木蓼属(*Atraphaxis*)，主要分布于北方，许多种类为优良的固沙与荒山绿化植物。

(a) 荞麦（*Fagopyrum esculentum*）　　　　(b) 酸模叶蓼（*Polygonum lapathifolium*）

图 12-30　蓼科常见植物

(28) **石竹科**（Caryophyllaceae）* ⚥ $K_{4\sim5,(4\sim5)} C_{4\sim5} A_{8\sim10} \underline{G}_{(5\sim2:1:\infty)}$ [中央种子目 Centrospermae]

【**主要特征**】草本。茎节常膨大，具关节。单叶对生，稀互生或轮生。花辐射对称，两性，稀单性，排列成聚伞花序或聚伞圆锥花序；萼片 5，稀 4，宿存，覆瓦状排列或合生成筒状；花瓣 5，稀 4，无爪或具爪；雄蕊 10，两轮，稀 5 或 2；雌蕊 1，由 2~5 合生心皮构成，子房上位，特立中央胎座，具 1 至多数胚珠。蒴果，顶端齿裂或瓣裂。种子表面具颗粒状、短线纹或瘤状突起。

本科 75~80 属 2 000 种，主要分布于北半球的温带或暖温带，少数产非洲、大洋洲和南美洲。我国有 30 属 390 种，以北部和西部最多。

本科的孩儿参、瞿麦、银柴胡、麦蓝菜可以药用，剪秋罗属、石竹属、蝇子草属等属的许多种类是美丽的庭园花卉，还有卷耳属、繁缕属等许多种类为农田杂草。重要的属有石竹属、繁缕属、蝇子草属、卷耳属。

【**重要的属检索表**】

1. 花萼无腺毛，果期不膨大。
   2. 萼片离生，花瓣近无爪。
      3. 蒴果卵形或圆球形，花瓣 2 裂深达中部或基部 ·· 繁缕属（*Stellaria*）
      3. 蒴果圆柱形或长圆形，花瓣分裂达 1/3 ·· 卷耳属（*Cerastium*）
   2. 萼片合生，花瓣具明显的爪·· 石竹属（*Dianthus*）
1. 花萼常被腺毛，果期膨大·· 蝇子草属（*Silene*）

【**常见植物**】石竹（*Dianthus chinensis*），多年生草本，叶线状披针形，花瓣外缘齿状浅裂［图 12-31(a)］。原产我国，现多栽培观赏，有很多品种，也可药用。香石竹（康乃馨）（*Dianthus caryophyllus*），花单生或 2~3 朵簇生，有香气，粉红、紫红或白色。原产南欧，栽培供切花用。繁缕（*Stellaria media*），一年生或二年生草；茎细弱，侧生一列短柔毛；花瓣白色，长椭圆形，比萼片短，深 2 裂；雄蕊 5；花柱 3。广布性杂草，茎、叶及种子供药用，嫩苗可食。石生蝇子草（*Silene tatarinowii*），多年生草本，全株被短柔毛。二歧聚伞花序疏松，大型；花萼筒状；花瓣白色，两侧中部具 1 线形小裂片或细齿；副花冠椭圆形，全缘。栽培可观赏，也可药用，具有清热凉血、补虚安神的功效。麦瓶草（*Silene* *conoidea*），一年生草本，全株被短腺毛；萼筒圆锥形，基部特别膨大，先端逐渐狭缩；常见农田杂草，全草可药用，具止血、调经活血的功效；嫩草可食。卵叶卷耳（鄂西卷耳，*Cerastium wilsonii*），多年生草本；根细长，茎上升，近无毛。聚伞花序顶生。萼片5；花瓣5，白色，长为萼片2倍，2裂至中部；雄蕊稍长于萼片；花柱5，线形[图12-31(b)]。蒴果圆柱形。全草药用，能清热泻火。

　　本科常见的植物还有：孩儿参（太子参，*Pseudostellaria heterophylla*），多年生草本，块根常纺锤形，肥厚，分布于华东、华中以北。块根入药，具健脾、补气、益血、生津的功效。麦蓝菜（王不留行，*Vaccaria hispanica*），种子入药，具活血通经、消肿、催乳的功效，除华南外全国均产。无心菜属（蚤缀属，*Arenaria*）、漆姑草属（*Sagina*）的一些种类为常见农田杂草。

（a）石竹（*Dianthus chinensis*）　　　　　　（b）卵叶卷耳（*Cerastium wilsonii*）

图12-31　石竹科常见植物

（29）报春花科（Primulaceae）* ⚥ $K_{(5)}C_{(5)}A_{(5)}\underline{G}_{(5:1:\infty)}$ [报春花目 Primulales]

【主要特征】草本，稀亚灌木。茎直立或匍匐，叶互生、对生或轮生，或全部基生。花单生或组成总状、伞形或穗状花序，两性，辐射对称；花萼5裂，宿存；花冠下部合生，上部5裂，少无花冠；雄蕊与花冠裂片同数而对生，花丝分离或下部连合成筒；子房上位，少半下位，1室；花柱单一；特立中央胎座。蒴果；种子小，盾状；具胚乳。

　　本科约22属1 000余种，主要分布于北半球温带地区。我国有12属517种，分布于全国各地，以西南和西北高原山区最多。

　　报春花科的许多植物花色优美，可作为观赏植物，有些种类含有芳香油可以提炼香精，还有些是药用植物。常见的属有报春花属、珍珠菜属、点地梅属。

【重要的属检索表】
1. 花冠裂片在花蕾中覆瓦状排列。
    2. 花冠筒明显长于花萼，喉部不收缩 ··· 报春花属（*Primula*）
    2. 花冠筒短于花萼或与花萼近等长，喉部收缩 ································· 点地梅属（*Androsace*）
1. 花冠裂片在花蕾中旋转状排列 ··· 珍珠菜属（*Lysimachia*）

【常见植物】报春花（*Primula malacoides*），两年生草本，通常被粉；叶簇生；花葶1至多枚，伞形花序，花萼钟状，花冠粉红色、淡蓝紫色或近白色，蒴果球形。广泛栽培于世界各地，有许多园艺品种，早春开花，花色丰富，花期长，具有很高的观赏价值。藏报春

(*Primula sinensis*),多年生草本,全株被多细胞柔毛;伞形花序1~2轮,每轮3~14花;花冠淡蓝紫色或玫瑰红色,冠筒口周围黄色[图12-32(a)]。著名的温室花卉,广泛栽培,品种较多。点地梅(*Androsace umbellate*),一年生或二年生草本;主根不明显,具多数须根。叶全部基生。花冠白色,喉部黄色[图12-32(b)]。分布于东北、华北和秦岭以南各省份,全草药用,可治疗扁桃腺炎、咽喉炎、口腔炎等。过路黄(*Lysimachia christiniae*),茎匍匐,单叶对生;花黄色,成对腋生;花萼5深裂,裂片线状披针形,背面有黑色线条;花冠长为花萼的2倍;雄蕊5,不等长,花丝基部合生成筒[图12-32(c)]。全草入药,为药典收录的药材"金钱草",具清热解毒、利尿排石的功效。狼尾花(虎尾草,*Lysimachia barystachys*),多年生草本,具横走的根茎,全株密被卷曲柔毛;叶互生或近对生;总状花序顶生,花密集,常转向一侧,花冠白色[图12-32(d)];蒴果球形。广泛分布,药用,具活血调经、散瘀消肿的功效,根茎含鞣质,可提制栲胶。

(a)藏报春(*Primula sinensis*)

(b)点地梅(*Androsace umbellate*)

(c)过路黄(*Lysimachia christiniae*)

(d)狼尾花(*Lysimachia barystachys*)

图12-32 报春花科常见植物

此外,本科还有仙客来(*Cyclamen persicum*),多年生草本;块茎扁球形;叶和花葶同时自块茎顶部抽出;叶片心状卵圆形,叶面深绿色,常有浅色的斑纹;花冠白色或玫瑰红色。原产希腊、叙利亚、黎巴嫩等地,现已广为栽培;重要的观赏植物,花有白色、红色、紫色以及重瓣等许多园艺品种。

(30)山茶科(Theaceae) $* \male K_{4\sim\infty} C_{5,(5)} A_{\infty} \underline{G}_{(2\sim8;2\sim8;1\sim3)}$ [侧膜胎座目 Parietales]

【主要特征】常绿或落叶乔木或灌木。单叶,互生,无托叶。花两性,稀单性,辐射对称，单生或数花簇生于叶腋；具苞片或小苞片；萼片5或6；花瓣5或6，或多数；雄蕊多数，排成多列，花丝分离或基部合生；子房上位，由3～5心皮构成，中轴胎座；花柱分离或连合。蒴果、核果或浆果状；种子有胚乳或无。

本科约19属600种，主要分布于亚洲、非洲、美洲及太平洋岛屿的热带和亚热带地区。我国有12属274种，主要分布于长江以南各省份。

本科植物有些是重要的饮料，如茶，有些可以作为观赏植物，还有的是木本油料植物。重要的属有山茶属、大头茶属、木荷属、紫茎属。

【重要的属检索表】

1. 种子无翅 ··· 山茶属（*Camellia*）
1. 种子具翅。
    2. 蒴果长筒形，种子上端有长翅 ·················· 大头茶属（*Polyspora*）
    2. 蒴果球形，种子周围有翅 ····································· 木荷属（*Schima*）

【常见植物】茶（*Camellia sinensis*），常绿灌木；叶长圆形或椭圆形，表面叶脉凹陷，背面叶脉突出，在近边缘处连接成网状；花白色，萼片宿存[图12-33(a)]。原产我国，主要分布于长江以南地区，现世界各地广泛栽培。我国栽培茶树和制茶已约有数千年历史，我国古代典籍《尔雅》中已有槚（即茶）的记载，长沙马王堆汉墓陪葬品中有槚箱。茶芽和嫩叶中含咖啡因1%～5%，饮茶有兴奋神经和利尿的功效。根据是否发酵及发酵程度的不同，茶叶分为绿茶、青茶、红茶、黑茶、白茶和黄茶6大类。油茶（*Camellia oleifera*），苞萼不分化，花白色。从长江流域到华南各地广泛栽培，是主要的木本油料作物，油供食用或医用。山茶（*Camellia japonica*），枝叶无毛，苞被不分化，花红色，子房无毛。现广泛栽培，品种繁多。金花茶（*Camellia petelotii*），花金黄色[图12-33(b)]，产于广西南部，越南也有分布，是培育黄色山茶花的重要资源，为我国一级保护野生植物。大头茶（*Polyspora axillaris*），乔木。叶厚革质，倒披针形，基部狭窄而下延。花生于枝顶叶腋，白色；萼片卵圆形，宿存；花瓣5片，最外1片较短；房5室；蒴果。可作为园林观赏及造林树种。木荷（*Schima superba*），叶具锯齿[图12-33(c)]，分布长江以南各地，是亚热带常绿林建群种，在荒山灌丛为先锋树种，也是重要的用材树种，木材为细木工用材；还可作园林绿化树种或防火树种。

此外，本科还有紫茎（*Stewartia sinensis*）、钝齿木荷（*Stewartia crenata*）等是优良的用材树种，大果核果茶（*Pyrenaria spectabilis*）是观赏树种。

（a）茶（*Camellia sinensis*）　　　（b）金花茶（*Camellia petelotii*）　　　（c）木荷（*Schima superba*）

图 12-33　山茶科常见植物

(31) 杜鹃花科(Ericaceae) * ,↑$K_{(5~4)}C_{(5~4)}A_{10~8,5~4}\underline{G},\overline{G}_{(2~5;2~5;\infty)}$ [杜鹃花目 Ericales]

【主要特征】常绿或落叶灌木或亚灌木，稀小乔木。单叶，常革质，互生，极少假轮生；无托叶。花单生或组成总状、圆锥或伞形总状花序，顶生或腋生；两性，辐射对称或略两侧对称；具苞片；花萼 4~5 裂，宿存，有时花后肉质；花瓣合生成钟状、坛状、漏斗状或高脚碟状，稀离生，花冠通常 5 裂；雄蕊为花冠裂片的 2 倍，稀更多，花药常有芒状或距状附属物，常孔裂；子房上位或下位，中轴胎座，4~5 室，稀更多，每室有胚珠多数。蒴果或浆果，少有浆果状蒴果；种子小，胚乳丰富。

本科约 125 属 4 000 种，广泛分布于热带、亚热带及热带高海拔地区。我国产 22 属 826 种，主要分布在西南部山区。

本科许多种类是著名的观赏植物，另外还有一些是重要的果树和药用植物。重要的属有杜鹃花属、越橘属、吊钟花属。

【重要的属检索表】

1. 花萼筒部与子房合生；子房下位；浆果 ·· 越橘属(*Vaccinium*)
1. 花萼与子房分离；子房上位；蒴果。
    2. 蒴果，室间开裂；雄蕊无附属物 ·· 杜鹃花属(*Rhododendron*)
    2. 蒴果，室背开裂；雄蕊背部或顶部有芒状附属物 ······································· 吊钟花属(*Enkianthus*)

【常见植物】杜鹃(映山红，*Rhododendron simsii*)，落叶灌木，全株密被亮棕褐色扁平糙伏毛；叶椭圆状卵形或倒卵形，两面有糙伏毛；花 2~3(~6)朵簇生枝顶，花冠阔漏斗形，玫瑰色、鲜红色或暗红色；雄蕊 10 枚，子房 10 室。分布于南方，根有毒，全草药用。羊踯躅(闹羊花，*Rhododendron molle*)，落叶灌木；叶长圆形至长圆状披针形，具柔毛；花黄色[图 12-34(a)]，雄蕊 5 枚；植株含有闹羊花毒素和马醉木毒素等有毒成分，可制取农药。照山白(*Rhododendron micranthum*)，常绿灌木，幼枝被鳞片及细柔毛；花小，乳白色，花冠钟状；雄蕊 10。产东北、华北至中南，有剧毒，幼叶更毒。此外，引种栽培的还有：皋月杜鹃(西鹃，*Rhododendron indicum*)，叶缘具细圆齿状锯齿，雄蕊 5 枚，原产日本。白花杜鹃(*Rhododendron mucronatum*)，幼枝、花梗、花萼裂片均无腺头毛；花冠蔷薇紫色，具深红色斑点；雄蕊 10；这些栽培种均有若干品种。越橘(*Vaccinium vitis-idaea*)，匍匐半灌木；叶密生，椭圆形或倒卵形，背面有腺点状伏生短毛；花序短总状，生于去年生枝顶；花冠白色或淡红色，钟状，果红色；产西北和东北；果可生食或制果酱及酿酒，叶药用，也可代茶。南烛(乌饭树，*Vaccinium bracteatum*)，常绿灌木或小乔木，叶片薄革质，苞片宿存或脱落，果熟时紫黑色；产长江以南各省集合分；果可食用和药用，嫩叶汁可染米煮成"乌饭"食用。吊钟花(*Enkianthus quinqueflorus*)，花 5~8 朵排成下垂的伞形花序[图 12-34(b)]；花粉红或红色，花冠合生成宽钟状，裂片反折，常先叶开放，广州春节常用其作喜庆插花。

本科常见的植物还有杜香(*Ledum palustre*)，常绿小灌木；叶线形，边缘强烈反卷；蒴果；产东北，全株含芳香油，药用。

(32) 茜草科(Rubiaceae) *♂$K_{(5)}C_{(5)}A_5\overline{G}_{(2;2;1~\infty)}$ [茜草目 Rubiales]

【主要特征】乔木、灌木或草本。单叶对生或轮生，常全缘；托叶 2，位于叶柄间或叶柄内，常宿存。花两性，辐射对称，4~5 基数，单生或排成各式花序，花萼 4~5 裂，萼

(a) 羊踯躅（*Rhododendron molle*）　　(b) 吊钟花（*Enkianthus quinqueflorus*）

图 12-34　杜鹃花科常见植物

筒与子房合生，萼齿有时其中 1 个增大而成叶状，着生于花冠筒上；花冠 4~5 裂，管状、漏斗状、高脚碟状或辐状；雄蕊与花冠裂片同数而互生；雌蕊 2 心皮，子房下位，中轴胎座。浆果、蒴果或核果；种子有胚乳。

本科约 660 属 11 150 种，广布全世界的热带和亚热带，少数分布至北温带。我国有 97 属 701 种，主要分布于东南部、南部和西南部，少数分布于西北部和东北部。

茜草科有咖啡等经济植物，另有多种药用、观赏和香料植物，还有一些为农田杂草。常见的属有茜草属、拉拉藤属、栀子属。

【重要的属检索表】

1. 灌木 ··· 栀子属（*Gardenia*）
1. 草本。
   2. 花 4 数；果干燥，常被毛 ··· 拉拉藤属（*Galium*）
   2. 花 5 数；果肉质，不被毛 ··· 茜草属（*Rubia*）

【常见植物】栀子（*Gardenia jasminoides*），常绿灌木；花单生，白色或乳黄色，芳香；果黄色或橙红色[图 12-35（a）]；主要分布于华中及以南各省。观赏和药用，花可提取芳香油，果可提取黄色素。茜草（*Rubia cordifolia*），草质攀缘藤木；根及根状茎红色；茎四棱形，有倒生皮刺；花淡黄色；果球形，橘黄色[图 12-35（b）]。林生茜草（*Rubia sylvatica*），草本，攀缘，茎四棱形；叶 4~10 片轮生，卵圆形至圆形；花黄色；果黑色。分布于北方及西南。根含茜草素、茜根酸，药用。四叶葎（*Galium bungei*），多年生草本；叶纸质，4 片轮生；花黄绿色或白色，辐状。全国广布，为常见杂草；全草药用，可清热解毒、利尿、消肿。常见杂草还有：猪殃殃（*Galium spurium*）、六叶葎（*Galium hoffmeisteri*）、北方拉拉藤（*Galium boreale*）等。

本科其他植物还有：钩藤（*Uncaria rhynchophylla*），藤本，嫩枝具4棱，叶卵形，对生，节上有4枚针状托叶；分布于华东至南部；钩及小枝入药，具息风止痉、清热平肝的功效。小粒咖啡（*Coffea arabica*），原产非洲，我国南方有引种栽培，种子含生物碱，药用或作饮料。金鸡纳树（*Cinchona calisaya*），原产秘鲁，根皮和茎皮含奎宁，是治疗疟疾的特效药。此外，巴戟天（*Morinda officinalis*）、鸡矢藤（*Paederia foetida*）、白花蛇舌草（*Hedyotis diffusa*）等可药用；香果树（*Emmenopterys henryi*），落叶乔木，萼5裂，其中一裂片扩大成叶状，蒴果，我国特产，为优良的用材与观赏树种。

（a）栀子（*Gardenia jasminoides*）　　（b）茜草（*Rubia cordifolia*）

图 12-35　茜草科常见植物

(33) 夹竹桃科（Apocynaceae）$* ♀ K_{(5)} C_{(5)} A_5 G_{(2:2;1\sim\infty)}$　[捩花目 Contortae]

【主要特征】木本或多年生草本，具乳汁或水液。单叶对生或轮生，无托叶。花两性，辐射对称，单生或呈聚伞花序；花萼5裂，稀4裂；花冠5裂，高脚碟状或漏斗状，裂片旋转状排列，喉部常有附属物；雄蕊5枚，着生在花冠筒上或花冠喉部，花药长圆形或箭头状；花盘环状、杯状或舌状；子房上位，1~2室，花柱1个；胚珠1至多个。浆果、核果、蒴果或蓇葖果；种子常一端被毛或有翅，有胚乳。

本科约155属2 000余种，主要分布于热带和亚热带，少数种分布于温带。我国有46属176种，主要分布于南部和西南部。

本科有些种类为药用植物，有些为纤维植物，还有些为野生橡胶植物；有些植物有毒，尤以种子和乳汁毒性最强。常见的属有夹竹桃属、罗布麻属、长春花属、萝芙木属。

【重要的属检索表】

1. 花冠裂片向右覆盖。
    2. 灌木；叶轮生；无花盘 ………………………………………………… 夹竹桃属（*Nerium*）
    2. 半灌木；叶对生；具花盘 ……………………………………………… 罗布麻属（*Apocynum*）
1. 花冠裂片向左覆盖。
    3. 草本；蓇葖果，种子多数 ……………………………………………… 长春花属（*Catharanthus*）
    3. 灌木或乔木；核果，种子1颗 ………………………………………… 萝芙木属（*Rauvolfia*）

【常见植物】夹竹桃（欧洲夹竹桃，*Nerium oleander*），常绿灌木，含水液；花萼红色，花冠深红色、粉红色、黄色或白色[图12-36（a）]。原产地中海一带，现各地栽培作观赏，全草可入药，能强心利尿，有毒，需慎用。罗布麻(*Apocynum venetum*)，直立半灌木，具乳汁；枝对生或互生，紫红色；叶椭圆状披针形至卵状长圆形，无毛；圆锥状聚伞花序1至多歧[图12-36(b)]，花冠紫红或粉红色，蓇葖果2枚，平行或叉生。分布于西北、华北、东北及华东地区。叶药用，茎皮纤维可供纺织等用。白麻(*Apocynum pictum*)，茎黄绿色，叶条形至条状披针形，花粉红色。产我国的西北部，用途同罗布麻。长春花(*Catharanthus roseus*)，草本；叶膜质，对生；花冠高脚碟形[图12-36(c)]；原产非洲东部，栽培供观赏；全株含长春碱，有抗癌、降血压的功效。萝芙木(*Rauvolfia verticillata*)，灌木，全株无毛；叶3~4片轮生，稀对生；花小，白色，花冠高脚碟形；核果2，暗红色或紫红色。产华南与西南及台湾等地，根、茎、叶入药，为药物"降压灵"的原料。印度萝芙木(蛇根木，*Rauvolfia serpentina*)，叶3~4片轮生，稀对生；心皮及果合生至中部，果成熟时红色。广布云南，两广有栽培，根含利血平、血平定等近30种生物碱，为降压药的主要原料。

此外，本科还有络石(*Trachelospermum jasminoides*)，常绿木质藤本，花白色，芳香；茎皮纤维拉力强，可制绳索、纸浆及人造棉；全草药用，具祛风活络、止血、止痛消肿、清热解毒功效；花芳香，可提取"络石浸膏"。黄花夹竹桃(*Thevetia peruviana*)、红鸡蛋花(*Plumeria rubra*)等为华南地区常见的观赏植物。

(a) 夹竹桃(*Nerium oleander*)　　(b) 罗布麻(*Apocynum venetum*)　　(c) 长春花(*Catharanthus roseus*)

图12-36　夹竹桃科常见植物

(34)茄科(Solanaceae) $* ⚥ K_{(5)} C_{(5)} A_5 \underline{G}_{(2:2:\infty)}$ [管状花目 Tubiflorae]

【主要特征】草本或灌木；具双韧维管束。单叶互生，无托叶。花两性，辐射对称，单生或呈聚伞花序；花萼常5裂，宿存，常于果期增大；花冠5裂，常为辐射状、漏斗状或钟状；雄蕊5枚，着生于花冠筒上，常与花冠裂片互生；2心皮的复雌蕊，子房上位，中轴胎座，2室，有时出现假隔膜而成不完全的4室；胚珠多数。浆果或蒴果；种子有胚乳。

本科约30属3 300种，广泛分布于全世界温带及热带地区，美洲热带种类最多。我国有24属105种。

茄科有许多重要的蔬菜和药用植物，但野生植物多含有生物碱，有毒。常见的属有茄属、番茄属、烟草属、辣椒属、枸杞属、天仙子属、曼陀罗属。

【重要的属检索表】

1. 灌木，通常有刺 ………………………………………………………………………… 枸杞属(*Lycium*)
1. 草本稀半灌木、小乔木，无刺。

2. 聚伞花序顶生或腋生。
    3. 花萼钟状、筒状漏斗形；花药不靠合；宿萼果期增大包被果实；蒴果。
        4. 花冠漏斗状或钟状；蒴果盖裂 ·· 天仙子属（*Hyoscyamus*）
        4. 花冠筒状漏斗形或高脚碟形；蒴果2瓣裂 ······································ 烟草属（*Nicotiana*）
    3. 花冠辐状；花药围绕花柱靠合；宿萼不包被果实；浆果。
        5. 单叶或复叶；花萼与花冠裂片均为5数；花药不向顶端渐狭 ·············· 茄属（*Solanum*）
        5. 羽状复叶；花萼及花冠裂片5~7数；花药顶端渐狭成一长尖头 ·········· 番茄属（*Lycopersicon*）
2. 花单生或数朵簇生于枝腋或叶腋。
    6. 花冠辐状；浆果，少汁液 ·· 辣椒属（*Capsicum*）
    6. 花冠长漏斗状；蒴果瓣裂 ·· 曼陀罗属（*Datura*）

【常见植物】茄（*Solanum melongena*），全株被星状毛，花单生[图12-37（a）]；原产亚洲热带，各地广泛栽培，品种较多；果作蔬菜，果形、果色多样。马铃薯（阳芋，*Solanum tuberosum*），全球第四大粮食作物；羽状复叶，小叶近相似，花序顶生[图12-37（b）]；原产南美洲，全球广泛栽培；块茎作杂粮和蔬菜，也可制淀粉。龙葵（*Solanum nigrum*），一年生草本，蝎尾状花序腋外生，花白色，浆果球形，熟时黑色。世界广布性杂草，全草入药。白英（*Solanum lyratum*），草质藤本，叶3~5裂，全国广布性杂草，全草入药。番茄（*Lycopersicon esculentum*），全株被黏质腺毛；羽状复叶或羽状深裂[图12-37（c）]；花冠辐状，黄色；浆果被假隔膜分成3~5室。世界各地广泛栽培，果作蔬菜或水果，品种很多。烟草（*Nicotiana tabacum*），叶大，花冠漏斗状，粉红色。原产南美洲，现世界各地广泛引种栽培。叶为卷烟和烟丝的原料，全株含烟碱（尼古丁），有毒，可作农业杀虫剂。黄花烟草（*Nicotiana rustica*），茎短粗，花冠筒状钟形，黄绿色。原产南美洲，我国各地有栽培，用途同烟草。辣椒（*Capsicum annuum*），花单生，萼齿浅，白色；浆果有空腔，具辣味。原产美洲，现世界各地普遍栽培，为常见蔬菜和调味品，品种很多。宁夏枸杞（*Lycium barbarum*），灌木，常有棘刺；花萼常2中裂，花冠裂片边缘无缘毛；分布于西北和华北，果味甜，为滋补药。枸杞（*Lycium chinense*），花萼常3中裂或4~5齿裂，花冠裂片边缘具缘毛；广布于全国各省份，果甜，后味微苦，可药用，根皮为中药"地骨皮"，嫩叶可食。黑果枸杞（*Lycium ruthenicum*），果黑色；分布于西北，常生于盐渍荒地，耐干旱、盐碱。天仙子（*Hyoscyamus niger*），二年生草本；花在茎中部以下单生于叶腋，在茎上端则单生于苞状叶腋内而聚集成蝎尾式总状花序，通常偏向一侧；花冠钟状，长约为花萼的1倍，黄色而脉纹蓝紫色；蒴果包藏于宿存萼内。分布于华北、西北及西南；根、叶、种子药用，含莨菪碱及东莨菪碱，有镇痉镇痛之效，可作镇咳药及麻醉剂。曼陀罗（*Datura stramonium*），草本或半灌木状；茎粗壮，下部木质化；花单生于枝叉间或叶腋，花冠漏斗状；蒴果表面具刺[图12-37（d）]。广布于世界各地，我国各省份都有分布；含莨菪碱，全株有毒；可药用，有镇痉、镇静、镇痛、麻醉的功能。

本科还有：碧冬茄（矮牵牛，*Petunia hybrida*），原产美洲，我国栽培供观赏。假酸浆（*Nicandra physalodes*），花萼5深裂，果时膨大；花冠钟状，浅蓝色。原产南美洲，我国栽培作观赏或药用。挂金灯（红姑娘，*Physalis alkekengi* var. *franchetii*），全国广布，杂草；普遍栽培，果可食用或药用。

(a) 茄（*Solanum melongena*）

(b) 马铃薯（*Solanum tuberosum*）

(c) 番茄（*Lycopersicon esculentum*）

(d) 曼陀罗（*Datura stramonium*）

图 12-37　茄科常见植物

(35) 木樨科（Oleaceae）* ⚥ $K_{(4)} C_{(4)},_0 A_2 \underline{G}_{(2:2;1\sim2)}$ ［捩花目 Contortae］

【**主要特征**】乔木，直立或藤状灌木。单叶或复叶对生，稀互生或轮生，无托叶。花两性，辐射对称，聚伞花序排列成圆锥花序，或为总状、伞状、头状花序；花萼 4 裂；花冠 4 裂；雄蕊 2 枚，稀 4 枚，着生于花冠管上或花冠裂片基部；2 心皮，子房上位，2 室。翅果、蒴果、核果、浆果或浆果状核果；种子有或无胚乳。

本科约 28 属 400 余种，广布于全世界的热带、亚热带和温带地区，主产于亚洲。我国有 10 属 160 种。

本科有许多重要的药用植物、香料植物、油料植物以及经济树种。常见的属有梣属、丁香属、木樨属、女贞属、连翘属。

【**重要的属检索表**】

1. 蒴果或翅果。
    2. 翅果··梣属（*Fraxinus*）
    2. 蒴果。
        3. 花冠裂片短于或稍长于花冠筒，紫色至白色，枝实心··························丁香属（*Syringa*）
        3. 花冠裂片显著长于花冠筒，黄色；枝中空或具片状髓··························连翘属（*Forsythia*）
1. 核果或浆果。

4. 核果，花序腋生少顶生 ··· 木樨属（*Osmanthus*）
4. 浆果状核果，花序常顶生 ··· 女贞属（*Ligustrum*）

【常见植物】白蜡树（*Fraxinus chinensis*），落叶乔木；奇数羽状复叶，小叶 5~7 枚，上面无毛；花序顶生或出自当年生枝的叶腋，雌雄异株，无花冠。南北各省份均产，多为栽培。可作行道树或护堤树，叶可饲养白蜡虫，树皮入药。水曲柳（*Fraxinus mandschurica*），小叶 7~11（~13），果扭曲，木材坚硬，纹理美观，是著名的用材树种。紫丁香（*Syringa oblata*），落叶灌木或小乔木；小枝、幼叶、花梗无毛或被腺毛；单叶，叶卵形至肾形，常宽大于长；花紫色，花冠高脚碟形［图 12-38（a）］；长江以北普遍栽培；供观赏，花可提取芳香油，嫩叶可代茶。连翘（*Forsythia suspense*），落叶灌木；枝中空，单叶或三出复叶，花黄色，单生或 2 至数朵着生于叶腋［图 12-38（b）］；原产于我国北部和中部，常栽培，果实入药，有清热解毒、散结消肿的功效，早春开花，也是重要的观赏植物。金钟花（*Forsythia viridissima*），单叶，枝有片状髓，花 1~3（4）多腋生；常栽培供观赏。木樨（桂花，*Osmanthus fragrans*），叶片革质，聚伞花序簇生叶腋［图 12-38（c）］；花芳香；花冠黄白色、淡黄色、黄色或橘红色。原产我国，现各地广泛栽培，供观赏绿化。花芳香，可作调料。栽培品种较多，花橙红色的称"丹桂"，花淡白色的称"银桂"，花黄色的称"金桂"，一年开花多次的称"四季桂"。女贞（*Ligustrum lucidum*），枝叶无毛，叶革质；圆锥状花序

（a）紫丁香（*Syringa oblata*）

（b）连翘（*Forsythia suspense*）

（c）木樨（*Osmanthus fragrans*）

（d）女贞（*Ligustrum lucidum*）

图 12-38　本樨科常见植物

顶生[图12-38(d)]，具或长或短的花冠筒，花冠裂片4。产江南、陕甘地区；果实为中药"女贞子"，叶也可放养白蜡虫，也供观赏。小蜡(*Ligustrum sinense*)，产江南，各地普遍栽培作绿篱，树皮和叶药用。小叶女贞(*Ligustrum quihoui*)，栽培作观赏，叶和树皮可入药。

此外，本科常见植物还有：流苏树(*Chionanthus retusus*)，各地栽培供观赏绿化，花、叶可代茶，味香，果可提取芳香油。木樨榄(油橄榄，*Olea europaea*)，可能起源于地中海地区或亚洲西南部，我国各地广泛栽培，果榨油供食用，也可制蜜饯。迎春花(*Jasminum nudiflorum*)、素馨花(*Jasminum grandiflorum*)等原产我国，各地栽培供观赏。茉莉花(*Jasminum sambac*)，原产印度，我国南方和世界各地广泛栽培；花极香，为著名的花茶原料及重要的香精原料；花、叶可药用。

(36) 玄参科(Scrophulariaceae) ↑⚥ $K_{4\sim5,(4\sim5)} C_{(4\sim5)} A_{2+2,2,5} G_{(2;2;\infty)}$ [管状花目 Tubiflorae]

【主要特征】草本，稀木本。单叶，对生，稀互生或轮生，无托叶。花两性，常两侧对称，稀辐射对称，排成各式花序；萼片4~5，分离或合生，宿存；花冠裂片4~5，多为二唇形；雄蕊4，二强，稀2或5，着生于花冠筒上并与花冠裂片互生；花盘环状或一侧退化；2心皮复雌蕊，子房上位，2室，中轴胎座，胚珠多数。蒴果，多2或4瓣裂，常具宿存花柱；种子具胚乳。

本科约200属3 000种，广布于世界各地。我国有56属634种，各省份均有分布，以西南地区最多。

本科有多种重要的药用植物和经济树种，有些是常见的观赏植物和农田杂草。常见的属有泡桐属、地黄属、婆婆纳属、玄参属、马先蒿属。

【重要的属检索表】

1. 乔木；花萼革质 ········· 泡桐属(*Paulownia*)
1. 草本；花萼草质或膜质。
  2. 雄蕊2枚 ········· 婆婆纳属(*Veronica*)
  2. 雄蕊4枚，稀5枚。
    3. 花冠上唇(2裂片)在花蕾中包被下唇(3裂片) ········· 玄参属(*Scrophularia*)
    3. 花冠下唇(3裂片)在花蕾中处于外方。
      4. 非半寄生或半腐生植物，花冠上方2个裂片平坦，不作明显的盔状或兜状 ········· 地黄属(*Rehmannia*)
      4. 半寄生或半腐生植物，花冠上方裂片顶部明显弓曲，成一盔瓣 ········· 马先蒿属(*Pedicularis*)

【常见植物】毛泡桐(*Paulownia tomentosa*)，乔木；叶片心形；聚伞状圆锥花序金字塔形[图12-39(a)]，小聚伞花序3~5；花冠紫色，漏斗状钟形，檐部二唇形；雄蕊4，二强；蒴果卵圆形。速生树种，木材轻，易加工，为家具、航空模型、乐器等的优良用材，同时，花大而美丽，可供庭园观赏和作行道树。阿拉伯婆婆纳(*Veronica persica*)，铺散多分枝草本；下部叶对生，上部叶互生；花单生叶腋，花冠蓝色或蓝紫色[图12-39(b)]，喉部疏被毛；雄蕊2枚，短于花冠；蒴果肾形。原产于亚洲西南部，现我国多地广布，生于荒地、路旁，为常见杂草。北水苦荬(*Veronica anagallis-aquatica*)，多年生水生或沼生草本，具根状茎，总状花序腋生，蒴果卵圆形；广布于北方及西部地区；全草药用。玄参(*Scrophularia ningpoensis*)，高大草本；支根数条，纺锤形或胡萝卜状膨大；茎四棱形，有浅槽；叶多为卵形；疏散的大圆锥花序，花褐紫色，蒴果卵圆形；为我国特产，分布较广；根药用，有滋阴降火、消肿解毒等功效。地黄(*Rehmannia glutinosa*)，多年生草本，密被灰白色长柔毛和腺毛；根肥厚，黄色；基部叶莲座状；总状花序顶生；花冠筒微弯，外面紫红色[图12-39(c)]，裂片5；蒴果卵形至长卵形。分布于华北、华中及陕甘等地，生于山坡及路旁；根药用，干后称"生地"，滋阴养血，加酒蒸熟后称"熟地"，滋肾补阴；以河南怀庆地黄最为有名，称"怀地黄"。返顾马先蒿（*Pedicularis resupinata*），多年生草本；叶卵形至长圆状披针形，边缘有锯重齿；花单生于枝顶先端的叶腋中；花冠淡紫色，冠筒自基部起即向右扭旋，使下唇及盔部成为回顾之状；蒴果斜长圆状披针形。分布较广，全草可药用。

本科常见的植物还有：毛地黄（*Digitalis purpurea*），原产欧洲，现广泛栽培；叶入药，有强心作用；同时，花大，颜色鲜艳多样，也供观赏。阴行草（*Siphonostegia chinensis*），一年生草本；叶对生，羽状三深裂或二回羽状全；总状花序顶生；花冠黄色，上唇弯曲，下唇3裂。全草入药，具有清热利湿，凉血祛瘀的功效。常见观赏植物有：柳穿鱼（*Linaria vulgaris*），多年生草本；叶互生，线形；总状花序顶生，花黄色，距稍弯曲，长10～15 mm；蒴果卵球状，枝叶柔细，花形与花色别致，可供观赏；全草入药，可治风湿性心脏病。

（a）毛泡桐（*Paulownia tomentosa*）　　（b）阿拉伯婆婆纳（*Veronica persica*）　　（c）地黄（*Rehmannia glutinosa*）

图12-39　玄参科常见植物

（37）马鞭草科（Verbenaceae）↑☿$K_{(4\sim5)}C_{(4\sim5)}A_{4,5,2}\underline{G}_{(2:4;2\sim1)}$[管状花目 Tubiflorae]

【主要特征】灌木或乔木，少草本。单叶或复叶，对生，无托叶。花两性，两侧对称；穗状或聚伞花序；花萼4或5裂，宿存；花冠4或5裂；雄蕊4，稀2或5～6，着生于花冠筒上；子房上位，2心皮复雌蕊，4室；花柱顶生，柱头2裂或不裂。核果、蒴果或浆果状核果；种子无胚乳。

本科约91属2 000余种，主要分布于热带和亚热带地区。我国有20属182种，主产于长江以南各省份。

本科有些植物为贵重的用材树种，有些为观赏植物和药用植物，还有些可作为水土保持植物。常见的属有马鞭草属、牡荆属、大青属、莸属。

【重要的属检索表】
1. 花由花序下面或外围向顶端开放，形成穗状或短缩近头状的无限花序 ················· 马鞭草属（*Verbena*）
1. 花由花序顶端或中心向外围开放形成聚伞花序（有限花序），或由聚伞花序再排成其他花序或有时为单花。
　2. 果实不为干燥的蒴果，而中果皮多少肉质。
　　3. 花辐射对称；4枚雄蕊近等长 ··· 紫珠属（*Callicarpa*）
　　3. 花多少两侧对称或偏斜；雄蕊4，多少二强。

4. 花萼绿色，结果时不增大或稍增大；果实为 2~4 室的核果 ·············· 牡荆属(*Vitex*)
4. 花萼常有各种美丽的颜色，在结果时增大；果实常有 4 分核 ············ 大青属(*Clerodendrum*)
2. 果实为干燥开裂的蒴果 ·· 莸属(*Caryopteris*)

【常见植物】马鞭草(*Verbena officinalis*)，茎方形，叶不规则分裂，花序穗状，花淡蓝紫色[图 12-40(a)]，中轴胎座，子房四室。全国广布，全草可入药。紫珠(*Callicarpa bodinieri*)，落叶灌木；小枝、叶柄和花序均被粗糠状星状毛；叶两面密生暗红色或红色细粒状腺点；聚伞花序；花冠紫色，被星状柔毛和暗红色腺点。果实球形，熟时紫色。全草药用，有解表散寒，宣肺之效。黄荆(*Vitex negundo*)，灌木，小枝四棱形，密被灰白色绒毛；掌状复叶，小叶 5，少有 3；聚伞花序顶生，花冠淡紫色，2 唇形；雄蕊伸出花冠管外。花和枝叶可提取芳香油，根、茎、叶及子实可药用。山牡荆(*Vitex quinata*)，常绿乔木，掌状复叶，小叶 3~5，枝、叶无香气。主要分布于我国南部至印度、马来西亚，菲律宾、日本也有分布。海州常山(*Clerodendrum trichotomum*)，落叶灌木；叶对生，卵形；花萼紫红色，5 深裂[图 12-40(b)]；花冠白色，5 裂；核果近球形，蓝紫色，包藏于增大的宿萼内。花序大，花果美丽，可供观赏。三花莸(*Caryopteris terniflora*)，直立亚灌木；聚伞花序腋生，通常 3 花；花冠紫红色或淡红色，顶端 5 裂，二唇形，下唇中裂片较大；蒴果成熟后 4 瓣裂。根或全株入药，有通经和血的功效。

本科还有：杜虹花(*Callicarpa formosana*)、豆腐柴(*Premna microphylla*)可药用；柚木(*Tectona grandis*)，质坚硬，光泽美丽，芳香，为贵重的用材树种；马缨丹(*Lantana camara*)、假连翘(*Duranta erecta*)可供观赏。

(a) 马鞭草(*Verbena officinalis*)　　　　　　(b) 海州常山(*Clerodendrum trichotomum*)

图 12-40　马鞭草科常见植物

(38) 唇形科(Lamiaceae) ↑ ☿ $K_{(5)} C_{(4-5)} A_{2+2,2} G_{(2:4:1)}$ [管状花目 Tubiflorae]

【主要特征】草本，稀灌木，常含挥发性芳香油。茎四棱，单叶，稀复叶，对生或轮生，无托叶。花两性，两侧对称，稀近辐射对称，多由腋生聚伞花序构成轮伞花序，通常再穗状或总状排列；花萼 5 裂或近 2 唇形，宿存；花冠 5 裂，二唇形，花冠筒内常有毛环；雄蕊 4，二强，有时退化为 2，着生于花冠筒上；2 心皮复雌蕊，子房上位，常 4 深裂成 4 室，每室 1 胚珠，花柱常生于子房裂隙的基部，柱头 2 裂。结果时子房常裂为 4 个小坚果；种子有少量胚乳。

本科约 220 属 3 500 余种，世界各地广布，但多数种类分布在地中海地区和亚洲西南部。我国有 96 属 807 种，全国各地均有分布。

本科植物多数含有芳香油，是香料植物，可以提取香精，还有许多是药用植物，有些种类花、叶形态奇特，可以作为观赏植物。常见的有薄荷属、鼠尾草属、益母草属、黄芩属、夏至草属、夏枯草属。

【重要的属检索表】

1. 花萼 2 唇形，上萼片背部通常具鳞片状附属物；种子常横生 ··· 黄芩属（*Scutellaria*）
1. 花常具 5 齿或 2 唇形，上萼片背部通常无附属物，种子直立。
    2. 花冠筒藏于萼内，雄蕊、花柱藏于花冠筒内 ··· 夏至草属（*Lagopsis*）
    2. 花冠筒通常不藏于花萼内，两性花的雄蕊不藏于花冠筒内。
        3. 花冠近于辐射对称，裂片近相似 ·· 薄荷属（*Mentha*）
        3. 花冠明显 2 唇形，具不相似的唇片。
            4. 花药条形，雄蕊 2 ·· 鼠尾草属（*Salvia*）
            4. 花药卵形，雄蕊 4。
                5. 前对雄蕊长于后对雄蕊。
                    6. 花萼有极不相等的齿，喉部在果实成熟时常闭合 ·································· 夏枯草属（*Prunella*）
                    6. 花萼齿近相似，喉部在果实成熟时张开 ·· 益母草属（*Leonurus*）
                5. 前对雄蕊短于后对雄蕊 ·· 藿香属（*Agastache*）

【常见植物】 薄荷（*Mentha canadensis*），多年生草本，具根状茎；叶两面被毛；轮伞花序腋生。我国各地均有野生或栽培，产量居世界第一；全株含挥发油（薄荷油），为轻工业、医药方面的重要原料。留兰香（*Mentha spicata*），多年生草本，叶无毛或近无毛；轮伞花序聚生于茎及分枝顶端。世界各地广泛分布，我国新疆有野生；全株含绿薄荷油，为食品和化妆品的原料。丹参（*Salvia miltiorrhiza*），多年生草本，根肥厚，外面红色，里面白色；奇数羽状复叶，小叶 3~5（7），两面有毛；轮伞花序 6 花或多花，组成顶生或腋生总状花序 [图 12-41（a）]。根入药，具活血祛瘀、凉血、安神的功效。一串红（*Salvia splendens*），半灌木状草本，花冠红色、紫色或白色 [图 12-41（b）]。原产于巴西，我国引种供观赏。益母草（*Leonurus japonicus*），叶两型，基生叶轮廓卵状心形，茎生叶数回羽裂 [图 12-41（c）]，花冠上唇内凹，下唇 3 裂，粉红色；分布于全国各地，全草可入药，具活血调经的功效。小坚果中药名"茺蔚子"，有利尿、治眼疾之效。黄芩（*Scutellaria baicalensis*），多年生草本，根茎肥厚，肉质；叶具侧脉 4 对；总状花序在茎及枝上顶生，花冠紫色、紫红色或蓝色，冠筒近基部明显膝曲。根茎入药，具有清热消炎的功效。半枝莲（*Scutellaria barbata*），叶三角状卵形至卵状披针形，全草清热解毒，治蛇伤等。藿香（*Agastache rugosa*），叶心状卵形，缘有粗锯齿。各地广泛栽培，全草入药，有健胃、止呕、清暑的功效。夏至草（*Lagopsis supine*），多年生斜生草本，茎、叶被微柔毛；轮伞花序疏花 [图 12-41（d）]；花萼裂片先端刺尖；花冠白色，二唇形，上唇直立，内面有紫色条纹，下唇 3 裂；小坚果长卵形。分布全国大部分地区，生路旁及荒地，杂草，亦药用。夏枯草（*Prunella vulgaris*），全株被白色粗毛，轮伞花序排成顶生穗状花序 [图 12-41（e）]；广布欧洲、亚洲、美洲等地，我国南北均有分布；全草入药，具清肝明目、消肿散结的功效。

本科还有：薰衣草属（*Lavandula*）、罗勒属（*Ocimum*）、迷迭香属（*Rosmarinus*）、百里香属（*Thymus*）等植物可作香料植物；紫苏属（*Perilla*）、活血丹属（*Glechoma*）、荆芥属（*Nepeta*）等植物可药用植物。五彩苏（彩叶草，*Coleus scutellarioides*），株型美观，叶色多样，栽培供观赏。甘露子（螺蛳菜，*Stachys sieboldii*），地下块茎肥大，可食用，作酱菜或泡菜。

（a）丹参（*Salvia miltiorrhiza*）

（b）一串红（*Salvia splendens* Ker）

（c）益母草（*Leonurus japonicus*）

（d）夏至草（*Lagopsis supine*）

（e）夏枯草（*Prunella vulgaris*）

图 12-41 唇形科常见植物

(39) 冬青科（Aquifoliaceae）$* \male K_{(3\sim 6)} C_{4\sim 5,(4\sim 5)} A_{4\sim 5}$；$* \female K_{(3\sim 6)} C_{4\sim 5,(4\sim 5)} \underline{G}_{(3\sim \infty ; 3\sim \infty)}$［无患子目 Sapindales］

【主要特征】常绿乔木或灌木。单叶互生；托叶早落。花小，辐射对称，单性异株，或杂性；花萼3~6裂，基部多少连合；花瓣4~5，分离或基部合生；雄蕊与花瓣同数；子房上位，3至多数心皮，合生成3至多室，每室胚珠1~2。浆果状核果，由3至多个分核组成，每一分核具1种子。

本科3属400余种，广布于热带温带地区。我国仅有1属（冬青属）118种，主要分布于长江流域及以南地区。

【常见植物】冬青（*Ilex chinensis*），常绿乔木，当年生小枝具细棱。叶片先端渐尖，基部楔形或钝，边缘具圆齿。花淡紫色或紫红色，4~5基数。果长球形，成熟时红色［图12-42（a）］；分核4~5。花期4~6月，果期7~12月。主要分布于安徽、浙江、江苏、湖北、福建、广东等省份。园林常见树种，或作药用。枸骨（*Ilex cornuta*）：常绿灌木或小乔木，幼枝具纵脊及沟。叶片厚革质，二型，四角状长圆形或卵形，先端具3枚尖硬刺齿，中央刺齿常反曲，基部圆形或近截形，两侧各具1~2刺齿，有时全缘。花序簇生于2年生枝的叶腋内。果球形，成熟时鲜红色[图12-42（b）]，基部具四角形宿存花萼，顶端宿存柱头盘状，明显4裂；分核4。花期4~5月，果期10~12月。分布于江苏、安徽、浙江、江西、湖北、湖南等省份。常作园林观赏或药用。

（a）冬青（*Ilex chinensis*）

（b）枸骨（*Ilex cornuta*）

图12-42 冬青科常见植物

(40) 菊科（Asteraceae，Compositae）$* , \uparrow (\male/\female) K_{0\sim\infty} C_{(3\sim5)} A_{(4\sim5)} \overline{G}_{(2:1:1)}$ [桔梗目 Campanulales]

【**主要特征**】草本，稀木本。有的种类具乳汁或树脂道。叶互生，少对生或轮生。花小，两性，稀单性或无性，头状花序，外有由1至数层总苞片组成的总苞围绕；头状花序单生或再排成总状、聚伞状、伞房状或圆锥状；花序柄扩大的顶部平坦或隆起称为花序托，有些花具小苞片称为托片；花萼退化，呈冠毛状、鳞片状、刺状或缺如；花冠管状、舌状或假舌状（先端3齿、单性），少二唇形、漏斗状（无性）。头状花序中的小花有异型（外围舌状、假舌状或漏斗状花，称为缘花；中央为管状花，称为盘花）或同型（全为管状花或舌状花）。雄蕊5，稀4，花丝分离，贴生于花冠管上，花药结合成聚药雄蕊，连成管状包在花柱外面，花药基部钝或有尾状物；子房下位，2心皮1室，1枚胚珠，基底着生；花柱单一，柱头2裂。瘦果，顶端常有刺状、羽状冠毛或鳞片。

本科约1 000属，25 000~30 000种，广布于全球，主产于温带地区。我国约有230属，2 300余种，全国均产。

本科通常分为2个亚科：①管状花亚科（Tubuliflorae）。整个花序全为管状花或中央为管状花，边缘为舌状花，无乳，有的含挥发油。②舌状花亚科（Liguliflorae）。整个花序全为舌状花，有乳汁。常见的属有向日葵属、菊属、蒲公英属等。

【**常见属检索表**】
1. 头状花序全部为同形两性的管状花，或有异形的小花，中央花非舌状，无乳汁。
 2. 植株较矮；头状花序较小，边缘花雌性；舌状花黄色、白色或红色，管状花全部黄色；无冠状冠毛 ………………………………………………………………………………………………… 菊属（*Chrysanthemum*）

2. 植株通常高大；头状花序较大，边缘花无性；舌状花黄色，管状花上端黄色、紫色或褐色；具冠毛 ········· 向日葵属(*Helianthus*)
1. 头状花序全部小花舌状，有乳汁 ·· 蒲公英属(*Taraxacum*)

【常见植物】野菊(*Chrysanthemum indicum*)，多年生草本。茎直立或铺散，分枝或仅在茎顶有伞房状花序分枝。头状花序多数在茎顶端排成疏松的伞房圆锥花序或少数在茎顶排成伞房花序。舌状花黄色，顶端全缘或2~3齿。花期6~11月。分布于东北、华北、华中、华南及西南各地。生于山坡草地、灌丛、河边水湿地、滨海盐渍地、田边及路旁。向日葵(*Helianthus annuus*)，一年生高大草本。茎被白色粗硬毛。叶基出三脉，边缘有粗锯齿。头状花序极大[图12-43(a)]。总苞片多层，叶质，覆瓦状排列。舌状花多数，黄色，舌片开展，不结实。管状花极多数，棕色或紫色，结果实。瘦果有细肋，常被白色短柔毛，上端有2个膜片状早落的冠毛。花期7~9月，果期8~9月。原产于北美，世界各国均有栽培。种子食用。蒲公英(*Taraxacum mongolicum*)，多年生草本。根圆柱状，黑褐色，粗壮。叶边缘有时具波状齿或羽状深裂，有时倒向羽状深裂或大头羽状深裂，顶端裂片较大，叶柄及主脉常带红紫色，疏被蛛丝状白色柔毛或几无毛。花葶1至数枚，密被蛛丝状白色长柔毛；头状花序，总苞钟状[图12-43(b)]，淡绿色；舌状花黄色，边缘花舌片背面具紫红色条纹，花药和柱头暗绿色。瘦果；冠毛白色。花期4~9月，果期5~10月。分布于全国各地。生于中、低海拔地区的山坡草地、路边、田野、河滩。

(a) 向日葵(*Helianthus annuus*)　　　　　(b) 蒲公英(*Taraxacum mongolicum*)

图12-43　菊科常见植物

(41)忍冬科(Caprifoliaceae) $* (\male/\female) \uparrow K_{(4\sim5)} C_{(4\sim5)} A_{4\sim5} \overline{G}_{(2\sim5;1\sim5;1\sim\infty)}$ [茜草目 Rubiales]

【主要特征】灌木或乔木，稀草本和藤本。多单叶，对生，少羽状复叶，通常无托叶。花两性，辐射对称或两侧对称，呈聚伞花序或再组成各种花序，稀数朵簇生或单生；萼4~5裂；花冠管状，多5裂，有时二唇形；雄蕊与花冠裂片同数而互生，贴生于花冠上；子房下位，2~5心皮合生成1~5室，常3室，每室常1胚珠。浆果、核果或蒴果。

本科15属，约450种，分布于温带地区。我国有12属，约207种，全国均有分布。重要的属有忍冬属、猬实属和荚蒾属等。

【重要的属检索表】

1. 果实 2 个合生，外有刺状刚毛 ·· 猬实属（*Kolkwitzia*）
1. 果外无刺状刚毛。
    2. 花冠辐射对称，萼筒较短；浆果状核果 ·· 荚蒾属（*Viburnum*）
    2. 花冠近两侧对称，萼筒较长；浆果 ·· 忍冬属（*Lonicera*）

【常见植物】忍冬（*Lonicera japonica*），半常绿藤本；幼枝橘红褐色，密被黄褐色开展的硬直糙毛、腺毛和短柔毛，下部常无毛。叶纸质。总花梗常单生于小枝上部叶腋；花冠白色，有时基部向阳面呈微红色，后变黄色，唇形；雄蕊和花柱均高出花冠。果实圆形，熟时蓝黑色，有光泽。花期 4~6 月（秋季也常开花），果熟期 10~11 月。分布于全国大部分地区。生于山坡灌丛或疏林、乱石堆、山脚路旁及村庄篱笆边。也常栽培。荚蒾（*Viburnum dilatatum*），落叶灌木；当年小枝连同芽、叶柄和花序均密被土黄色或黄绿色开展的小刚毛状粗毛及簇状短毛。2 年生小枝暗紫褐色，被疏毛或几无毛，有凸起的垫状物。叶纸质，边缘有牙齿状锯齿，齿端突尖。复伞形式聚伞花序稠密，生于具 1 对叶的短枝顶端；花冠白色，辐状。果实红色 [图 12-44（a）]，核扁。花期 5~6 月，果熟期 9~11 月。主要分布于华东及西南地区。生于山坡或山谷疏林下，林缘及山脚灌丛中。园林观赏或药用、食用。猬实（*Kolkwitzia amabilis*），多分枝直立灌木；幼枝红褐色，被短柔毛及糙毛，老枝光滑，茎皮剥落。叶椭圆形至卵状椭圆形，顶端尖或渐尖，基部圆或阔楔形，全缘，少有浅齿状，上面深绿色，两面散生短毛，脉上和边缘密被直柔毛和睫毛。伞房状聚伞花序；萼筒外面密生长刚毛；花冠淡红色 [图 12-44（b）]。果实密被黄色刺刚毛，顶端伸长如角，冠以宿存的萼齿。花期 5~6 月，果熟期 8~9 月。为我国特有种，分布于山西、陕西、甘肃、河南、湖北及安徽等省份。生于山坡、路边和灌丛中。可供园林观赏。

（a）荚蒾（*Viburnum dilatatum*）

（b）猬实（*Kolkwitzia amabilis*）

图 12-44　忍冬科常见植物

（42）五加科（Araliaceae）$* \male K_5 C_{5\sim10} A_{5\sim10} \overline{G}_{(1\sim15;1\sim15;1)}$ [伞形目 Umbelliflorae]

【主要特征】木本、藤本或多年生草本。叶多互生，掌状复叶、羽状复叶，或为单叶（多掌状分裂）。花两性，稀单性或杂性；辐射对称，排成伞形花序，或再集合成圆锥状或总状花序；花萼小，或具小型萼齿 5 枚；花瓣 5、10，分离，有时顶部连合成帽状；雄蕊与花瓣同数，互生，稀为花瓣的二倍或更多；花盘位于子房顶部；子房下位，心皮1~15，合生，常2~5室，每室有1倒生胚珠。浆果或核果；种子有丰富的胚乳。

本科约80属900余种，分布于热带和温带。我国有23属160余种，除新疆外，各地均有分布。重要的属有五加属、人参属和常春藤属等。

【重要的属检索表】

1. 叶近轮生；掌状复叶；草本 ··· 人参属(*Panax*)
1. 叶互生；木本。
  2. 叶为掌状复叶；植物体直立；植物体多有刺 ···························· 五加属(*Eleutherococcus*)
  2. 叶为单叶；攀缘灌木；具气生根 ··· 常春藤属(*Hedera*)

【常见植物】人参(*Panax ginseng*)，多年生草本。根状茎(芦头)短，直立或斜上，不增厚成块状。主根肥大，纺锤形或圆柱形。地上茎单生，无毛，基部有宿存鳞片。叶为掌状复叶，3~6枚轮生茎顶，幼株的叶数较少；小叶片3~5，幼株常为3。伞形花序单个顶生，花淡黄绿色；雄蕊5；花柱2，离生。果实扁球形，鲜红色。种子肾形，乳白色。分布于辽宁东部、吉林东半部和黑龙江东部，生于海拔数百米的落叶阔叶林或针阔混交林下。俄罗斯、朝鲜也有分布。五加(*Eleutherococcus nodiflorus*)，灌木。枝软弱而下垂，蔓生状，无毛，节上通常疏生反曲扁刺。小叶5，稀3~4，在长枝上互生，在短枝上簇生[图12-45(a)]；小叶片膜质至纸质，先端尖至短渐尖，基部楔形，两面无毛或沿脉疏生刚毛，边缘有细钝齿。伞形花序单个稀2个腋生，或顶生在短枝上；花黄绿色；雄蕊5；花柱2，细长。果实扁球形，黑色；花柱宿存。花期4~8月，果期6~10月。分布于我国大部分地区。生于灌木丛林、林缘、山坡路旁和村落中。根皮药用。常春藤(*Hedera sinensis*)，常绿攀缘灌木。茎有气生根。叶片革质，在不育枝上通常为三角状卵形或三角状长圆形，稀三角形或箭形，边缘全缘或3裂[图12-45(b)]；花枝上的叶片通常为椭圆状卵形至椭圆状披针形，略歪斜而带菱形。伞形花序单个顶生，或2~7个总状排列或伞房状排列成圆锥花序。果实球形，红色或黄色；花柱宿存。花期9~11月，果期翌年3~5月。分布于我国大部分地区，常攀缘于林缘树木、林下路旁、岩石和房屋墙壁上，庭园中也常栽培。越南也有分布。全株药用或观赏。

(a) 五加(*Eleutherococcus nodiflorus*)   (b) 常春藤(*Hedera sinensis*)

图 12-45   五加科常见植物

(43) 伞形科（Apiaceae, Umbelliferae）$* ♀ K_{5,0} C_5 A_5 \overline{G}_{(2:2:1)}$ ［伞形目 Umbelliflorae］

【**主要特征**】草本，常含挥发油而有香气。茎中空，表面常有纵棱。叶互生或基生，多为1至多回三出复叶或羽状分裂；叶柄基部扩大成鞘状；花小，两性或杂性，多辐射对称，集成复伞形花序或单伞形花序；萼齿5或不明显；花瓣5；雄蕊5，与花瓣互生；子房下位，2心皮合生，2室，每室胚珠1；花柱2，基部往往膨大成盘状或短圆状的花柱基（stylopodium，系花盘与花柱结合而成），柱头头状。果实是一种分果，成熟时沿2心皮合生面自上而下分离成2分果瓣，分果顶部悬挂于纤细的心皮柄上，称为双悬果。每个分果常有主棱5条（1条背棱，2条中棱，2条侧棱），有时在主棱之间还有4条次棱；外果皮表面平滑或有毛、皮刺、瘤状突起，棱与棱之间有沟槽，沟槽内和合生面通常有纵走的油管1至多条。种子有胚乳。

本科约270属2 800余种，广布于热带、亚热带和温带地区。我国约95属525种，全国均有分布。重要的属有胡萝卜属、芹属、当归属、柴胡属等。

【**重要的属检索表**】

1. 子房和果实有钩刺 ·· 胡萝卜属（*Daucus*）
1. 子房和果实无钩刺。
    2. 单叶全缘，叶脉平行；花黄色 ·· 柴胡属（*Bupleurum*）
    2. 叶二至四回羽状全裂或三出式全裂；花非黄色。
        3. 果实侧棱宽翅状或翅状，宽于背棱、中棱；果实合生面易于分离 ·············· 当归属（*Angelica*）
        3. 果实各棱近相等，各棱稍隆起，不成翅状；果实球形 ························ 芹属（*Apium*）

【**常见植物**】胡萝卜（*Daucus carota* var. *sativa*），本变种与原变种的主要区别在于根肥厚肉质，长圆锥形，呈红色、黄色、紫红色、橙红色［图12-46（a）］。全国各地广泛栽培。根作蔬菜食用。北柴胡（*Bupleurum chinense*），多年生草本。主根较粗大，棕褐色，质坚硬。茎单一或数茎，表面有细纵槽纹，实心，上部多回分枝。叶表面鲜绿色，背面淡绿色，常有白霜。复伞形花序，再组成疏松的圆锥状；总苞片2~3，或无，甚小；花瓣鲜黄色，上部向内折，中肋隆起；花柱基深黄色。果广椭圆形，棕色，两侧略扁。花期9月，果期10月。分布于我国东北、华北、西北、华东和华中各地。生长于阳坡路边、岸旁或草丛中。全草药用。当归（*Angelica sinensis*），多年生草本。根圆柱状，分枝，有多数肉质须根，黄棕色，有浓郁香气。茎直立，绿白色或带紫色，有纵深沟纹，光滑无毛。叶三出式二至三回羽状分裂，叶柄基部膨大成管状的薄膜质鞘，紫色或绿色；叶下表面及边缘被稀疏的乳头状白色细毛。复伞形花序；总苞片2，线形，或无；小总苞片2~4，线形；花白色。果实背棱线形，隆起，侧棱成宽而薄的翅。花期6~7月，果期7~9月。主产于甘肃东南部、云南、四川、陕西、湖北等省份，均为栽培。根药用。旱芹（*Apium graveolens*），二年生或多年生草本，有强烈香气。根圆锥形，支根多数，褐色。茎直立，光滑，有少数分枝，并有棱角和直槽。根生叶有柄，基部略扩大成膜质叶鞘；叶片通常3裂达中部或3全裂［图12-46（b）］。复伞形花序顶生或与叶对生，通常无总苞片和小总苞片；花瓣白色或黄绿色。分生果圆形或长椭圆形，果棱尖锐。花期4~7月。我国南北各省区均有栽培，供作蔬菜。

（a）胡萝卜（*Daucus carota* var. *sativa*）

（b）旱芹（*Apium graveolens*）

图 12-46　伞形科常见植物

本章小结

　　种子植物包括裸子植物和被子植物。裸子植物是介于蕨类植物与被子植物之间的一类维管植物。它不同于蕨类植物：配子体寄生在孢子体上，产生花粉管，同时由胚、胚乳和珠被等形成种子，因此属于种子植物；不同于被子植物：种子裸露，没有被心皮包被，不形成果实，故称为裸子植物。由于它仍保留颈卵器，所以又称颈卵器植物。需要强调的是，裸子植物的种子与被子植物的种子有本质的区别，即其胚乳由单倍体的雌配子体发育而成，属于有性世代的植物体，种皮属于上一代的孢子体世代，胚属于下一代的孢子体世代，胚乳属于雌配子体世代，因此，常称裸子植物的种子为"三代同堂"。

　　在植物系统发育史上，花粉管和种子的形成是一个巨大的转折。花粉管的形成，使植物的受精作用可以不再以水为媒介，从而摆脱了对水的依赖，对适应陆地环境具有重大意义。种子的形成，则为植物的繁殖和分布，创造了更为有利的条件。因此，裸子植物能更好地适应陆生环境和繁衍后代，在中生代迅速发展并取代了蕨类植物在陆地上的优势地位。

　　由于裸子植物是介于蕨类植物与被子植物之间的过渡类群，因此在生殖器官形态结构上常常并用或混用蕨类植物和种子植物的两套术语。裸子植物具有许多重要的特有植物种类，其中，松杉纲最为重要。被子植物是指种子包被在果实内，由种子裸露的裸子植物进一步演变发展而来的一类最高级的种子植物。被子植物因具雌蕊，所以也称雌蕊植物（gynoeciatae），以区别于高等植物中具有颈卵器的其他类群。被子植物具有真正的花，具有双受精作用，配子体进一步简化，具有雌蕊，其子房包被胚珠，发育成果皮包被种子，形成果实，孢子体发达，有导管和筛管构成的输导组织，是植物界进化最高等的类群。高等植物与人类的关系更加密切，是人类重要的植物资源。

思考题

1. 裸子植物的主要特征是什么？它与苔藓植物和蕨类植物有什么共同点？有什么区别？
2. 以松属为例，简述松柏纲植物的生活史。
3. 比较松科、杉科和柏科的异同点。
4. 为什么说买麻藤纲是裸子植物中最进化的类群？
5. 被子植物有哪些基本特征？

6. 简述恩格勒系统和哈钦松系统的主要分类观点。

7. 为什么说木兰科是被子植物中最原始的一个科?

8. 简述兰科植物的花部特征,有些学者将兰科作为单子叶植物中最进化的类群,其理由是什么?

9. 解释名词:十字花冠、蝶形花冠、头状花序、聚药雄蕊、合蕊柱、角果、双悬果、瘦果、花柱基、冠毛。

第 13 章

植物界的起源和系统演化

生物种类是在遗传变异的基础上通过自然选择(有的还包括人工选择)和各种隔离方式,在不断变化的环境中通过适者生存而不断产生的。现代地球上的各种生物是几十亿年生物进化的和结果。生物多样性并不是偶然的,它是进化的产物,是长期历史发展的结果。植物界的各个类群也是在漫长的生物进化过程中产生和发展的,经历了从水生到陆生,从简单到复杂,从低等到高等的演化过程。由于生物的演化过程是无法再现的,人们研究各类植物的起源和系统演化只能借助于形态学、解剖学、细胞学、遗传学、分子生物学、古生物学等学科的研究成果进行比较分析,推测植物进化可能的历程,提出各种不同的假说。本章简要介绍被大多数学者所接受的植物各类群的起源和演化规律。

13.1 植物的起源和演化规律

13.1.1 植物的起源与主要类群的演化历程

地质学家根据放射性同位素的衰变规律测定地球的年龄并划分地质年代,通常将地史分为太古代、元古代、古生代、中生代和新生代5个代,每个代又分为若干纪。古生物学家常根据动植物化石来推断生物的起源与演化历程,植物类群的起源和演化历程见表 13-1。

表 13-1 地质年代与植物发展的主要阶段

地质年代	纪		同位素年龄 ($\times 10^8$ 年)	植物演化情况	各类植物 繁盛时期
新生代	第四纪		0~0.025	被子植物占绝对优势	被子植物时代
	第三纪		0.025~0.65	被子植物进一步发展	
中生代	白垩纪	晚	0.65~1.0	被子植物得到发展	裸子植物时代 (约1.4亿年)
		早	1.0~1.36	裸子植物衰退,被子植物兴起	
	侏罗纪		1.36~1.9	裸子植物占优势,被子植物出现	
	三叠纪		1.9~2.25	乔木蕨类继续衰退,真蕨类繁茂; 裸子植物继续发展	

(续)

地质年代	纪		同位素年龄（×10⁸年）	植物演化情况	各类植物繁盛时期
古生代	二叠纪	晚	2.25~2.4	裸子植物的苏铁、银杏类繁茂	裸子植物时代（约1.4亿年）
		早	2.4~2.8	乔木蕨类开始衰退	蕨类植物时代（约1.6亿年）
	石炭纪		2.8~3.45	乔木蕨类繁茂，种子蕨发展	
	泥盆纪	晚	3.45~3.6	裸蕨类消失	
		中	3.6~3.7	裸蕨类繁盛，苔藓出现	裸蕨植物时代（约0.3亿年）
		早	3.7~3.9	植物由水生向陆生演化，陆地上出现了裸蕨类植物，藻类植物仍占优势	
	志留纪		3.9~4.3		藻类时代（约28亿年）
	奥陶纪		4.3~5.0	海产藻类占优势	
	寒武纪		5.0~5.7	初期出现真核藻类，后期出现与现代藻类相似的藻类类群	
元古代	前寒武纪		5.7~25		
			25~32	蓝藻繁茂	
太古代			32~35	原核生物出现	
			35~37	生命起源	
			35~38	化学进化	
			38~46	地壳形成，大气圈、水圈形成	

一般认为，地球的年龄约46亿年，地球在形成初期并无生命，经过约10亿年的漫长的化学演化阶段，大约在35亿年前诞生了原始生命，并可能由含卟啉类化合物的原始生命演化出蓝藻。最早的蓝藻化石发现于南非距今34亿年的古沉积岩中，状如现代蓝藻中的隐球藻；在距今28亿年前的地层中又相继发现了许多球状和丝状的蓝藻化石；在距今15亿年前的地球上光合放氧生物只有蓝藻。蓝藻的出现具有重大意义，它们通过光合作用，不仅增加了水中的溶解氧，也使大气中的氧气不断积累，而且逐渐在高空形成臭氧层，为其他植物的产生创造了条件。

在距今15亿~14亿年前出现了真核藻类，可靠的真核细胞化石发现于我国河北蓟县（现天津市蓟州区）距今12亿年的洪水庄组地层和澳大利亚北部距今10亿年的苦泉组地层，前者经鉴定属于绿藻门管藻目多毛藻科，定名为震旦塔藻化石。1975年，美国藻类学家柳文（R. A. Lewin）在一种海鞘的泄殖腔沟纹处发现了一种原绿藻，它是含有叶绿素a和叶绿素b的原核藻类，于是许多学者认为真核藻类是由原绿藻演化而来的，原绿藻的发现被看作藻类进化史上的一件大事，原绿藻因而也被称为活化石。以后，单细胞真核藻类又逐渐演化出丝状、群体和多细胞的类型。自真核生物出现至4亿年前的近10亿年时间是藻类急剧分化、发展和繁盛的时期，化石记录表明，现代藻类的主要门类在那时几乎均已产生，故把该时期称为藻类植物时代。

藻类植物进行光合作用不断释放氧气，一部分氧气在大气上层形成了臭氧层，阻挡了杀伤力很强的紫外辐射，使植物从水体登上陆地生活成为可能。在志留纪晚期，一批生于水中的裸蕨类植物逐渐登上陆地，这是植物进化史上的一次重大飞跃。登陆了的裸蕨类植物进一步向适应陆生生活的方向演化，到了中生代的石炭纪，世界各地出现了参天茂密的蕨类植物森林，而这些早期出现的、种类繁多的裸蕨类植物却在泥盆纪末期至石炭纪以前消失了，因此，常把泥盆纪的早期和中期称为裸蕨植物时代。

在泥盆纪早期，裸蕨类植物沿3条路线演化，通过趋异演化产生了石松类、木贼类和真蕨类等蕨类植物。从泥盆纪晚期到二叠纪早期约1.6亿年的时间内，蕨类植物种类多、分布广，成为当时地球植被的主角，这一段地质年代被称为蕨类植物时代。有的蕨类遗体被大量地埋在地下，年长日久就形成了煤层。在泥盆纪的中期，苔藓植物开始出现在陆地上，并以其独特的生活方式成功地适应着陆生生活。

从二叠纪开始地球上出现了明显的气候带，许多地区变得不适于蕨类植物生长，多数蕨类开始走向衰亡，而裸子植物开始兴起并逐渐取代了蕨类植物的优势，故把从二叠纪末期到白垩纪早期的这一段长达1.4亿年的时期称为裸子植物时代。

到了白垩纪晚期，地球上气候带分带现象更趋明显，在第三纪时又出现了几次冰川时期，气温大幅下降，裸子植物中的多数种类不能适应气候的变化而逐渐消失，代之而起的是被子植物，到了第四纪，被子植物占绝对优势，直至今日。因此，可以把从白垩纪晚期至今的这一段地质年代称为被子植物时代。

13.1.2 植物营养体的演化

植物的营养体虽然在形态结构上多种多样，但其演化方向总是遵循由简单到复杂、由低级到高级的规律。植物营养体的系列演化历程在藻类中最为明显，各种类型也最完备。一般认为，单细胞的鞭毛藻类是植物界中较原始的类型，在绿藻、裸藻、金藻和甲藻中均有这种原始类型的藻类。单细胞的鞭毛藻沿着3个方向发展演化：一是演化为具鞭毛、能自由游动的群体和多细胞体，团藻属是该演化线上的典型代表和顶点；二是演化为营养体不能活动、细胞有定数的类型，如绿球藻目；三是演化为失去活动能力的多细胞的营养体，其中呈丝状体的类型成为植物界发展的主干，由此产生异丝状体和片状体，并进一步发展出高等植物。

高等植物的营养体都是多细胞的。苔类植物一般为叶状体，有背腹之分，具有单细胞的假根。藓类植物具有辐射对称的拟茎叶体，假根为多细胞。裸蕨类是最早的原始维管植物，大多无根无叶，只有一个具二叉分枝的能独立生活的体轴，这表明茎轴是原始维管植物最先出现的器官并且能行光合作用；以后在茎轴上发生了叶，才有了茎叶分化，根据顶枝学说的观点，顶枝是二叉分枝的轴的顶端部分，大型叶是由多数顶枝连合并且扁化而成，而小型叶则由单个顶枝扁化而成；根最后才出现，因化石资料不足，根的起源尚无定论，有人认为根是从裸蕨的根状茎转变而来，也有人认为根是从裸蕨的假根转变而来。蕨类植物的营养体有了更进一步的分化，具有真正的根、茎、叶等器官和较完善的组织构造，特别是具有了适应陆生生活的输导系统。到了种子植物，营养体变得更为多样化，内部构造也更趋完善。

13.1.3 有性生殖方式的演化

有性生殖出现在距今约9亿年前，关于其起源尚无定论，一般认为有性生殖是由无性生殖发展而来的。有性生殖有同配生殖、异配生殖和卵式生殖3种类型。在同配生殖中雌、雄配子的形态几乎完全一样，很难区分，这种生殖类型又可分为同宗配合和异宗配合两类，一般说来，异宗配合要比同宗配合进化。异配生殖的2种配子在形状、大小上有明显区别，如空球藻在产生雄配子时每个母细胞经分裂形成64个细长的有2根鞭毛的能单独游动的雄配子，而雌配子是由1个不经分裂的普通细胞转变而来，比雄配子大许多倍，也不能脱离母体单独游动。卵式生殖是指卵与精子结合的受精过程，卵细胞较大，不具鞭毛，不能游动；而精子常具鞭毛，能自由游动，且体积较小。从有性生殖的演化历程来看，同配生殖最原始，异配生殖次之，卵式生殖最为进化，高等植物均进行卵式生殖。

在低等植物的高级类群中，雄性生殖器官称为精子囊，雌性生殖器官称为卵囊，只有少数褐藻开始具有多室的配子囊结构。高等植物的有性生殖器官都是多细胞结构，苔藓植物和蕨类植物的雌性生殖器官称为颈卵器，雄性生殖器官称为精子器。苔藓植物的颈卵器和精子器最发达，从蕨类开始有性生殖器官变得越来越简化，到了裸子植物仅有部分种类还保留着颈卵器结构，被子植物以胚囊和花粉管代替颈卵器和精子器，完全摆脱了受精时需水的限制。

由于有性生殖的出现，植物的生活史中出现了减数分裂。根据减数分裂进行的时期，植物的生活史可分成3种类型：一是合子减数分裂型，绿藻中的衣藻、团藻、轮藻等属此类型，其植物体是单倍体，合子阶段是生活史中唯一的二倍体阶段，只有核相交替，没有世代交替。二是配子减数分裂型，绿藻门的管藻目和褐藻门中的无孢子纲植物属此类型，这些植物的营养体是二倍体，配子阶段是生活史中唯一的单倍体阶段，也只有核相交替而没有世代交替。三是孢子减数分裂型，也称居间减数分裂型，部分红藻和褐藻及所有高等植物均属此类型，生活史中有二倍体的孢子体和单倍体的配子体2种植物体，在部分红藻中有孢子体、配子体和果孢子体3种植物体。二倍体的孢子体(无性世代)通过减数分裂产生了单倍体的孢子，并由孢子萌发成单倍体的配子体(有性世代)，配子体能产生2种单倍体的配子，配子受精后得到二倍体的合子，并由合子发育成二倍体的孢子体，生活史中既有核相交替，又有世代交替(即二倍体的孢子体阶段与单倍体的配子体阶段相互交替出现的现象)。

13.1.4 植物对陆地生活的适应

古生代以前地球上一片汪洋，最原始的植物在水里产生和生活，在20多亿年的漫长岁月里，它们与水生环境相适应，演化成了形形色色的水生植物类群。到了志留纪末期，陆地逐渐上升，海域逐渐减小，某些藻类的后裔终于舍水登陆，产生了最早的以裸蕨为代表的第一批陆生植物。裸蕨类植物的地下茎和气生茎中出现了原始的维管组织，这不仅有利于水和养料的吸收和运输，而且加强了植物体的支撑和固着作用；它的枝轴表面生有角质层和气孔,可以调节水分的蒸腾;孢子囊大多生于枝顶,并且产生具有坚韧外壁的孢子,以利孢子的传播和保护。所有这些特征说明,裸蕨类植物已初步具备了适应多变陆生环境的条件。但是,到了泥盆纪晚期,发生了地壳的大变动,陆地进一步上升,气候变得更加干旱,裸蕨类植物已不能再适应改变了的新环境而趋于灭绝。

维管植物是向孢子体占优势的方向演化的,由于无性世代能较好地适应陆地生活,孢子体得到了充分的发展和分化,在形态、结构和功能上都保证了陆生生活所必需的条件。苔藓植物是朝着配子体发达的方向发展的,而配子体在适应陆地生活上受到了限制,这也是苔藓植物不能在植被中占重要地位的原因。蕨类植物的孢子体已基本具备各种适应陆地生活的组织结构,已能在陆地上生长发育,但其配子体还不能完全适应陆地生活,特别是受精还离不开水。在蕨类植物中,有些种类已出现了大、小孢子的分化,大孢子发育成雌配子体,小孢子发育成雄配子体,并且雌、雄配子体终生不脱离孢子壁的保护,最终导致了种子植物的出现。种子植物的配子体更加简化,几乎终生寄生在孢子体上,受精时借助花粉管将精子送入胚囊与卵结合,克服了有性生殖不能脱离水的缺点。尤其是被子植物,在其孢子体中产生了输导效率更高的导管和筛管,适应陆地生活的能力更强,这也是当今被子植物在地球上占绝对优势的主要原因之一。

13.1.5 植物的特殊进化

(1) 下降式进化

有些被子植物重新从陆生环境回到水生环境,其输导组织发生退化,有些风媒传粉的植物其花被消失等,相对地简化了一些器官和组织。这种现象是植物在具体的环境条件下经过选择形成的适应特征。这种退化现象表明植物的另一种进化趋势——下降式进化。

(2) 趋同进化

亲缘关系相当疏远的植物,由于生活在环境条件相同,在长期的适应过程中,在形态结构和生理机能上形成了相似的特征,这种进化方式称为趋同进化(convergent evolution)。蕨类植物的木贼类和裸子植物的麻黄类植物,它们在形态上都有明显的节和节间,仙人掌科植物和非洲的大戟属(*Euphorbia*)的某些种之间,在形态上都无叶、具刺、多棱、肉质茎等,是它们长期生活在干热气候条件下形成的相似组织结构。

(3) 趋异进化

来源于共同祖先的分类群,因长期生活在不同的环境条件,产生了两个或两个以上的方向发展变异特征,这种进化方式称为趋异进化(divergent evolution)。例如,毛茛属植物经过趋异进化,形成了水中的水毛茛、沼泽中的石龙芮、旱地上的肉根毛茛等,它们亲缘关系相近,但形态特征差异明显。

(4) 特化或专化

某些植物在特殊环境下发展了一些特殊的结构,如虫媒传粉植物、食虫植物、寄生植物、腐生植物等。

植物的进化是不可逆的,已经演变的物种,不可能回复到其祖先,已经绝灭了的物种不能重新产生,凡进化了的植物不可能再复原。

13.2 孢子植物的起源和演化

13.2.1 藻类植物的起源和演化

根据化石资料，最早的蓝藻和与细菌化石出现于大约 34 亿年前，经过约 10 亿年，真核生物开始出现。最初的真核生物极为简单，可能具有一个具膜包围的细胞核雏形，内质网以及微管等，但是不具线粒体和质体。线粒体先于质体出现，其产生方式可能是由于一个早期的真核生物吞食了一个可进行有氧呼吸的细胞但并未消化它，这两种生物共同生活并相互受益，这就是内共生，经过数亿年的演化，形成了真正的线粒体，并分化出许多种类。一些种类很快死亡，另一些种类成功生存并分化出多种形态，其中一部分以后演化出具细胞核和线粒体但不具质体的动物和真菌，另一些早期的真核生物则进入另一次内共生，这一次是与具光合作用能力的蓝藻共生，形成包括绿藻在内的藻类并最后产生了真正的植物——有胚植物。

(1) 依据内共生理论建立的藻类植物系统树

利用 DNA 测序，电镜及生化分析等技术，建立了一个关于藻类演化的假说。根据这个假说，在质体的产生过程中经历一个单一的初级内共生(primary endosymbiosis)，然后经历一个多样的次级内共生(secondary endosymbiosis)。初级内共生是具线粒体和过氧化物酶体的需氧吞噬原生生物(aerobic phagocytic protozoan)吞食蓝藻，形成具双层膜的质体的过程，导致红藻、绿藻和灰色藻(glaucophyte，是一类介于蓝藻与红藻之间的小类群)的出现。

次级内共生是指吞噬原生生物吞食真核微藻，被吞食的微藻核功能减退或转移到宿主细胞核的现象。次级内共生过程产生了其余分支的藻类。裸藻产生于一个真核生物吞食了一个绿藻(另一个真核生物)，此后绿藻的细胞壁退化，最后仅绿藻的载色体保留了下来。另一类早期真核生物——异鞭毛类(heterokonts，stramenopiles)参与了一次或数次吞食红藻的内共生过程，产生了褐藻、金藻、黄藻和硅藻。异鞭毛类均具有 2 根不等长的鞭毛，但是这一类群的有些种类没有载色体，因此，可能部分异鞭毛类进行了次生内共生过程，具有光合能力，而另一些没有进行次生内共生，此路线的藻类在演化过程中，与色素形成有关的基因发生突变、丢失或转移(从细胞质到细胞核)，发展出不同门的真核藻类。这类具色素的异鞭毛类均具叶绿素 a 和叶绿素 c(无叶绿素 b 和藻胆素)，载色体外均具 4 层膜，最内的 2 层对应于红藻载色体最初的内层和外层膜，第三层膜对应红藻的质膜，最外层的第四层膜对应部分异鞭毛类细胞的内质网。在隐藻和某些杂色藻质体内侧双膜与外侧双膜之间发现的核形体(nucleomorph)，被认为是内共生微藻在长期内共生过程中退化的遗迹。

最近的一些分子系统学证据提出了一些不同的看法，认为藻类并不是单一的演化支，而是数个演化支的一部分。

(2) 藻类体型及生活史的演化

藻类体型的演化是由根足型向鞭毛型、球胞型、丝状体、片状体、假薄壁组织体等依次演化。其中，根足型为裸细胞；鞭毛型细胞有鞭毛；球胞型为单细胞或群体，无鞭毛；

丝状体分枝或不分枝，或为异丝体；组织体为拟薄壁组织体，或膜质管状体，有分枝或无分枝。鞭毛型也可发展成胶群体，球胞型也可发展成多核体。

在低等藻类中，无营养细胞和生殖细胞的分化，较高级的类群开始产生营养细胞与生殖细胞的分化。多数真核藻类开始出现有性生殖，有性生殖由同配向异配和卵配发展。在具有有性生殖的植物中，合子减数分裂型和配子减数分裂型生活史无世代交替，而孢子减数分裂型则具有世代交替。藻类体型、生殖结构及生活史的演化是不同步的，不同的类型在同一门藻类植物中可同时出现，如绿藻门、金藻门、黄藻门等体型较多，皆存在有根足型、鞭毛型、胶群体型、球胞型、丝状体型等。绿藻门、红藻门、褐藻门中皆出现类似茎叶的组织体，而3个门在藻体构造、生殖方式、生活史类型等都发展到较高级的水平，常称为高等藻类；相应地，蓝藻门、裸藻门、甲藻门、金藻门、黄藻门、硅藻门等常称为低等藻类。

13.2.2　菌物的起源和演化

菌物并不是一个自然的分类群，其中黏菌、集胞菌和根肿菌等与原生动物的关系密切，而卵菌、网黏菌和丝壶菌则常被归于藻菌界。

菌物的其他几个类群可以认为是一个单元起源的分类群，被归入真菌界，其演化反映了从水生到陆生的演化过程：在壶菌门，具游动孢子和游动配子，水生，并具同配、异配、卵式生殖。接合菌门与壶菌门的菌丝具有相似的形态特征，其菌丝无隔，但它不再产生游动孢子，而产生静孢子（孢囊孢子）以适应陆生环境，并发展出接合生殖这一特殊的有性生殖方式。子囊菌门也不再产生游动孢子和游动配子，其子囊由有性生殖产生，产囊体还形成受精丝；产生的子囊和子囊孢子均藏于各式的子囊果中，这种演化结果无疑更适于陆地生活。

担子菌是形态最多样性的菌物类群，此类群形成冬孢子、担子果等结构以进一步适应陆生气候环境，而担子菌层菌纲和腹菌纲生殖结构的简化，是在更高形式上的简化，其有性孢子（担孢子）直接由营养细胞双核结合，经过减数分裂产生，是更进化的特征。

13.2.3　裸蕨类植物的起源

裸蕨类植物是最古老的高等植物。最早的裸蕨类植物化石发现于4亿年前的志留纪晚期，定名为光蕨（Cooksonia）或顶囊蕨，后来在泥盆纪的早、中期又先后发现了莱尼蕨（Rhynia）、裸蕨（Psilophyton）、霍尼蕨（Horneophyton）、工蕨（Zosterophyllum）等。多数人认为，裸蕨类植物是由古代的绿藻演化而来，因为裸蕨与绿藻之间有很多相似之处，如它们具有相同的光合色素和光合产物，鞭毛均属尾鞭型等，但裸蕨类究竟起源于哪类绿藻尚无直接证据。在印度、日本及非洲发现的佛氏藻（*Fritschiella tuberosa*）属胶毛藻科（Chaetophoraceae），有匍匐枝和直立枝的分化，匍匐枝生于地下，直立枝穿过薄土层而在土表形成丛枝状，外表有角质层，有世代交替现象，能适应陆地生活。鲍尔认为高等植物可能从该类绿藻发展形成（Bower，1935）。

13.2.4　苔藓植物的起源和演化

可靠的苔藓植物化石为发现于3亿多年前的泥盆纪中期地层中的带叶苔（*Pallavicinites*

devonicus），但最新研究表明，苔藓植物在奥陶纪晚期可能就已经出现，苔类最早分化出来，其次是角苔类，藓类与藻苔属则最晚出现，角苔类与维管植物关系最密切。没有分化出维管组织的苔类、角苔类，以单倍体在生活史中占优势地位。而具有维管组织的植物，以二倍体或多倍体在生活史中占优势。这两类植物归为有胚植物，它们的共同点是生殖结构均是多细胞的，且具由不孕性细胞组成的保护层，这种具有多细胞的生殖结构一旦形成，陆生植物的演化就已经是不可逆转的了。

  苔藓植物由胚发育成的孢子体仍与配子体相连，并寄生于配子体上。尽管苔类、角苔类和藓类的孢子体结构的复杂程度不一样，但其特殊的生活史特征及独特的孢蒴，说明它们之间有一定的亲缘关系，称为苔藓植物门，成为在有胚植物中作为没有维管束分化的植物，称为无维管植物。但是苔藓植物的 3 个类群与现存的其他植物类群均没有密切的亲缘关系，有限的化石证据也难以说明苔藓植物 3 个类群之间的亲缘关系。因此，目前关于苔藓植物的起源尚无一致意见，主要有 2 种假设：一种假设认为，苔藓植物是从原始的裸蕨类植物演化而来，依据是裸蕨类中的有些个体很似苔藓植物，没有真正的叶和根，孢子囊内也有中轴构造，输导组织也有退化消失的情况，具有分叉等；而且从地质年代记载来看，裸蕨类出现于志留纪，而苔藓发现于泥盆纪中期，晚出现了数千万年，从年代上也可说明其演化顺序。另一种假设认为，苔藓植物起源于古代绿藻，主要依据是苔藓植物的叶绿体与绿藻的载色体结构相似，并且所含色素的种类相同，都具有叶绿素 a、叶绿素 b 和叶黄素，光合产物都是淀粉；苔藓植物体的孢子萌发时先发育形成原丝体，与丝状绿藻相类似；细胞分裂时产生成膜体和细胞板；生殖时产生游动精子，具有 2 根等长的顶生尾鞭型鞭毛，与绿藻的精子相似；绿藻中存在有明显的世代交替类型，如石莼、刚毛藻等，苔藓植物的世代交替明显；绿藻门鞘毛藻属（丝状藻类）的合子萌发时也有不离开母体的现象，与苔藓植物的合子在配子体内发育的方式很相似。也有的学者认为，轮藻的卵囊、精囊可与苔藓植物的颈卵器、精子器相比拟。但是鉴于苔藓植物中 3 个类群的差异如此明显，因此，它们可能是分别独立起源于绿藻门的不同类群。1985 年以来，先后在我国和日本发现了一种外形类似藻类但具颈卵器的植物——藻苔（*Takakia lepidozioides*），这为苔藓起源于绿藻的假设提供了例证。

  苔藓植物的配子体虽然有茎叶分化，但构造简单，没有真正的根和输导组织，有性生殖时必须借助于水，尚不能像其他高等植物那样充分适应陆生生活。另外，苔藓植物的孢子体不能独立生活，须寄生在配子体上。因此，多数学者认为，苔藓植物在植物界系统演化中只能是一个盲支。

13.2.5 蕨类植物的起源和演化

  一般认为，蕨类植物起源于裸蕨类植物。蕨类是由裸蕨类沿 3 条演化路线通过趋异演化发展而来的。第一支为石松类，这是蕨类植物中最古老的一个类群。在泥盆纪早期出现了草本类型的刺石松（Baragwanathia），在泥盆纪中期至石炭纪时出现了高大的乔木类石松植物，如鳞木属（*Lepidodendron*）、封印木属（*Sigillaria*）。二叠纪时石松类逐渐衰退，现存的石松类仅为小型草本，刺石松是裸蕨类植物与典型的石松类植物之间的过渡类型。第二支为木贼类（楔叶类），也在泥盆纪出现，最古老的类型是海尼属（*Hyenia*）和古芦木属（*Ca-*

lamophyton），其特征与裸蕨类和木贼类均相似，被认为是裸蕨类与典型木贼植物之间的过渡类型；石炭纪时木本和草本种类均有，到了二叠纪时芦木属（*Calamites*）等乔木类绝灭，后来仅剩下一些较小的草本类。第三支为真蕨类，最早出现于泥盆纪的早、中期，著名化石为小原始蕨（Protopteridium），泥盆纪至石炭纪时的真蕨多为大型树蕨，但到了二叠纪时这些古代的真蕨类大多已绝灭，仅有部分小型蕨类延续下来，到三叠纪和侏罗纪时又演化发展出一系列新类群，现代生存的真蕨多为三叠纪和侏罗纪时的发展产物。

Pryer et al.（2004）开展的分子系统学研究表明，传统分类的蕨类植物门不是一个单系类群，包含了石松类植物和蕨类植物 2 个单系分支；到石炭纪末现存蕨类的 5 个主要类群（木贼、松叶蕨、薄囊蕨类、合囊蕨和瓶尔小草）均已经出现，而薄囊蕨类中的里白类、膜叶蕨类、海金沙类和核心囊蕨类在二叠纪就已经建立起来，随后核心囊蕨类在三叠纪发生辐射演化，异型孢子蕨类、树蕨类和水龙骨类开始出现。Schneider et al.（2004）研究表明，大多数的蕨类植物是在白垩纪以后才产生并进一步发展的，而大多数被子植物类群是在中侏罗纪到早白垩纪发生辐射演化的，即多数蕨类植物是在被子植物出现后才分化出来，并进行辐射演化。

13.3　裸子植物的起源和演化

裸子植物是一群古老的植物，它的起源可以追溯到距今约 3.6 亿年前的泥盆纪末期。经过了漫长的地质、气候环境等综合因子的作用，裸子植物这一演化支系，也不可避免地经受了严峻的考验，大部分的种系都已被淘汰，现代的裸子植物仅是过去裸子植物的残余，整个裸子植物亚门仅存 800 余种，而且 5 个纲在外形与系统发育上都是不连续的。对于裸子植物的起源，由于年代的久远和化石的零星分布，至今距建立种子植物完整的系统发育谱系仍然很遥远。在种子植物演化中，胚珠、花粉管和种子的出现，结合营养器官和输导组织的不断完善，是最具意义的。

13.3.1　蕨类植物的孢子囊

蕨类植物有异形的孢子囊，大、小孢子分别发生在大、小孢子囊中，下地萌发后分别形成雌、雄的原叶体；也有同形的孢子囊，孢子同形但有性别上的分别，下地萌发后形成雌性或雄性的原叶体；更多的蕨类植物孢子囊里的孢子不但同形，而且下地萌发后形成的是两性的原叶体，即在同一原叶体上既有颈卵器也有精子器。不管这 3 种类型孢子囊同形、异形或同形异性孢子，有 3 个特点必须注意：一是孢子要离开孢子囊（有例外）萌发最后形成颈卵器和精子器；二是承载着生殖器的原叶体是多细胞的开放结构，也是孢子离开母体后形成的；三是雌性的颈卵器深埋在原叶体表面以下，由它所处位置周围的原叶体细胞保护，它的开口（即颈卵器的颈口）应近原叶体的表面。为了保持湿润，所有的配子囊均生长于原叶体的下表面，受精过程需要借助水。种子植物含有胚囊（雌配子囊）的胚珠产生在大孢子叶（心皮，2n）上而不是原叶体上（n）。需要指出的是，蕨类植物的颈卵器和大多数裸子植物的颈卵器具有相似的性质，它们的颈卵器内仅含有一个雌配子；无颈卵器的买麻藤类和百岁兰珠心先形成孢子囊，然后大孢子发育成具多数雌配子的配子囊；而被子植物发展出具少数细胞的配子囊（含 7 细胞 8 核），称为成熟胚囊，它大体上相当于颈卵器，但它除含雌配子（卵）外，还有极核配子。不管种子植物是否产生颈卵器，产生卵的结构均在瓶状体的胚珠内，胚珠不离开母体发育。

13.3.2 胚珠的起源

胚珠是种子植物所特有的结构，它既是雌性的结构，又是完成受精作用的场所，最后合子在这里发育成胚，胚成熟，胚珠便发展成种子。胚珠由珠被、珠心、珠孔、合点和珠柄等结构组成。珠心的作用相当于大孢子囊；而珠被却是保护性的、在大孢子囊以外增加的结构，它在组织学上可分为 3 层：外面的肉质层、中间的"石化"或厚壁化层和里面的肉质层。在裸子植物的不同类群中，这 3 层的发育程度各不相同。如松杉纲的珠被外层是不发育的，苏铁纲和银杏纲的珠被外层肉质化，后者还含有叶绿素。珠被的内层趋向于减退成薄膜状。珠被在系统发育过程从具有维管束到维管束消失，甚至在某些古代的种子中，珠心及珠被的外层均具有维管组织。苏铁纲植物的胚珠，珠被的外层和内层均有维管束通过，而银杏纲珠被仅内层具有维管束，松杉纲、紫杉纲、买麻藤纲，以及被子植物的珠被维管组织已经退化。系统发育上，珠被与珠心在合点之上是逐步愈合的，整个珠被在上端与珠心组织是分离的，并形成珠孔这样一个通道，供雄配子体进入。所以，胚珠是具有保护性珠被结构的大孢子囊。珠被形成的实际过程现在已无法了解，最近从石炭纪地层中发现的 *Genomospermna kidstoni* 的化石种子提示了珠被的起源情况。这种化石种子不为珠被围成囊状，而是由 8 个轮生的丝状突起所包围。而 *Genomosperma latens* 的化石种子，8 个丝状突起在顶端汇合，并且从基部向上的 1/3 已彼此连合。*Eurystoma angulare* 的化石种子，丝状裂片几乎完全连合；而在 *Stamnostoma huttonense* 的化石种子中，已表现完全连合的珠被，上端围成一孔，真正的胚珠因此形成了。一个在泥盆纪末期被称为阿诺德古籽（*Archaeosperma arnoldi*）的化石种子还显示具有 2 个大孢子囊的生殖器官由二歧分枝、扁化的复合顶枝部分地包围，这种下部连合上部仍为长丝状裂片的结构称为壳斗，这种形态的胚珠又称为前胚珠（preovule），由前胚珠演化为胚珠，关键在于珠被这保护性结构的完善。许多学者认为，珠被是由复合顶枝系形成的，从分离到逐步连合，最后形成囊状、具珠孔开口的、包围着大孢子囊的胚珠结构，一定经历了漫长的地质年代。然而具有珠被结构的胚珠已彻底摒弃大孢子经由大孢子囊破裂而散布的情况，改而依赖孢子体营养发展出多细胞的雌配子体；胚珠结构的进一步完善，花粉室的形成和传粉滴的分泌，为花粉粒进入胚珠发育提供了条件。胚珠中的卵经受精后便发有成胚，珠被也就发育成种皮，雌配子体的剩余部分便发育成胚乳，这就形成了种子。然而真正种子的产生，仍经历了相当长的地质年代。例如，作为一个大类群的种子蕨在古生代末期及中生代早期很繁盛，后来全部灭绝了。这是一群叶似真蕨而又产生"种子"的植物，但对种子蕨植物化石 100 多年的研究仍未在种子中发现胚的存在，在贮粉室里只有花粉粒而无花粉管的存在。有人认为，种子蕨并不具真正的种子，因而应称为胚珠植物。可见胚珠的产生是种子产生的先决条件，但真正种子的产生并不是和胚珠的产生同步的，这点从目前发现的化石来看是可以肯定的。

13.3.3 裸子植物的起源和演化概述

裸子植物具有由原生中柱发展出来的真中柱，发育完善的根、茎叶系统，以及胚珠、花粉管、种子和种子中未经受精而贮藏的单倍体胚乳等共同特征，大多数种类具有颈卵器的构造。因此，人们趋向一致地认为裸子植物起源于一群具有原生中柱和异型孢子的古老蕨类，而不赞成多元起源的观点。

但是，由于现存裸子植物中真正具有裸露胚珠的类群是苏铁植物、银杏和松柏纲植物，紫杉纲的套被和买麻藤纲的盖被形成肉质的假种皮似已有了对种子的保护结构，因此对裸子植物这一概念，特别对于裸子植物是否为一自然群提出了不同的意见。尽管"裸子植物"这一名词并不能令人满意地包括现存5个类群的裸子植物，但作为具有共同特征这一意义来说，"裸子植物"这一历史概念仍然具有它的意义，这就是具有胚珠、花粉管、种子、单倍体胚乳的植物类群，不管其种子是否获得了保护，都以这一共同的特征作为判定的依据。

现存裸子植物5个纲是根据孢子体的形态和产生胚珠的结构划分的。苏铁植物显然是叶生胚珠。银杏珠领的发生迟于胚珠，并且不具维管束，珠领不具有叶的性质，其胚珠是轴生的。松柏纲的珠鳞腋部着生胚珠，从演化上看，珠鳞属于轴性的结构；紫杉纲胚珠同样是轴生的，不过大孢子叶特化为珠托或套被，在演化上比松柏纲进了一步。买麻藤植物的盖被从起源上说也不是大孢子叶，胚珠是轴顶着生的，盖被相当于小苞片，小苞片在轴的基部。但是同属于轴生胚珠，并不表明彼此之间有密切的亲缘关系，除了松柏纲与紫杉纲在孢子体及生殖行为上相似点比较多，可能后者脱胎于前者外，其余类群均无直接联系。银杏与苏铁植物都具有有鞭毛的精子、兼作吸器的花粉管，前胚期多数的游离核阶段，子叶2枚，但在体态上相差甚远，银杏的木材是密木型，而苏铁植物是疏木型，已有分子学方面的研究证明，银杏的某些细胞器（叶绿体和线粒体）基因 $rAcL$ 序列和核糖体核酸 rRNA 序列同苏铁类近似的程度超过同柏松类等有较密切关系，说明两者间亲缘关系要比它们之中任一类群与其他现存种子植物要密切，但这是否表明它们有共同祖先还言之过早。

裸子植物既是种子植物，又是颈卵器植物，是介于蕨类植物与被子植物之间的一群高等植物，它们无疑是由蕨类植物演化而来的。现代的苏铁植物和银杏等裸子植物的原始类型具有多数鞭毛的游动精子，加强了裸子植物起源于蕨类植物的证据；而从大型叶、厚囊型孢子囊及异型孢子等特征来看，裸子植物不太可能起源于石松植物，也不太可能来自现代异型孢子的薄囊蕨类，而很可能起源于同型或异型孢子囊类的古代原始类群，冠之以前裸子植物（广义地说，也可以认为是前种子植物）。前裸子植物是木本植物，具单轴分枝和复杂的枝系，末级枝条扁化成叶，具二叉分枝脉序；茎内有形成层，有次生生长，从肋状原生中柱到具髓原生中柱或真中柱，原生木质部中始式起源，管胞上有具缘纹孔；用孢子繁殖，由同孢发展到异孢。

前裸子植物的古羊齿属（$Archaeopteris$）是北美东部泥盆纪分布最广泛的蕨类，在非洲摩洛哥也发现了3.7亿年前古羊齿化石。古羊齿高达25～35 m，直径1.6 m，既具有裸子植物的典型解剖特征，又具有蕨类植物的特征。茎为真中柱，初生木质部中始式，具缘纹孔管胞，有的种类有射线，有髓部，有枝迹和叶迹，但无叶隙。具有复杂的螺旋状排列的叶状分枝系统，茎上有下延的叶基，侧枝上的末级分枝交互对生并扁化成营养叶。用孢子繁殖，而不用种子繁殖。孢子囊大小一致，在能育的羽状叶的近轴面上排成两排，孢子同型或异型；异型孢子直径相差 2~10 倍。

设想古羊齿是裸子植物的祖先，已经从解剖学（主要从中柱的结构）上获得支持。古羊齿以及其他前裸子植物，包括无脉蕨（Aneurophyton）、四裂木属（Tetraxylophyteris）的"叶"是一种复杂的分枝系统、扁化的枝，在无脉蕨和四裂木属具有原生中柱，由于原生中柱作肋状突起，成为侧枝辐射出迹的出发点，并不形成隙。这样的中柱进一步演化是由于髓的出现和薄壁组织代替部分维管束的位置，原生中柱被逐步分割为纵向的柱。接着每个维管束附属物（枝、叶）节的位置，沿着弦切向分裂成两个径向排成行的合轴维管束系统。外面的是叶迹，里面的维管束称为修复维管束（reparatory bundle），继续向上发育，无叶隙形成。这就是古羊齿等前裸子植物里发现的中柱类型。现代裸子植物的中柱是真中柱，叶迹直接由真中柱的合轴维管束发生，不产生叶隙。根据贝克（Beck, 1962, 1964, 1970, 1971）和南伯德里（Namboodiri, 1968）由古羊齿等前裸子植物的研究所得出的中柱演化理论，杰佛里（Jeffrey, 1917）提出的裸子植物起源于真蕨类的理论已经不适用了，真蕨植物和裸子植物的演化，是两条完全分开的路线。

13.4 植物的个体发育和系统发育

植物的个体发育（ontogeny）是指任一植物个体从其生命活动的某一阶段（如孢子、种子或合子等）开始，经过一系列的生长、发育、分化、成熟，直到重新出现开始阶段的全过程。个体发育的全过程也称生活周期（life cycle）或生活史（life history）。

植物的系统发育（phylogeny）是指某种植物、某个类群或整个植物界的形成、发展、进化的全过程。系统发育有两个基本过程：一是起源，指的是从无到有的过程，一般认为同一物种或同一类群植物源出于共同祖先；二是发展，指的是从少到多、从简单到复杂、从低级到高级的变化过程。

个体发育与系统发育是植物发展进化中的两个密不可分的过程。一方面，系统发育建立在个体发育的基础之上，新一代个体既继承和保持了上一代个体的遗传特性，又有或多或少的不同于上一代的变异，经过长期的自然选择，一些有利于种族生存的变异逐渐得到巩固和发展，由量的积累发展到质的飞跃，于是新的物种就应运而生，系统发育也就向前发展了一步。另一方面，个体发育是系统发育的环节，一种生物的个体发育在很多方面受其祖先的遗传物质所控制，而且在个体发育中往往还重现其祖先的某些特征。如苏铁和银杏的精子有鞭毛，说明其祖先的雄配子具有鞭毛，需经水作为媒介才能与雌配子结合。

13.5 被子植物的演化

13.5.1 被子植物的演化

被子植物（Angiosperm）在植物分类学上称为被子植物门，是植物界最高级的一类，是地球上最完善、适应能力最强、出现得最晚的植物，自新时代以来，它们在地球上占据绝对优势。被子植物化石的缺乏是限制研究被子植物起源地点和祖先来源等问题的关键因素，目前，关于上述问题在植物学界存在诸多的观点，尚未形成一致的定论。本节仅对一批主流学说的观点进行介绍。

13.5.1.1 被子植物起源的时间

有关被子植物起源的时间问题，依然未能解决，大多数的结论仍然是推论性的，粗略归纳起来有以下两种不同的观点。

(1) 古生代起源说

古生代起源说的主要根据是在南非二叠纪地层中发现的舌羊齿(Glossopteris)。这种舌羊齿为乔木，单叶互生，单网脉，具单性的生殖结构，双气囊花粉，胚珠生于壳斗。舌羊齿是介于蕨类植物与裸子植物的中间类型，被当作现代被子植物的出发点。故一些学者主张被子植物起源不迟于古生代的二叠纪。

我国地质学家潘广在辽宁侏罗纪的地层中找到被子植物的化石，包括胡桃科枫杨属的果序化石及单子叶植物狗尾草的化石。1981年，张宏达发表的《华夏植物区系的起源与发源》一文也认为，有花植物应该在泛古大陆(pangaea)还未解体之前就已产生，并经过了萌芽阶段、适应阶段、扩展阶段到全盛阶段，因此，被子植物的起源应不晚于三叠纪。1996年在辽宁发现的晚侏罗纪被子植物化石辽宁古果(*Archaefructus liaoningensis*)证实了在白垩纪之前，被子植物已经确定无疑地出现在地球上了。

持古生代起源说观点的一些学者认为，被子植物不可能一开始就具有完善的输导组织及花果结构，输导组织的演化大约需要1亿年时间(张宏达，1986)，被子植物从发生、发展到完全取代裸子植物成为地球上占统治地位的植被要经过渐进式的进化，待积累到一定的阶段才引起了跳跃式的发展，这就是被子植物到白垩纪早期突然大量出现的原因。

(2) 中生代起源说

在东亚、北美、欧洲等北半球于白垩纪早期才出现无可置疑的被子植物化石，支持中生代起源说的学者包括塔赫他间、我国的古植物学家徐仁等。一些在白垩纪以前出现的被认为属于被子植物，例如法国和美国三叠纪地层中出现的"棕榈"(*Protopal mophyllum*)叶，可能属于苏铁类，英国和德国三叠纪地层中发现的"阔叶树"(*Phyllites*)的叶，可能属于买麻藤目或种子蕨目。东格陵兰岛三叠纪末期的地层中发现的颗粒叉网叶(*Furcula gramulifera*)最初曾被认为可能属于被子植物，后来被证实是大羽羊齿一类的种子蕨。我国江西安源、内蒙古东胜同时代的地层也有发现。从印度侏罗纪地层中出现的印度同型木(*Homoxylon*)，次生木质部由梯形管胞组成，有人曾认为与木兰目的昆栏树属、水青树属有关，后来证实是本内苏铁的次生木质部。从三叠纪地层出现，一直到白垩纪才灭绝的开通蕨(*Caytonia*)，它们的营养叶、脉序以及大孢子叶都有些像被子植物，但它们具有单性花，大孢子叶并不闭合，胚珠裸露，与原始的被子植物并无直接的亲缘关系。

13.5.1.2 被子植物的发源地

关于被子植物的起源地点，有以下3种观点。

(1) 北极起源说(高纬度起源说)

由于格陵兰岛发现过木兰科及金毛蕨科植物的化石，于是Heer等主张有花植物从北极地区起源，然后向南迁移，有3条迁移路线：由欧洲到非洲；由欧亚大陆到中国、日本，再向南到马来西亚、大洋洲；由加拿大经美国进入拉丁美洲。

这一假说存在两个问题：①极地植物区系无论现代还是化石都相当贫乏；②两极是变动的，现在的北极不一定是过去的北极，太阳与地球的倾角现在为 23°30′，过去则达到 35°。因此，北极起源说被认为是站不住脚的。

(2) 热带起源说(中低纬度起源说)

北极起源说被否定之后，热带地区集中保存的许多较古老的被子植物吸引了系统学家们的注意，并提出热带起源的设想。塔赫他间提出从印度阿萨姆到西南太平洋的斐济是被子植物的起源中心；Smith 则认为被子植物的起源中心位于日本与新西兰之间，他们的依据都是斐济存在着木兰目的德坚勒木(*Degeneria vitiensis*)，这种植物受精前保持开放的单心皮，是比较原始的性状。我国学者吴征镒也主张被子植物热带起源。

热带起源有 3 个地点：

①**热带亚洲**。吴征镒认为，我国南部、西南部和中南半岛，在北纬 20°~40°的广大地区是近代东亚温带、亚热带，也是北美洲、欧洲等温带植物区系的开端和发源地。他在 1964 年提出了热带亚洲起源的理论，1977 年更加详细阐述了这一观点。第三纪以前，地球各大陆连成一片，在北纬 20°~40°地区，现代被子植物丰富，拥有众多的古老植物，被子植物从这里起源后向北美洲、欧洲扩散。大陆漂移造成了现代植物的分布格局。

②**热带美洲**。由 Thomas 提出，认为现代亚马孙河流域拥有最丰富的被子植物(4.5 万种)，极可能是被子植物的起源与演化中心。但南美洲的植物区系虽然很丰富，但缺乏原始类群代表，如无金缕梅科的代表，中美洲的木兰属则是从北美洲传播来的，反映南美洲植物区系不是最古老的，化石植物区系也说明了这一点。

③**热带非洲**。由 Devin 和 Axelrod 主张。依据板块学说，现在的非洲和南美洲在白垩纪之前还属于冈瓦纳古陆一部分，称为西冈瓦纳，另外两块即澳洲—南极、印度，也属于冈瓦纳。非洲的化石植物区系很丰富，但现存种类仅有 1.5 万种，对于面积来说，种类是贫乏的。Devin 认为是非洲的干旱造成了物种的贫乏。而东南太平洋的岛屿是很久以前从冈瓦纳大陆漂移出去的，许多植物找到了避难所，于是保存了丰富的种类。被子植物热带起源说为大多数人所接受。

(3) 亚热带起源说(华夏植物区系起源说)

张宏达提出，华夏古陆在古生代末期和整个中生代都处于较稳定的状态，这里有可能是原始的被子植物即有花植物起源的摇篮。华夏植物区系(cathaysia flora)是指三叠纪以来，在华南及其毗邻地区发展起来的有花植物区系，这一名称是 Halle 使用于东亚古生代以大羽羊齿为代表的植物区系，张宏达扩大了这一名称的含义。它的范围包括现在长江以南广大地区；东部达江苏、浙江、福建及台湾沿海地带；西部包括川、甘、云、贵等地带，还包括第三纪以后隆起的喜马拉雅山区；南部则有两广及毗邻的印度支那半岛在内。主要理由如下。

①华夏植物区系的被子植物中有许多古老的类群，包括木兰目、毛茛目、昆栏树目、连香树目、睡莲目、金缕梅目。

②华夏植物区系的被子植物区系拥有大量在系统发育过程的各个阶段具有关键作用的

科和目,以及它们的原始代表,包括五桠果目、杜仲目、虎耳草目、堇菜目、山茶目、芸香目、卫矛目、泽泻目和百合目等,组成了系统发育完整的体系。这种被子植物的网络是任何其他大陆不能比拟的。

③华夏古陆到中生代以后海侵停止了,造山运动把华夏古陆与其他古陆连成一片并趋于稳定,最有条件成为有花植物的发源地,已找到的各种有花植物的化石和花粉也证实了这一观点。而其他古陆,无论是澳洲、非洲、南美洲或热带亚洲在进入中生代之后,不是海侵,便是被冰川覆盖,很不稳定。另外,从现存的植物区系和出土的化石及孢粉的贫乏,也可以说明它们难以成为有花植物的摇篮。被子植物的散布和发展是在联合古陆还是一个完整的实体之前,如果不是这样,就无法解释地球上各大陆植物起源的统一性,以及各大陆植物区系发展的特殊性。

13.5.1.3 被子植物的祖先来源

现代地球上的被子植物约有 25 万种,历史上的大陆漂移使各大陆的被子植物各具特色。多数学者认为,尽管被子植物种系复杂,却是一个统一的整体,各类群有着共同的祖先,但具体到祖先是哪一类群的植物却有着不同的观点。

(1) 多元论(多系起源)

Wieland 等认为被子植物的祖先有多个来源,如种子蕨类的苏铁蕨、开通蕨、本内苏铁等。单子叶植物也有多个起源,其中棕榈目是来自种子蕨的髓木类,整个被子植物竟有 20 多个来源。胡先骕在 1950 年也提出了被子植物多元起源的系统,认为双子叶植物有 12 个来源,单子叶植物有 3 个来源。Meeuse 是当代被子植物多元起源论点的积极拥护者,认为被子植物至少从 4 个不同的祖先型发生。

但由于在形态学、解剖学及胚胎学等方面被子植物都具有高度的共同性,如胚囊发育过程以及双受精现象的普遍性,很难相信被子植物是多元起源的巧合。

(2) 二元论(双系起源)

主张二元论的人认为,柔荑花序类的化石在侏罗纪地层已有发现,在地史上并不比多心皮类出现晚,二者不存在直接联系,可能是平行发展的,各有自己的来源。从被子植物花的构造,特别是从胚胎和珠被构造来看,被子植物可能来源于两个不同的祖先,即现存的单被花类(包括具柔荑花序的类群)从古石松的鳞种类(Lepidospermales)到松柏类,通过买麻藤类发展而来。而多心皮类则由真蕨通过苏铁发展而来。换句话说,单被类的心皮来源于轴性器官(轴生孢子),而多心皮类的心皮来源于叶性器官。拉姆(Lam)和恩格勒是支持二元论的代表。

二元论曾经统治了植物学界一段时间,但人们对染色体的研究发现,木兰目和金缕梅目在染色体上具有相似性,两者具有亲缘关系,认为二元论是不可取的。

(3) 单元论(单系起源)

既然多元论与二元论都不可取,不少人主张被子植物是单元起源的,现代的被子植物来自一个前被子植物,而多心皮类,特别是其中的木兰目比较接近这个前被子植物,有可能就是它们的直接后裔。哈钦松、塔赫他间、克朗奎斯特等都主张被子植物单元起源,其中哈钦松是多心皮学派的首创者,他把多心皮类分为木本的木兰目及草本的毛茛目两大群，认为二者同出自原始被子植物，并分途演化为现代的木本群和草本群的被子植物，其理由如下。

①被子植物除了较原始和特化的类群，木质部中均有导管，韧皮部都有筛管和伴胞。

②雌、雄蕊群在花轴上的排列位置固定不变。

③花药的结构一致，由4个花粉囊组成，花粉囊具有纤维层和绒毡层。花粉萌发，产生花粉管和2个精子。

④雌蕊由子房、花柱和柱头组成，雌配子体仅为8核的胚囊。

⑤具有双受精现象，形成三倍体的胚乳。

按照发生概率推算，全部具有上述特征的祖先不会多于1个。多数人主张被子植物是单系起源的，至于发生于哪一类植物，存在不同看法，藻类、蕨类、松柏类、买麻藤类、本内苏铁类、种子蕨类、舌羊齿类等都曾被认作被子植物的祖先。较多的人认同其祖先来自本内苏铁或种子蕨。

塔赫他间和克朗奎斯特认为被子植物起源于古老的裸子植物，它们应具有以下的特征。

①管胞具有梯状穿孔。

②具有两性、螺旋状排列的孢子叶球，大孢子叶（心皮）和小孢子叶为叶状的特征。

③胚珠多数，具分离的小孢子囊。

④叶隙多数。

据此，他们认为木兰目是现代被子植物的原始类型。塔赫他间认为，被子植物不可能起源于本内苏铁，而是起源于种子蕨。

被子植物从种子蕨演化而来，经过幼态成熟，幼年期具有孢子叶的枝条成为孢子叶球，进而突变为原始被子植物的花。幼态成熟使胚囊最初的游离核阶段在8核时停止，发展出被子植物的胚囊。被子植物的各种形态都可以用幼态成熟来解释，如心皮是裸子植物大孢子叶幼态成熟的结果，掌状叶脉是羽状叶脉幼态成熟的结果，单子叶是双子叶幼态成熟的结果等。种子蕨的代表开通蕨常被提出作为被子植物的祖先。

目前，幼态成熟理论还未得到证实，但它似乎揭示了古老植物化石中找不到令人满意的原始被子植物的原因。

（4）单元多系论

这是张宏达于1986年提出来的。张宏达认为，被子植物具有较完整的统一发展体系，单元起源较有说服力。但他不同意被子植物是单元单系的，主张被子植物的系统发育是单元多系的，认为现代的有花植物都不可能是最古老的，它们是从最古老的类型通过多条途径发展出来的，属于第二阶段、第三阶段的产物。它们的祖先只能是具有异型孢子及孢子叶的原始种子植物。现代生存的木兰目、柔荑花序类、水青树目、昆栏树目、睡莲目、泽泻目等都是由不同的原始祖先演化出来的，它们之间是不连续的，而且也不是最原始的，因此彼此之间缺乏直接的亲缘关系。裸子植物、双子叶植物和单子叶植物在发展的前期就已各自分化、分头发展，并认为单元单系的假设最终将会陷入多元起源。

以上关于被子植物起源的假说主要是以双子叶植物为例说明的。

13.5.2 单子叶植物的起源

关于单子叶植物的起源问题，目前多数学者认为双子叶植物比单子叶植物更原始、更古老，单子叶植物是从已灭绝的最原始的双子叶草本植物演化而来，是单元起源的一个分支。现存被子植物中，单子叶植物种数占22%。其中兰科、禾本科、莎草科、棕榈科这4个科便拥有半数以上的单子叶植物。化石的单子叶植物在白垩纪中期以前与双子叶植物相比是极其贫乏的，白垩纪后期单子叶植物迅速分化，出现了很多姜目的果化石和棕榈科的茎、叶化石。到了第三纪，现代单子叶植物所有科已经分化出来。关于它的起源，曾经有过许多不同的观点。恩格勒学派认为，单子叶植物比双子叶植物原始。伯格认为，被子植物祖先是一种小型单子叶植物(Bunger, 1981)。从缺乏草本植物化石看，裸子植物不可能发展出被子植物。苏联学者格罗斯盖姆主张单子叶有双重的起源，即佛焰苞类来自多心皮类的番荔枝目，百合植物(即其余单子叶植物)起源于多心皮类的毛茛目。维特斯坦则认为单子叶植物是多元起源的。近代大多数人都主张单子叶植物是单元起源的，是植物系统发育中一个自然的群，拥有共同的特点，如散生的维管束、平行的叶脉、3基数的花等。

那么单子叶植物是从哪里发展出来的呢？比较一致的看法认为，沼生目是单子叶植物的原始代表，如具有离生心皮等，它是从多心皮类发展而来的。哈利叶(Hllier, 1912)和哈钦松(1956)认为，沼生目与毛茛目关系密切，因为两者都是草本型。但解剖学方面有许多证据并不支持这种见解，因为沼生目具有单沟的花粉，还具有管胞，毛茛目则多为3沟的花粉，没有单沟花粉，且不具管胞，似乎不可能是沼生目的祖先。塔赫他间、Eames、克朗奎斯特则主张睡莲目和单子叶植物有共同的祖先，同为草本型，具单沟花粉和管胞。睡莲目莼菜科具有3基数的花，胚珠分散于心皮的内壁上，这在沼生类的花蔺科同样可以找到。分子系统学研究(Chase, 1993)认为，金鱼藻属是所有被子植物的姐妹群，这与塔赫他间的观点相吻合。日本学者田村道夫(1974)提出的被子植物系统中，提出了单子叶植物由毛茛目到百合目的起源途径，这与克朗奎斯特认为的沼生目是百合纲演化线上近基部的一个侧支，不可能由它发展出其余单子叶植物类群的观点相类似。1978年，我国学者杨崇仁和周俊通过对单子叶植物、毛茛目以及狭义睡莲目植物生物碱、甾体化合物、三萜化合物、氰苷和脂肪酸的研究比较，支持毛茛目—百合目起源的假说。

13.5.3 被子植物系统演化的两大学派

被子植物是当今植物界中属、种极为繁多而庞杂的一个类群，关于其最古老被子植物的形态特征问题，原始类群和进化类群各自具有的形态特征问题，长期以来成为植物分类学家研究的中心。1789年，法国植物学家裕苏(A. L. Jussicu)据植物幼苗阶段有无子叶和子叶的数量，将植物界分为三大类，即无子叶植物、单子叶植物和双子叶植物，并认为单子叶植物是现代被子植物中较原始的类群。后来，德·堪多(A. P. de Candolle)在谈到植物分类时，却认为双子叶植物是比较原始的类群。这种观点得到了一些学者的支持，但是，进一步涉及双子叶植物中哪些科、目是更为原始等问题时，却众说纷纭、莫衷一是。在关于被子植物花的来源，意见分歧最大，形成两个学派，一派是假花学派(柔荑学派)，他们认为，具有单性的柔荑花序植物是现代植物的原始类群；另一派称真花学派(毛茛学派)，认为具有两性花的多心皮植物是现代被子植物的原始类群。前者以德国植物学家恩格勒为代表，后者以美国植物学家柏施和哈利尔、英国植物学家哈钦松为代表(图13-1)。

图 13-1　真花学说与假花学说示意

(1) 假花学派

该学派认为，被子植物的花和裸子植物的完全一致，每一个雄蕊和心皮分别相当于一个极端退化的雄花和雄花，因而设想被子植物来自裸子植物的麻黄类中的弯柄麻黄。在这个设想里，雄花的苞片变为花被，雌花的苞片变为心皮，每个雄花的小苞片消失，只剩下几个雄蕊；雌花小苞片退化后只剩下胚珠，着生于子房基部。由于裸子植物，尤其是麻黄和买麻藤等都是以单性花为主。所以原始的被子植物也必然是单性花，这种理论称为假花学说 (Pseudanthium Theory)，是由恩格勒学派的韦特斯坦建立起来的。根据假花理论，现代被子植物的原始类群是单性花的柔荑花序类植物，如木麻黄目、胡椒目、杨柳目等。有人甚至认为，木麻黄科就是直接从裸子植物的麻黄科演变而来的原始被子植物。这种观点所依据的理由如下。

① 化石及现代的被子植物都是木本的，柔荑花序植物也大多是木本的。
② 裸子植物是雌雄异株，风媒传粉的单性花，柔荑花序类植物也大多如此。
③ 裸子植物的胚珠仅有1层珠被，柔荑花序类植物也是如此。
④ 裸子植物是合点受精的，这也与大多数柔荑花序植物是一致的。
⑤ 花的演化趋势是由单被花演化到双被花，由风媒演化到虫媒类型。

(2) 真花学派

真花学派认为，被子植物的花是一个简单的孢子叶穗，它是由裸子植物中早已灭绝的本内苏铁目，特别是由准苏铁具两性孢子叶的球穗花进化而来的。准苏铁的孢子叶球上具覆瓦状排列的苞片，可以演化为被子植物的花被，它们羽状分裂或不分裂的小孢子叶可发展成雄蕊，大孢子叶发展成雌蕊(心皮)，其孢子叶球的轴则可以缩短成花轴。也就是说，本内苏铁植物的两性球花，可以演化成被子植物的两性整齐花。现代被子植物中的多心皮类，尤其是木兰目植物是现代被子植物的较原始的类群。这种观点所依据的理由如下。

① 本内苏铁目的孢子叶球是两性的虫媒花，子叶的数量很多，胚有2枚子叶，木兰目植物也大多如此。
② 本内苏铁目的小孢子是舟状的，中央有1条明显的单沟，木兰目中的木兰科花粉也是单沟型的舟形粉。
③ 本内苏铁目着生孢子叶的轴很长，木兰目的花轴也是伸长的。

根据上述这些特点，真花学派认为，现代被子植物中那些具有伸长的花轴，心皮多数而离生的两性整齐花是原始的类群，现在的多心皮类，尤其是木兰目植物具有这些特点。这种观点，虽然至今还为一些学者所接受。但是，木兰目植物实际上是不太可能由本内苏铁植物演化来的。当前多数学者认为，那些较原始的被子植物是常绿木本的，它们的木质部仅有管胞而无导管；花为顶生的单花，花的各部分离生，螺旋状排列，辐射对称，花轴伸长；雌蕊尚未明显地分化为柱头、花柱和子房，而柱头就是腹缝线的肥厚边缘；雄蕊叶片状，尚未花丝的分化，具3条脉；花粉为大型单沟舟形、无结构层、表面光滑的单粒花粉。现代的木兰目植物是具有上述特点的代表植物。

这两种理论均缺乏充足的根据，被子植物的花是来源于一个两性的孢子叶球还是来源于单性的孢子叶球（图13-2），这一长期争论的问题仍未解决。最近有人通过分子系统学研究提出被子植物祖先的花可能是单性的。

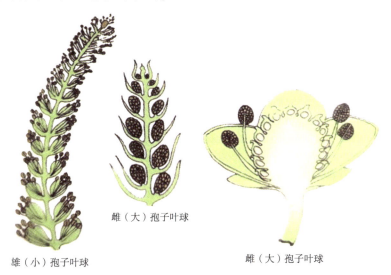

图13-2 单性和两性孢子叶球

此外，还存在顶枝理论（Telome Theory）。这个理论是根据原始的陆生植物裸蕨类（如莱尼蕨）的顶生孢子囊是在其主轴及叶片分化之前就已存在的事实，设想这种原始的构造在被子植物的生殖器官被延续下来，即被子植物的花来自裸蕨类的顶枝。如果这是可能的话，那么被子植物的胚珠是由顶枝的孢子囊直接演化而来。至于雄蕊所具有的2个花药及2对花粉囊，则可由分叉的顶枝组合而成。这种形态还可以在柔荑花序类的桦木属及木麻黄属里找到。因此这个设想在一定意义上支持了恩格勒学派的系统理论。

本章小结

大约35亿年前，地球上诞生了原始生命，并由此演化出蓝藻。在14~15亿年前出现了真核藻类。裸蕨类植物是最古老的高等植物，一般认为，其是由古代的绿藻演化而来的。苔藓植物的起源尚无一致意见，主要有两种假设，一种假设认为苔藓植物是从原始的裸蕨类植物演化而来，而另一种假设认为苔藓植物起源于古代绿藻。在泥盆纪早期，裸蕨类植物沿3条演化路线通过趋异演化产生了石松类、木贼类和真蕨类等蕨类植物。种子植物是由裸蕨类植物演化而来的，裸蕨类植物先产生前裸子植物，再由前裸子植物逐渐演化出裸子植物和被子植物。

植物营养体的演化遵循由简单到复杂、由低级到高级的规律。一般认为，单细胞的鞭毛藻类是植物界中最简单、最原始的类型，它们沿着3个方向发展，其中的一支演化出高等植物。高等植物的营养体都是多细胞的，苔藓植物没有真正根、茎、叶的分化，也没有维管组织。蕨类植物的营养体有了根、茎、叶的分化，具有了适应陆生生活的输导系统，但受精还离不开水。种子植物的营养体变得更为多样化，内部构造也更趋完善，尤其是被子植物，在其孢子体中产生了输导效率更高的导管和筛管，出现了双受精和三倍体的胚乳，适应陆地生活的能力更强。从有性生殖的演化历程来看，同配生殖最原始，异配生殖次之，卵式生殖最为进化，高等植物均进行卵式生殖。根据减数分裂进行的时期，植物的生活史可分成合子减数分裂型、配子减数分裂型和孢子减数分裂型3种类型，其中前两类只有核相交替而没有世代交替，第三类的生活史中既有核相交替，又有世代交替。被子植物起源的时间、地点及可能的祖先均存争议。起源的时间一般认为在白垩纪之前，张宏达认为在三叠纪。关于被子植物的发源地，存在北极起源说、热带起源说和亚热带起源说3种学说。关于被子植物可能的祖先，也存在多元论、二元论和单元论3种学说，现代多数植物学家主张被子植物单元起源，但具体祖先又有本内苏铁、种子蕨等不同看法。关于单子叶植物的起源也有争论，有水生莼菜类起源说、陆生毛茛类起源说和毛茛—百合类起源说。

关于被子植物的系统演化存在着柔荑花序学派和多心皮学派两个学派，分别以假花学说和真花学说为基础。被子植物的分类系统较流行的有恩格勒系统、哈钦松系统、塔赫他间系统和克朗奎斯特系统。1998年又有吴征镒等提出的被子植物的一个"多系—多期—多域"新分类系统和"被子植物系统发育小组"（APG）提出的一个以"目"为单位的被子植物分类系统。

思考题

1. 植物营养体的演化趋势有哪些？
2. 简述有性生殖方式的进化规律。
3. 简述植物是如何适应陆地生活的。
4. 简述植物的特殊进化类型。
5. 简述被子植物演化的不同理论学说。
6. 简述单子叶植物起源的不同观点。

参 考 文 献

曹慧娟，1992. 植物学［M］. 2版. 北京：中国林业出版社.
方炎明，2015. 植物学［M］. 2版. 北京：中国林业出版社.
贺学礼，2016. 植物学［M］. 2版. 北京：科学出版社.
胡适宜，1982. 被子植物胚胎学［M］. 北京：高等教育出版社.
胡适宜，2016. 植物结构图谱［M］. 北京：高等教育出版社.
金银根，2023. 植物学［M］. 北京：科学出版社.
景丹龙，郭启高，陈薇薇，等，2018. 被子植物花器官发育的演变和分子调控［J］. 植物生理学报，54
　（03）：355-362.
李先源，2018. 观赏植物分类学［M］. 北京：科学出版社.
慕小倩，2003. 植物生物学［M］. 咸阳：西北农林科技大学出版社.
慕小倩，2012. 植物学［M］. 北京：中央广播电视大学出版社.
强胜，2006. 植物学［M］. 北京：高等教育出版社.
苏志尧，廖文波，1996. 华夏植物区系理论与有花植物的起源［J］. 广西植物，16(3)：219-224.
汤彦承，路安民，陈之端，1999. 一个被子植物"目"的新分类系统简介［J］. 植物分类学报，37(6)：
　608-621.
汪劲武，1985. 种子植物分类学［M］. 北京：高等教育出版社.
汪堃仁，薛绍白，柳惠图，1998. 细胞生物学［M］. 2版. 北京：北京师范大学出版社.
王灶安. 植物学实验图说［M］. 北京：农业出版社，1992.
吴征镒，汤彦承，路安民，等，1998. 试论木兰植物门的一级分类——一个被子植物八纲系统的新方案
　［J］. 植物分类学报，36(5)：385-402.
武吉华，张绅，1983. 植物地理学［M］. 2版. 北京：高等教育出版社.
杨继，2007. 植物生物学［M］. 2版. 北京：高等教育出版社.
杨世杰，2010. 植物生物学［M］. 2版. 北京：高等教育出版社.
伊稍，1973. 种子植物解剖学［M］. 李正理，译. 上海：上海人民出版社.
张大勇，2004. 植物生活史进化与繁殖生态学［M］. 北京：科学出版社.
周云龙，2016. 植物生物学［M］. 4版. 北京：高等教育出版社.
ANGENENT G C，FRANKEN J，BUSSCHER M，et al.，1995. A novel class of MADS box genes is involved in
　ovule development in petunia［J］. Plant Cell，7(10)：1569-1582.
BECK C B，2010. An introduction to plant structure and development：Plant anatomy for the twenty-first century
　［J］. Cambridge：Cambridge University Press.
BERG L，2008. Introductory botany：Plants，people，and the environment［M］. Toronto：Nelson Education.
BIDLACK J E，JANSKY S H，2011. Stern's introductory plant biology［M］. New York：McGraw-Hill Companies，
　Inc.
BUZGO M，SOLTIS D E，SOLTIS P S，2004. Floral developmental morphology of *Amborella trichopoda*（Ambo-
　rellaceae）［J］. International Journal of Plant Sciences，165：925-947.
COEN E S，MEYEROWITZ E M，1991. The war of the whorls：genetic interactions controlling flower develop-

ment[J]. Nature, 353: 31-37.

COLOMBO L, FRANKEN J, KOETJE E, et al., 1995. The petunia MADS-box gene *FBP11* determines ovule identity[J]. Plant Cell, 7: 1859-1868.

CORBESIER L, VINCET C, JANG S, et al., 2007. FT protein movement contributes to long-distance signaling in floral induction of Arabidopsis[J]. Science, 316: 1030-1033.

DITTA G, PINYOPICH A, ROBLES P, et al., 2004. The *SEP4* Gene of *Arabidopsis thaliana* functions in floral organ and meristem identity[J]. Current Biology, 14(21): 1935-1940.

ESHEL A, BEECKMAN T, 2013. Plant roots: the hidden half[M]. Calabasas: CRC press.

FRIEDMAN W, BACHELIER J B, HORMAZA J I, 2012. Embryology in *Trithuria submersa* (Hydatellaceae) and relationships between embryo, endosperm, and perisperm in earl-diverging flowering plants[J]. American Journal of Botany, 99(6): 1083-1095.

IMMERMANN W, 1965. On the Palaeozoic pteridophylls[J]. Palaeo Botanist, 14: 79-84.

JIN X F, YE Z M, WANG Q F, et al., 2015. Relationship of stigma behaviors and breedi ng system in three Mazus(Phrymaceae) species with bilobed stigma[J]. Journal of Systematics & Evolution, 53(3): 259-265.

KIM C M, PARK S H, JE B I, et al., 2007. OsCSLD1, a cellulose synthase-like *D1* gene, is required for root hair morphogenesis in rice[J]. Plant Physiology, 143(3): 1220-1230.

KISHORE K, RINCHEN M N, LEPCHA B, et al., 2012. Polyembryony and seedling emergence traits in apomictic citrus[J]. Scientia Horticulturae, 138: 101-107.

LI X X, ZOU Y, XIAO C L, et al., 2013. The differential contributions of herkogamy and dichogamy as mechanisms of avoiding self-interference in four self-incompatible *Epimedium* species[J]. Journal of Evolutionary Biology, 26: 1949-1958.

PACE M R, NETO I C, SANTOS-SILVA L N, et al., 2019. First report of laticifers in lianas of Malpighiaceae and their phylogenetic implications[J]. American Journal of Botany, 106(9): 1156-1172.

PELAZ S, DITTA G S, BAUMANN E, et al., 2000. B and C organ identity functions require SEPALLATA MADS-box genes[J]. Nature, 405: 200-203.

REINERT J, BACKS D, 1968. Control of totipotency in plant cells growing in vitro[J]. Nature, 220: 1340-1341.

RUSSELL S D, CASS D D, 1981. Ultrastructure of the sperms of Plumbago zeylanica Ⅰ. Cytology and association with the vegetative nucleus[J]. Protoplasma, 107: 85-107. SAMPAIO D S, JUNIOR N B, OLIVEIRA P E, 2013. Sporophytic apomixis in polyploid Anemopaegma species (Bignoniaceae) from central Brazil[J]. Botanical Journal of Linnean Society, 173: 77-91.

SMACZNIAK C, IMMINK R H, MUINO J M, et al., 2012. Characterization of MADS-domain transcription factor complexes in *Arabidopsis* flower development[J]. Proceedings of the National Academy of Sciences, 109(5): 1560-1565.

SMITH J A, BLANCHETTE R A, Burnes T A, et al., 2006. Epicuticular wax and white pine blister rust resistance in resistant and susceptible selections of eastern white pine(*Pinus strobus*)[J]. Phytopathology, 96(2): 171-177.

TAIZ L, ZEIGER E, 2009. Plant physiology[M]. 5th ed. Sauderland: Sinaeur Associate Inc.

THEISSEN G, SAEDLER H, 2001. Floral quartets[J]. Nature, 409: 469-471.

VAN TUNEN A J, EIKELBOOM W, ANGENET G C, 1993. Floral organogenesis in *Tulipa*[J]. Flowering Newsletter, 16: 33-38.

XIAO C L, DENG H, XIANG G J, et al., 2017. Sequential stamen maturation and movement in a protandrous herb: mechanisms increasing pollination efficiency and reducing sexual interference [J]. AoB Plants, 9: plx019.

YE Z M, JIN X F, YANG J, et al., 2019. Accurate position exchange of stamen and stigma by movement in opposite direction resolves the herkogamy dilemma in a protandrous plant, *Ajuga decumbens* (Labiatae) [J]. AoB Plants, 11: plz052.

YU H S, HU S Y, ZHU C, 1989. Ultrastructure of sperm cells and the male germ unit in pollen tubes of Nicotiana tabacum [J]. Protoplasma, 152: 29-36.